北京市教委科技发展计划面上项目(KM200910011007)和北京市属高等学校人才强教深化计划专项课题(PHR201108075)项目资助

知识管理技术与应用

李海生 著

北京邮电大学出版社
www. buptpress. com

内 容 简 介

本书主要从计算机科学技术和知识管理IT实现的角度，系统介绍利用信息技术和人工智能的相关理论，进行知识处理和实现知识管理系统的相关技术。主要内容包括知识管理概述、知识管理技术基础、知识获取、概念相似度计算、知识检索、知识服务工作流、知识网格、知识管理平台、企业信息化和知识管理以及产品设计知识管理等。

本书可供从事知识管理研究和应用的科研人员及高等院校计算机科学与技术专业、软件工程专业、信息管理与信息系统专业、管理科学与工程等相关专业师生参考使用。

图书在版编目(CIP)数据

知识管理技术与应用/李海生著.--北京:北京邮电大学出版社,2012.4

ISBN 978-7-5635-2916-2

Ⅰ.①知… Ⅱ.①李… Ⅲ.①知识管理 Ⅳ.①G302

中国版本图书馆CIP数据核字(2012)第022808号

书　　名：知识管理技术与应用

著作责任者：李海生　著

责任编辑：李欣一

出版发行：北京邮电大学出版社

社　　址：北京市海淀区西土城路10号(邮编:100876)

发 行 部：电话：010-62282185　传真：010-62283578

E-mail：publish@bupt.edu.cn

经　　销：各地新华书店

印　　刷：北京联兴华印刷厂

开　　本：787 mm×1 092 mm　1/16

印　　张：16.75

字　　数：412千字

印　　数：1—1 000册

版　　次：2012年4月第1版　2012年4月第1次印刷

ISBN 978-7-5635-2916-2　　定　价：46.00元

前　言

知识管理作为一场管理的革命，对当今企业具有举足轻重的作用。随着知识经济时代的来临，在未来的全球化竞争中，知识管理能力将成为企业的核心竞争力和可持续发展的关键。

技术的快速发展、知识（技术）的获取、积累、传播和共享以及人力资源的市场流动迫使企业的技术研发过程需要知识管理的支持。世界500强企业都拥有与自身产品及技术状况相适应的知识管理平台。企业的知识管理平台已毫无争议地成为了企业的核心系统，成为了企业知识与技术积累的保证，成为高效、可控、有序地开展技术研发的支持系统。特别地，企业产品知识管理平台不可能得到转让或引进，因此，构建适合企业自身特点、支撑企业技术创新与持续发展的企业产品知识管理平台已成为企业谋求更大发展的必然战略选择。

本书的目的是期望从技术实现的角度向读者介绍知识管理。全书共分10章，内容安排如下：

第1章给出了知识管理的一些基本概念，包括数据、信息、知识之间的区别与联系，隐性知识、显性知识和SECI模型，以及知识管理与信息管理之间的关系。第2章介绍了知识管理的技术基础，包括元数据、RDF、XML、本体、语义Web等。第3章介绍了数据挖掘、文本挖掘、Web挖掘等知识获取的技术，并给出了几种技术的知识获取应用。第4章讨论了概念相似度计算方面的内容，给出了基于同义词词典的相似度算法和基于语料库的相似度算法，在分析现有基于WordNet的概念相似度算法的不足的基础上，给出了改进的概念相似度计算模型。第5章主要介绍了知识检索的技术，给出了领域本体的构建方法，并基于此，探索了语义检索模型和方法，讨论了知识地图的相关概念和知识地图在知识检索中的应用等内容。第6章主要介绍了知识服务工作流，给出了基于BPMN的工作流建模，设计了从BPMN到WS-BPEL的映射算法，设计实现了工作流引擎原型系统。第7章主要介绍了网格、知识网格和语义网格的概念及体系结构。第8章从知识管理实现的角度，在分析了知识管理平台的设计目标后，给出了知识管理平台的建设思路。第9章从知识管理应用的角度，阐述了知识管理在ERP系统、CRM系统、电子政务和电子商务等中的应用。第10章借鉴本体及概念相似度概念，系统研究了产品设计知识管理系统中的相关理论、方法和关键技术，在此基础上，设计并实现了产品设计知识管理原型系统。

在本书的编写过程中，作者参考了大量国内外出版物和网上资料，在此谨向各位作者表示由衷的敬意和感谢。在编写过程中，陆明翔、田云、周航、彭珊、曾宇航、李燕妮等参与了前期的资料收集和整理工作，付出了辛勤的劳动，在此表示最诚挚的谢意。

在本书的编写以及作者对知识管理的研究过程中，得到了北京市教委科技发展计划面上项目“基于网格的知识管理关键技术研究”(KM200910011007)和北京市属高等学校人才强教深化计划专项课题“面向服务的语义知识管理研究”(PHR201108075)课题的资助，在此一并表示感谢。

由于知识管理相关理论、技术及应用发展迅速，加之作者水平有限，书中难免存在不足之处，恳请专家与读者批评指正。

目　录

第 1 章　知识管理概述 …… 1

1.1　数据、信息、知识 …… 1

1.1.1　数据、信息、知识的含义 …… 1

1.1.2　数据、信息、知识的区别与联系 …… 2

1.2　隐性知识与显性知识 …… 4

1.2.1　隐性知识 …… 5

1.2.2　显性知识 …… 7

1.2.3　隐性知识与显性知识的区别 …… 7

1.2.4　隐性知识与显性知识的联系 …… 8

1.3　SECI 模型 …… 9

1.3.1　知识创造的 SECI 模型 …… 9

1.3.2　知识螺旋 …… 11

1.4　结构化数据、非结构化数据和半结构化数据 …… 12

1.5　知识管理与信息管理的联系区别 …… 13

1.5.1　知识管理 …… 13

1.5.2　信息管理 …… 14

1.5.3　知识管理与信息管理的联系区别 …… 15

1.6　本章小结 …… 17

本章参考文献 …… 17

第 2 章　知识管理的技术基础 …… 18

2.1　元数据和 RDF …… 18

2.1.1　元数据的概念 …… 18

2.1.2　元数据的功能 …… 19

2.1.3　元数据的特点与类型 …… 20

2.1.4　元数据格式标准 …… 20

2.1.5　RDF …… 23

2.2　可扩展标记语言 …… 27

2.2.1　SGML、HTML 与 XML …… 27

2.2.2 XML 的特点 …… 28
2.2.3 XML 相关标准 …… 28
2.2.4 XML 在 Web Service 中的应用 …… 32
2.3 本体 …… 33
2.3.1 本体的定义 …… 33
2.3.2 本体的建模元语 …… 33
2.3.3 本体描述语言 …… 34
2.3.4 已有的本体及其分类 …… 35
2.3.5 构造本体的规则 …… 36
2.3.6 本体与语义网络、语义网 …… 37
2.3.7 本体的应用 …… 37
2.4 从传统 Web 到语义 Web …… 38
2.4.1 Web 技术的发展 …… 38
2.4.2 语义 Web 的定义与特点 …… 39
2.4.3 语义 Web 的体系结构 …… 40
2.4.4 语义 Web 体系结构所依赖的技术 …… 41
2.4.5 语义 Web 面临的挑战以及研究方向 …… 42
2.5 本章小结 …… 42
本章参考文献 …… 43

第 3 章 知识获取 …… 44

3.1 知识获取概述 …… 44
3.2 数据挖掘 …… 46
3.2.1 数据挖掘的产生背景 …… 46
3.2.2 数据挖掘的含义 …… 47
3.2.3 数据挖掘的功能和任务 …… 50
3.2.4 数据挖掘的过程 …… 51
3.2.5 数据挖掘的技术 …… 53
3.3 文本挖掘 …… 54
3.3.1 文本挖掘概述 …… 54
3.3.2 文本挖掘的处理过程 …… 55
3.3.3 文本挖掘的关键技术 …… 56
3.4 Web 挖掘 …… 60
3.4.1 Web 挖掘概述 …… 60
3.4.2 Web 挖掘的处理过程 …… 60
3.4.3 Web 挖掘的分类 …… 61
3.4.4 Web 数据挖掘特点 …… 63

3.5　知识获取应用…… 64
3.5.1　数据挖掘技术应用…… 64
3.5.2　文本挖掘技术应用…… 66
3.5.3　Web 挖掘技术应用 …… 67
3.6　本章小结…… 69
本章参考文献 …… 69

第 4 章　概念相似度计算 …… 70

4.1　概念相似度计算概述…… 70
4.2　概念相似度模型与计算…… 72
4.2.1　关联规则相似度计算…… 72
4.2.2　词语相似度计算…… 72
4.2.3　结构相似度计算…… 73
4.3　基于同义词典的相似度算法…… 74
4.3.1　WordNet 词典介绍 …… 74
4.3.2　基于 WordNet 的语义相似度算法 …… 76
4.4　基于语料库的相似度算法…… 76
4.4.1　布朗语料库…… 77
4.4.2　基于语料库的相似度算法介绍…… 77
4.5　基于 WordNet 的概念相似度算法改进 …… 78
4.5.1　现有方法的不足及改进思想…… 78
4.5.2　概念相似度改进模型…… 79
4.6　基于语义分析树核计算短文相似度…… 80
4.7　改进的短文相似度算法模型…… 82
4.8　基于 JWSL 的算法构建 …… 85
4.9　本章小结…… 88
本章参考文献 …… 88

第 5 章　知识检索 …… 91

5.1　搜索引擎…… 91
5.1.1　搜索引擎的概念与工作原理…… 91
5.1.2　搜索引擎的分类…… 94
5.1.3　搜索引擎的性能指标…… 98
5.2　领域本体的构建…… 99
5.2.1　领域本体…… 99
5.2.2　领域本体构建方法…… 99
5.3　语义检索模型和方法 …… 103

5.3.1 语义检索 …… 103
5.3.2 基于本体的语义检索模型框架 …… 104
5.3.3 语义检索的框架 …… 106
5.3.4 基于本体的语义检索方法 …… 107
5.3.5 基于本体的语义检索系统 …… 108
5.4 知识地图 …… 108
5.4.1 知识地图的概念 …… 109
5.4.2 知识地图的类型 …… 110
5.4.3 知识地图构建 …… 112
5.4.4 知识地图的内部结构 …… 112
5.4.5 知识地图系统模型 …… 113
5.4.6 知识地图的应用 …… 114
5.5 本章小结 …… 115
本章参考文献 …… 115

第6章 知识服务工作流 …… 117

6.1 工作流系统概述 …… 117
6.1.1 工作流系统的发展 …… 117
6.1.2 工作流系统概念 …… 119
6.1.3 工作流参考模型 …… 121
6.1.4 工作流相关标准 …… 123
6.2 Web 服务 …… 124
6.2.1 Web 服务概述 …… 124
6.2.2 Web 服务模型 …… 125
6.2.3 Web 服务相关技术与标准 …… 127
6.2.4 基于 Web 服务的工作流 …… 130
6.3 知识服务工作流简介 …… 131
6.3.1 知识服务的起源与发展 …… 131
6.3.2 知识服务工作流 …… 132
6.4 知识服务工作流的形式化描述 …… 134
6.4.1 过程模型的形式化描述 …… 134
6.4.2 数据模型的形式化描述 …… 135
6.4.3 组织模型的形式化描述 …… 135
6.5 知识服务工作流模型 …… 136
6.6 知识服务工作流执行过程 …… 138
6.7 基于 BPMN 的工作流建模 …… 139
6.7.1 BPMN 相关概念介绍 …… 139

6.7.2　Web 服务业务流程执行语言 …… 141
6.7.3　从 BPMN 到 WS-BPEL 的映射算法 …… 144
6.8　工作流引擎设计 …… 149
6.8.1　工作流引擎功能需求 …… 149
6.8.2　模型设计 …… 150
6.8.3　工作流引擎架构 …… 154
6.8.4　功能模块设计 …… 154
6.9　系统的实现 …… 159
6.9.1　开发环境介绍 …… 159
6.9.2　系统需求分析 …… 159
6.9.3　业务流程模型 …… 161
6.9.4　工作流的执行 …… 162
6.9.5　工作流的管理与监控 …… 166
6.10　本章小结 …… 168
本章参考文献 …… 168

第 7 章　知识网格 …… 171

7.1　网格的概念 …… 171
7.1.1　网格 …… 171
7.1.2　网格计算 …… 172
7.1.3　网格的体系结构 …… 173
7.1.4　网格系统 …… 174
7.1.5　网格的应用 …… 176
7.2　知识网格的概念 …… 176
7.2.1　知识网格的定义 …… 176
7.2.2　知识网格的特征 …… 177
7.2.3　知识网格模型 …… 178
7.2.4　知识网格所关注的问题 …… 179
7.3　知识网格系统的结构 …… 179
7.4　知识资源的 XML 表示 …… 183
7.4.1　XML 表示知识的方法 …… 183
7.4.2　XML 的树形知识表示 …… 184
7.5　知识网格研究项目 …… 186
7.6　语义网格 …… 189
7.6.1　语义网格概述 …… 189
7.6.2　语义网格的体系结构 …… 190
7.6.3　语义网格的核心技术 …… 191

7.6.4 语义网格服务 …… 192
7.7 本章小结 …… 193
本章参考文献 …… 193

第8章 知识管理平台 …… 194

8.1 知识协同管理平台建设的思路 …… 194
8.2 知识门户 …… 196
8.2.1 企业信息门户 …… 196
8.2.2 企业知识门户的概念 …… 197
8.2.3 知识门户对知识管理的作用 …… 198
8.2.4 知识门户的特点及功能 …… 198
8.2.5 企业知识门户的应用 …… 199
8.3 知识管理平台的体系结构 …… 200
8.4 知识管理平台的功能模型 …… 202
8.4.1 前端交互工具 …… 203
8.4.2 知识获取工具 …… 203
8.4.3 知识服务工具 …… 204
8.4.4 知识维护工具 …… 204
8.4.5 系统管理维护工具 …… 204
8.5 本章小结 …… 205
本章参考文献 …… 205

第9章 企业信息化与知识管理 …… 206

9.1 知识管理与ERP …… 206
9.1.1 知识管理与ERP系统 …… 206
9.1.2 基于知识管理的ERP系统 …… 207
9.1.3 ERP实施与应用 …… 209
9.2 知识管理与CRM …… 212
9.2.1 知识管理与CRM的整合 …… 212
9.2.2 CRM中的知识管理系统 …… 214
9.2.3 CRM的知识管理过程 …… 216
9.3 知识管理与电子政务 …… 217
9.3.1 电子政务概述 …… 217
9.3.2 电子政务运用知识管理的必要性 …… 219
9.3.3 知识管理在电子政务系统中的应用框架 …… 221
9.4 知识管理与电子商务 …… 223
9.4.1 电子商务概述 …… 223

9.4.2 知识管理与电子商务的联系 …… 225
9.4.3 电子商务实施过程中进行知识管理的必要性 …… 227
9.4.4 基于知识管理的电子商务系统架构设计 …… 228
9.4.5 基于知识的电子商务推荐系统 …… 229
9.5 本章小结 …… 231
本章参考文献 …… 231

第10章 产品设计知识管理 …… 232

10.1 产品设计知识管理概述 …… 232
10.2 产品设计知识管理研究现状 …… 233
10.3 产品设计知识管理研究意义 …… 234
10.4 产品设计知识管理系统功能结构设计 …… 234
10.4.1 产品设计知识管理系统的总体框架 …… 234
10.4.2 基于角色的权限管理策略 …… 236
10.4.3 领域知识获取 …… 238
10.4.4 知识表示 …… 238
10.4.5 基于 WordNet 的领域本体构建 …… 242
10.4.6 基于 WordNet 的概念相似度计算 …… 243
10.4.7 语义查询扩展 …… 243
10.5 产品设计知识管理系统的实现 …… 245
10.5.1 领域本体的构建 …… 245
10.5.2 系统管理模块 …… 248
10.5.3 设计原理知识查询 …… 248
10.5.4 知识的更新与维护 …… 249
10.6 本章小结 …… 252
本章参考文献 …… 252

第1章 知识管理概述

1996年,联合国经济与发展组织(Organization for Economic Cooperation and Development,OECD)在其题为《以知识为基础的经济》的报告中提出:知识是经济发展的核心。在这个报告的影响下,国内外兴起了研究与讨论知识经济的热潮[1]。知识正逐渐成为当今组织取得竞争优势的关键因素,知识管理迅速进入社会、经济和生活的方方面面,成为各国政府、科教、企业界人士关注的重点。尤其是随着计算机技术和通信技术的日益发展与融合,特别是互联网技术的广泛应用和人工智能技术的不断发展,也为知识管理思想的普及和应用开辟了广阔的前景,将我们带入了一个全新的知识管理时代。知识管理的兴起是知识经济对知识创新的需求和现代知识处理技术发展的冲击共同促成的。

知识管理是指借助计算机(网络)系统搜集、积累、归类、分权限管理企业所有信息知识数据,建立企业知识数据库,累积企业有效知识信息,深化企业文化积淀、员工学习培训、业务经验分享借鉴、文档记录存取、信息快速查找的信息化数据平台。知识管理的根本在于把存在于员工脑海中、个人计算机里,存在于企业中的混沌、分散的"文档"、"经验"等信息,固化并且有序管理起来达到共享和重用,提高企业效率,推动企业发展。

知识管理研究涉及多个学科领域,除信息技术以外,还涉及管理科学、组织文化、人力资源、社会科学、经济学、决策科学等领域。信息技术乃至计算机科学是知识管理得以实现的重要基础,相关技术包括人工智能、知识工程、信息检索、数据挖掘、工作流、统计分析、智能AGENT、互联网、XML等。

1.1 数据、信息、知识

通常情况下,人们对数据、信息、知识很难在实践中区分开来,其原因在于它们之间既有区别又有密切的联系,从而致使它们在概念上还不十分清晰的情况下就被广泛使用。为了彻底弄清知识管理的概念,我们有必要先对数据、信息、知识加以界定,然后再对其逻辑关系进行分析。

1.1.1 数据、信息、知识的含义

人类对客观事物的认识组成了人类思想的内容。这个认识过程是一个从低级到高级不断发展的过程。目前大多数学者将人类思想的内容分为三类,即数据、信息和知识。

1. 数据

数据是一系列关于事件的离散的客观事实,在组织中,数据通常是关于事项的结构化的

记录。反映客观事物运动状态的信号通过感觉器官或观测仪器感知，形成了文本、数字、事实或图像等形式的数据。它是最原始的记录，未被加工解释，没有回答特定的问题。它反映了客观事物的某种运动状态，除此以外没有其他意义。它与其他数据之间没有建立相互联系，是分散和孤立的。数据是客观事物被大脑感知的最初的印象，是客观事物与大脑最浅层次相互作用的结果。例如，“1245”、“89%”、“野中郁次郎”等数据，本身没有任何意义。

数据无处不在，但大量的数据却常常让人如进迷宫而难以直接帮助管理者进行决策，因此，计算机常被用来对各种数据进行有系统的组织以产生有意义的信息，让管理者更容易做决定。典型的数据处理技术包括数据库系统、数据仓库、数据拾取和数据分析等。

2. 信息

指某个特定问题的文本，以及被解释具有某些意义的数字、事实、图像等形式的信息。它包含了某种类型可能的因果关系的理解，回答“who(谁)”、“what(什么)”、“where(哪里)”和/或“when(何时)”等问题。例如，“公司内部的财务报表”、“日报表”等都属于信息。

信息通常被用于有限的时间和有限的范围内。要是信息在较长时间内有效，需要经过一系列综合处理过程，综合后的信息构成知识。

3. 知识

知识是有用的信息。特殊背景下，人们头脑中数据与信息、信息与信息在行动中的应用之间所建立的有意义的联系，体现了知识的本质、原则和经验。它是人所拥有的真理和信念、视角和概念、判断和预期、方法论和技能等，回答“how(怎样)”、“why(为什么)”的问题，能够积极地指导任务的执行和管理，进行决策和解决问题。它是这样一种模式，当它再次被描述或被发现时，通常要为它提供一种可预测的更高的层次。也就是说，当人们将知识与其他知识、信息、数据在行动中的应用之间建立起有意义的联系，就创造出新的更高层次的知识。例如，当我们知道公司内部的财务报表这个信息之后，总结出近期公司的财务情况，分析出哪段时间财务情况良好，哪段时间财务情况一般，这就是我们得到的知识。

我国学者王众托院士认为，可以从以下几个方面来理解知识的本质[2]。

(1) 知识是人类在实践中获得的有关自然、社会、思维现象与本质的认识的总结。

(2) 知识是具有客观性的意识现象，是人类最重要的意识成果。一般来说，信息是知识的载体，其中的一部分需要借助于物质载体才能保存与沟通。

(3) 从静态来说，知识表现为有一定结构的知识产品；从动态来说，知识是在不断流动中产生、传递和使用的。

1.1.2 数据、信息、知识的区别与联系

这三个概念既互相区别又相互统一，它们的产生及其最后被人们放到一起来使用都有其原因。三者都是人们对客观事物或事件认识的结果，包含真理成分、用途和价值，只是它们所处认识阶段不一样、对人们认识能力要求以及所需认识工具不一样，而导致了其所含有的真理成分、用途和价值有了多与寡的差别。

1. 数据、信息、知识的区别

数据与信息、知识的区别主要在于它是原始的、彼此分散孤立的、未被加工处理过的记录，它不能回答特定的问题。知识与信息的区别主要在于它们回答的是不同层次的问题，信

息可以由计算机处理而获取，知识很难由计算机创造出来。

三者的主要区别如表 1.1 所示。

表 1.1　数据、信息、知识的主要区别

数　　据	信　　息	知　　识
结构简易	需要分析单元	难以构建
便于计算机获取	计算机获取适中	计算机难以获取
通常数量多	要求意义上的一致性	通常是默认的
便于传输	必须有人为调解	传输困难

能有效区分信息和知识的关键，并不在于信息和知识的内容、结构、精确性或效用的差别。相反，知识是经过每个个体的头脑处理过的信息。它是关于事实、过程、概念、理解、理念、观察和判断(这些事实、过程、概念、理解、理念、观察和判断可能是或可能不是独特的、有用的、精确的或结构化的)的个性化的或主观的信息。信息一旦经过了个体头脑的处理就将成为知识，这种知识经过清楚地表达并通过文本、计算机输出结果、口头或书面文字或其他形式与其他人交流，就又转变成了信息。

对于信息与知识的详细比较，我们可以参看表 1.2。

表 1.2　信息与知识的主要区别

信　　息	知　　识
经过处理的数据	可用于行动的信息
只提供事实	有助于预测、建立临时关系或对要做的事情做出预测性判断
清楚、明晰、结构化和简单	混乱、模糊，部分未被结构化
易于以书面方式表达	直觉的，很难交流或用语言描述和表达
通过数据关联和计算获得	存在于联系、人际对话、经验性直觉和解决问题的能力中
缺乏所有者依存性	存在于所有者大脑中
信息系统可以很好地处理	还需要非正式渠道，如非正式的交流
理解大量数据含义的关键资源	智能决策、预测、设计、规划、诊断、分析、评估和直觉判断的关键资源
从数据演变而来，以数据库、书籍、手册和文件的形式存储	产生于个人和集体的头脑，并为之共享，随着时间的推移从经验、成功、失败和学习中产生
被形式化、获取和显性化，易于包装为可再利用的形式	多形成于人的头脑中，从经验中得来

2. 数据、信息、知识的联系

数据、信息、知识之间的关系就如同几何学上线、面、立体之间的关系。数据通过加工转换成信息，信息以数据的形式存储、传递。数据、信息通过人的思考、整理转化为知识，知识以数据的形式存储、传递。

我们上面提到在数据、信息、知识三者之外，有学者将广义的知识再次区分为知识和智慧两种。智慧是人类所表现出来的一种独有的能力,主要表现为收集、加工、应用、传播信息和知识的能力,以及对事物发展的前瞻性看法。数据、信息、知识和智慧是人类认识客观事物过程中不同阶段的产物。从数据到信息到知识再到智慧,是一个从低级到高级的认识过程,层次升高,外延、深度、含义、概念化和价值不断增加。在数据、信息、知识和智慧中,低层次是高层次的基础和前提,没有低层次就不可能有高层次,数据是信息的源泉,信息是知识的"子集或基石",知识是智慧的基础和条件。信息是数据与知识的桥梁。知识反映了信息的本质。智慧是知识的应用和生产性使用。图 1.1 表示了四者的层级关系。

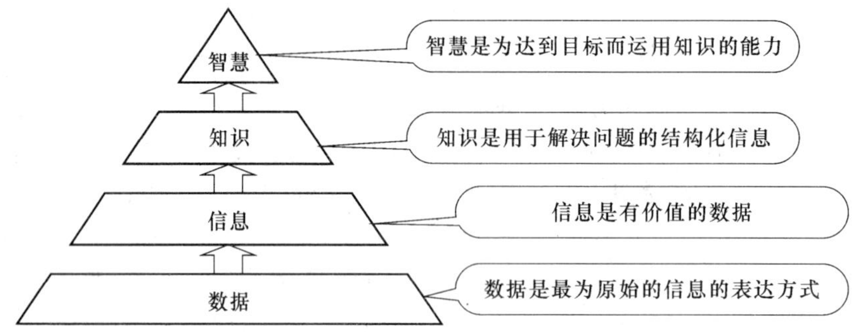

图 1.1 数据、信息、知识与智慧的层级关系

数据、信息、知识、智慧的价值与隐性及获取的困难程度的关系如图 1.2 所示,它们之间存在着密切的阶层关系,上层常是下层的加值产品。

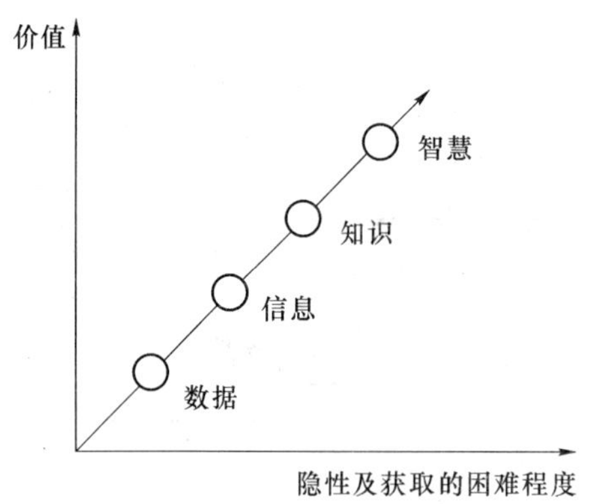

图 1.2 数据、信息、知识与智慧的价值与隐性及获取的困难程度

1.2 隐性知识与显性知识

知识是人们在认识世界、改造世界中获得的认知以及积累的经验的总和。知识虽然有其相通性,但是由于呈现的方式、存储的地点、抽象程度以及利用的目的不同,知识会呈现出不同的形态,导致其分类的方式也有所不同。

根据存储单位可以将知识分为员工个人知识和组织知识。员工个人知识是指员工自己的知识,包含技能、经验、习惯、自觉、价值观等,属于员工可以带走的东西;组织知识是内含于组织实体系统中的知识。

随着知识经济理论的逐渐发展，联合国经济与发展组织对知识的分类成为目前最具权威性和流行性的一种。根据该组织《以知识为基础的经济》（*Knowledge-based Economy*）一书的划分，可以将“知识”归纳为四种类型[1]：

（1）知道是什么（Know-what）——关于事实的知识；

（2）知道为什么（Know-why）——关于自然原理和科学的知识；

（3）知道怎么做（Know-how）——关于如何去做的知识；

（4）知道谁有知识（Know-who）——知道谁拥有自己所需要的知识。

根据可呈现程度，可以分为隐性知识和显性知识。这个分类是知识管理领域中最重要的分类结构，它影响知识管理的很多方面。

1.2.1　隐性知识

所谓隐性知识，或称为“隐含经验类知识”（tacit knowledge），往往是个人或组织经过长期积累而拥有的知识，通常不易用言语表达，也不可能传播给别人或传播起来非常困难。例如，技术高超的厨师或艺术家可能达到世界水平，却很难将自己的技术或技巧表达出来从而将其传播给别人或与别人共享。隐性知识所对应的是 OECD 分类中关于 Know-how 和 Know-who 的知识，其特点是不易被认识到、不易衡量其价值、不易被其他人所理解和掌握。

美国管理学家彼得·德鲁克认为，隐性知识是不可用语言来解释的，它只能被演示证明它是存在的，主要来源于经验和技能的，学习的唯一方法是领悟和练习[3]。德鲁克认为隐性知识主要是源于经验和技能。

野中郁次郎（Ikujiro Nonaka）认为：隐性知识是高度个人化的知识，很难规范化也不易传递给他人，主要隐含在个人经验中，同时也涉及个人信念、世界观、价值体系等因素。隐性知识是主观的经验或体会，不容易运用结构性概念加以描述或表现的知识。显性知识则是可以客观运用概念加以捕捉或呈现的知识[4]。

1. 隐性知识的五个方面

- **技术要素**：技术诀窍、技能和能力。
- **认知要素**：分析问题、判断力、前瞻性。
- **经验要素**：经验和阅历。
- **情感要素**：直觉、偏好、情绪。
- **信仰要素**：价值观、人生观、目标倾向。

2. 隐性知识的特征

- **默会性**：不能通过语言、文字、图表或符号明确表述。隐性知识一般很难进行明确表述与逻辑说明，它是人类非语言智力活动的成果。这是隐性知识最本质的特性。
- **个体性**：隐性知识是存在于个人头脑中的，它的主要载体是个人，它不能通过正规的形式（例如，学校教育、大众媒体等）进行传递，因为隐性知识的拥有者和使用者都很难清晰表达。但是隐性知识并不是不能传递的，只不过它的传递方式特殊一些，例如通过“师传徒授”的方式进行。另外，这里需要区别“个体性”与“主观性”。波兰尼认为，和主观心理状态之局限于一己的、私人的感受不同，个体知识是认识者以高度的责任心(resposibility)、带着普遍的意图(universal intent)、在接触外部实在(external reality)的基础上获得的认识成果。可见,个体的不同于主观的,关键在于前者包含了一个普遍的、外在的维度。

- **非理性**:显性知识是通过人们的"逻辑推理"过程获得的,因此它能够理性地进行反思,而隐性知识是通过人们的身体的感官或者直觉、领悟获得的,因此不是经过逻辑推理获得。由于隐性知识的非理性特征,所以人们不能对它进行理性的批判。
- **情境性**:隐性知识总是与特定的情景紧密相联系的,它总是依托特定情境中存在的,是对特定的任务和情境的整体把握。这也是隐性知识的很重要的特征。
- **文化性**:隐性知识比显性知识更具有强烈的文化特征,与一定文化传统中人们所分析那个的概念、符号、知识体系分不开,或者说,处于不同文化传统中的人们往往分享了不同的隐性知识"体系",包括隐性的自然知识"体系",也包括隐性的社会和人文知识"体系"。
- **偶然性与随意性**:隐性知识比较偶然、比较随意,很难捕捉,所以获取的时候比显性知识要困难。
- **相对性**:这里的相对性有两层含义,一是隐性知识在一定条件下可以转化为显性知识,二是相对于一个人来说是隐性知识,但是同时对另一个人来说可能已经是显性知识,反之亦然。
- **稳定性**:与显性知识相比,隐性知识与观念、信仰等一样,不易受环境的影响改变;它较少受年龄影响,不易消退遗忘,也就意味着个体一旦拥有某种隐性知识就难以对其进行改造。这意味着隐性知识的建构需要在潜移默化中进行。
- **整体性**:尽管隐性知识往往显得缺乏逻辑结构,然而,它是个体内部认知整合的结果,是完整、和谐、统一的主体人格的有机组成部分,对个体在环境中的行为起着主要的决定作用,其本身也是整体统一、不可分割的。

3. 隐性知识的分类

隐性知识还可细分为个体隐性知识和集体隐性知识。

- **个体隐性知识**:隐性知识相对主观,依附在人的大脑中,非结构化,难以传播,对解决现实问题和突发性问题具有很重要的价值。
- **集体隐性知识**:机构成员长期以来所共同经历的生产过程、事件、心理和认知体验构成了集体隐性知识的基础,长期形成的约定俗成的运作方式是以一种不言自明的形式存在。
- **个体隐性知识与集体隐性知识的关系**:个体隐性知识是集体隐性知识的基础,个体隐性知识的外在化是形成集体隐性知识的重要方式,两者相互联系又相互促进,形成一个有机整体,最终目的是为了提升综合竞争力,实现知识服务效果的最大化,获得良好的社会效益。

4. 例子

体育比赛中的隐性知识有:

(1) 通过训练,集体隐性知识逐渐形成;

(2) 集体隐性知识形成球队的竞争优势;

(3) 竞争对手也在学习和形成自身的竞争优势;
(4) 球队的集体隐性知识价值开始下降;
(5) 球队的集体隐性知识老化,给球队带来副效应;
(6) 选择新的教练,带来新的思想、战略和方法;
(7) 引进新球员,打破原有隐性知识的均衡,使其形成新的集体隐性知识。

1.2.2　显性知识

所谓显性知识,是指可以通过正常的语言方式传播的知识。典型显性知识主要是指以专利、科学发明和特殊技术等形式存在的知识,存在于书本、计算机数据库、视听媒体等中。显性知识是可以表达的、有物质载体的、可确知的。在 OECD 对于知识的四类划分中,关于 Know-what 和 Know-why 的知识基本属于显性知识。

1.2.3　隐性知识与显性知识的区别

波兰尼认为:"人类的知识有两种。通常被描述为知识的,即以书面文字、图表和数学公式加以表述的,只是一种类型的知识。而未被表述的知识,像我们在做某事的行动中所拥有的知识,是另一种知识。[5]"他把前者称为显性知识,而将后者称为隐性知识,按照波兰尼的理解,显性知识是能够被人类以一定符码系统(最典型的是语言,也包括数学公式、各类图表、盲文、手势语、旗语等各种符号形式)加以完整表述的知识。隐性知识和显性知识相对,是指那种我们知道但难以言述的知识。

知识管理中显性知识与隐性知识是一对基本概念,学者 Tiwana 详细地将隐性知识与显性知识以不同特性进行区分[6],如表 1.3 所示。

表 1.3　隐性知识与显性知识的主要差异

特性	隐性知识	显性知识
本质	自觉、想象力、创意或者技巧,无法清楚说明,相当主观	可编码呈现,可清楚说明,较客观
正式化程度	不容易文件化、记录、传递和说明	能通过编码利用正式的文字、图表等有系统地进行传播
形成的过程	由实践经验、身体力行及不断试验中学习和积累	对于信息的研读、了解、推理与分析
存储地点	人类的大脑	文件、资料库、图表和网页等地方
媒介需求	需要丰富的沟通媒介,例如面对面沟通或通过视频会议传递	可以利用电子文件传送,如 E-mail、FTP,不需要太丰富、复杂的人际互动
重要运用	对于突发性、新问题的预测、解决并创新	可以有效地完成结构化的工作,例如工作手册的制定

对于数据、信息、知识与智慧这四者而言,我们可以看到其隐性知识与显性知识的分布情况如图 1.3 所示,通常意义上,数据跟信息表现出来的是显性知识的一面,而知识与智慧则表现出隐性知识的一面。

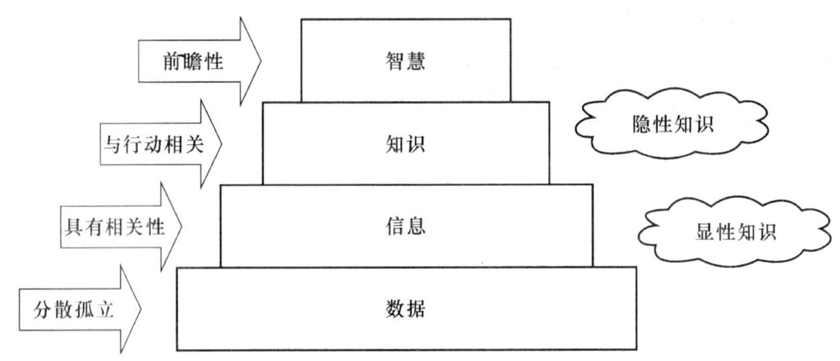

图 1.3　数据、信息、知识、智慧的隐性知识与显性知识

1.2.4　隐性知识与显性知识的联系

显性知识和隐性知识是构成知识的不可分离的两个有机组成部分。野中郁次郎认为：隐性知识和显性知识不是完全独立的。确切地说，它们之间是互相补充。在人类创新活动的过程中，两者之间互相作用、互相转化。

对于隐性知识与显性知识之间的关系，以及它们所处的位置，我们可以形象地用冰山的模型进行展示。如图 1.4 所示，图中展示了一座冰山，也是现实生活中的冰山模型。冰山中露出水面的部分，其实仅占其体积的 20%左右，更多的冰山在水面的下方，不容易被人发现。我们可以形象地将显性知识比喻为冰山露出的一角，这一角能够被人们发现并且利用，可以提高人们学习的效率，同时也容易建档与分享，是可以复制的知识。而蕴含在水面之下的则是巨大的隐性知识，隐性知识具有默会性、个体性、非理性、情境性、文化性、偶然性与随意性、相对性、稳定性、整体性等特点，拥有的隐性知识，是决定人们能力的重要因素，是很难表达的，具有高的竞争优势。

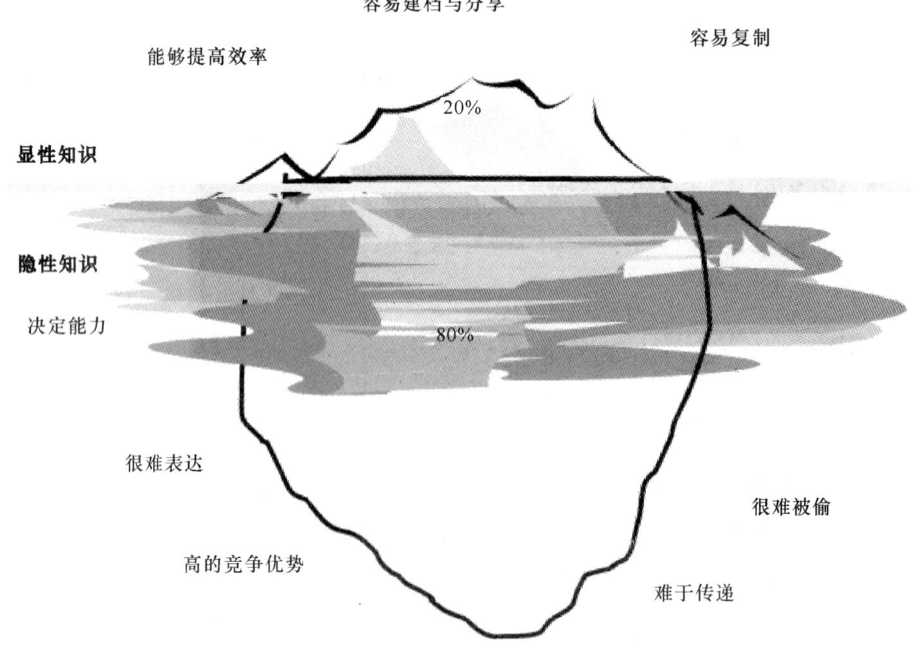

图 1.4　隐性知识与显性知识的冰山模型

1.3　SECI 模型

SECI 模型的最初原型是野中郁次郎(Ikujiro Nonaka)和竹内弘高(Hirotaka Takeuchi)于 1995 年在他们合作的《创新求胜》(*The Knowledge Creating Company*)一书中提出,并对知识创新的知识场——场(Ba),以及知识创新的结果与支撑——知识资产进行了全面论述[7]。

1.3.1　知识创造的 SECI 模型

野中郁次郎将企业知识划分为隐性知识和显性知识两类。所谓隐性知识包括信仰、隐喻、直觉、思维模式和所谓的"诀窍",而显性知识则可以用规范化和系统化的语言进行传播,又称为可文本化的知识。

野中郁次郎提出,在企业创新活动的过程中隐性知识和显性知识二者之间互相作用、互相转化,知识转化的过程实际上就是知识创造的过程。知识转化有四种基本模式——社会化(Socialization)、外部化 (Externalization)、组合化(Combination)和内部化(Internalization),即著名的 SECI 模型。图 1.5 展示了 SECI 模型框架。

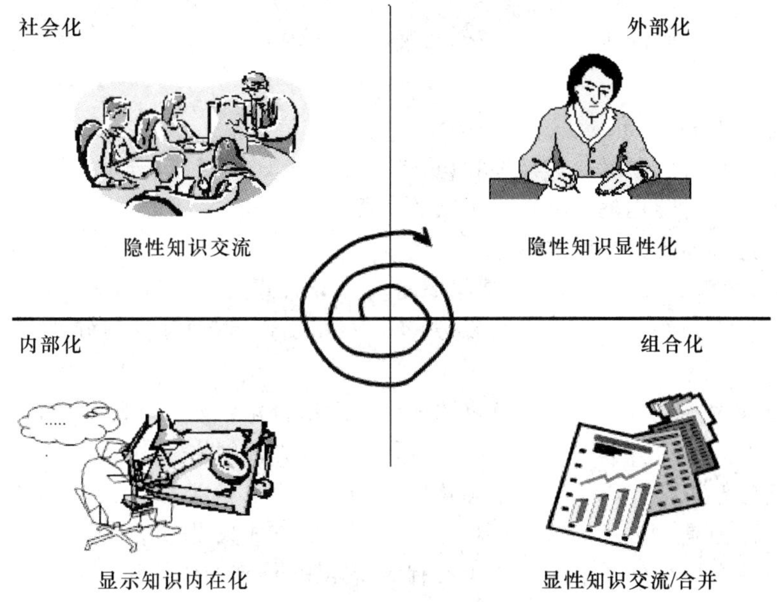

图 1.5　SECI 模型框架

(1) 社会化(Socialization)

个体之间通过联合活动和接触共享隐性知识的过程。这是在个人间分享隐性知识,是知识社会化的过程,是隐性知识到隐性知识的转化,主要通过观察、模仿和亲身实践等形式使隐性知识得以传递。师传徒受就是个人间分享隐性知识的典型形式。借助信息技术建立虚拟知识社区,则为在更广范围内实现从隐性知识到隐性知识的转化创造了条件。比如一个新进人员通过观察资深同事的工作来学习经验和技巧,比如人们针对共同主题展开的谈话和讨论。

从个人经验到经验共享，可以用“头脑风暴法”的会议对话方式，也可以用开发商和用户的坦诚交流方式，还可以用传统的师傅带徒弟的心照不宣方式，以及师徒同门之间的切磋感受方式等。这些方式的共同特点是，所传递的知识是没有符号系统、不能逻辑表达的，接受者只能通过感受、领悟、体验等途径把这些说不出的知识学过来。所以，这些隐性知识很难被组织更有效地综合利用。因此，知识创造还需要进入客观表达阶段。

在此过程中的主要挑战是：如何识别和组织领域中的专家？如何沟通协作？如何总结和传递经验教训？

(2) 外部化(Externalization)

以易于理解的形式表达和描述隐性知识的过程。这是对隐性知识的显性描述，将其转化为别人容易理解的形式，是隐性知识到显性知识的转化。这个转化所利用的方式有类比、隐喻和假设、倾听和深度会谈等。当前的一些智能技术，如知识挖掘系统、商业智能、专家系统等，则为实现隐性知识的显性化提供了手段，比如将实践工作中的经验教训总结成书面形式。

具体讲，就是用语言符号把隐性的想法与诀窍表达出来，实现知识外显。这需要标准化、概念化，使隐性知识变为可重复的工业化知识。在这种知识转化过程中，野中郁次郎认为，西方推崇的归纳和演绎等逻辑方法会相形见绌，而东方的尤其是日本的认知方法对于表达那些只可意会不可言传的东西非常有效。野中郁次郎强调，使用比喻语言和象征手法可以表达人们的直觉和灵感。由“比喻”到“类比”再到“模型”，是外化知识的基本途径。

在此过程中的主要挑战是：缺乏自动化的流程来捕捉隐性知识，缺乏贡献隐性知识的激励环境。

(3) 组合化(Combination)

将显性知识转化成更复杂的显性知识，包括显性知识的交流、分发、系统化等过程。显性知识到显性知识的转化是一种知识扩散的过程，通常是将零碎的显性知识进一步系统化和复杂化。将这些零碎的知识进行整合并用专业语言表述出来，个人知识就上升为了组织知识，能更容易地为更多人共享和创造组织价值。分布式文档管理、内容管理、数据仓库等是实现显性知识组合的有效工具。比如从多个来源收集、整理和学习知识，并获得新的发现，得到新的知识。

它是一个通过各种方式把形形色色的知识概念组合化和系统化的过程。人们对待信息就像玩拼图游戏，会把自己从文件、会议、电话交谈、计算机网络等媒介得到的知识碎片联结组合成一个新的知识整体。具体方法有整理、增添、结合和分类等，最终重新构造既有信息并催生新知识。但是，野中郁次郎强调，这种“综合”的方式只是外显的完成，对于个人而言，他可以从整体构图中得到原来的碎片所没有的新知识，但对组织来讲，并没有真正扩展组织已有的知识储备。它的最重要的作用在于把个体乃至群体的知识变成组织的知识，把散乱的知识变成系统的知识。

在此过程中的主要挑战是：大量知识被独占或隐藏，存在于不同介质中的知识难于整合，难于搜索。

(4) 内部化(Internalization)

在个体或组织规模内将显性知识转化成隐性知识的过程，是显性知识到隐性知识的转化。这意味着，企业的显性知识转化为企业中各成员的隐性知识。也就是说，知识在企业员工间传播，员工接受了这些新知识后，可以将其用到工作中去，并创造出新的隐性知识。团体工作中学习和工作中培训等是实现显性知识隐性化的有效方法。这方面，也有一些协作工具，如电子社区、E-learning 系统等，比如通过阅读大量的书籍来丰富自己的知识。

系统化的显性知识转变为实践活动，需要有一个形象化和具体化的过程。这个过程即"做中学"(learning by doing)。经过前三个过程，组织的共有技术诀窍和心智模式，再内化到个体的隐性知识之中，新知识被组织内部员工吸收、消化，并升华成他们自己的独特的新的隐性知识。这时，新的知识就变成了有价值的资产。组织的知识创造经过这样一个完整过程后，会进入激发新一轮知识创造的螺旋。

在此过程中的主要挑战是：信息量过大，缺乏指导。

总体上说，知识创造的动态过程可以被概括为：高度个人化的隐性知识通过共享化、概念化和系统化，并在整个组织体系中传播，被员工吸收和升华。在这个过程中，知识实现增量增值和结构转变。SECI 模型中四个知识转化阶段如表 1.4 所示。

表 1.4　SECI 模型中四个知识转化阶段

<table>
<tr><th>过程</th><th>作用</th><th>类型转换</th><th>途径</th><th>具体形式</th></tr>
<tr><td rowspan="4">社会化</td><td rowspan="6">创造知识</td><td rowspan="4">隐性→隐性</td><td rowspan="4">直接经验分享</td><td>1. 公司内部的巡视</td></tr>
<tr><td>2. 公司外部的巡视</td></tr>
<tr><td>3. 积累隐性知识</td></tr>
<tr><td>4. 传递隐性知识</td></tr>
<tr><td rowspan="2">外部化</td><td rowspan="2">隐性→显性</td><td rowspan="2">对话、映射</td><td>5. 明晰隐性知识</td></tr>
<tr><td>6. 解释隐性知识</td></tr>
<tr><td rowspan="3">组合化</td><td rowspan="5">应用知识</td><td rowspan="3">显性→显性</td><td rowspan="3">与信息系统化结合</td><td>7. 收集并整合显性知识</td></tr>
<tr><td>8. 传递显性知识</td></tr>
<tr><td>9. 编辑显性知识</td></tr>
<tr><td rowspan="2">内部化</td><td rowspan="2">显性→隐性</td><td rowspan="2">在实践中获取</td><td>10. 将显性知识物化</td></tr>
<tr><td>11. 使用模仿和试验</td></tr>
</table>

1.3.2　知识螺旋

从主体上看，组织知识的创造不仅发生在个人层次上，而且发生在群体、组织、组织之间等层次上。在不同的层次上，都存在隐性知识和显性知识间的相互作用。

SECI 模型强调，组织自身不可能创造知识，个体的隐性知识是组织知识创造的基础。组织调动出个体创造及积累的隐性知识，通过知识转换，在组织层次上得以放大，并且在较高层次上结晶下来，周而复始。野中郁次郎将这个过程称之为"知识螺旋"[4]。在知识螺旋中，隐性知识与显性知识之间的相互作用，随着层级的攀升而扩展。总之，组织的知识创造是一个螺旋发展过程，它源自个体，并且随互动社群的扩大，超越科室、部门、事业部、企业，不断向外弥散。

知识创造是一种螺旋而不是循环。隐性知识与显性知识之间的互动，通过知识创造的 SECI 模式被放大、增强。当知识螺旋沿存在论维度向前发展时，它会向周围扩散，并有可能激发新一轮知识创造的螺旋。当这种螺旋不断超越科室、部门、事业部乃至组织边界时，它能在横向和纵向上均得以展开。

知识创新的过程就是显性知识和隐性知识相互作用螺旋式上升的过程，图 1.6 是知识创新的螺旋上升过程。图 1.7 展示的是知识转化和创新的过程。

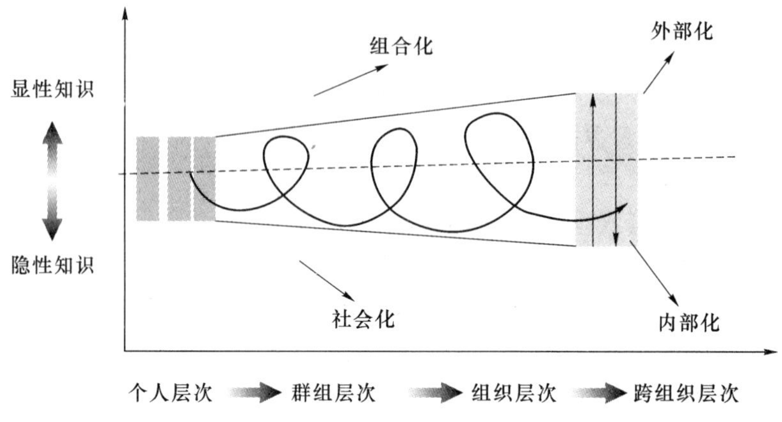

图 1.6 知识创新的螺旋上升过程

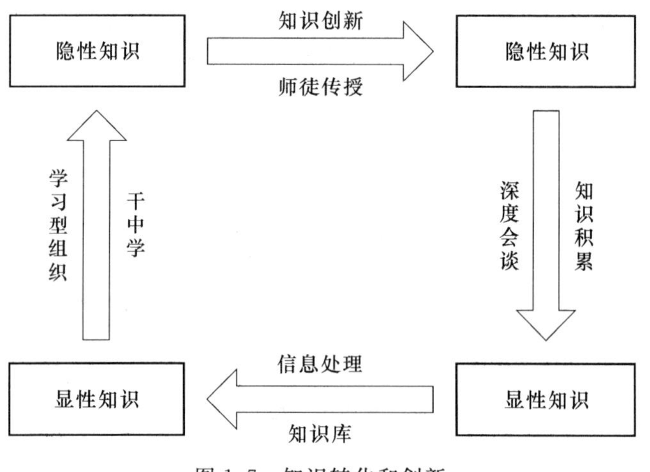

图 1.7 知识转化和创新

1.4 结构化数据、非结构化数据和半结构化数据

1. 结构化数据(Structured Data)

存储在数据库里，可以用二维表结构来逻辑表达实现的数据叫结构化数据。

结构化数据类型是一种用户定义的数据类型，它包含一些非原子的元素，更确切地说，这些数据类型是可以分割的，它们既可以单独使用，又可以在适当情况下作为一个独立的单元使用。

最常见的情况是，结构化类型被存储到数据库中。

对于一个或多个列中的值，可以使用结构化类型作为数据类型对它们进行定义。对于表(类型化表)中的行，其中的列是根据结构化类型的属性定义的。在这种情况下，表是用结构化类型创建的，并且不必在表定义中指定单独的列。

2. 非结构化数据(Non-structured Data)

相对于结构化数据(即行数据,存储在数据库里,可以用二维表结构来逻辑表达实现的数据)而言,不方便用数据库二维逻辑表来表现的数据即称为非结构化数据,包括所有格式的办公文档、文本、图片、各类报表、图像和音频/视频信息等。

3. 半结构化数据(Semi-structured Data)

这样的数据和上面两种类别都不一样,它是结构化的数据,但是结构变化很大。因为我们要了解数据的细节所以不能将数据简单地组织成一个文件按照非结构化数据处理,由于结构变化很大也不能够简单地建立一个表和它对应。比如存储员工的简历,不像员工基本信息那样一致,每个员工的简历大不相同。有的员工的简历很简单,比如只包括教育情况;有的员工的简历却很复杂,比如包括工作情况、婚姻情况、出入境情况、户口迁移情况、党籍情况、技术技能等;还有可能有一些我们没有预料的信息。通常我们要完整地保存这些信息并不是很容易的,因为我们不会希望系统中的表的结构在系统的运行期间进行变更。

半结构化数据模型是一种基于图的自描述的对象实例模型,其中数据包括原子数据和复杂数据。半结构化数据通常以标记文本的格式存放,具有一定结构,但语义不够确定,典型的如HTML网页,有些字段是确定的(title),有些是不确定的(table)。

和普通纯文本相比,半结构化数据具有一定的结构性。OEM(Object Exchange Model)是一种典型的半结构化数据模型,如HTML、XML、BibTex等。

1.5 知识管理与信息管理的联系区别

1.5.1 知识管理

1. 定义

在长期的实践中,人们给知识管理下了很多定义:

Karl M. Wiig(1995)将知识管理定义为:知识管理是对知识进行系统、明确、深思熟虑地构建、更新和应用,以使企业的知识相关效力和知识资产回报最大化[8]。

Petrash (1996)对知识管理的定义得到了更广泛的引用:知识管理就是要将恰当的知识在恰当的时间传递给恰当的人,以使其能够做出最好的决策[9]。

Beckman(1997)认为知识管理是对经验、知识以及专业技能的规划与使用,进而创造新的潜力、提升绩效、鼓励创新与增进顾客价值[10]。

美国德尔福集团创始人之一卡尔·费拉保罗认为:“知识管理就是通过知识共享,运用集体的智慧,提高企业的应变能力和创新能力,为企业实现显性知识和隐性知识共享提供新途径”。

美国生产力与质量研究中心(APQC)认为:“知识管理是指为了提高企业竞争力而对知识进行识别、获取和充分发挥其作用的过程。”

王众托院士认为,对一个组织(企业、院所等)来说,知识管理涉及下面这些问题[11]:

(1) 本组织中需要的知识是什么;

(2) 现有的知识在哪里,可以从哪里获取;

(3) 如何传播;

(4) 如何生成新的知识(创新);

(5) 如何有效利用;

(6) 知识如何储存、更新,如何保护,等等。

廖开际认为知识管理是组织为了提高生存能力和竞争优势,建立技术和组织体系,对存在于组织内外部的个人、群组或团体内的有价值的知识,进行系统的定义、获取、存储、分享、转移、利用和评估等,确保组织成员能够随时、随地获取正确的知识,以便采取正确的行动[12]。

2. 知识管理的目标

知识管理应把知识作为组织的战略资源,作为一种管理思想和方法体系,它以人为中心,以数据、信息为基础,以知识的创造、积累、共享及应用为目标。知识管理可以实现以下几点:

① 实现组织的可持续发展

将组织中的产品研发、销售网络、专利技术、业务流程、专业技能等知识,作为核心资产进行管理、开发和保护;建立相应的管理体系,通过组织文化、知识库、信息通信技术等形式固化到组织中去,有助于实现组织的可持续发展。

② 提高员工素质及工作效率

通过组织知识的共享与重用,可以提高员工的知识水平和创新能力,提高工作效率、研发水平、操作技能及服务能力;通过建立保障知识共享、创新的制度和措施,有利于员工之间开展知识交流与共享,可以促进员工的个人发展,有利于提高员工的创新积极性,从而实现组织内和谐共处。

③ 增强用户满意度

通过为用户、社会提供更优质的产品、高效的服务,可以帮助提升组织的用户满意程度、社会公众满意程度。

④ 提升组织的运作绩效

通过将组织的知识运用于业务运作的各个环节,提高业务管理水平、产品研发能力、生产经营水平、市场开拓能力、产品附加值,提升客户服务水平,建立竞争优势。

1.5.2 信息管理

相对知识管理而言,信息管理已有了较长的发展历史,尽管人们对信息管理的理解各异,定义多样,至今尚未取得共识,但由于信息对科学研究、管理和决策的重要作用,信息管理一度成为研究的热点。知识管理这一概念最近才逐渐被人关注,而今知识管理与创新已成为企业、国家和社会发展的核心,重要原因就在于知识已取代资本成为企业成长的根本动力和竞争力的主要源泉。

“信息管理”这个术语自 20 世纪 70 年代在国外提出以来,使用频率越来越高。关于“信息管理”的概念,国外也存在多种不同的解释。人们公认的信息管理概念可以总结为:信息管理是实现组织目录、满足组织的要求,解决组织的环境问题而对信息资源进行开发、规划、控制、集成、利用的一种战略管理。同时认为信息管理的发展分为三个时期:以图书馆工作为基础的传统管理时期、以信息系统为特征的技术管理时期和以信息资源管理为特征的资源管理时期。

1.5.3 知识管理与信息管理的联系区别

1. 信息管理与知识管理的区别

首先,知识并不等于信息。信息只是知识的一部分。根据 OECD 的《以知识为基础的经济》报告,知识包括四大类:(1)“知道是什么”的事实知识(know-what);(2)“知道为什么”的原理知识(know-why);(3)“知道怎样做”的技能知识(know-how);(4)“知道是谁”的人际知识(know-who)[1]。

知识的概念比信息的概念要广泛得多。信息仅限于“知道是什么”、“知道为什么”,即是记录于一定物质载体上的知识,称之为“显性知识”。而“知道怎样做”、“知道是谁”,是存储于人们大脑的经历、经验、技巧、诀窍、体会、感悟等尚未公开的秘密知识,或者只可意会而难于表达的知识,称之为“隐性知识”。这些隐性知识不属于信息的范畴。知识是有用的信息。信息分为正确信息和虚假信息、有用信息和无用信息,而知识都是正确的、有用的信息。

由于“隐性知识”和“显性知识”这种划分,使得不少人产生一个误解,即把“显性知识”当作“知识”的一种。其实“显性知识”并不是“知识”本身,而是“知识”的载体。例如,一本书,我们看完后,能够从中获得知识,但是这需要一个过程,那就是“学习”。通过“学习”过程,我们的大脑才产生了新的“知识”。这些“知识”是在学习过程中,基于已有的知识,在大脑内部逐渐“生成”的,并不是从书本中直接“植入”我们的大脑。

其次,信息管理只是知识管理的基础和重要组成部分,知识管理不仅仅是信息管理的发展和延伸,更是对信息管理的变革和超越。

结合表 1.5,可以看出信息管理与知识管理主要区别如下。

表 1.5 信息管理与知识管理的比较

信息管理	知识管理
以信息整序为目的	以知识创新为目的
静态对象	动态过程
注重显性知识	注重隐性知识
以文献组织为核心	以用户需求为导向
注重加工与保存	以知识共享为核心
外部形态整合	内容的整合

第一,目的不同。信息管理仅仅侧重于对现有信息的收集、整理,而知识管理更侧重于对新知识的生产、创造。信息管理是为解决社会信息现象的复杂多样性和社会信息的无序性与人类需求的特定性之间的矛盾而产生的。信息管理的目的就是使人们能够在特定时间获取所需要的特定信息。从严格意义上讲,自从人类有了信息交流行为以来,社会信息管理活动就随之产生了。从信息管理的三个发展阶段来看,它们各自显示出不同的特征,传统信息管理时期,主要以图书馆为主要阵地,重在文献信息的收集、整理、保存与传播,这一时期的管理活动集中在微观层次,属公益型事业,即主要满足于人们对信息需求的不断增长;二战以后由于科技生产力的迅猛发展,以电子计算机通信技术为核心的现代信息技术为解决大量的信息的处理、检索和传递使用提供了强有力的支持,信息管理进入了以信息系统为特

征的技术管理时期;20 世纪 70 年代以来,随着发达国家从工业经济向信息经济的演进,信息资源作为经济资源、管理资源和竞争资源的观念深入人心,人们认识到现存问题必须依靠技术、法律、政策、伦理道德等因素结合起来协同解决,这一时期主要是以信息资源管理为特征的资源管理时期。

而知识管理是基于知识在当今社会经济发展中的特殊重要地位而提出来的。它的出现大致有以下三个方面的原因:一是知识成为社会经济发展的重要资本和动力,是促使知识管理产生的外部因素。知识经济时代,强调物质生产和知识生产相结合,而知识的作用尤为明显。二是经济的全球一体化是知识管理出现的直接原因。科技的发展、人类的进步使国际间交往日益增多,经济的发展以国际大舞台为阵地展开竞争、谋求发展。因此,不断地进行创新、培养高素质的、富有开拓进取精神的人才就显得尤为重要。在这种环境下,知识管理自然成为关注的焦点。三是信息技术的发展为知识管理提供了技术保障。知识来源于信息,信息获取又很大程度上依赖于信息技术,因此,知识管理有信息技术发展作保障,就如虎添翼。正是以上原因,知识管理成为现代企业的新型管理模式,使企业的知识创新形成自给机制,并成为企业重组的依据。

第二,信息管理仅仅重视对信息本身和信息技术的管理,是静态对象的管理,而知识管理更重视信息、知识活动的过程和人员的管理。

第三,内容范围不同,信息管理注重对显性知识的管理,而知识管理更注重对隐性知识的管理。当然,不同的研究者对信息管理和知识管理研究的内容范围也存在着分歧。有些学者认为,信息管理就是研究社会信息现象的科学,如研究社会信息现象与规律、信息组织与管理、信息服务与用户、信息政策与法律等。而其他学者则将信息管理分为 3 个层次,即过程管理、网络管理、宏观管理。过程管理包括用户需求分析、信息源管理、信息采集、组织、检索、开发、传播与利用等;网络管理主要指网络信息资源的管理,包含经济、技术和社会三个层次;宏观管理主要体现在政策法规主导的调控管理,如信息政策、法规、市场、产业、基础设施和信息教育等。就知识管理而言,有些学者认为,它的研究内容范围包括理论研究和应用研究两部分。理论研究包括知识的特性和运动规律的研究、知识组织管理研究、知识信息管理研究、知识管理方法体系的研究;应用研究则主要是各行业各学科领域的知识创新和管理在本领域的应用。而狭义的知识管理是指企业知识管理。

第四,信息管理仅仅关注在适当的时间、以适当的方式、向适当的员工提供适当的信息,将信息简单地视为企业的免费资源,未能对知识进行资本化运作以实现知识增值;而知识管理将知识视为企业最重要的战略资源,追求知识的增值。

从本质上看,知识管理既是在信息管理基础上的继承和进一步发展,也是对信息管理的扬弃,两者虽有一定区别,但更重要的是两者之间的联系。

2. 信息管理与知识管理的联系

知识管理以信息管理为基础,但又对信息管理提出了更高的要求,二者是相互促进、共同发展的。任何管理、决策都离不开信息,做好信息管理是实现知识管理的基础。另外,由于知识与信息的互动性,一部分知识转化为信息,丰富了信息和信息管理的内容,从而有效地促进信息管理的进一步发展。

知识管理起源于数据管理与信息管理。知识管理需要信息管理理论与技术的支撑。知识不能简单地从所得数据进行归纳概括中产生,在信息资源演变成为知识资源的过程中,必然要采用大量的信息技术。如目前针对知识管理的多种智能技术和软件技术,如数据仓库、群件、知识挖掘、知识发现、数据融合、推送技术、智能搜索等已广泛运用于知识管理实践，极大地提高了知识组织和知识管理的效率。可见，信息管理理论和技术的发展为知识的采集、交流、应用、创新提供了得天独厚的环境和条件，为知识管理的发展奠定了基础。

综上所述，可以看出两者虽有区别，但联系密切。知识管理需要以信息管理为基础，同时，知识管理对信息管理提出了更高的要求。在知识经济时代，信息管理工作十分重要，但更要注重知识管理，弄清楚它们之间的关系，无疑对满足社会、经济发展的需要，做好企业管理工作有着积极的推动作用。

1.6　本章小结

本章站在计算机科学的角度，论述了数据、信息、知识之间的区别联系，给出了隐性知识和显性知识的定义，以及知识管理中经典的 SECI 模型，说明了知识管理中结构化数据、非结构化数据以及半结构化数据，最后分析了知识管理与信息管理之间的关系。

本章参考文献

[1] 联合国经济合作与发展组织(OECD). 以知识为基础的经济. 北京：机械工业出版社，1997.

[2] 王众托. 知识系统工程. 北京：科学出版社，2004.

[3] (美)彼得 F 德鲁克. 知识管理. 杨开峰，译. 太原：山西经济出版社，1998.

[4] 野中郁次郎，竹内弘高. 知识创造的螺旋——知识管理理论与案例研究. 李萌，高飞，译. 北京：知识产权出版社，2006.

[5] Polanyi M. The Tacit Dimension. London：Routledge & Kegan Paul，1966.

[6] (美)Amrit Tiwana. 知识管理精要. 徐丽娟，译. 北京：电子工业出版社，2002.

[7] Nonaka I, Takeuchi H. The Knowledge Creating Company. Boston：Harvard Business Press，1995.

[8] Karl M Wiig. Knowledge Management Methods：Practical Approaches to managing Knowledge. Schema press LTD，1995.

[9] Petrash G. Managing Knowledge Assets for Values. Knowledge-Based Leadership Conference. Linkage，Inc. ，1996.

[10] Beckman T. Implementing the Knowledge Organization in Government，Paper and Presentation. 10th National Conference on Federal Quality，1997.

[11] 王众托. 知识管理. 北京：科学出版社，2009.

[12] 廖开际. 知识管理原理与应用. 北京：清华大学出版社，2007.

第 2 章　知识管理的技术基础

2.1　元数据和 RDF

随着世界知识经济的兴起，各行各业尤其是知识密集型产业（如软件产业）引入了知识管理后，知识摆脱了单纯的传播而上升为一种管理的方式。知识管理是与信息获取、新技术使用以及文化、心理等多种因素结合在一起的一种更为高级的组合，而元数据在从信息转变成知识的过程中起了关键的作用。依据信息对象的元数据，才能对信息进行加工和组织，对信息的内容进行分析，从而实现知识管理中的信息增值。

2.1.1　元数据的概念

元数据（Metadata）通常被定义为"关于数据的数据"[1]。具体来说，元数据是用来描述数据本身的内容特征和其他特征的数据，其目的是加强对网络信息资源的发现、识别、开发、组织和评价，而且对相关的信息资源进行选择、定位、调用，追踪资源在使用过程中的变化，实现信息资源的整合、有效管理和长期保存。人们很早就开始不自觉地利用元数据，例如，地图中的图例，图书馆的卡片目录等都可以说是元数据。但是，元数据的重要性是在计算机科学发展后才被人们认识到，并利用它来解决实际问题的。

元数据是描述一个具体的资源对象，并能对这个对象进行定位、管理，且有助于它的发现与获取的数据。一个元数据由许多完成不同功能的具体数据描述项构成。具体的数据描述项又称元数据项、元素项或元素。元数据是一种广泛存在的现象，在许多领域有其具体的定义和应用[2]。

在数据仓库领域中，元数据被定义为：描述数据及其环境的数据。一般来说，它有两方面的用途。首先，元数据能提供基于用户的信息，如记录数据项的业务描述信息的元数据能帮助用户使用数据。其次，元数据能支持系统对数据的管理和维护，如关于数据项存储方法的元数据能支持系统以最有效的方式访问数据。具体来说，在数据仓库系统中，元数据机制主要支持以下五类系统管理功能：(1)描述哪些数据在数据仓库中；(2)定义要进入数据仓库中的数据和从数据仓库中产生的数据；(3)记录根据业务事件发生而随之进行的数据抽取工作时间安排；(4)记录并检测系统数据一致性的要求和执行情况；(5)衡量数据质量。

在软件构造领域，元数据被定义为：在程序中不是被加工的对象，而是通过其值的改变来改变程序行为的数据。它在运行过程中起着以解释方式控制程序行为的作用。在程序的不同位置配置不同值的元数据，就可以得到与原来等价的程序行为。

在图书馆与信息界，元数据被定义为：提供关于信息资源或数据的一种结构化的数据，是对信息资源的结构化的描述。其作用为：描述信息资源或数据本身的特征和属性，规定数字化信息的组织，具有定位、发现、证明、评估、选择等功能。

元数据标准是描述某类资源的具体对象时所有规则的集合。不同类型的资源可能会有不同的元数据标准。它一般包括了完整描述一个具体对象时所需要的数据项集合、各数据项语义定义、著录规则和计算机应用时的语法规定。

元数据标准框架是规范设计定制某类特定资源所用的元数据标准时，需要遵照的规则和方法，它是抽象化的元数据。它从更高层次上规定了元数据的功能、数据结构、格式、设计方法、语义语法规则等多方面的内容。图 2.1 简要揭示了元数据标准框架、元数据标准、元数据间的关系与作用。

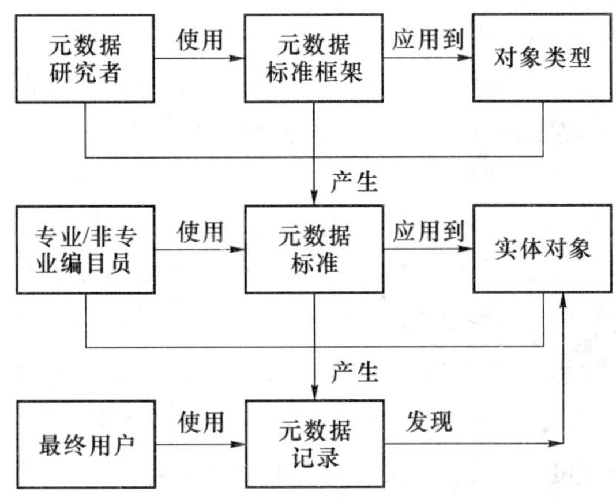

图 2.1 元数据标准框架、元数据标准与元数据关系

2.1.2 元数据的功能

元数据应考虑实现的功能有如下几个方面。

(1) 描述：对信息对象的内容、属性等的描述能力，是元数据最基本的功能，应当能比较完整地反映出信息对象的全貌。衡量描述能力最重要的一点是，它能否准确地区别不同的具体信息对象。这是元数据标准制定工作中最困难的一部分。针对每一类具体的资源对象需分别研制。

(2) 检索：支持用户发现资源的能力，即利用元数据来更好地组织信息对象，建立它们之间的关系，为用户提供多层次、多途径的检索体系，从而有利于用户便捷、快速地发现其真正需要的信息资源。

(3) 选择：支持用户在不必浏览信息对象本身的情况下，能够对信息对象有基本的了解和认识，从而决定对检出信息的取舍。

(4) 定位：提供信息资源本身的位置方面的信息，如地理空间信息，由此可准确获知信息对象之所在，便于信息的获取。

(5) 管理：保存信息资源的加工存档、结构、使用管理等方面的相关信息，以及权限管理(版权、所有权、使用权)、防伪措施(电子水印、电子签名)等。

(6) 评估：保存资源被使用和被评价的相关信息。通过对这些信息的统计分析，方便资源的建立与管理者更好地组织资源，并在一定程度上帮助用户确定该信息资源在同类资源中的重要性。

(7) 交互：有些信息资源的元素内容需经过专家考据才能确定，尤其是在描述比较复杂的对象(如，古籍)的时候。对使用元数据的专家学者提供专门的元素，允许他们对某些数据项的内容进行反馈，有利于建立更为准确的元数据，提供更为良好的服务功能。

以上功能的实现反映在具体元数据格式的设立、定义和语法结构上，在下面几节的介绍中，将做进一步的分析。

2.1.3 元数据的特点与类型

1. 元数据的特点

元数据，是关于数据的数据，其基本特点有：

(1) 描述性：这是所有元数据的最本质的特征。元数据是描述数据的数据，它通过按一种约定俗成的规则来描述对象的字段来组织和管理信息资源。只有先描述才会有组织与管理功能的发挥。

(2) 动态性：元数据不是静止不变的，它随着所描述对象的变化而变化。

(3) 多样性：这是指元数据的类型多样。一个描述对象的元数据会有各方面的特征，我们从不同的角度对其进行划分会产生不同的结果。

(4) 多层次性：这一方面是由元数据所描述对象的多层次决定的，另一方面是由元数据使用对象的多层次性决定的。

(5) 支撑性：从某种程度上来说，元数据相对内容而言处于次要的地位，但又是必不可少的，起支撑的作用，它有效地维护所描述对象的原始性和完整性。另外，元数据的支撑性还表现在它与所描述对象的共存，能保证资源的长期使用。在产生它的人、计算机系统乃至标准停用后，仍可继续使用。

2. 元数据的类型

从元数据在组织信息资源的功能上区分，元数据有以下类型：

(1) 管理型元数据：用来管理与支配信息资源的元数据，如信息收集、版权与翻版跟踪、排架信息、数字化标准选择、版本控制等。

(2) 描述型元数据：用来描述与识别信息资源的元数据，它支持资源的发现和鉴别，如记录编目、寻找帮助、专题索引、资源链接、用户注释等。描述性元数据通常都是公共信息，因而比别的元数据都得到了更好的标准的支持。

(3) 保存型元数据：与信息资源保存有关的元数据，如资源的物质条件、数字资源的保存行为(数据更改与迁移)。

(4) 技术型元数据：与系统怎样运行有关的元数据，如硬件与软件、数字化信息的格式、压缩比率、定标例程、系统响应跟踪、数据验证与安全(如加密键、密码)等。

因元数据类型的多样性，元数据格式标准也有很多种。

2.1.4 元数据格式标准

元数据标准是指如何描述某些特定类型资料的规则集合，一般包括语义层次上的著录规则和语法层次上的规定。其功能层次可以依次划分为：对象/实体描述方面的规定、编码/交换记录规则或传输元语言、与置标语言文档一起使用的 DTD、传输/交换协议、检索属性方面的规定，以及是否可以包括全文等规定。元数据标准的设计和实现是元数据研究的首要的、基础的课题。

1. 主要的元数据格式

随着元数据研究的进展，国内的学者开始对国外不同元数据格式进行介绍和比较研究[3]。目前元数据的应用领域和相应的格式可概括为：

① 描述科技文献：科技文献书目资源格式（Bib Tex）、工程电子化图书馆（the Engineering Electronic Library, EELS）、爱丁堡工程虚拟图书馆（Edinburgh Engineering Virtual Library, EEVL）、书目记录格式（RFC1807）、通用标准标记语言（Standard Generalized Markup Language, SGML）；

② 描述人文及社会科学：政治和社会研究方面的校际联盟（Interuniversity Consortium for Political and Social Research, ICPSR SGML）、文本编码先导计划（the Text Encoding Initiative, TEI）；

③ 政府信息：政府信息定位服务（the Government Information Locator Services, GILS）；

④ 地理空间信息：联邦地理数据委员会（the Federal Geographic Data Committee, FGDC）；

⑤ 博物馆信息：博物馆信息计算机交换标准框架（A Standards Framework for the Computer Interchange of Museum Information, CIMI）；

⑥ 艺术作品：艺术作品描述目录（The Categories for the Description of Works of Art, CDWA）；

⑦ 档案与文件信息：编码文档描述（Encoding Archival Description, EAD）；

⑧ 描述广泛的网络信息资源：频道定义格式（Channel Definition Format, CDF）、都柏林核心元数据（Dublin Core Metadata, DC）、LDIF、SOIF、RDF、XML 等。

⑨ 描述可视化文化作品及其图像资源：可视资源委员会核心元数据（Visual Resources Association Core, VRA）。

其中在国际上产生较大影响的七种元数据为：CDWA[4]、DC[5]、EAD[6]、FGDC[7]、GILS[8]、TEI[9]、VRA[10]，这些元数据格式标准适用的著录对象基本涵盖了目前可能处理到的资料类型。表 2.1 列出了这七种元数据标准适用的资料类型，以及使用目的。

表 2.1　七种元数据格式标准适用类型

	适用的资料类型	使用者	目的
CDWA	艺术品	从事艺术历史研究、艺术品管理的人员，以及信息技术专家	对艺术品的分类编目
VRA	艺术、建筑、史前古器物、民间文化等艺术类可视化资料	艺术品收藏单位	方便描述艺术品类可视化资源
DC	网络资源	任何人，包括学者、专家、学生和图书馆编目人员	资源发现

续 表

	适用的资料类型	使用者	目的
FGDC	地理空间信息	政府，公立或私立研究机构或公司	为 NSDI 制作、共享地理信息
GILS	政府的公用信息资源	政府部门	方便公众查找定位公用的信息资源
EAD	档案和手稿资源，包括文本和电子文档、可视材料和声音记录		针对电子文本全文的编码标准
TEI	对电子形式全文的编码和描述		电子形式交换的文本编码标准

2. 元数据的结构

对于一个元数据格式来说，它由多层次的结构组成。

(1) 内容结构(Content Structure)：对该元数据的构成元素及其定义标准进行描述。例如，一个元数据的构成元素可能根据其目的而包括信息内容描述性元素、技术性元素、管理性元素、结构性元素(例如与编码语言、Namespace、数据单元等的链接)，元数据内容结构需要对所采用的元素进行准确定义和描述。但是，这些数据元素很可能是依据一定的定义标准来选取的，因此元数据内容结构中需要对此进行说明。

(2) 句法结构(Syntax Structure)：定义元数据结构以及如何描述这种结构，例如元素的分区分段组织、元素选取使用规则、元素描述方法(例如 DC 采用 ISO IEC 11179 标准)、元素结构描述方法(例如 MARC 记录结构、SGML 结构、XML 结构)、结构语句描述语言(例如 Extended Backus-Naur Form notation)等。在有些情况下，句法结构需要指出元数据是否与所描述的数据对象捆绑在一起，或作为单独数据存在但以一定形式与数据对象链接，还可能描述与定义标准、DTD 结构和 Namespace 等的链接方式。

(3) 语义结构(Semantic Structure)：定义元数据元素的具体描述方法，尤其是定义描述时所采用的标准、最佳实践或自定义的描述要求。有些元数据本身就定义了语义结构，而另外一些情况下则由具体采用单位规定语义结构，例如 DC 建议日期元素采用 ISO 8601、资源类型采用 Dublin Core Types、数据格式可采用 MIME、识别号采用 URL、DOI 或 ISBN。

3. 元数据格式标准设计

元数据格式标准的设计需要满足：个性化与通用性，简单与描述能力之间的均衡。简单易用是元数据标准获得元数据制作人员接受的关键，也是数据加工成本的关键所在，具有足够的描述能力可以提供足够良好的服务(比如，要有可以接受的查准率，查全率通常不是问题)则是是否具有实用价值的标志。通常元数据标准比较简单的话，就有对著录对象的描述深度不够，不能进行专指度较高的检索的问题。一个具有很好通用性的元数据标准，可以适用多种类型的资料，那么会有两种可能：①它非常庞大而且复杂，但是具有很好的描述深度，因为所有的情况都已经定义了；②它非常简单，好学易用，仅仅具有几个非常普遍的属性，但对特定类型资料的描述能力不够。这些也是要在现实需求和发展前瞻之间做出的选择。

由于各种原因，不同领域的元数据处于不同的标准化阶段。例如，在网络资源描述方面，

DC经过多年和国际性努力，已经成为一个广为接受和应用的事实标准；在政府信息方面，由于美国政府大力推动和有关法律、标准的实行，GILS 已经成为政府信息描述标准，并在世界若干国家得到相当程度的应用；但在某些领域，由于技术的迅速发展变化，仍然存在多个方案竞争，典型的是数字图像的元数据，现在提出的许多标准都处于实验和完善的阶段。

不过，元数据开发应用经验已经明确，不可能由一个元数据来满足所有领域的数据描述需要，即使在同一个领域，也可能为了不同的目的而需要不同的但可相互转换的元数据。

2.1.5　RDF

资源描述框架(Resource Description Framework，RDF)是一个基于组的元数据计划，由 W3C (World Wide Web Consortium)开发，通过多个致力于元数据发展的组织的共同努力，开发出一个强大、灵活的元数据框架，能运用于广泛领域，确保元数据之间互操作性。可以说，RDF 是处理元数据的基础[11]。RDF 可以用于资源发现，为搜索引擎提供更强大的功能；用于编目，描述内容以及内容之间的关系；用于智能软件，实现知识共享和交流；用于内容分级；用于描述表示一个逻辑文件的“页面集”；用于描述网页的“智力属性权利”；用于表现用户“秘密爱好”以及网站“秘密政策”等。RDF 的“数字化标识”是为电子商务等应用建立“可信赖网页”的关键。元数据的用户，如搜索引擎、目录编制以及浏览器可采用 RDF 以改善网络资源的组织状况。

1. RDF 结构

RDF 是一种通用的元数据结构，它用 XML(扩展标记语言)进行表达，可用于服务器、高速缓存、浏览器和 Web 的其他方面。RDF 建立在一个称为“三元组”的数学模型上，它可以把一些非常简单的元数据说明组合在一起。每一个“三元组”由主语(Subject)、谓语(Predicate)和宾语(Object)这三个元素构成，三者组成一个语句(Statement)，多个语句的集合称为描述(Description)，如图 2.2 所示。

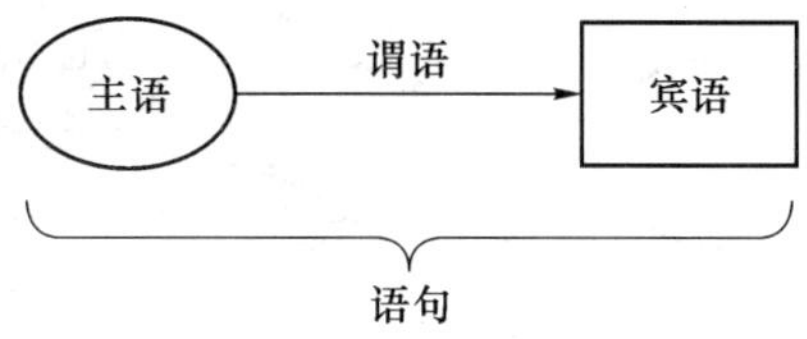

图 2.2　三元组构成的三要素

其中，主语代表资源，即所有可由 RDF 表达的对象，包括 Web 站点、单个网页、网页中的某个元素、印刷型的书刊等，它们一般总是有一个相关的统一资源定位器(URL)，指向它们所在的位置。谓语指的是资源的属性，包括资源的外观、特点、性质、与其他资源之间的关系等，一个资源可以有多个属性。宾语就是属性的值，每个属性值可以是简单的值，如数字、字符串等，也可以更复杂，这些值本身又是资源。图 2.3 是一个最简单的例子。

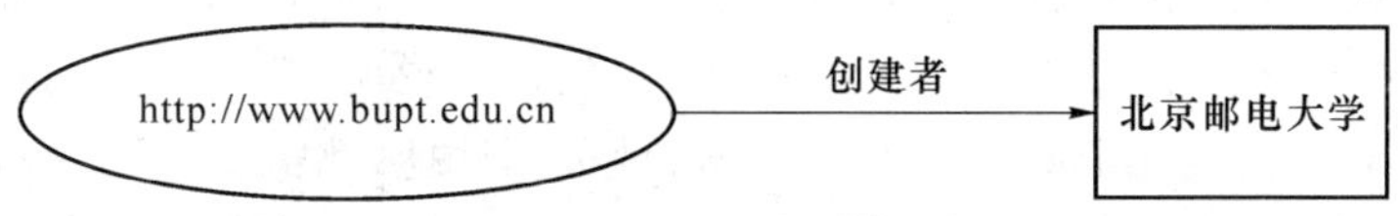

图 2.3　主语、谓语、宾语的表示

图 2.3 可表示为:http://www.bupt.edu.cn 的创建者是北京邮电大学。其中 http://www.bupt.edu.cn 是资源,"创建者"是属性,属性的值为"北京邮电大学"。如果还要列出创建者的电子邮件地址,可以把属性值改成一个资源,该资源又有两个属性,一个是名字,另一个是 E-mail 地址。该资源没有相关的 URL,这样的资源称为匿名的,如图 2.4 所示。

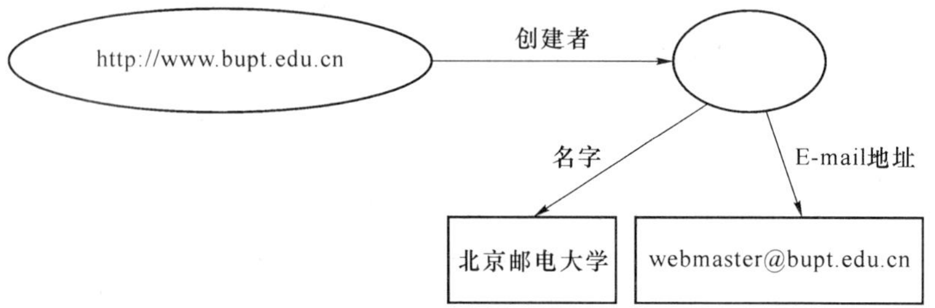

图 2.4　匿名资源的表示

RDF 可以用容器(Container)把同类的事物集中起来,例如某一课程的学生名单,软件包中的各个模块等。RDF 有三类容器,包(Bag)、序列(Sequence)和替代(Alternative)。包和序列是一个字符、文字或资源的列表,包和序列用来说明一个有多个值的属性,包中各成员之间是没有次序的,而序列成员之间则是有序的。替代说明某个属性有多个可以相互替代的值,例如一个资源可从多个镜像站点上获得,各个镜像站点就是可以相互替代的值。看这样一个例子:x 课程的学生有 WangQiang、ZhangHong、LiMi,如图 2.5 所示。

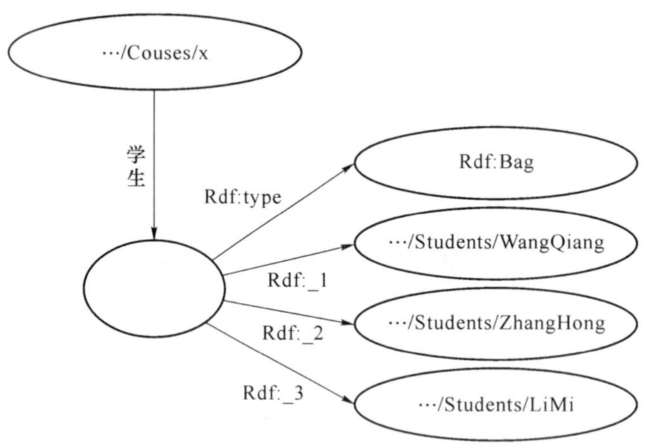

图 2.5　RDF 容器

图 2.5 中,Type 属性用于表示容器的类型,只有 Bag、Sequence 和 Alternative 三个值;容器与其中各成员之间的关系用一系列属性表示,这些成员属性简单地用—1、—2、—3 等来表示;容器除了上述成员属性外,还可以有其他属性。容器自身一般即是某个属性的值,因此,在语句中处于宾语的位置。

RDF 另一个很强大的功能是它可以对整个语句进行说明,即一个语句可以被看做一个资源,该资源再和一个或几个属性相连。图 2.6 是一个说明此类情况的简单例子。图中有两个语句,第一个由 Web 页面(资源)、费用(属性)和 1 元(属性值)构成;第二个则由第一个语句(资源)、有效期(属性)和 2010—2011 年(属性值)构成。

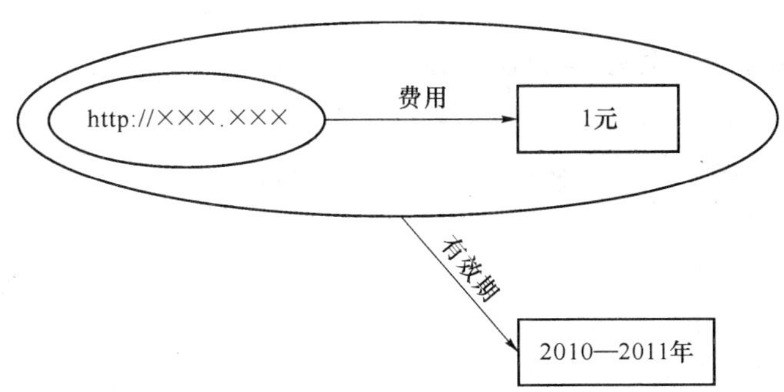

图 2.6　RDF 可说明整个语句

2. RDF 语法

RDF 模型只是一个抽象与概念的框架，要真的能够承载或交换元数据，需要通过具体的语法。RDF 以 XML 作为编码与传输的语法，此外，RDF 也需要透过 XML 的名称空间(Namespace)来指定宣告属性(Property)词汇的纲要(Schema)。RDF 规格提供了两种 XML 语法来对 RDF 资料模型进行编码，第一种称为序列语法(Serialization Syntax)，是以正规的方式来表达完整的 RDF 资料模型，第二种称为简略语法(Abbreviated Syntax)，是以较精简的方式来表达 RDF 资料模型的一部分，理想的状况是希望 RDF 解释器(Interpreter)能够支持这两种语法，让编写元数据的作者能自由混合使用。

下面是 RDF 语法的一个实例，用序列语法表示如下：

```
<? xml version ="1.0"? >
<RDF
    xmlns = http://www.w3.org/1999/02/22-rdf-syntax-ns#
    xmlna;DC = http://purl.org/metadata/dublin-core#>
     <Description about = http://www.dlib.org/dlib/may98/miller>
        <DC:title>An introduction to the Resource Description Framework</DC:title>
        <DC:creator>Eric Miller</DC:creator>
        <DC:date>1998-0501</DC:date>
     </Description>
   </RDF>
```

上面的写法第一行表示这是一段 XML 文件，第二行声明了 RDF、DC 两个名称空间(Namespace)，其中 RDF 是预设的名称空间，在描述(Description)中所有的属性(Properties)都是来自这两个名称空间其中一个；RDF 的主要部分写在<Description></Description>这对标签之中，这里以 title、creator、date 三个属性来描述一个资源(Resource)，这个资源的 URI 就是描述的属性 about 的值(http://www.dlib.org/dlib/may98/miller)。

这个例子如果以 RDF 简略语法来表示则为

```
<? xml version ="1.0"? >
<RDF
    xmlns = http://www.w3.org/1999/02/22-rdf-syntax-ns#
```

```
xmlna;DC = http://purl.org/metadata/dublin-core#>
  <Description about = http:www.dlib.org/dlib/may98/miller
      DC:title = "An Introduction to the Resource Description Framework"
      DC:creator = "EricMiller"
      DC:date = "1998-0501">
</RDF>
```

上面的写法，其中描述(Description)是一个空元素(Empty Element)，因此在语法上要遵守 XML 空元素的表示法。比较一下 RDF 序列语法与简略语法，可以发现在序列语法中，属性(title、creator、date)以描述的子元素(Sub Element)来表示，而在简略语法中，属性(title、creator、date)以描述的属性(Attributes)来表示。由于这两种表示法对应到相同的数据模型，所以这两种表示法是相等的，不过这两种表示法在浏览器中的呈现可能会不同。在序列语法中，Properties 是以元素(Elements)来表示，因此属性值会被显示出来；而在简略语法中，由于 Properties 是以属性来表示，因此属性值不会被显示出来。

3. RDF 特点

从上述对 RDF 一些基本概念的介绍可以看出 RDF 具有如下两个重要的特点：

(1) 独立性

RDF 实际上是一种元数据模型，具有很大的独立性，它可以嵌入 DC 这种元数据，也可以嵌入别的类型的元数据。正是由于现实中有多种元数据形式并存，所以各种元数据之间的转换就成为不容回避的问题。RDF 就是为解决这一问题应运而生的一种工具，它所具备的独立性使得各种元数据间的转换成为可能。

概括地说，RDF 可以协助跨越不同语言和增加语意互通性，可以增加 DC 与其他元数据的联结能力。

(2) 使用 XML 作为其描述语法

XML 是从 SGML 衍生出来的简化格式，也是一种元语言(Meta-language)，可以用来定义任何一种标记语言。XML 既摒弃了 SGML 过于复杂及不利于在 Web 上传送的选项功能，又弥补了 HTML 过于简单的不足，是目前最具发展前景的标记语言。

RDF 采用 XML 作为其描述语法，自然也就成为了一种可以携带多种元数据来往于网络上的框架工具。

虽然 RDF 规范还没有成为因特网标准，描述它的文档也随时可能更改，但是，毫无疑问，它有着广泛的应用前景。

(1) RDF 的基本功能是描述网站、文献等网络资源，这将使得它在因特网范围内得以广泛应用；

(2) RDF 为多种元数据描述资源提供了一个框架，综合了多种元数据标准的优势；

(3) 利用元数据描述对象数据，可以减小实际应用中网络的传输量，节省网络带宽，RDF 的功能和目标符合这一要求；

(4) 用户通过规范的元数据内容就可以决定对象数据的取舍，节省时间和精力；

(5) RDF 以 XML 为其宿主语言，XML 摒弃了 SGML 的缺点，显得简略、清晰且应用方便，是目前最具发展前景的标记语言。

2.2　可扩展标记语言

XML 全称为 Extensible Markup Language，中文译为“可扩展标记语言”，它是由 SGML（标准通用标记语言）发展而来的一种简单灵活的文本形式的标记语言，可提供跨平台、跨网络、跨程序语言的数据描述方式。

2.2.1　SGML、HTML 与 XML

SGML(Standard Generalized Markup Language)是一种标准的通用标记语言，用于描述文件及其格式。HTML 是从 SGML 衍生出来的一种简单的标记语言，在因特网和 WWW 迅猛发展的推动下，HTML 成为 Web 页面制作的标准。XML 是一种基于 SGML 标准的简单灵活的语言，并已经得到 W3C 的认可。与 HTML 相似，XML 是 SGML 的一个简化而严格的子集，是特别为 Web 应用而设计的。它去掉了 SGML 中很少使用而且处理起来很麻烦的特征，但继承了 SGML 具有的可扩展性、结构性及可校验性，这使 SGML 的优秀品质能方便而直接地被用在 Web 开发上。

HTML 和 XML 都是用一对相互匹配的起始和结束标记符来标记信息，但 XML 具有简单、开放、中立、可扩充、国际化、高效、易管理、无二义等特点。它们之间的显著差别在于 HTML 描述的是数据的显示方式，而 XML 描述的是数据的本身，它突破了 HTML 固定标记集合的约束，用户可以根据需要定义任何一种标签来描述文档中的数据元素。XML 将改变浏览器显示、组织、搜寻信息的方式，而且克服了 HTML 链接容易断开的缺点。

XML 与 HTML 语言相比，其区别主要在以下三方面：

(1) 可扩展性方面：HTML 不允许用户自行定义他们自己的标识或属性，而在 XML 中，用户能够根据需要自行定义新的标识及属性名，以便更好地从语义上修饰数据。

(2) 结构性方面：HTML 不支持深层的结构描述，XML 的文件结构嵌套可以复杂到任意程度，能表示面向对象的等级层次。

(3) 可校验性方面：HTML 没有提供规范文件以支持应用软件对 HTML 文件进行结构校验，而 XML 文件可以包括一个语法描述，使应用程序可以对此文件进行结构校验。

图 2.7 为 SGML、HTML 与 XML 文件组成的比较。

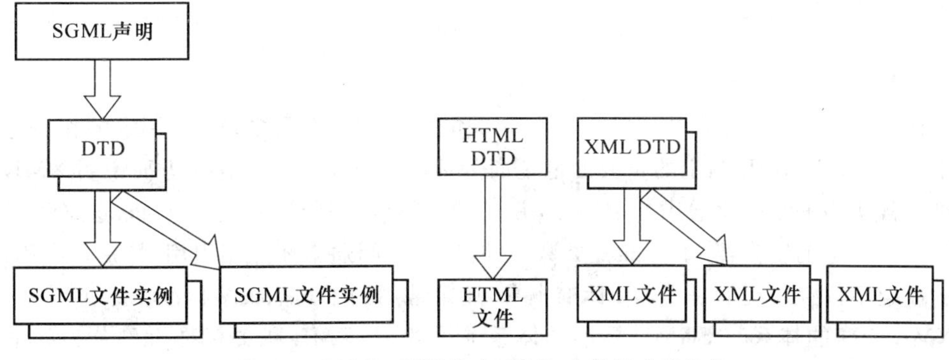

图 2.7　SGML、HTML 与 XML 文件组成的比较

2.2.2 XML 的特点

1. 简单性

XML 提供了一个友好的环境。XML 的严格定义和规则集使人和计算机都能更容易地阅读文档。XML 文档语法包含一个非常小的规则集，使开发者能立刻开始工作。根据文档的结构，DTD(Document Type Definition，文档格式定义)既可以通过一个标准过程创建，也可以由专家创建。开发者只需要为内部结构的复杂化付出非常少的努力。这些基本结构可以被用来代表复杂的信息集合，而不需要改变结构自身。

2. 可扩展性

XML 在两个意义上是可扩展的。首先，它允许开发者创建他们自己的 DTD，有效地创建可被用于多种应用的"可扩展的"标志集。其次，使用几个附加的标准。可以对 XML 进行扩展，这些附加标准可以向核心的 XML 功能集增加样式、链接和参照能力。作为一个核心标准，XML 为可能产生的别的标准提供了一个坚实的基础。

3. 互操作性

XML 可以在多种平台上使用，而且可以用多种工具进行解释。因为文档的结构是相容的，所以解释它们的语法分析器就可以以较低的费用建立。XML 支持用于字符编码的许多主要标准，允许它在不同的计算环境中使用。XML 对 Java 进行了很好的补充。许多早期的 XML 开发是用 Java 进行的。目前，XML 语法分析器的开发集中在免费的插件(plug-in)上，这些插件为 XML 应用提供了语法分析能力，极大地降低了使用 XML 建立实际应用的费用。

4. 开放性

XML 在 Web 上是完全开放的，可以免费获得。W 3C 组织的成员已经较早地得到了这些标准，XML 文档自身也较为开放，任何人都可以对一个结构良好的 XML 文档进行语法分析，如果提供了 DTD，还可以校验这个文档。公司仍然用特定方式创建用于它们的应用的 XML，而 XML 文档中的数据却是任何应用都可使用的。虽然开发者可以建立语义模糊的 DTD，或以自己的方式加密数据，但他们将会失去使用 XML 的许多好处。XML 并不禁止创建私有格式，但开放性是它最大的优点之一。

2.2.3 XML 相关标准

1. XML 标准体系框架

虽然 XML 标准本身简单，但与 XML 相关的标准却种类繁多，W3C 制定的相关标准就有二十多个，采用 XML 制定的重要的电子商务标准就有十多个。这一方面说明 XML 确实是一种非常实用的结构化通用标记语言，并且已经得到广泛应用；另一方面，这又为了解这些标准带来一定的困难，除了标准种类繁多外，标准之间通常还互相引用，特别是应用标准，它们的制定不仅仅使用的是 XML 标准本身，还常常用到了其他很多标准。

XML 标准的体系与 SGML 标准的体系非常相似，XML 相关标准也可分为元语言标准、基础标准、应用标准三个层次。

(1) 元语言标准(Meta-Language):描述的是用来描述标准的元语言。在 XML 标准体系中就是 XML 标准,是整个体系的核心,其他 XML 相关标准都是用它制定的或为其服务的。

(2) 基础标准(Foundation Standards):这一层次的标准是为 XML 的进一步实用化制定的标准,规定了采用 XML 制定标准时的一些公用特征、方法或规则。如 XML Schema 描述了更加严格地定义 XML 文档的方法,以便可以更自动化处理 XML 文档;XML Namespace 用于保证 XML DTD 中名字的一致性,以便不同的 DTD 中的名字在需要时可以合并到一个文档中;XSL 是描述 XML 文档样式与转换的一种语言;XLink 用来描述 XML 文档中的超链接;XPointer 描述了定位到 XML 文档结构内部的方法;DOM 定义了与平台和语言无关的接口,以便程序和脚本动态访问和修改文档内容、结构及样式等。

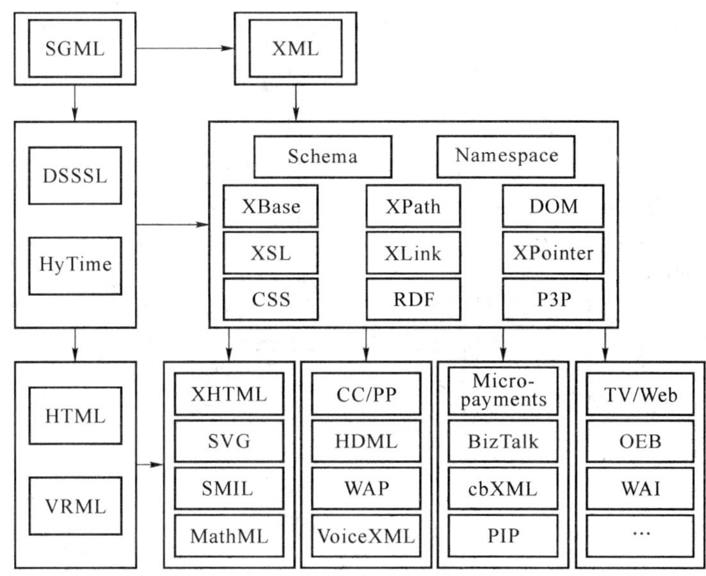

图 2.8　XML 标准体系

(3) 应用标准(Application Standards):XML 已开始被广泛接受,大量的应用标准,特别是针对因特网的应用标准,纷纷采用 XML 进行制定。有人甚至认为,XML 标准是因特网时代的 ASCII 标准。在这因特网时代,几乎所有的行业领域都与因特网有关。而它们一旦与因特网发生关系,都必然要有其行业标准,而这些标准往往采用 XML 来制定。当前较为重要的应用标准主要包括:

① 用于 XML 显示的标准:XHTML(采用 XML 对 HTML 的重新定义)、SVG(有关矢量图形的)、SMIL(有关多媒体同步显示的)、MathML(有关数学公式符号的)。

② 用于移动设备的标准:CC/PP(移动设备的内容协商与信息交换)、HDML(手持设备)、WAP(无线应用设备)、VoiceXML(通过语音进行 Web 访问)。

③ 用于电子商务领域的标准:Micropayments (W3C 制定的)、BizTalk (Microsoft 发起的电子商务的 Schema 库)、ebXML(联合国 UN/CEFACT 小组和 OASIS 共同发起的)、PIP(由诸多 IT 业的巨头组成的一个标准化组织 RosettaNet 的应用网络标准)、cXML、xCBL、tpaML 等。

④ 其他领域的标准:如 TV/Web(Web 电视)、OEB(电子图书)、WAI(方便残障人进行

Web 访问)等。

2. XML 基础标准及其关系

从 XML 标准体系中可以看到 XML 基础标准是相当多的,而且这些标准在标准体系中占有重要的地位,是 XML 应用标准的基础。它们是在 XML 标准的基础上,进一步对 XML 中一些公共的特性、方法、规则并对保证它们之间的一致性作了更为详细明确的规定。应用标准通常都要使用到这些标准的内容或者遵照其中的约定。在使用 XML 阅读、利用 XML 应用标准时也需要理解这些标准的内容。

图 2.9 是 XML 基础标准的框架图。XML 基础标准根据其功能可分为五组:外围标准、核心标准、操作标准、样式与链接标准、内容描述标准。它们分别从不同的方面为 XML 的应用作了更为详细明确的规定。

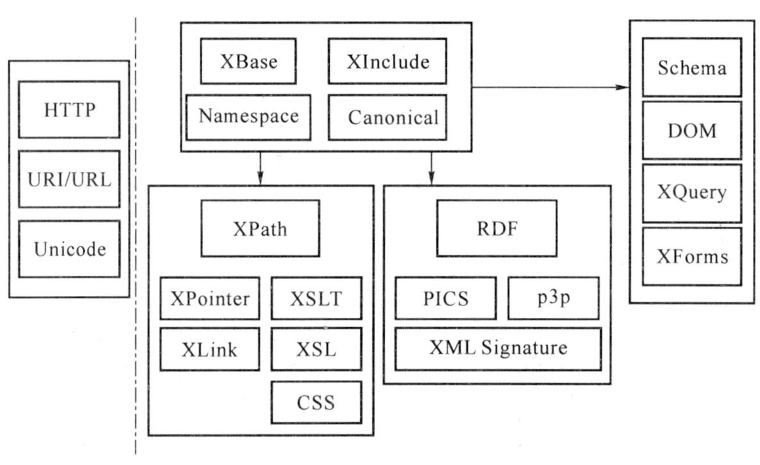

图 2.9 XML 基础标准的框架图

(1) 外围标准。图 2.9 的虚线左侧的三个标准是 XML 相关标准的外围标准,这些标准并不是针对 XML 标准应用或采用 XML 标准制定的,但它们是 Web 应用的基础,几乎在 Web 应用的任何地方都会使用到它们。这些标准对 Web 应用具有确定体系框架的意义。

HTTP(超文本传输协议)是在 Web 中应用最为广泛的一种应用层的协议,采用请求/应答方式,客户端发送请求信息到服务器端,这些信息包括:请求方式、URI 和协议版本以及客户端信息等。服务器端返回状态信息、实体信息以及可能有的实体内容。当前浏览器进行网站页面的浏览都是采用这一协议。URI/URL(统一资源标识符/统一资源定位器)是用来定位因特网上资源,以便在庞大的 Web 信息系统中能唯一地标识任何一个资源。这种标识是在 Web 上进行信息访问的前提和基础。Unicode 是在 Web 应用中广泛采用的一个字符编码标准,它将几乎世界上所有的文字都包括进去了。Unicode2.0 版和 ISO10646-I 使用完全相同的字库与编码。XML 标准要求 XML 分析器必须至少支持 UTF-8/16 编码的 Unicode 字符。

(2) 核心标准。在 XML 基础标准中,仅次于 XML 标准本身,居于核心地位的是一组 XML 的核心标准,如图 2.9 中上部所示。它们是几乎被其他所有 XML 相关标准采用的一组标准。这组标准是由 XML 核心工作组(XML Core Working Group)制定的,为 XML 标准提供最为基础的支持。

核心标准主要包括：XML Base，用于定义 XML 文档的 URI 的基础部分标准，与 HTML BASE 相似；XML Inclusions，用于规定文档中包含物的处理模型与语法规则，包括规定如何合并这些包含物的信息，如何使用类似 XML 的语法进行合并控制等；Namespaces in XML 提供了一种简单的方式，用来在 XML 文档中通过与由 URI 引用标识的命名空间相关联来限定元素和属性，提供了解决多 DTD 的 XML 文档中元素名、属性名冲突的基本方法。由于 XML 标准越来越丰富，命名空间变得越来越重要。Canonical XML 是一个还在制定中的标准，提供了一种判断文档等效的方法，它描述了一种对输入的 XML 文档生成范式的方法，这个范式不会因为文档采用的句法形式的改变而改变。对被一个应用改变的 XML 文档，如果它的范式没有改变的话，那么对多数应用来说，改变前后的两个文档是等效的。

(3) 操作标准。图 2.9 中的右侧四个标准为 XML 文档的处理提供有效的方法与规则。Schema 是对 DTD 的补充，提供了一种更为严格的描述 XML 文档的结构、属性、数据类型等的方法，以便对 XML 文档进行更加严格的自动化处理。DOM 定义了一组与平台和语言无关的接口，以便程序和脚本能够动态访问和修改 XML 文档内容、结构及样式。XQuery 和 XForms 是两个正处于工作草案阶段制定中的标准。XQuery 的目的是为从 Web 中的实际的或虚拟的文档中提取数据，提供一种灵活的查询机制，为 XML 文档提供一种数据模型，基于数据模型的查询操作，在这些操作基础上的查询语言。它的需求文档已经发布，但在其下定义数据模型却是困难的工作，为此，虽然 W3C XML Query 工作组早已成立，但该标准还处于工作草案需求阶段。XForms 是从 HTML 的“表单”发展抽象而来的。其关键思想是将用户界面和表现与数据模型和逻辑分开，以便同一个表单可被广泛地应用于手持设备、桌面设备或基于语音的浏览器等各种情况。XForms 将 XML 的优点带入到 Web 表单中，采用 XForms 进行数据传输可以减少脚本语句，使得不必为实现表单的布局而将表单嵌入表格中等。

(4) 样式与链接标准 XSL。XLink 是一组描述 XML 文档链接、显示、转换的标准。

在这组标准中 XPath 描述如何识别、选择、匹配 XML 文件中的各个构成元件，包括元素、属性、文字内容等。该标准最初是从 XSL 标准中分离出来的，但由于其定义的是 XML 中一种常用的功能，为了 XML 标准本身的一致性，该标准不再仅仅为 XSL 标准服务，当需要进行 XML 文档内部元素定位时都采用该标准规定的方法与规则。XPointer 充分地利用了 XPath 的内容，并在它基础上进行了扩展。XPointer 和 XLink 标准继承了 HyTime 标准中有关定位、链接方面的内容，链接采用单独的元素形式，并在标准中定义了“元元素”，以便作为模板或父元素类型，链接可以有多种形式等，同时将 XPointer 与 XLink 分开制定为两个标准。

CSS 开始制定时是用来进行 HTML 文档的显示，随着 XML 的出现与发展，它也被用来作为 XML 文档显示的样式标准，并将继续使用下去。但是，XML 出现的目的并不在于它的显示，而主要在于对数据内容本身的描述，其中数据转换是其重要内容之一。为此，很快出现了制定 XML 转换标准的需求，XSL 孕育而生。XSL 的制定借鉴了 DSSSL 和 CSS 的内容与经验，如 XSL 标准采用对 XML 文档形成树形结构，采用元素节点匹配的方式进行转换，采用格式化对象的方法进行显示格式的定义。

(5) 内容描述标准。在图 2.9 中，还有一组标准是由 RDF、PICS、P3P、XML-Signature 组成。这组标准中除了 RDF 较常用之外，其他几个标准一般的因特网使用者很少直接使用。但它们是采用 XML 定义的，用来描述资源内容的元信息、安全信息、隐私信息等。

RDF (Resource Description Format)是采用 XML 语法格式处理元数据的应用，为描述图像、文档和它们之间的相互关系定义的一个简单数据模型。简单地说，RDF 用来进行资源描述，但并不是直接用来描述资源，而是定义了描述资源的规则。PICS (the Platform for Internet Content Selection)提供了一种标注因特网内容特殊属性的方法。P3P (Platform for Privacy Preferences)采用 XML 提供了一种进行隐私策略的描述格式，以便保护因特网使用者的个人隐私信息或其他保密信息不会未经允许而被站点或他人获取。XML Signatures 提供的是一种描述对 XML 文档进行数字签名的方法。采用 XML 的语法描述数字签名的方法、计算和验证签名的处理方式，以便保证数据的完整性、可信任性和不可抵赖性。

2.2.4 XML 在 Web Service 中的应用

Web Service 是当今因特网开发领域最热门的话题之一。Web Service 的目的是实现跨平台的可互操作性，它试图实现分布式应用程序模型，如 DCOM、RMI 和 CORBA 等相同的功能，但方式是全新的且独立于具体系统，可以利用不同平台的不同语言开发，Web Service 的客户不需了解如何实现的任何细节。

XML、HTTP 和其他因特网标准的制定为采用 Web Service 开发分布式应用程序提供了必要的支持。实际上，XML 在 Web Service 的设计和实施等起着关键作用，Web Service 的接口描述及消息传递都采用 XML 编码。组成 Web Service 的主要技术标准如下：

1. SOAP

简单对象访问协议(Simple Object Access Protocol)是一个基于 XML 的用于在分散的分布式环境下交换信息的轻量级协议。SOAP 在请求者和供应者对象之间定义了一个通信协议，这样，在一个面向对象编程流行的环境下，该申请对象在提供的对象上执行一个远程的方法调用。SOAP 的优点在于它是完全和厂商无关的，可以相对于平台、操作系统、目标模型和编程语言独立实现。另外，传输和语言绑定以及数据编码的参数选择都是由实现决定的。

2. WSDL

Web 服务描述语言(Web Services Description Language)是个提供描述服务标准方法的 XML 词汇。WSDL 是 IBM 和 Microsoft 之间的活动汇聚的产物。它为服务提供者提供一个简单的方法描述申请的形式，并响应远程方法调用信息(RMI)。WSDL 不依赖于底层的协议和编码要求来涉及服务的主题。通常，WSDL 提供一个抽象的语言以利用各自的参数和数据类型来定义被发布的操作。该语言同时涉及服务的位置和绑定细节的定义。

3. UDDI

通用描述、发现和集成协议(Universal Description，Discovery，and Integration)提供一组公用的 SOAP API，使得一个服务中介者得以实现。UDDI 规范由 IBM、Microsoft 和

Ariba制定,促进基于Web服务的创建、描述、发现和集成。

这些实现技术共同促成了Web服务技术。随着时间的推移,这些技术还要不断地扩充和发展,但以XML作为数据交换,这一点是不会变的。Web Service是未来应用程序发展方向,它的发展势必对当今的互联网产生重大的影响。

2.3 本 体

起源于哲学的本体论(Ontology)近年来受到信息科学领域的广泛关注,其重要性也已在许多方面表现出来并得到广泛认同,尤其最近本体论在Web上的应用导致了语义Web的诞生,在W3C的主导下有望解决Web信息共享时的语义问题,从而实现世界范围内的知识共享和智能信息集成。

2.3.1 本体的定义

本体(Ontology)最早是一个哲学上的概念,从哲学的范畴来说,本体是客观存在的一个系统的解释或说明,关心的是客观现实的抽象本质。在人工智能界,最早给出本体定义的是Neches等人,他们将本体定义为"给出构成相关领域词汇的基本术语和关系,以及利用这些术语和关系构成的规定这些词汇外延的规则的定义"。

1993年,Gruber给出了本体的一个最为流行的定义,即"本体是概念模型的明确的规范说明"[12]。后来,Borst在此基础上,给出了本体的另外一种定义:"本体是共享概念模型的形式化规范说明"。Studer等对上述两个定义进行了深入的研究,认为本体是共享概念模型的明确的形式化规范说明[13]。这包含4层含义;概念模型(conceptualization)、明确(explicit)、形式化(formal)和共享(share)。"概念模型"指通过抽象出客观世界中一些现象(Phenomenon)的相关概念而得到的模型。概念模型所表现的含义独立于具体的环境状态。"明确"指所使用的概念及使用这些概念的约束都有明确的定义。"形式化"指本体是计算机可读的(即能被计算机处理)。"共享"指本体中体现的是共同认可的知识,反映的是相关领域中公认的概念集,即本体针对的是团体而非个体的共识。本体的目标是捕获相关领域的知识,提供对该领域知识的共同理解,确定该领域内共同认可的词汇,并从不同层次的形式化模式上给出这些词汇(术语)和词汇间相互关系的明确定义。

2.3.2 本体的建模元语

Perez等人认为本体可以按分类法来组织,他归纳出本体包含5个基本的建模元语(Modeling Primitive)[14]。这些元语分别为:类(classes)、关系(relations)、函数(functions)、公理(axioms)和实例(instances)。通常也把classes写成concepts。

概念的含义很广泛,可以指任何事物,如工作描述、功能、行为、策略和推理过程等。关系代表了在领域中概念之间的交互作用,形式上定义为n维笛卡儿乘积的子集:$R:C_1\times C_2\times\cdots\times C_n$,如子类关系(subclass-of)。函数是一类特殊的关系。在这种关系中前$n-1$个元素可以唯一决定第n个元素。形式化的定义为:$F:C_1\times C_2\times\cdots\times C_{n-1}\rightarrow C_n$。例如Mother-of关系就是一个函数,其中Mother-of(x,y)表示y是x的母亲,显然x可以唯一确定他的

母亲 y。公理代表永真断言，比如概念乙属于概念甲的范围。实例代表元素。

从语义上分析，实例表示的就是对象，而概念表示的则是对象的集合，关系对应于对象元组的集合。概念的定义一般采用框架（frame）结构，包括概念的名称、与其他概念之间关系的集合，以及用自然语言对该概念的描述。基本的关系有 4 种：part-of、kind-of、instance-of 和 attribute-of。part-of 表达概念之间部分与整体的关系；kind-of 表达概念之间的继承关系，类似于面向对象中的父类和子类之间的关系，给出两个概念 C 和 D，记 $C'=\{x|x$ 是 C 的实例$\}$，$D'=\{x|x$ 是 D 的实例$\}$，如果对任意的 x 属于 D'，x 都属于 C'，则称 C 为 D 的父概念，D 为 C 的子概念；instance-of 表达概念的实例和概念之间的关系，类似于面向对象中的对象和类之间的关系；attribute-of 表达某个概念是另外一个概念的属性，例如概念“价格”可作为概念“桌子”的一个属性。在实际的应用中，不一定要严格地按照上述 5 类元语来构造本体。同时概念之间的关系也不仅限于上面列出的 4 种基本关系，可以根据特定领域的具体情况定义相应的关系，以满足应用的需要。

2.3.3　本体描述语言

本体描述语言起源于历史上人工智能领域对知识表示的研究，主要以以下语言或环境为代表：KIF 与 Ontolingua、OKBC（Open Knowledge Base Connectivity）、OCML（Operational Conceptual Modeling Language）、Frame Logic、LOOM 等。

近年来，Web 技术为全球信息共享提供了便捷手段，以共享为特征的本体论与 Web 技术结合是必然趋势。在此背景下，基于 Web 标准的本体描述语言（以下简称为“Web 本体语言”）正成为本体论研究和应用的热点，如 SHOE（Simple HTML Ontology Extension）、OML（Ontology Markup Language）、XOL（XML2based Ontology2exchange Language）等。

在标准方面，由 W3C 主持制定的 RDF（Resource Description Framework）和 RDF Schema 是建立在 XML 语法上，以语义网（semantic networks）为理论基础，对信息资源进行语义描述的语言规范。RDF 采用“资源”（resources）、“属性”（properties）以及“声明”（statements）等三元组来描述事物。RDF Schema 则做进一步扩展，采用了类似框架的方式，通过添加 rdfs:Class，rdfs:subClassOf，rdfs:subPropertyOf，rdfs:domain，rdfs:range 等原语，对类、父子类、父子属性以及属性的定义域和值域等进行定义和表达。这样，RDF(S) 成为一个能对本体进行初步描述的标准语言。

本体描述语言的基础是描述逻辑（Description Logics，DL）。这里，“描述”是指对一个领域知识采用描述的方式表达，即利用概念和规则构造符将原子概念（一元谓词）和原子规则（二元谓词）构建出描述表达式；“逻辑”是指 DL 采用了正规的基于逻辑的语义，这与语义网络及框架等知识表示机制是不同的。例如，用描述逻辑描述“1 个男人与 1 个女人他们至少有 5 个孩子”这一语义为：$\text{Human} \sqcap \text{Female} \sqcap (\geqslant 5\ \text{hasChild})$。

描述逻辑具有以下主要特点：

(1) 定义良好的语义和表示能力；

(2) 基于逻辑的推理能力；

(3) 保证计算复杂性和可判定性；

(4) 明确的推理算法，如知名的基于 Tableaux 的算法；

(5) 现有工具的有力支持，如高度优化的推理器 FaCT、RACER 等。

OWL(Ontology Web Language)作为 W3C 国际标准的本体描述语言，是建立在 XML/RDF 等已有标准基础上，通过添加大量的基于描述逻辑的语义原语来描述和构建各种本体。OWL 根据表示和推理能力分为 3 类：OWL Full 与 RDF 保持最大程度的兼容，具有最大的表示能力，但不能保证计算性能；OWL DL 是以描述逻辑为基础，在不失掉计算完全性和可判定性条件下，支持最大的表示能力；OWL Lite 则局限于对概念(类)的层次分类和简单的约束等进行描述。此外，还有几大主要的 Web 本体语言：CKML、OIL、DAML＋OIL 等。这几种语言的相互关系如图 2.10 所示，其特性比较详见表 2.2。

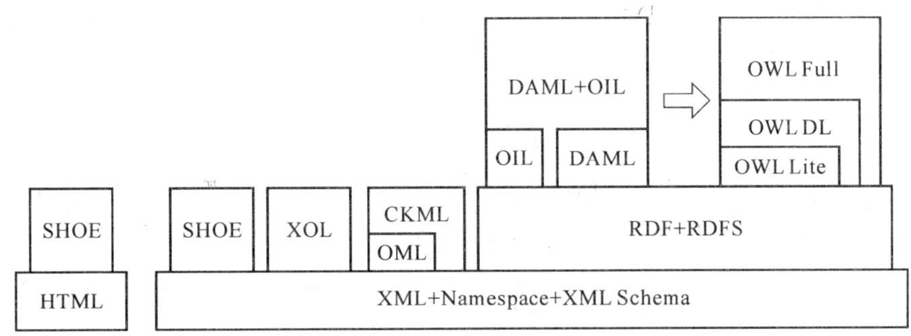

图 2.10　基于 Web 的本体描述语言的相互关系

表 2.2　基于 Web 的本体描述语言特性比较

特　性	语　言					
	SHOE	OML/CKML	RDF(S)	OIL	DAML＋OIL	OWL
语法	HTML/XML	XML	XML	RDF/XML	RDF/XML	RDF/XML
正规语义	有	有	无	有	有	有
类的层次	支持	支持	支持	支持	支持	支持
Horn 逻辑	是	否	否	否	否	否
描述逻辑	否	否/是	否	是	是	是
谓词逻辑	否	否	否	否	否	否
类的相等	支持	支持	不支持	不支持	支持	支持
属性/谓词相等	支持	支持	不支持	不支持	支持	支持
实例相等	不支持	不支持	不支持	不支持	支持	支持
本体分布定义	支持	不支持	支持	支持	支持	支持
本体扩展	支持	不支持	支持	支持	支持	支持
本体版本修订	支持	不支持	不支持	不支持	不支持	支持
计算特性区分	无	有	无	有	无	有

2.3.4　已有的本体及其分类

目前被广泛使用的本体有如下 5 个：Wordnet、Framenet、GUM、SENSUS、Mikrokmos。Wordnet 是基于心理语言规则的英文词典，它以 synsets 为单位组织信息。所谓 synsets 是在特定的上下文环境中可互换的同义词的集合。Framenet 也是英文词典，采用称为 Frame

Semantics 的描述框架，提供很强的语义分析能力，目前发展为 Framenet II。GUM、SENSUS 和 Mikromos 都是面向自然语言处理的。GUM 支持多语种处理，包含基本的概念及独立于各种具体语言的概念组织方式。SENSUS 为计算机翻译提供概念结构，包括 7 万多个概念。Mikromos 也支持多语种处理，采用一种语言中立的中间语言 TMR 来表示知识。

为了对本体进行有效的分类，以详细程度和领域依赖度两个维度作为对本体划分的基础。详细程度是相对的、较模糊的一个概念，指描述或刻画建模对象的程度。详细程度高的称作参考(reference)本体，详细程度低的称为共享(share)本体。依照领域依赖程度，可以细分为顶级(top-level)本体、领域(domain)本体、任务(task)本体和应用(application)本体 4 类，如图 2.11 所示。其中：

(1) 顶级本体描述的是最普通的概念及概念之间的关系，如空间、时间、事件、行为等，与具体的应用无关，其他种类的本体都是该类本体的特例；

(2) 领域本体描述的是特定领域(医药、汽车等)中的概念及概念之间的关系；

(3) 任务本体描述的是特定任务或行为中的概念及概念之间的关系；

(4) 应用本体描述的是依赖于特定领域和任务的概念及概念之间的关系。

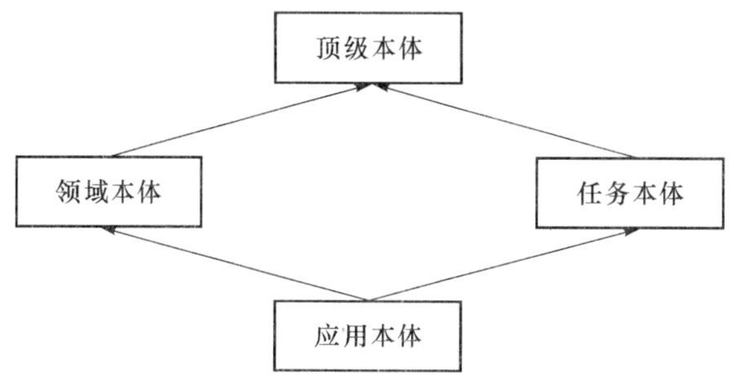

图 2.11　本体的分类

2.3.5　构造本体的规则

目前已有的本体很多，出于对各自问题域和具体工程的考虑，构造本体的过程也是各不相同的。由于没有一个标准的本体构造方法，不少研究人员出于指导人们构造本体的目的，从实践出发，提出了不少有益于构造本体的标准，其中最有影响的是 Gruber 于 1995 年提出的 5 条规则[15]：

(1) 明确性和客观性：即本体应该用自然语言对所定义术语给出明确的、客观的语义定义。

(2) 完全性：即所给出的定义是完整的，完全能表达所描述术语的含义。

(3) 一致性：即由术语得出的推论与术语本身的含义是相容的，不会产生矛盾。

(4) 最大单调可扩展性：即向本体中添加通用或专用的术语时，不需要修改其已有的内容。

(5) 最小承诺：即对待建模对象给出尽可能少的约束。

当前对构造本体的方法和方法的性能评估还没有一个统一的标准，因此，还是一个需要进一步研究的方向。不过在构造特定领域本体的过程中，有一点是得到大家公认的，那就是需要该领域专家的参与。

2.3.6　本体与语义网络、语义网

作为知识表示工具，本体与语义网络(Semantic Network)非常相似。它们都是表示知识的形式，并且均可以通过带标记的有向图来表示，适合用于逻辑推理。但从描述的对象或范围而言，本体与语义有所区别。本体是对共享概念模型的规范说明，这里所说的“共享概念模型”指该模型中的概念是公认的，至少在某个特定的领域是公认的。一般情况下，本体是面向特定领域，用于描述特定领域的概念模型。语义网络从数学上说，是一种带有标记的有向图。它最初用于表示命题信息，现广泛应用于专家系统表示知识。语义网络中节点表示物理实体、概念或状态，连接节点的边用于表示关系。语义网络中对节点和边没有其他特殊的规定，因此语义网络描述的对象或范围比本体广。例如，语义网络可以表示一句话，如“我的汽车是红色的”，但是本体显然不适合于这类的表示，它侧重于表现整体的内容，如团体组织(学校)的内部构成等。在表示的深度上，语义网络不如本体。语义网络对建模没有特殊的要求，但是本体却有 5 个要素：元语、类、关系、函数、公理和实例，其中公理可以看做是本体中的约束。本体通过这 5 个要素来严格、正确地刻画所描述的对象。语义网络的建立可以不要求有相关领域的专业知识，因此比较容易建立，而本体的建立必须要有专家的参与，相对而言更加的严格和困难。

另外，需要说明的是，这里的语义网络早在 20 世纪 70 年代就已经在知识工程领域提出，它是一种知识表示的手段和工具，与 W3C 提出的语义网(Semantic Web，又称第二代互联网)是截然不同的概念。

语义网的概念是由 Berners Lee 正式提出的[16]。语义网的目标是使 Web 上的信息具有计算机可理解的语义，从而使 WWW 上的异构和分布信息可以被有效地访问和搜索。Berners Lee 还提出了语义网的体系结构，即 Unicode 和 URI、XML、RDF、Ontology、Logic、Proof、Trust 由低到高层次分布其中，XML 和 RDF 都能为所描述的资源提供一定的语义，但它们在处理语义上存在两个问题：一是同一概念有多种词汇表示，二是同一个词有多种含义。而本体正是通过概念以及概念之间关系的严格定义来精确地确定概念，从而解决上述两个问题。由此可见，本体在语义网中占有重要地位，是解决语义层次上 Web 信息共享和交换的基础。

2.3.7　本体的应用

1. 本体在信息检索中的应用

随着计算机技术的广泛应用和用户信息需求的不断提高，常规的直接基于关键词的信息检索技术已经不能满足用户在语义上和知识上的需求，而本体具有良好的概念层次结构和对逻辑推理的支持，因而在信息检索，特别是基于知识的检索中得到了广泛的应用。

基于本体的信息检索的基本设计思想大致可以总结如下：

(1) 在领域专家的帮助下建立相关领域的本体。

(2) 收集信息源中的数据，并参照已经建立的本体，把收集起来的数据按规定的格式存储在元数据库(关系数据库、知识库)中。

(3) 对用户检索界面获取的查询请求，查询转换器按照本体把查询请求转换成规定的格式，在本体的帮助下从元数据库中匹配出符合条件的数据集合。

(4) 检索结果经过定制处理后,返回给用户。如果检索系统不需要太强的推理能力,本体可以用概念图的形式表示并存储,数据可以保存在一般的关系数据库中,采用图的匹配技术来完成信息检索。如果要求推理能力较强,一般则需要一种描述语言(如 Loom、Ontolingua 等)表示本体,数据保存在知识库中,采用描述语言的逻辑推理能力完成检索。由于本体能通过概念之间的关系来表达概念语义的能力,所以能够提高检索效率。

下面介绍几个本体在信息检索中的著名项目,分别是$(\text{Onto})^2$Agent、Ontobroker 和 SKC,它们也分别代表了 3 个方向。

$(\text{Onto})^2$Agent 的目的是帮助用户检索到所需要的 WWW 上已有的本体,主要采用了参照本体。参照本体是以 WWW 上已有的本体为对象建立起来的本体,它保存有各类本体的元数据。

Ontobroker 面向的是 WWW 上的网页资源,目的是为用户检索到所需要的网页,这些网页含有用户关心的内容。

SKC 的目标是解决信息系统语义异构的问题,实现异构的自治系统之间的互操作。该项目希望通过在本体上建立一个代数系统,用这个代数系统实现各本体之间的互操作,从而实现异构系统之间的互操作。

2. 本体在其他领域的应用

随着理论和技术研究的广泛深入,本体被应用于许多专业领域,在这些专业领域中发挥重要作用。有学者曾做过这样的研究,在正确使用搜索引擎 Google 的基础上,分别用"ontology"、"ontology"与"information"、"ontology"与"philosophy"进行检索。对于 ontology 相关的英文文献量,与"information"相关的文献量为 456 167 千页,与"philosophy"相关的是 118 131 千页,二者加和为 574 198 千页。而仅以"ontology"为关键词,检出 999 117 千页,远远大于信息领域和哲学领域对本体(ontology)研究的总和,这说明国际上对本体研究和应用范围更广。例如 Guarino 曾发表本体综述类文章,总结出本体广泛应用于人工智能、计算语言、数据原理等领域,特别是在知识工程、知识表示、语言工程、数据设计、信息模型、信息集成、信息检索、信息摘要、知识管理等领域,本体甚至还被应用到自然语言翻译、医药、农业、电子商务、企业管理、地理信息系统、法律信息系统、生物信息系统等许多领域。

2.4 从传统 Web 到语义 Web

WWW 之所以获得成功,是因为它以一种简便的方式(HTML、HTTP、URL、浏览器)将互联网上的文本、图像、声音等各种信息链接到一起,使用户能够很方便地搜索和浏览信息。语义 Web 通过在现有的 Web 上增加元数据,允许人类和计算机以一种现在几乎不可能的方式发现和利用数据。

2.4.1 Web 技术的发展

目前万维网已成为最重要的信息载体之一。至今为止,WWW 主要作为文件媒体的集合,大部分内容是设计给人阅读的,而不是让计算机程序按其意义进行操作的。计算机能熟练地解析网页的版面，知道哪里是标题，哪里有与其他页面的链接。但一般来说，计算机没有可靠的方法来处理语义，而为网页扩展面向计算机的数据，并且增加专为计算机使用的标记，就可以把 Web 变成一个语义 Web。计算机会根据关键名称定义的超链接和逻辑推理规则发现语义数据的含义，这种基础设施的最终结果就是能够刺激开发自动化的网络服务，如强大的代理、智能的搜索引擎等。

当前 Web 是第二代 Web 技术，其主要以 HTTP/HTML 为基础，支持人与人、人与计算机、计算机与计算机之间的语法上的互操作，很难支持语义互操作。第三代互联网技术称为语义 Web，它以 Web 中的信息是计算机可以处理的信息为目标，以计算机可以理解互联网中的信息和知识以及实现不同计算机之间文档或数据语义互操作为特点，真正实现 Web 形式化和语义化。Web 技术的发展有三个阶段，这三个阶段有着各自的特点，表 2.3 清楚地展示了 Web 技术发展各个阶段的特性。

表 2.3　Web 技术的发展

	第一阶段	第二阶段	第三阶段
主要的信息描述格式	HTML	XML 和在此基础上建立的领域标准化格式	RDF、DAML
信息描述特点	非格式化或半格式化	信息格式化、标准化，信息定义缺乏关联	基于本体的信息定义与表达，实现语义 Web
动态模式与技术	处理人机交互的 CGI 技术和类似动态脚本语言等	Web 服务、SOAP、UDDI、WSDL	语义 Web 服务具体模式和技术有待发展
动态交互特点	处理人机基于因特网的交互，但计算机之间难交互	可处理计算机间交互，交互过程自动化，但难以构建个性化、智能化服务	协调处理人机交互与计算机间交互，过程智能化，可提供智能化、个性化服务
发展现状	应用广泛	技术已经成熟，有大量相关技术规范，行业应用正在推广中	从具体模式、相应理论到实现技术、行业应用都有待发展

2.4.2　语义 Web 的定义与特点

语义 Web 的创始人 Tim Berners-Lee 对语义 Web 的定义是："语义 Web 是一个网，它包含了文档或文档的一部分，描述了事物间的明显关系，且包含语义信息，以利于计算机的自动处理"[16]。其中，我们可以得知，语义网的基本思想是，提供基于计算机可处理的数据语义，并应用这些元数据的启发式进行自动化的信息访问。数据语义的显性表示和领域理论(本体)将使得 Web 提供一种全新质量的服务。其最终目标是将人类知识编织成一个巨大的网络，并以计算机处理的方式来实现它。各种自动化服务将帮助用户以计算机可理解格式访问和提供信息，并使得计算机自动化处理过程和 Web 信息集成更为方便。

从这些描述与理解中可以看出语义 Web 的一些基本特征[17]：

(1) 语义 Web 不同于现在的 WWW，它是现有 WWW 的扩展与延伸；

(2) 现有的 WWW 面向文档，而语义 Web 则面向文档所表示的数据；

(3) 语义 Web 将更利于计算机"理解与处理"，并将具有一定的判断、推理能力。

为了实现语义 Web 信息服务智能化与自动化的目标，语义 Web 的研究者们开发了许多新技术并提出了一系列的技术标准。

2.4.3 语义 Web 的体系结构

语义 Web 被称为第三代 Web、下一代 Web，由 Tim Berners-Lee 在 2000 年的 XML 2000 大会上第一次提出，目标是使得 Web 上的信息成为计算机可理解的，从而实现计算机自动处理信息，同时提出了语义 Web 的体系结构。

Tim Berners-Lee 一直致力于语义 Web 技术的研究，并一直关注语义 Web 技术的发展，在综合了语义 Web 研究领域的最新成果的基础上，提出了语义 Web 模型，这一模型得到了语义 Web 研究者们的认同。图 2.12 是 Tim Berners-Lee 提出的语义 Web 体系结构，从中可以看出他所建议的语义 Web 分层。

第 1 层：Unicode 和 URI。Unicode 是一个字符集，这个字符集中所有字符都用两个字节表示，可以表示 65 536 个字符，基本上包括了世界上所有语言的字符。数据格式采用 Unicode 的好处就是它支持世界上所有主要语言的混合，并且可以同时进行检索。URI(Uniform Resource Identifier)，即统一资源定位符，用于唯一标识网络上的一个概念或资源。在语义 Web 体系结构中，该层是整个语义 Web 的基础，其中 Unicode 负责处理资源的编码，URI 负责资源的标识。

第 2 层：XML＋NS＋XML Schema。XML(eXtended Markup Language)是一个精简的 SGML，它综合了 SGML 的丰富功能与 HTML 的易用性，它允许用户在文档中加入任意的结构，而无须说明这些结构的含义。NS(Name Space)即命名空间，由 URI 索引确定，目的是为了避免不同的应用使用同样的字符描述不同的事物。XML Schema 是 DTD(Document Data Type)的替代品，它本身采用 XML 语法，但比 DTD 更加灵活，提供更多的数据类型，能更好地为有效的 XML 文档服务并提供数据校验机制。正是 XML 灵活的结构性、由 URI 索引的 NS 而带来的数据可确定性以及 XML Schema 所提供的多种数据类型及检验机制，使其成为语义 Web 体系结构的重要组成部分。该层负责从语法上表示数据的内容和结构，通过使用标准的语言将网络信息的表现形式、数据结构和内容分离。

第 3 层：RDF＋RDF Schema。RDF(Resource Description Framework)是一种描述 WWW 上的信息资源的一种语言，其目标是建立一种供多种元数据标准共存的框架。该框架能充分利用各种元数据的优势，进行基于 Web 的数据交换和再利用。RDF 解决的是如何采用 XML 标准语法无二义性地描述资源对象的问题，使得所描述的资源的元数据信息成为计算机可理解的信息。如果把 XML 看成一种标准化的元数据语法规范的话，那么 RDF 就可以看成一种标准化的元数据语义描述规范。RDF Schema 使用一种计算机可以理解的体系来定义描述资源的词汇，其目的是提供词汇嵌入的机制或框架，在该框架下多种词汇可以集成在一起实现对 Web 资源的描述。

第 4 层：Ontology Vocabulary。该层是在 RDF(S)基础上的概念及其关系的抽象描述，用于描述应用领域的知识，描述各类资源及资源之间的关系，实现对词汇表的扩展。在这一层，用户不仅可以定义概念而且可以定义概念之间丰富的关系。

第 5～7 层：Logic、Proof、Trust。Logic(逻辑层)负责提供公理和推理规则。Logic 一

旦建立，便可以通过逻辑推理对资源、资源之间的关系以及推理结果进行验证，证明其有效性。通过 Proof（证据层）交换以及数字签名（Digital Signature），建立一定的信任关系（Trust），从而证明语义 Web 输出的可靠性以及其是否符合用户的要求。

Unicode（统一字符编码）URI（统一资源标识符）XML（可扩展标记语言）NS（Namespace，命名空间）XML Schema（XML 模式）RDF（资源描述框架）RDF Schema（RDF 模式）Ontology Vocabulary（本体词汇）Logic（逻辑）Proof（推理证明）Trust（可信性）Data（数据）Rules（规则）Self Desc（Self-description document，自描述文档）Digital Signature（数字签名）

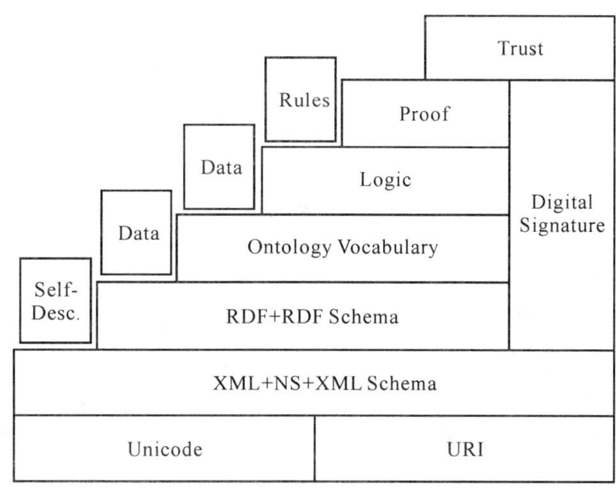

图 2.12　语义 Web 的体系结构

2.4.4　语义 Web 体系结构所依赖的技术

语义 Web 体系结构的实现依赖于三大关键技术：XML、RDF 和 Ontology。XML 层作为语法层；RDF 层作为数据层；Ontology（本体层）作为语义层。

XML 使每个人可以创造自己的标签来标注网页或网页的部分文本。XML 允许用户为它们的文档添加结构信息，但并没有说明这些结构的含义。只有标签名并不能提供语义，所以在语义 Web 结构中 XML 只是作为语法层，来为语义 Web 的建立提供语法基础。

RDF 是对结构化的元数据编码、交换和重用的一个基础。在语义 Web 模型中，信息以 RDF 句子的形式存储，即以统一的方式来存储数据，便于计算机理解。抽象的 RDF 数据模型表示为一个有向标记图。这个抽象模型是独立于实现的而且可以用 XML 来序列化。

在人工智能领域和互联网研究领域，一个本体描述了一个特定研究领域的一个形式化的、共享的概念化模型。本体非常适合于描述互联网上各种不同的、分散的、半结构化的信息资源。通过定义共享的、通用的领域知识，本体帮助人和计算机进行明确的交流，支持语义级的交换，而不仅仅是语法级的。

语义 Web 中的各个层次的具体作用可参照表 2.4。

表 2.4 语义 Web 体系结构层次分析

	层数	名称	描 述
低	第 1 层	Unicode 和 URI	整个语义 Web 的基础;Unicode(统一编码)处理资源的源码,URI(统一资源定位器)负责标识资源
↕	第 2 层	XML+NS+XML Schema	用于表示数据的内容和结构
	第 3 层	RDF+RDF Schema	用于描述 Web 上的资源及其类型
	第 4 层	Ontology Vocabulary	描述各类资源及资源之间的关系
	第 5 层	Logic	在下面 4 层的基础上进行逻辑推理操作
	第 6 层	Proof	根据逻辑陈述进行验证以得出结论
高	第 7 层	Trust	在用户间建立信任关系

2.4.5 语义 Web 面临的挑战以及研究方向

虽然语义 Web 给我们展示了 WWW 的美好前景以及由此而带来的互联网的革命,但语义 Web 的实现仍面临着巨大的挑战。语义 Web 所面临的问题体现在以下几个方面:(1)内容的可获取性,即基于本体而构建的语义 Web 网页目前还很少;(2)本体的开发和演化,包括用于所有领域的核心本体的开发,开发过程中的方法及技术支持,本体的演化及标注和版本控制问题;(3)内容的可扩展性,即有了语义 Web 的内容以后,如何以可扩展的方式来管理它,包括如何组织、存储和查找等;(4)多语种支持;(5)本体语言的标准化。

语义 Web 未来的研究方向包括:(1)深入研究语义 Web 基础理论,包括语义 Web 体系结构、指导原则、建设方法、逻辑基础等。如语义 Web 推理能力就是建立在描述逻辑基础上的,因此研究适于处理 Web 上大规模数据的描述逻辑也有助于增强语义 Web 本体语言的表达能力。(2)用于表示领域知识的本体语言的研究目前的本体语言都是在语法上遵循 XML 格式。(3)语义 Web 的本体工程。它是解决语义 Web 中语义异构难题及知识共享的途径。研究如何创建和管理本体,如何进行本体扩充、合并及映射,如何在本体基础上进行语义标底和推理,以及如何处理本体在深化之后带来的一系列难题等,对语义 Web 的实现具有重要意义。(4)语义 Web 工具和支撑软件的研究包括研究语义 Web 语言的应用编程接口及其实现、Web 资源语义描述的建模技术与工具、Web 资源的知识获取工具、语义 Web 内容创作和语义标注工具、Web 本体存储与查询工具等。目前已有工具对 Web 本体语言的支持程度不够充分,影响了普通用户使用这些工具的可能性和积极性,因此从发展的角度看,应研究更易用、更强大、更智能的工具。

2.5 本 章 小 结

知识管理的迅速发展得益于知识处理技术的不断提高。本章主要从知识管理的实现角度,介绍了知识管理的技术基础,包括元数据、RDF、XML、本体、语义 Web 等,这些技术的发展,使知识管理得到更多的应用。同时,这些技术基础,为以后章节内容的学习进行了铺垫。

本章参考文献

[1] 宋炜,张铭.语义网简明教程.北京:高等教育出版社,2004.

[2] 吴伟.海量存储系统元数据管理的研究[D].武汉:华中科技大学,2010.

[3] 冯项云,肖珑,廖三三,等.国外常用元数据标准比较研究[J].大学图书馆学报,2001.(04).

[4] CDWA home page[EB/OL]. http://www.getty.edu/research/publications/electronic_publications/index.html.

[5] The Dublin Core® Metadata Initiative[EB/OL]. http://dublincore.org.

[6] EAD Version 2002 official home page [EB/OL]. http://www.loc.gov/ead/.

[7] Federal Geographic Data Committee[EB/OL]. http://www.fgdc.gov/.

[8] GILS[EB/OL]. www.gils.net.

[9] TEI:Text Encoding Initiative[EB/OL]. http://www.tei-c.org/index.xml.

[10] Visual Resources Association[EB/OL]. http://www.vraweb.org/.

[11] 高志强,潘越,马力.语义 Web 原理及应用.北京:机械工业出版社,2009.

[12] Gruber T R. A Translation Approach to Portable Ontology Specifications. Knowledge Acquisition[J],1993,5(2):199-220.

[13] Studer R,Benjamins V R,Fensel D. Knowledge engineering principles and methods[J]. Data and Knowledge Engineering,1998,25 (122):161-197.

[14] Perez A G,Benjamins V R. Overview of Knowledge Sharing and Reuse Components:Ontologies and Problem-Solving Methods. In:Stockholm V R,Benjamins B,Chandrasekaran A,eds. Proceedings of the IJCAI299 workshop on Ontologies and Problem-Solving Methods (KRR5) 1999:1～15.

[15] Gruber T R. Toward principles for the design of ontologies used for knowledge sharing International Journal Human-Computer Studies,1995,43:907-928.

[16] Berners-Lee T. Conceptual graphs and the Semantic Web. Http://www.w3c.org/DesignIssues/CG.html,2001.

[17] 金海,袁平鹏.语义网数据管理技术及应用.北京:科学出版社,2010.

第3章 知识获取

3.1 知识获取概述

知识获取的过程就是把用于问题求解的专门知识从某些知识源中提取出来，转化为计算机可理解的形式的过程[1]。知识管理需要知识获取技术来将各种来源的知识吸纳进其管理体系中，有效的知识获取技术可以大大提升知识管理系统的应用深度和广度。

1. 知识获取的定义

从特定的知识源获取可能有用的问题求解知识和经验并转换为程序的过程。在具体领域问题中有两种知识：一种是明确的规范化知识，一般来自理论、书本或文献；另一种是启发式知识，即专家解决问题的经验，常有某种主观性、随意性和模糊性，如何将这部分知识概念化、形式化，并提取出来是获取这部分知识的困难之处。无论是哪种知识，以何种形式获取的，当它们被获取后，都应该准确、可靠、完整。第一种知识针对求解题目，第二种知识依靠于建模和程序设计者。

2. 知识获取的任务

获取知识：获取事实和规则、从规则演绎新的事实，描述基本元素、定义概念。

精炼和维护知识：分类、整合、精炼知识，维护一致性、完整性，修改事实和规则。对专家或书本等知识进行理解、认识、选择、抽取、汇集、分类和组织；从已有知识和实例中产生新知识；检查和保证已获取知识的一致性和完整性；尽量保证已获取知识的无冗余性。

3. 知识获取的方法

(1) 隐性知识及其获取方法

隐性知识指的是难于形式化、难于交流的技能、经验性的知识，包括主观的知道如何解决问题的见识和直觉。这些隐性知识来源于从事某项活动的人，它被潜意识地理解和使用，并且往往和特定的情景相关。

隐性知识获取的主要方法有非自动知识获取和自动知识获取等。

1) 非自动获取，也称人工移植。需要知识工程师和领域专家的反复交流，从领域专家获取知识，然后由知识工程师将知识输入到知识库，现在很多领域还采用这种方法进行知识获取。

如图 3.1 所示，我们看到原始模式中专家要与知识工程师沟通得到程序所能接受的规范的知识，才能最终进入到知识库中，整个知识获取过程几乎都由手工完成，费时费力，且效率低。在很多情况下,领域专家很难将自己的经验知识讲清楚,尤其是凭直觉解决的问题,获取知识的有效性、先验性和针对性,在一定程度上取决于获取过程中人的因素,带有感性的、盲目的特征。因此这种方法的缺点一是效率很低,二是所获得的知识精度不高。

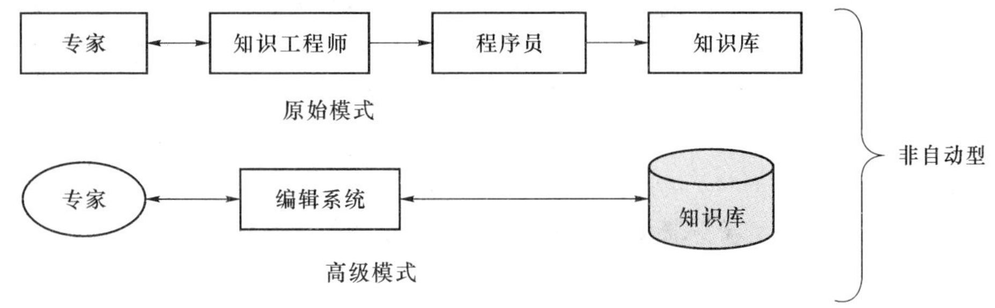

图 3.1 隐性知识非自动获取方式

高级模式,这是目前隐性知识获取的主要方法,它主要是由知识工程师与专家系统中的知识获取机构共同完成的。知识工程师负责从领域专家那里抽取知识,并用适当的模式把知识表示出来,而专家系统中的知识获取机构负责把知识转化为计算机可存储的内部形式,然后把它存入知识库。前面几部分的工作是由知识工程师完成的,需要人的参与,后面的工作由计算机完成的,所以也有人称这是一种"半自动"知识获取方法。

半自动知识获取这种方法前面几部分的工作仍然需要手工完成,后面的工作由计算机完成,但最后归纳出来的规则经常出现重复和矛盾。

2) 自动获取,也称机器学习。传统方式的自动知识获取机制能够通过专家直接同系统的对话而无须计算机专家的介入,专家的对话内容便可自动变换成知识库中的知识,或进行知识库的修改。具有自适应学习功能的系统能够通过用户对求解结果的大量反馈信息自动修改和完善知识库,并能在问题求解过程中自动积累和形成各种有用的知识[2]。自动获取的过程如图 3.2 所示。

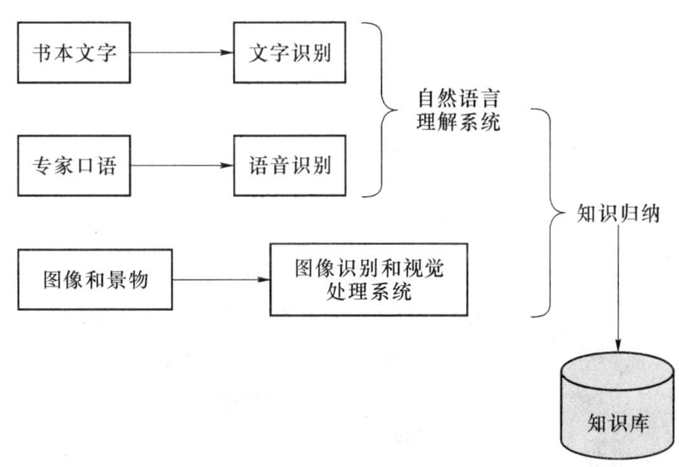

图 3.2 隐性知识自动获取方式

计算机自动获取知识就是计算机通过学习获取知识,进行知识积累并对知识库进行更新。系统不仅可以直接与专家进行对话,从专家提供的原始信息中学习到专家系统所需要的知识，而且还能从大量的学习样本中归纳出新的知识，发现知识中可能存在的错误，不断地自我完善，建立起性能优良、知识完善的知识库。机器学习的方法目前有很多种，根据其对导师的依赖程度可分为：机械式的学习、类比学习、归纳学习、观察发现式的学习和近年来发展的基于解释的学习、基于事例的学习、基于神经网络的学习、遗传算法的学习以及基于粗糙集理论的学习等。

自动知识获取这种方法虽然自动化程度高、效率也高，但是它涉及人工智能的许多领域，如模式识别、自然语言理解、机器学习等，对硬件也有较高的要求，而这一切目前还处于研究阶段，有许多理论及技术上的问题需要做进一步的研究，就目前已经取得的研究成果而言，还不足以真正实现自动知识获取。因此，知识的完全自动获取还有待研究。

(2) 显性知识及其获取方法

显性知识指的是能够容易在个人和团体之间进行传送的形式化的知识，它是任何能够被编码的东西，如数学公式、规则、定义、文档、数据等。

显性知识获取的主要方法是知识挖掘。知识挖掘源于全球范围内数据库中存储的数据量急剧增加，人们的需求已经不再是简单的查询和维护了，而是希望能够对这些数据进行较高层次的处理和分析以得到关于数据总体特征和发展趋势的预测。知识挖掘起源于基于数据库的知识发现(Knowledge Discovery in Database，KDD)。知识挖掘是 KDD 的一个重要的处理步骤，没有通过知识挖掘来提取有意义的知识，就谈不上 KDD 所要求的对知识的理解、分析、筛选、归纳或转化。知识挖掘是指从数据集中识别出有效的、新颖的、潜在有用的，以及最终可理解的模式的而非平凡过程。

知识获取的最终目标是建立知识库。对于首次建立的知识库可能存在矛盾或冗余的规则，或者知识的使用结果与专家给出的结论无法吻合，这就需要对它进行优化，以获得一个结构良好、功能完善和知识相对完备的高质量知识库。

知识挖掘根据输入的数据源或信息源的不同，如数据库、文本文件或 Web 信息，又分为数据挖掘、文本挖掘和 Web 挖掘。

3.2 数据挖掘

3.2.1 数据挖掘的产生背景

随着科学技术，特别是计算机科学技术的快速发展，众多数据与信息随之产生，包括网络数据、金融与经济数据、DNA 数据等。随着硬件技术的发展，大量的数据以数字形式保存下来，如各类企业或商业领域中的交易记录与财务报表、科研领域收集的数据等，这些数据中包含着丰富的有用信息，如何处理这些规模巨大的数据，并从中获得有价值的信息与认知早已是信息领域及其他相关专业领域中研究的热点。

利用计算机技术与数据库技术，可以支持建立并快速存储与检索各类数据库，但传统的数据处理与分析方法与手段难以对海量数据进行有效的处理与分析。利用传统的数据分析方法一般只能获得数据的表层信息，难于揭示数据属性的内在关系和隐含信息。海量数据的飞速产生和传统数据分析方法的不适用性带来了对更有效的数据分析理论与技术的需求。将快速增长的海量数据收集并存放在大型数据库中，使之成为难得再访问也无法有效利用的数据档案是一种极大的浪费。当需要从这些海量数据中找到人们可以理解与认识的信息与知识，使得这些数据成为有用的数据，就需要有更有效的分析理论与技术及相应工具。将智能技术与数据库技术结合起来，从这些数据中自动挖掘出有价值的信息是解决问题的一个有效途径。对于海量数据与信息的分析与处理，可以帮助人们获得更丰富的知识和科学认识，在理论技术以及实践上获得更为有效且实用的成果。从海量数据中获得有用信息与知识的关键之一是决策者是否拥有从海量数据中提取有价值知识的方法与工具。如何从海量数据中提取有用的信息与知识，是当前人工智能、模式识别、机器学习等领域中一个重要的研究课题。

对于海量数据，可以利用数据库管理系统来进行存储管理。对数据中隐含的有用信息与知识，可以利用人工智能与机器学习等方法来分析和挖掘，这些技术的结合导致了数据挖掘技术的产生。

数据挖掘技术与数据库技术有着密切关系。数据库技术解决了数据存储、查询与访问等问题，包括对数据库中数据的遍历。数据库技术未涉及对数据集中隐含信息的发现，而数据挖掘技术的主要目标就是挖掘出数据集中隐含的信息和知识。

数据挖掘技术的产生的几个基本条件分别是海量数据的产生与管理技术、高性能的计算机系统，以及数据挖掘算法。激发数据挖掘技术研究与应用的四个主要的技术因素是：

(1) 超大规模数据库的产生，如商业数据仓库和计算机系统自动收集的各类数据记录。商业数据库正在以空前的速度增长，而数据仓库正在被广泛地应用于各行各业。

(2) 先进的计算机技术，如具有更高效的计算能力和并行体系结构。复杂的数据处理与计算对计算机硬件性能的要求逐步提高，而并行多处理机在一定程度上满足了这种需求。

(3) 对海量数据的快速访问需求，如人们需要了解与获取海量数据中的有用信息。

(4) 对海量数据应用统一方法计算的能力。数据挖掘技术已获得广泛的研究与应用，并已经成为一种易于理解和操作的有效技术。

数据挖掘从1989年第十一届国际联合人工智能学术会议上正式提出以来，学术界就没有中断过对它的研究。数据挖掘在学术界和工业界的影响越来越大。数据挖掘技术被认为是一个新兴的、非常重要的、具有广阔应用前景和富有挑战性的研究领域，并引起了众多学科研究者的广泛注意[3]。经过数十年的努力，数据挖掘技术的研究已经取得了丰硕的成果。

3.2.2 数据挖掘的含义

数据挖掘(Date Mining)就是从大量的、不完全的、有噪声的、模糊的、随机的实际应用数据中，提取隐含在其中的、人们事先不知道但又是潜在有用的并最终可理解的信息和知识的非平凡过程。这些知识蕴涵了数据中一组对象之间的特定关系。提取的知识表示为概念、规则、规律、模式等形式，是一门融合了人工智能、数据库技术、模式识别、机器学习、统计学和数据可视化等多个领域的理论和技术的综合性交叉学科。数据挖掘所得到的信息应具有先前未知、有效和可实用三个特征，先前未知的信息是指该信息是预先未曾预料到的，即数据挖掘是要发现那些不能靠直觉发现的信息或知识，甚至是违背直觉的信息或知识，挖掘出的信息越是出乎意料，就可能越有价值，而且它是一个非平凡的过程，也即挖掘过程不是线性的，有反复和循环，所挖掘到的知识也不是通过简单的分析就能得到，这些知识可能是隐含在表面现象的内部，需要经过大量的数据比较分析，应用一些专门处理大数据量的数据挖掘工具才能取得。

数据挖掘是采用统计学、人工智能和神经网络等领域的科学方法，如记忆推理、聚类分析、关联分析、决策树、神经网络、遗传算法等技术，从大量数据中挖掘出隐含的、先前未知的、对决策有潜在价值的关系、模式和趋势，并用这些知识和规则建立用于决策支持的模型，提供预测性决策支持的方法、工具和过程。还有很多类似的术语，如数据分析、从数据库中发现知识、数据融合以及决策支持等。人们把原始数据看做是知识的源泉，就像在矿石中寻找金子一样。原始数据可以是结构化的，如关系数据库中的数据，也可以是半结构化的，如文本、图形、图像数据，甚至是分布在网络上的异构型数据。发现知识的方法可以是数学的，也可以是非数学的；可以是演绎的，也可以是归纳的。发现了的知识可以被用于信息管理、查询优化、决策支持、过程控制等，还可以用于数据自身的维护。

1. 数据挖掘概念辨析

(1) 数据挖掘与机器学习的区别

数据挖掘与机器学习都是从数据中提取知识，其主要区别在于：机器学习主要针对特定模式的数据进行学习；数据挖掘则是从实际的海量数据源中抽取知识，这些海量数据源通常是一些大型数据库。由于数据挖掘使用的数据直接来自数据库，数据的组织形式、数据规模都具有依赖数据库的特点，特别的，数据挖掘处理的数据量非常巨大，数据的完整性、一致性和正确性都难以保证，所以，数据挖掘算法的效率、有效性和可扩充性都显得至关重要。充分利用现代数据库技术优势也是提高数据挖掘的算法效率的有效途径。

(2) 数据挖掘与传统的数据分析的区别

数据挖掘与传统的数据分析（如查询、报表、联机应用分析）的本质区别是数据挖掘是在没有明确假设的前提下去挖掘信息、发现知识。数据挖掘所得到的信息应具有先未知、有效和可实用三个特征，在商业应用中最典型的例子就是一家连锁店通过数据挖掘发现了小孩尿布和啤酒之间有着惊人的联系。

(3) 数据挖掘和在线分析处理（OLAP）的区别

OLAP 是决策支持领域的一部分。传统的查询和报表工具是告诉用户数据库中都有什么（What happened），OLAP 则更进一步告诉用户下一步会怎么样（What next）和如果用户采取这样的措施又会怎么样（What if）。用户首先建立一个假设，然后用 OLAP 检索数据库来验证这个假设是否正确。比如，一个分析师想找到什么原因导致了贷款拖欠，他可能先做一个初始的假定，认为低收入的人信用度也低，然后用 OLAP 来验证他这个假设。如果这个假设没有被证实，他可能去查看那些高负债的账户，如果还不行，他也许要把收入和负债一起考虑，一直进行下去，直到找到他想要的结果或放弃。

OLAP 分析师是建立一系列的假设，然后通过 OLAP 来证实或推翻这些假设来最终得到自己的结论。OLAP 分析过程在本质上是一个演绎推理的过程。但是如果分析的变量达到几十个或上百个，那么再用 OLAP 手动分析验证这些假设将是一件非常困难和痛苦的事情。

数据挖掘与 OLAP 不同的地方是，数据挖掘不是用于验证某个假定的模式（模型）的正确性，而是在数据库中自己寻找模型。它在本质上是一个归纳的过程。比如，一个用数据挖掘工具的分析师想找到引起贷款拖欠的风险因素。数据挖掘工具可能帮他找到高负债和低收入是引起这个问题的因素，甚至还可能发现一些分析师从来没有想过或试过的其他因素，比如年龄。

数据挖掘和OLAP具有一定的互补性。在利用数据挖掘出来的结论采取行动之前，用户也许要验证一下如果采取这样的行动会给公司带来什么样的影响，那么OLAP工具能回答这些问题。

在知识发现的早期阶段，OLAP工具还有其他一些用途：帮用户探索数据，找到哪些是对一个问题比较重要的变量，发现异常数据和互相影响的变量。这都能帮用户更好地理解数据，加快知识发现的过程。

OLAP分析者是建立一系列的假设，然后通过OLAP来证实或推翻这些假设来最终得到自己的结论。本质是一个演绎推理的过程。

数据挖掘不是用来验证某个假定的模式的正确性，而是在数据库中自己寻找模型。本质是一个归纳的过程。

2. 数据挖掘的分类

数据挖掘作为KDD的核心部分，它被研究得最多。目前存在很多数据挖掘方法或算法，有必要对这些方法进行分门别类。我们知道，描述或说明一个算法涉及三个部分：输入、输出和处理过程。数据挖掘算法的输入可以是多种形式的数据，算法的输出是要发现的知识或模式，算法的处理过程则涉及具体的搜索方法。从算法的输入、输出和处理过程三个角度分，可以确定这样几种分类标准：挖掘对象、挖掘任务、挖掘方法。

根据挖掘对象分，有如下若干种数据库或数据源：关系数据库、面向对象数据库、空间数据库、时态数据库、文本数据源、多媒体数据库、异质数据库、遗产(legacy)数据库，以及万维网。

根据挖掘任务分，有如下几种知识发现任务：分类或预测模型知识发现、数据总结、数据聚类、关联规则发现、序列模式发现、依赖关系或依赖模型发现、异常和趋势发现等。

根据挖掘方法分，可粗分为：统计方法、机器学习方法、神经网络方法和数据库方法。统计方法中，可细分为：回归分析(多元回归、自回归等)、判别分析(贝叶斯判别、费歇尔判别、非参数判别等)、聚类分析(系统聚类、动态聚类等)、探索性分析(主元分析法、相关分析法等)等。机器学习中，可细分为：归纳学习方法(决策树、规则归纳等)、基于范例学习、遗传算法等。神经网络方法中，可细分为：前向神经网络(BP算法等)、自组织神经网络(自组织特征映射、竞争学习等)等。数据库方法主要是多维数据分析或OLAP方法，另外还有面向属性的归纳方法。

3. 数据挖掘系统的主要组成部分

如图3.3所示，典型数据挖掘系统的结构包括以下几方面：

- 数据库、数据仓库、万维网或其他信息库：这是一个或一组数据库、数据仓库、电子数据表或其他类型的信息库。可以对这些数据进行数据清理和集成。
- 数据库或数据仓库服务器：根据用户的数据挖掘请求，数据库或数据仓库服务器负责提取相关数据。
- 知识库：这是领域知识，用于指导搜索或评估结果模式的兴趣度。这种知识可能包括概念分层，用于将属性或属性值组织成不同的抽象层。用户信念知识也可以包含在内，可以使用这种知识，根据非期望性评估模式的兴趣度。领域知识的其他例子包括附加的兴趣度约束或阈值,以及元数据(例如,描述来自多个异构数据源的数据)。

- 数据挖掘引擎:这是数据挖掘系统的基本部分,理想情况下由一组功能模块组成,用于执行特征化、关联和相关分析、分类、预测、聚类分析、离群点分析和演变分析等任务。
- 模式评估模块:通常,该成分使用兴趣度度量,并与数据挖掘模块交互,以便将搜索聚焦在有趣的模式上。它可能使用兴趣度阈值过滤已发现的模式。模式评估模块也可以与挖掘模块集成在一起,这依赖于所用的数据挖掘方法的实现。对于有效的数据挖掘,建议尽可能深入地将模式评估兴趣度推进到挖掘过程之中,以便将搜索限制在有趣的模式上。
- 用户界面:该模块在用户和数据挖掘系统之间通信,允许用户与系统交互,说明数据挖掘查询或任务,提供信息以帮助搜索聚焦,根据数据挖掘的中间结果进行探索式数据挖掘。

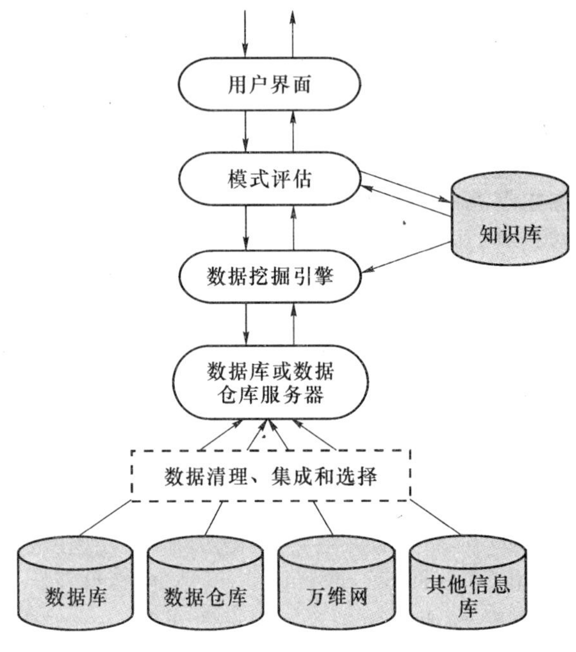

图 3.3　典型数据挖掘系统的结构

3.2.3　数据挖掘的功能和任务

数据挖掘通过预测未来趋势及行为做出前瞻的、基于知识的决策。数据挖掘的目标是从数据库中发现隐含的、有意义的知识,数据挖掘当前的主要功能和任务有:分类、聚类、关联规则、预测、偏差的检测、时间序列分析、孤立点分析等。目前数据挖掘技术在市场营销、金融投资、保险、科学研究、医疗卫生、产品制造业、通信网络管理等行业得到了广泛应用。

(1) 分类

分类是数据挖掘中应用最多的任务。分类是找出一个类别要领描述,它代表了这类数据的整体信息,即该类的内涵描述,一般用规则或决策树模式表示。分类规则的建立可以预测准确度、计算复杂度及优化模式的简洁度。粗集理论认为知识就是基于对象分类的能力,按照分析对象的属性、特征,建立不同的组类来描述事物。分类器模型能把数据库的数据项映射到给定类别中的某一个。例如,银行部门根据以前的数据将客户分成了不同的类别,现在就可以根据这些来区分新申请贷款的客户,以采取相应的贷款方案。

(2) 聚类

识别、分析出内在的规则,按照这些规则把对象分成若干类。聚类是把一组个体按照相似性归成若干类别,即“物以类聚”。它的目的是使属于同一类别的个体之间的距离尽可能地小,而不同类别的个体间的距离尽可能地大。根据最大化类内相似性、最小化类间相似性的原则进行聚类,使得在同一个类中的对象具有很高的相似性,而与其他类中的对象很不相似。聚类形成的每个类可以看做一个对象类,由它可以导出规则。聚类也便于将观察到的内容组织成分层结构,把类似的事件组织在一起。例如,将申请人分为高度风险申请者、中度风险申请者、低度风险申请者。

(3) 关联规则

关联分析就是从大量数据中发现项集之间有趣的关联或相关联系。随着大量数据不停地收集和存储,许多业界人士对于从他们的数据库中挖掘关联规则越来越感兴趣。从大量商务事务记录中发现有趣的关联关系,可以帮助许多商务决策的制定。例如,每天购买啤酒的人也有可能购买香烟,比重有多大,可以通过关联的支持度和置信度来描述。关联规则发现的思路还可以用于序列模式发现。用户在购买物品时,除了具有上述关联规律,还有时间或序列上的规律。

(4) 预测

把握分析对象发展的规律,对未来的趋势做出预见。例如,对未来经济发展的判断。

(5) 偏差的检测

对分析对象的少数的、极端的特例的描述,揭示内在的原因。例如,在银行的100万笔交易中有500笔的欺诈行为,银行为了稳健经营,就要发现这500笔的内在因素,减小以后经营的风险。

(6) 时间序列分析

在时间序列分析中,数据的属性值是随着时间不断变化的。这些数据一般在相等的时间间隔内取得,但是也可以在不相等的时间间隔内取得。通过时间序列图可以将时间序列数据可视化。时间序列分析目前有三个基本功能:一是模式挖掘,即通过分析时间序列的历史形态来研究事务的行为特征;二是趋势分析,即利用历史时间序列预测数据的未来数值;三是相似性搜索,即使用距离度量来确定不同时间序列的相似性。

(7) 孤立点分析

数据库中可能包含一些数据对象,它们与数据的一般行为或模式不一致。这些数据对象就是孤立点。许多数据挖掘算法试图使孤立点的影响最小化,或者排除它们。但在一些应用中孤立点本身可能是非常重要的信息。例如在欺诈探测中,孤立点可能预示着欺诈行为。

当然,除了以上所列出的其他的功能。需要注意的是:数据挖掘的各项功能不是独立存在的,是在数据挖掘中互相联系发挥作用。

3.2.4 数据挖掘的过程

数据挖掘是指一个完整的过程,该过程从数据文件中挖掘先前未知的、有效的、可实用的信息。数据挖掘过程可分为五个阶段:确定业务对象、数据准备、数据挖掘、结果分析以及知识的同化。过程中各步骤的大体内容如图3.4所示。

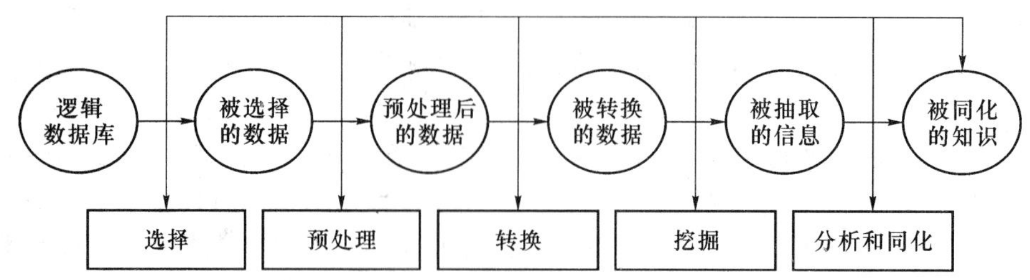

图 3.4　数据挖掘的过程

(1) 确定业务对象

清晰地定义出业务问题，认清数据挖掘的目的是数据挖掘的重要一步。挖掘的最后结构是不可预测的，但要探索的问题应是有预见的，为了数据挖掘而数据挖掘则带有盲目性，是不会成功的。

明确数据挖掘的目的，选择挖掘算法。根据挖掘目的，如关联性挖掘、分类预测、聚类或孤立点分析等来选择挖掘算法。

(2) 数据准备

① 数据的选择

搜索所有与业务对象有关的内部和外部数据信息，并从中选择出适用于数据挖掘应用的数据。数据选取的目的是确定发现任务的操作对象，即目标数据，是根据用户的需要从原始数据库中抽取的一组数据。

② 数据的预处理

研究数据的质量，为进一步的分析作准备，并确定将要进行的挖掘操作的类型。数据预处理一般包括消除噪声、推导计算机缺值数据、消除重复记录、完成数据类型的转换等。当数据挖掘的对象是数据仓库时，一般来说，数据预处理已经在生成数据仓库时完成了。

③ 数据变换

将数据转换成一个分析模型。这个分析模型是针对挖掘算法建立的。建立一个真正适合挖掘算法的分析模型是数据挖掘成功的关键。数据变换的主要目的是削减数据维数，即从初始特征中找出真正有用的特征以减少数据挖掘时要考虑的特征或变量个数。

(3) 数据挖掘

对所得到的经过转换的数据进行挖掘。除了完善选择合适的挖掘算法外，其余一切工作都能自动地完成。利用选择好的挖掘算法构建模型，对预处理好的数据进行挖掘处理，以发现规则或知识。

(4) 结果解释和评估

解释并评估结果。使用的分析方法一般根据数据挖掘操作而定，通常会用到可视化技术。根据挖掘的模式、规则和知识必须具有可理解性和有效性。而数据挖掘阶段发现出来的模式有许多是不可理解的、无用的，所以必须进行评估。存在冗余或无关的模式，这时需要将其剔除；也有可能模式不满足用户要求，这时则需要整个发现过程退回到前续阶段，如重新选取数据、采用新的数据变换方法、设定新的参数值，甚至换一种算法等。

影响数据挖掘质量好坏的两个因素：

① 所采用的数据挖掘技术的有效性。

② 用于数据挖掘的数据的质量和数量(数据量的大小)。如果选择了错误的数据或不

适当的属性,或对数据进行了不适当的转换,则有可能取到不正确的挖掘结果。挖掘过程是一个不断反馈甚至反复的过程,需要用户的积极参与,实现人机互动。

(5) 知识的同化

将分析所得到的知识集成到业务信息系统的组织结构中去。

3.2.5 数据挖掘的技术

数据挖掘主要使用到了以下技术。

(1) 统计学方法

在数据挖掘中常常会涉及一定的统计过程,如数据抽样和建模、判断假设以及误差控制等。包括描述统计、概率论、回归分析、时间序列分析等在内的许多统计学方法,在数据挖掘中发挥着重要作用。特别是因子分析、判别分析以及聚类分析等多元统计分析方法,更是大量地应用于数据挖掘领域。

(2) 决策树 (Decision Tree)

决策树是一种树形结构的预测模型,其中树的非终端节点表示属性,叶节点表示所属的不同类别。根据训练数据集中数据的不同取值建立树的分支,形成决策树。决策树一般产生直观、易理解的规则,而且分类不需太多计算时间,适用于对记录分类或结果的预测,尤其适用于当目标是生成易理解、可翻译成 SQL 或自然语言的规则时。

决策树方法主要用于数据分类。一般分成两个阶段:树的构造和树的修剪。首先利用训练数据生成一个测试函数,根据不同取值建立树的分支;在每个分支子集中重复建立下层节点和分支,从而生成一棵决策树。然后对决策树进行剪枝处理,最后把决策树转化为规则,利用这些规则可以对新事例进行分类。基于决策树的分类方法与其他分类方法比较起来,具有速度较快、较易转化成简单且容易理解的分类规则、较易转换成数据库查询语句等优点,尤其在问题维数高的领域可以得到很好的分类结果。

(3) 人工神经网络 (ANN))

人工神经元网络是数据挖掘中应用最广泛的技术。人工神经网络在结构上模仿生物神经网络,是一种通过训练来学习的非线性预测模型,在数据挖掘中可用来进行分类、聚类、特征采掘等操作。神经网络的数据挖掘方法是通过模仿人的神经系统来反复训练学习数据集,从待分析的数据集中发现用于预测和分类的模式。神经元网络对于复杂情况仍能得到精确的预测结果,而且可以处理类别和连续变量,但神经元网络不适合处理高维变量,其最大的缺点是不透明性,因为其无法解释结果是如何产生的,及其在推理过程中所用的规则。

(4) 遗传算法 (Genetic Algorithm)

遗传算法是一种基于生物进化理论的优化技术,它利用生物进化的一系列概念进行问题的搜索,是模仿生物进化的过程,反复进行选择、交叉和突变等遗传操作,最终达到优化的目的。在遗传算法的实施中,首先要对求解的问题进行编码(称为染色体),产生初始群体,然后计算个体的适应度,再进行染色体的复制、交换、突变等操作,产生新个体。重复这个操作,直到求得最佳或较佳个体。在数据挖掘中,往往把数据挖掘任务表达为一种搜索问题,使用遗传算法强大的搜索能力,找到最优解。遗传算法可处理许多数据类型,同时可并行处理各种数据,常用于优化神经元网络,解决其他技术难以解决的问题,但需要的参数太多,对许多问题编码困难,一般计算量大。

(5) 粗糙集 (Rough Set)

粗糙集理论是一种处理含糊和不确定问题的新型数学工具,它具有数学基础深厚、方法简单、针对性强和计算量小等优点。利用粗糙集理论可以处理的问题包括数据约简、数据相关性发现、数据意义的评估、数据的近似分析等。

(6) 模糊集(Fuzzy Set)

模糊集是表示和处理不确定性数据的重要方法。模糊集理论用隶属度来描述差异的中介过渡,是一种用精确的数学语言对模糊性进行描述的方法。模糊集不仅可以处理不完全数据、噪声或不精确数据,而且在开发数据的不确定性模型方面能提供比传统方法更灵巧、更平滑的性能。在数据挖掘中,常用来进行证据合成、置信度计算等。

(7) 可视化技术

可视化技术采用直观的图形方式将信息模式、数据的关联趋势呈现给用户(决策者),以便用户交互地分析数据关系。一般说来,不存在一个普遍适用的数据挖掘方法。一个方法或算法在某个领域非常有效,但在另一个领域却可能不太适合。因此,在实际应用中,需要针对特定的领域,精心选择有效的数据挖掘模型与挖掘算法。

数据挖掘技术在用户知识获取中的应用网络的发展为用户提供了多种新的信息服务,但当前因特网信息服务中更多的是单向被动的服务模式。数据挖掘技术的应用,使因特网能根据用户的需求采取更主动、更有针对性的服务,并且可以建立一种个性化的信息服务系统。

3.3 文本挖掘

数据挖掘技术主要是为支持非文本数据,如通话数据、邮件订单地址、销售历史记录、工资记录等的知识发现而建立起来的。但近年来,文本数据(如新闻文章、研究论文、数据、数字图书馆、电子邮件和人事档案等)急剧增长,文本挖掘作为数据挖掘过程的有利延伸,将是用户能够迅速提取非结构化或半结构化文档集合中所包含的有效的、新颖的、潜在有用的、最终可理解的模式,以获取结构化的知识,如概念、关键词、意图和对象等。

3.3.1 文本挖掘概述

文本挖掘(Text Mining)也称为文档挖掘(Document Mining)、文本数据挖掘(Text Data Mining)以及文本(数据库)中的知识发现(Knowledge Discovery in Textual Database)。一般认为文本挖掘是指在大量文本集合或语料库上,发现其中隐含的、令人感兴趣的、有用的模式和知识。Ronen Feldman 认为文本挖掘是一门新的研究领域,通过采用数据挖掘、机器学习、自然语言处理、信息检索和知识管理的技术以解决信息过载的问题。它涉及文档集合的预处理、中间形式的处理(分类、聚类、趋势预测、关联规则等)以及结果的可视化[4]。

基于文本挖掘的知识文件的分类主要有两种方式:聚类(clustering)分析和分类(classification)。

图 3.5 所示是文本挖掘的功能模型,它主要由三部分组成:底层是文本挖掘的基础领域,包括数据挖掘、自然语言处理、计算语言学、模式识别;之上是文本挖掘的基本技术,包括

单文档挖掘的文本摘要、信息提取、关键词检索和面向多文档挖掘的关联分析、文本聚类、文本分类；在基本技术之上是主要应用领域，包括知识管理、商务智能和信息检索。

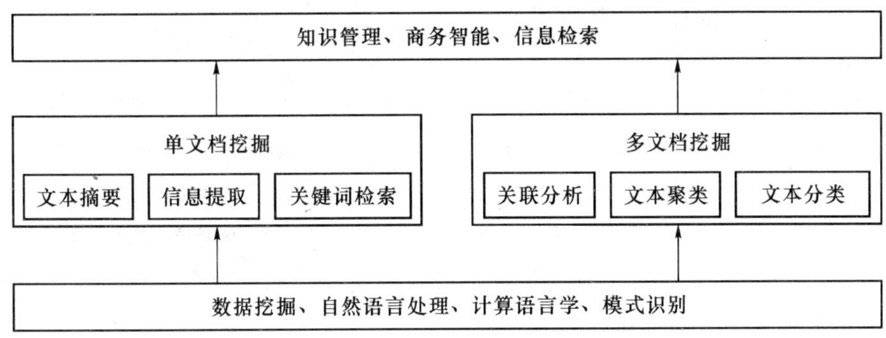

图 3.5　文本挖掘的功能模型

3.3.2　文本挖掘的处理过程

文本挖掘的一般过程主要由以下步骤组成，如图 3.6 所示。

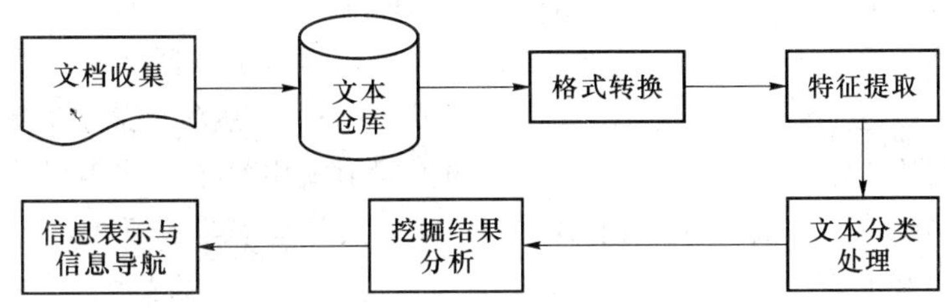

图 3.6　文本挖掘过程

该文本挖掘结构模型的工作流程安排如下：

(1) 文档收集(文本收集)

需要挖掘的文本数据可能具有不同类型，且分散在很多地方，需要检索那些所有被认为可能与当前工作相关的文本，形成文本仓库，同时对文本的格式进行一定的格式转换，转换为能够较好被处理的文本知识。

(2) 特征提取

对收集到的挖掘目标样本进行特征提取，生成挖掘目标的特征矢量；特征项集选取应该根据两个基本原则即完全性和区分性原则来进行，并将提取得到的特征矢量经过特征子集的选取后存放到文本特征库中形成文本中间表示形式。这里包括特征集的建立和特征集的缩减。

① 特征集的建立

与数据库中的结构化数据相比，文本具有有限的结构，或者根本就没有结构，即使具有一些结构，也还是着重于格式，而非文本内容，不同类型文本的结构也不一致。此外，文本的内容是人类所使用的自然语言，现在计算机还很难处理其语义。文本信息源的这些特殊形式使得现有的数据挖掘技术无法直接应用于其上。我们需要对文本进行预处理，抽取代表其特征的元数据，这些特征可以用结构化的形式保存，作为文本的中间表示形式。

文本特征指的是关于文本的元数据，可分为描述性特征和语义性特征。描述性特征包括文本的名称、日期、大小、类型等，语义性特征包括文本的作者、机构、标题、内容等。描述性特征容易获得，而语义性特征较难得到。

② 特征集的缩减

当我们将文本转化为一种类似于关系数据库中记录的较规整且能反映文本内容特征的表示(文本特征向量)后，会发现一个不合人意的地方：文本特征向量具有惊人的维数。这使得特征集的缩减成为文本数据挖掘中必不可少的一步。特征集的缩减包括横向选择和纵向投影两种方式。横向选择是指剔除噪声文档以改进挖掘精度，或者在文档数量过多时仅选取一部分样本以提高挖掘效率。纵向投影是指按照挖掘目标选取有用的特征，通过特征集的缩减，就可以得到代表文档集合地有效的、精简的特征子集，在此基础上可以开展各种文本挖掘工作。

(3) 文本挖掘过程

将数据挖掘中的若干算法进行适当改进后，对于文本的中间表示形式进行挖掘处理，得到潜在的知识或者模式。

文本挖掘可以分为两个阶段：文本精炼和知识提取。

文本精炼将自由形式的文档转变为中间形式；知识提取从中间形式中推理出模式和知识。中间形式可以是半结构化的形式，如概念图或者结构化的关系表。在基于文档的中间形式中每一个实体表示一个文档；在基于概念的中间形式中每个实体表示特定领域中一个感兴趣的对象和概念。一般而言，基于概念的中间形式总是依赖于领域的，而基于文档的中间形式可以与领域无关。基于文档的中间形式可以通过在特定领域中抽取感兴趣的相关对象转变为基于概念的中间形式。

(4) 挖掘结果评价

将挖掘得到的知识或者模式进行评价，将符合一定标准的知识或者模式呈现给用户。为了客观地评价文本挖掘的效果，经研究提出了很多评测方法，比较常用的有准确率(Precision)、召回率(Recall)。准确率是所有判断的文本中与人工分类结果吻合的文本所占的比率。召回率是人工分类结果应有的文本中与分类系统吻合的文本所占的比率。

(5) 信息表示和信息导航

将反馈的结果用可视化的方式进行显示，同时对用户提供信息导航功能，从而在极大的程度上方便用户进行有效的浏览和获取信息。

对基于文档的中间形式进行挖掘可以获得文档间的模式和关系，因而文档的分类、聚类以及可视化均属此类。对基于概念的中间形式进行挖掘可以获取对象、概念间的模式和关系，因而预测模型和关联属于此类。

3.3.3 文本挖掘的关键技术

目前文本挖掘的关键技术主要有文本分类、文本聚类、文本结构分析和自动摘要。

1. 文本分类

文本分类是指按照预先定义的主题类别，为文本集合中的每个文本确定一个类别。这样用户不但能够方便地浏览文本，而且可以通过限制搜索范围来使文本的查找更容易、快捷。分类体系一般人工构造，如政治、体育、军事；分类系统可以是层次结构，如 yahoo。现阶段有很多分类体系，如 Reuters 分类体系、中图分类等。

(1) 文本分类的主要过程

文本分类通常有训练和分类两个阶段。图 3.7 向我们展示了文本分类的主要过程。

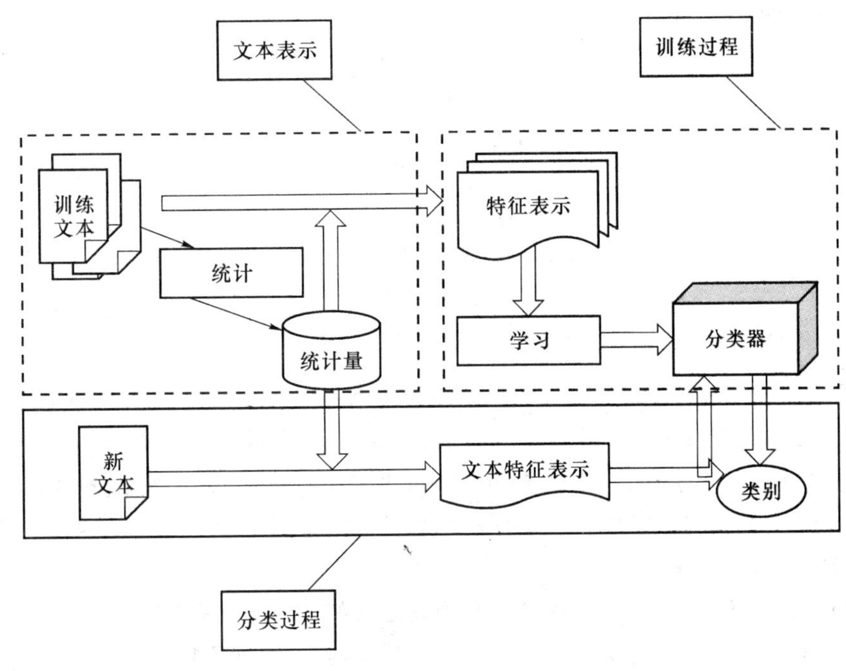

图 3.7　文本分类的过程

长期以来，文本分类都是自然语言处理中一个重要的应用领域。20 世纪 90 年代以来，随着信息存储技术和通信技术的迅猛发展，大量的文字信息开始以计算机可读的形式存在，并且其数量每天仍在急剧增加。这一方面增加了对于快速、自动的文本分类的迫切需求，另一方面又为基于机器学习的文本分类方法准备了丰富的资源。在这种情况下，基于机器学习的文本分类逐渐取代了基于知识工程的分类方法，成为文本分类的主流技术。基于机器学习的文本分类通常由训练和分类两个阶段组成。在训练阶段，从训练文本中学习分类知识，建立分类器；在分类阶段，则根据分类器将输入文本划分到最可能的类别中。

自动文本分类方法有：Rocchio 方法、贝叶斯方法、K 近邻方法、决策树方法(Decision Tree)、决策规则分类法(Decision Rule Classifier)、Widrow-Hoff 分类法(the Widrow-Hoff Classifier)、神经网络方法(Neural Networks)、支持向量机(SVM)、基于投票的方法(Voting Method)等。

(2) 文本分类的评价标准

文本分类从根本上说是一个映射过程，所以评估文本分类系统的标志是映射的准确程度和映射的速度。映射的速度取决于映射规则的复杂程度，而评估映射准确程度的参照物是通过专家思考判断后对文本的分类结果(这里假设人工分类完全正确并且排除个人思维差异的因素),与人工分类结果越相近,分类的准确程度就越高。这里隐含了评估文本分类系统的两个指标:准确率和召回率。

准确率是所有判断的文本中与人工分类结果吻合的文本所占的比率。

召回率是人工分类结果应有的文本中与分类系统吻合的文本所占的比率。

准确率和召回率反映了分类质量的两个不同方面,两者必须综合考虑,不可偏废

用数学公式分别如下:

$$准确率=\frac{分类的正确文本数}{实际分类的文本数}$$

$$召回率=\frac{分类的正确文本数}{应有文本数}$$

所有文本分类系统的目标都是使文本分类过程更准确、更快速。而自动分类系统最关键的部分就是建立自动标引。自动标引体系越完善,自动分类的实现度就越高。

2. 文本聚类

文本聚类(Text Clustering)主要是依据著名的聚类假设:同类的文本相似度较大,而不同类的文本相似度较小。作为一种无监督的机器学习方法,聚类由于不需要训练过程,以及不需要预先对文本手工标注类别,因此具有一定的灵活性和较高的自动化处理能力,已经成为对文本信息进行有效地组织、摘要和导航的重要手段,为越来越多的研究人员所关注。

聚类与分类的不同之处在于,聚类没有预先定义好的主题类别,它的目标是将文本集合分成若干个簇,要求同一簇内文本内容的相似度尽可能的大,而不同簇之间的相似度尽可能的小。

聚类的方法有:划分法、层次法、基于密度的方法、基于网格的方法和基于模型的方法。

(1) 划分法(partitioning methods)

给定一个有 N 个元组或者记录的数据集,划分法将构造 K 个分组,每一个分组就代表一个聚类,$K<N$。而且这 K 个分组满足下列条件:①每一个分组至少包含一个数据记录;②每一个数据记录属于且仅属于一个分组(注意:这个要求在某些模糊聚类算法中可以放宽)。对于给定的 K,算法首先给出一个初始的分组方法,以后通过反复迭代的方法改变分组,使每一次改进之后的分组方案都较前一次好,而所谓好的标准就是:同一分组中的记录越近越好,而不同分组中的记录越远越好。使用这个基本思想的算法有:K-MEANS算法、K-MEDOIDS算法、CLARANS算法。

(2) 层次法(hierarchical methods)

这种方法对给定的数据集进行层次似的分解,直到某种条件满足为止,具体可分为"自底向上"和"自顶向下"两种方案。例如在"自底向上"方案中,初始时每一个数据记录都组成一个单独的组,在接下来的迭代中,它把那些相互邻近的组合并成一个组,直到所有的记录组成一个分组或者某个条件满足为止。代表算法有:BIRCH算法、CURE算法、CHAMELEON算法等。

(3) 基于密度的方法(density-based methods)

基于密度的方法与其他方法的一个根本区别是:它不是基于各种各样的距离的,而是基于密度的。这样就能克服基于距离的算法只能发现"类圆形"的聚类的缺点。这个方法的指导思想就是,只要一个区域中的点的密度大过某个阈值,就把它加到与之相近的聚类中去。代表算法有:DBSCAN 算法、OPTICS 算法、DENCLUE 算法等。

(4) 基于网格的方法(grid-based methods)

这种方法首先将数据空间划分成为有限个单元(cell)的网格结构,所有的处理都是以单个的单元为对象的。这么处理的一个突出优点就是处理速度很快,通常这是与目标数据库中记录的个数无关的,只与把数据空间分为多少个单元有关。代表算法有:STING 算法、CLIQUE 算法、WAVE-CLUSTER 算法。

(5) 基于模型的方法(model-based methods)

基于模型的方法给每一个聚类假定一个模型,然后去寻找能很好地满足这个模型的数据集。这样一个模型可能是数据点在空间中的密度分布函数或者其他。它的一个潜在的假定就是:目标数据集是由一系列的概率分布所决定的。通常有两种尝试方向:统计的方案和神经网络的方案。

3. 文本结构分析和自动摘要

进行文本结构分析是为了更好地理解文本的主题思想,了解文本所表达的内容及采用的方式,包括识别文本的各个层次及分析各个层次间的联系。以结构分析为基础,找出文本主题句,经整理组合构成文本文摘。

所谓自动文摘就是利用计算机自动地从原始文献中提取文摘。文摘是全面准确地反映某一文献中心内容的简单连贯的短文。

自动文摘技术主要有机械文摘和理解文摘两种。机械文摘能够适用于非受限域,这符合当前自然语言处理技术面向真实语料、面向实用化的总趋势,但是由于它局限于对文本表层结构的分析,所以经过近 40 年的发展已接近技术极限,文摘质量很难再有质的飞跃。理解文摘牺牲领域宽度,换取了理解深度,它作为理论探索的价值很高,但实用性较低,在可预见的未来中前景黯淡。为了适应大规模真实语料的需要,自动文摘应立足于面向非受限域,不断提高文摘质量。篇章结构属于语言学范畴,不触及领域知识,因而基于篇章结构的自动文摘方法不受领域的限制。同时篇章结构比语言表层结构深入了一大步,根据篇章结构能够更准确地探测文章的中心内容所在,因而基于篇章结构的自动文摘能够避免机械文摘的许多不足,保证文摘质量。

自动文摘将文本视为句子的线性序列,将句子视为词的线性序列。它通常分 4 步进行:①计算词的权值;②计算句子的权值;③将原文中的所有句子按权值高低降序排列,权值最高的若干句子被确定为文摘句;④将所有文摘句按照它们在原文中的出现顺序输出。在自动文摘中,计算词权、句权、选择文摘句的依据是文本的 6 种形式特征:词频、标题、位置、句法结构、线索词和指示性短语。

4. 文本预处理

文本中包含的内容非常复杂,为了降低文本挖掘等的计算量和复杂度,排除噪声,一般必须对文本进行预处理。

3.4 Web 挖掘

因特网上丰富的非结构化文档资源已经成为了文本挖掘的重要的目标，由于其大量的信息具有巨大的潜在商业价值，于是 Web 挖掘成为近年来的研究热点。Web 挖掘未来的研究方向很多，比如，在数据预处理方面，数据的收集机制与技术开发，基于 Web 挖掘和信息检索的、高效的、具有自动导航功能的智能搜索引擎相关技术的研究，现有的数据挖掘方法与技术的改进及向 Web 数据的扩展，挖掘算法的适应性和时效性的研究等，故其应用前景非常广阔。

3.4.1 Web 挖掘概述

Web 挖掘是将数据挖掘技术与互联网相结合的一项综合技术，简单地说，Web 挖掘就是从 Web 文档、Web 活动中抽取感兴趣的、潜在的有用模式和隐藏信息。Web 上有海量的数据信息，怎样对这些数据进行复杂的应用成了现今数据库技术的研究热点。数据挖掘就是从大量的数据中发现隐含的规律性的内容，解决数据的应用质量问题。相对于 Web 上的数据而言，传统数据库中的数据结构性很强，即其中的数据为完全结构化的数据，但是 Web 上的数据基本上都是来源于异构数据库环境，而且大多是半结构化的数据结构。这就给数据处理带来了许多挑战。具体而言，它不同于传统的数据仓库技术和简单的知识发现，它面对的信息常常为文本、图形、图像数据等半结构化的数据，甚至是异构型数据。发现知识的方法可以是数学的，也可以是非数学的，可以是演绎的，也可以是归纳的。

近年扩展标记语言(eXtensible Markup Language，XML)得到了越来越广泛的使用，它能够使不同来源的结构化数据很容易地结合在一起，它的出现为解决 Web 数据挖掘的难题带来了新的曙光。

面向 Web 的数据挖掘比面向单个数据仓库的数据挖掘要复杂得多。主要存在的问题有：异构数据库环境、半结构化的数据结构和解决半结构化的数据源等问题。

3.4.2 Web 挖掘的处理过程

Web 挖掘过程是一个完整的 KDD 过程，但与传统数据和数据仓库相比，Web 上的信息是非结构化或半结构化的、动态的，并且是容易造成混淆的，所以很难直接以 Web 网页上的数据进行数据挖掘，而必须经过必要的数据处理[5]。典型 Web 挖掘的处理流程包括如下四个步骤。

1. 获取数据源

根据挖掘目的，从 Web 资源中提取相关数据，构成目标数据集，Web 挖掘主要从这些数据集中进行数据提取。其任务是从目标 Web 文档中得到数据。值得注意的是，信息资源不仅限于在线 Web 文档，还包括电子邮件、电子文档、新闻组，或者网站的日志数据，甚至是通过 Web 形成的交易数据库中的数据。

2. 信息选择和预处理

该步主要是从目标数据集中除去明显错误的数据和冗余的数据，进一步精简所选数据的有效部分，并将数据转换成有效形式，以使数据挖掘算法（包括选取合适的模型和参数）寻求感兴趣的模型。其任务是从取得的Web资源中剔除无用信息和将信息进行必要的整理。例如，从Web文档中自动去除广告链接、去除多余格式标记、自动识别段落或者字段，并将数据组织成规整的逻辑形式，甚至是关系表。

3. 模式发现

对预处理后的数据进行挖掘，自动进行模式发现，从Web站点间发现普遍的模式和规则。

4. 模式分析

对发现的模式进行解释和评估，必要时需返回至前面处理中的某些步骤以反复提取，最后将发现的知识以能理解的方式提供给用户。该步可以是计算机自动完成，也可以是与分析人员进行交互来完成。

3.4.3 Web挖掘的分类

目前，根据挖掘的方向，Web数据挖掘技术主要分为三类：Web内容挖掘（Web Content Mining）、Web结构挖掘（Web Structure Mining）和Web使用挖掘（Web Usage Mining）。而结构本来就蕴藏在内容中，是内容的骨，因此有些分类方法又分为Web内容挖掘和Web使用挖掘。图3.8展示了Web挖掘的分类。

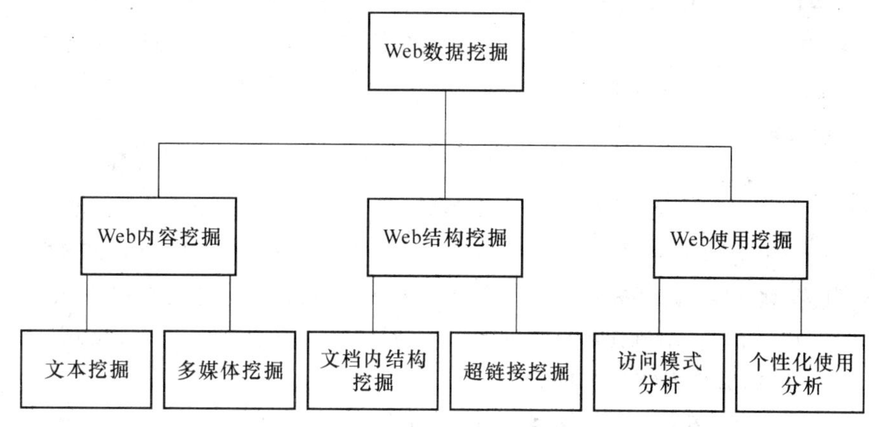

图3.8 Web挖掘的分类

1. Web内容挖掘

Web内容挖掘是指对Web页面内容及后台交易数据库进行挖掘，从文本、图像、音频、视频等各种形式的网络资源中发现所需的特定化信息。由于文档之间的互相关联，因此可以提供一些文档内容之外的信息，利用这些信息还可以对页面进行排序，从而发现重要的页面。

目前Web内容挖掘多数是基于文本信息的挖掘，它和通常的平面文本挖掘的功能和方法比较类似，但由于互联网上的数据基本上都是HTML格式的文件数据格式流，因此可以利用文档中的HTML标记来提高Web文本挖掘的性能。

Web内容挖掘的重点是页面分类和聚类。Web页面的分类是根据页面的不同特征，将其划归为事先建立起来的不同的类。Web页面的聚类指在没有给定主题类别的情况下，将

Web页面集合聚成若干个簇，并且同一簇的页面内容相似性尽可能大，而簇间相似度尽可能小。Web内容挖掘可分为Web文本挖掘和Web多媒体挖掘，针对的对象分别是Web文本信息和Web多媒体信息。

Web内容挖掘目前主要可以用于权威页面的发现，以及分析相关的页面链接结构，并且通过分析这类信息来获取到更多需要的信息。例如，现在许多Web搜索引擎就利用Web内容挖掘中的Web超链接分析算法来提高搜索的效率和准确性。传统的Web搜索引擎大多数是基于关键字匹配的，返回的结果包含查询项的文档，也有基于目录分类的搜索引擎，这些搜索引擎的结果并不十分令人满意。有些站点会看准这些算法的弊端，有意提高关键字出现的频率来提高本身在搜索引擎中的重要性，破坏搜索引擎结果的客观性和准确性。另外，有些重要的网页本身并不包含查询项，在这样的算法下可能就会被忽略了。而搜索引擎的分类目录也不可能把所有的分类考虑全面，并且目录大多数靠人工维护，主观性强，费用高，更新速度慢。例如，搜索引擎Google就是用了Web超链接分析算法的一种PageRank算法来提高其准确性，它可以比较准确地将相关的权威网页排在搜索结果的前面，是目前比较受欢迎的Web搜索引擎。链接分析算法还可以提高WWW上的重要社区，分析某个网站的拓扑结构、声望、分类等。Web内容挖掘技术能够帮助用户在WWW海量的信息里面准确找出需要的信息。

2. Web结构挖掘

Web结构包括不同网页之间的超链接结构和一个网页内部的可以用HTML、XML表示成的树形结构，以及文档URL中的目录路径结构等。Web页之间的超链接结构中包含了许多有用的信息，当网页A到网页B存在一个超链接时，则说明网页A的作者认为网页B的内容非常重要，且两个网页的内容具有相似的主题。因此，指向一个文档的超链接体现了该文档的被引用情况。如果大量的链接都指向了同一个网页，我们就认为它是一个权威页。这就类似于论文对参考文献的引用，如果某一篇文章经常被引用，就说明它非常重要。这种思想有助于对搜索引擎的返回结果进行相关度排序。通过对Web站点的结构进行分析、变形和归纳，将Web页面进行分类，分析一个网页链接和被链接数量以及对象来建立Web自身的链接结构模式，确定不同页面间的相似度和关联度信息。定位相关主题的权威站点，可以极大地提高检索结果的质量。

Web在逻辑上可以用有向图表示出来，页面对应图中的点，超链接对应图中的边。通过把Web表示为有向图，可以得到从一个站点的主页到它的任意一个顶点的最短路径，沿最短路径浏览Web站点，就可以较小的代价发现较多的文档。

基于这种超链接分析的思想，Sergey Brin和Lawrence Page在1998年提出了PageRank算法，同年J. Kleinberg提出了HITS算法，其他一些学者也相继提出了另外的链接分析算法，如SALSA、PHITS、Bayesian等算法。这些算法有的已经在实际的系统中实现和使用，并且取得了良好的效果。

3. Web使用挖掘

Web内容挖掘、Web结构挖掘的对象是网上的原始数据，Web使用挖掘则不同于前两者，它面对的是在用户和网络交互的过程中抽取出来的第二手数据。Web使用挖掘是通过挖掘Web日志文件和相关数据，来发现用户访问Web页面的模式，还可以通过分析和探究

Web 日志记录中的规律,来识别电子商务的潜在客户,增强对最终用户的互联网信息服务的质量和交付,并改进 Web 服务器系统的性能。日志文件记录的内容可以根据客户的不同需要来调整。例如 IIS 5.0 中 W3C 扩展日志文件格式中,除了时间这些日志文件肯定有的元素外,还有多达 19 项可以选择记录的扩展属性,比较常用的属性是所请求的 URL 资源,客户端 IP 地址和时间戳。在 W3C 扩展日志文件格式中,默认的属性有:时间戳、客户端 IP 地址、访问方法、URL 资源、协议状态。Web 使用实际上也是流水操作记录的一种,它机械而忠实地记录着访问者对 Web 服务器访问的细节情况。因此,对于这些原始数据,可以对其进行一些研究工作,如系统性能分析,通过 Web 缓存改进系统设计,使得页面缓存机制更加适合实际的需要,并且可以动态适应访问者访问行为模式。这些分析还能有助于建立针对个体用户的定制 Web 服务。在这些分析结果的驱动下,可以使得 Web 具有智能性,并能快速、准确地找到用户所需信息,能为不同用户提供不同的服务,能为用户提供产品营销策略信息等。

结构挖掘和内容挖掘都不需要或提供有关客户行为的知识,结构挖掘揭示了哪些页面通过当前页面可以两步内到达,但并不关心多少人会实际到这条通路。内容挖掘揭示了网页主题,但不关心谁会真正阅读它。从实用角度而言,真正比较有用的挖掘则是应用挖掘,它主要集中于客户的行为。

3.4.4 Web 数据挖掘特点

Web 上有海量的数据信息,利用现有的 Web 查询技术并不能满足人们的应用需求。相对于 Web 的数据而言,传统的数据库中的数据为完全结构化的数据,而 Web 上数据的最大特点就是半结构化:数据没有严格的结构模式、含有不同格式的数据(文本、声音、图像等)、面向显示的 HTML 文本无法区分数据类型等。显然,面向 Web 的数据挖掘比面向单个数据仓库的数据挖掘要复杂得多。

(1) 异构数据库环境

从数据库研究的角度出发,Web 网站上的信息也可以看做一个数据库,一个更大、更复杂的数据库。Web 上的每一个站点就是一个数据源,每个数据源都是异构的,因而每一站点之间的信息和组织都不一样,这就构成了一个巨大的异构数据库环境。如果想要利用这些数据进行数据挖掘,首先,必须要研究站点之间异构数据的集成问题,只有将这些站点的数据都集成起来,提供给用户一个统一的视图,才有可能从巨大的数据资源中获取所需的东西。其次,还要解决 Web 上的数据查询问题,因为如果所需的数据不能很有效地得到,对这些数据进行分析、集成、处理就无从谈起。

(2) 半结构化的数据结构

Web 上的数据与传统的数据库中的数据不同,传统的数据库都有一定的数据模型,可以根据模型来具体描述特定的数据。而 Web 上的数据非常复杂,没有特定的模型描述,每一站点的数据都各自独立设计,并且数据本身具有自述性和动态可变性。因而,Web 上的数据具有一定的结构性,但因自述层次的存在,从而是一种非完全结构化的数据,这也被称之为半结构化数据。半结构化是 Web 上数据的最大特点。

(3) 解决半结构化的数据源问题

Web 数据挖掘技术首要解决半结构化数据源模型和半结构化数据模型的查询与集成问题。解决 Web 上的异构数据的集成与查询问题,就必须要有一个模型来清晰地描述

Web 上的数据。针对 Web 上的数据半结构化的特点，寻找一个半结构化的数据模型是解决问题的关键所在。除了要定义一个半结构化数据模型外，还需要一种半结构化模型抽取技术，即自动地从现有数据中抽取半结构化模型的技术。面向 Web 的数据挖掘必须以半结构化模型和半结构化数据模型抽取技术为前提。

近来兴起的 XML 数据就是一种自描述的半结构化数据，它支持用户自定义文档标记，用有序的、嵌套的元素组织有一定结构的数据，是面向数据的。以 XML 为基础的新一代 WWW 环境是直接面对 Web 数据的，不仅可以很好地兼容原有的 Web 应用，而且可以更好地实现 web 中的信息共享与交换。XML 可看做一种半结构化的数据模型，可以很容易地将 XML 的文档描述与关系数据库中的属性一一对应起来，实施精确地查询与模型抽取。它的出现推动了 WWW 在电子商务、电子数据交换和电子图书馆等多方面的应用，也很大程度上解决了 Web 挖掘中的数据结构问题。

(4) 网络通信量控制

Web 数据源分布在网络上的各个地方，对 Web 数据的处理必然涉及大量的远程操作。理论上，我们可以将远程的数据通过网络移到本地处理，但这样会大量地在网络间移动数据库，势必造成网络的阻塞和时间的滞后。对 Web 挖掘，希望在接收挖掘指令后，能在本地进行数据处理，只返回挖掘后的简单结果，网络传输少量的数据，减轻网络压力。

3.5 知识获取应用

3.5.1 数据挖掘技术应用

需要强调的是，数据挖掘技术从一开始就是面向应用的。目前，在很多领域，数据挖掘都是一个很时髦的词，尤其是在如银行、电信、保险、交通、零售（如超级市场）等商业领域。数据挖掘所能解决的典型商业问题包括：数据库营销（Database Marketing）、客户群体划分（Customer Segmentation & Classification）、背景分析（Profile Analysis）、交叉销售（Cross-selling）等市场分析行为，以及客户流失性分析（Churn Analysis）、客户信用记分（Credit Scoring）、欺诈发现（Fraud Detection）等。

1. 数据挖掘解决的典型商业问题

在商业范畴中，数据挖掘结果的效用演变为商业结果本身。因此，数据挖掘不仅仅是计算机和统计技术的应用，也是一个商业智能过程，可以和信息技术一起支持商业决策。

(1) 在电信业中的应用

在激烈的电信市场竞争和迅速的业务扩张中，可以利用数据挖掘技术的帮助来理解商业行为、确定电信模式、捕捉盗用行为、更好地利用资源和提高服务质量。

(2) 数据挖掘技术在证券行业中的应用

数据挖掘技术在证券行业中得到广泛应用，数据挖掘技术作为分析与辅助决策工具已经越来越得到国内券商的重视。其典型应用包括：

① 客户分析：建立数据仓库来存放对全体客户、预定义客户群、某个客户的信息和交易数据，并通过对这些数据进行挖掘和关联分析，实现面向主题的信息抽取。

② 咨询服务:根据采集行情和交易数据,结合行情分析,预测未来大盘走势,并发现交易情况随着大盘变化的规律,并根据这些规律做出趋势分析,对客户针对性进行咨询。

③ 风险防范:通过对资金数据的分析,可以控制营业风险,同时可以改变公司总部原来的资金控制模式,并通过横向比较及时了解资金情况,起到风险预警的作用。

④ 经营状况分析:通过数据挖掘,可以及时了解营业状况、资金情况、利润情况、客户群分布等重要的信息,并结合大盘走势,提供不同行情条件下的最大收益经营方式。同时,通过对各营业部经营情况的横向比较,以及对本营业部历史数据的纵向比较,对营业部的经营状况作出分析,提出经营建议。

(3) 数据挖掘技术应用于银行业

① 对账户进行信用等级的评估:利用数据挖掘工具进行信用评估的最终目的是从已有的数据中分析得到信用评估的规则或标准,并应用到对新的账户的信用评估。

② 金融市场分析和预测:对庞大的数据进行主成分分析,剔除无关的,甚至是错误的、相互矛盾的数据"杂质",以更有效地进行金融市场分析和预测。

③ 分析信用卡的使用模式:通过数据挖掘,可以得到这样的规则,通过了解客户使用信用卡的习惯性模式,一方面,可以监测到信用卡的恶性透支行为,另一方面,可以识别"合法"用户。

④ 发现隐含在数据后面的不同的财政金融指数之间的联系。

⑤ 探测金融政策与金融业行情的相互影响的关联关系。数据挖掘可以从大量的历史记录中发现或挖掘出这种关联关系更深层次的、更详尽的方面。

(4) 数据挖掘技术应用于保险业

① 保险金的确定:对受险人员的分类有助于确定适当的保险金额度。通过数据挖掘可以得到对不同行业的人、不同年龄段的人、处于不同社会层次的人的保险金该如何确定。

② 险种关联分析:分析购买了某种保险的人是否同时购买另一种保险,预测什么样的顾客会购买新险种。

(5) 在零售、物流业中的应用

① 客户分片数据挖掘:通过分析客户购买商品的行为,利用数据挖掘技术将这些客户分成不同的类别,这个过程称之为客户分片(customer segmentation)。客户购买商品的行为:购物时间是集中性购买,还是分散性购买;所购产品是趋向于物美,还是偏好价廉;选择产品的类型是多样,还是单一等。针对不同类型的客户,商家推出不同的策略,以迎合不同客户的购物习惯,这样,所推出的策略就更具有针对性,客户也感到了更多的人文关怀。

② 购物篮分析:购物篮分析的主要目标是在顾客的购买交易中分析出能够同时购买一类产品或一组产品的可能性(相互关联)。从超市销售管理系统、客户资料管理及其他运营数据中,可以收集到关于商品销售、客户信息、库存及超市店面信息等的信息资料。数据从各种应用系统中采集,经按不同条件分类,存放到数据仓库,允许管理人员、分析人员、采购人员、市场人员和客户访问,利用数据挖掘工具对这些数据进行分析,为管理者提供高效的科学决策工具。

沃尔玛连锁超市将啤酒和尿布摆在同一货架上就是一个典型的例子,原因是家里有婴儿的男性顾客通常会同时在超市购买这两种商品。

数据挖掘技术给商业带来的商机。将数据挖掘技术运用于物流业可以帮助解决客户关系管理的薄弱环节,帮企业提供决策支持。

2. 在科学研究及生物医学领域上的应用

数据挖掘还广泛应用于科学研究、生物、医学等领域。要对科研试验数据用先进科学的方法去发现有用的知识，将数据转换成有价值的信息，这就要求对科研试验数据进行挖掘。对数据挖掘而获得的信息，真实地反映出科研试验运作的本质及规律性，是支持正确科研试验决策的基础。数据挖掘在天文学上有一个非常著名的应用系统：SKICAT(Sky Image Cataloging and Analysis Tool)[6]。它是美国加州理工学院喷气推进实验室(即设计火星探测器漫游者号的实验室)与天文科学家合作开发的用于帮助天文学家发现遥远的类星体的一个工具。利用SKICAT，天文学家已发现了16个新的极其遥远的类星体，该项发现能帮助天文工作者更好地研究类星体的形成以及早期宇宙的结构。

近年数据挖掘技术被引入到医学研究中，以其从海量的医学信息和临床数据中提取有用的数据辅助疾病的诊断，了解各种疾病之间的相互关系、各种疾病的发展规律，各种药物之间的相互作用，总结各种治疗方案的治疗效果等，为医学研究的开展和管理提供了一种非常有力的技术工具。

3. 在农业领域的应用

我国是一个农业大国，农业领域的数据库中含有海量的、不同来源的原始信息，其中包括大量模糊的、不完整的、带有噪声和冗余的信息。利用数据库挖掘技术大量积累的农业数据进行挖掘，可有效地从这些浩瀚的数据中深入寻找各种因素的相互联系。发现一些随诸因素动态变化而产生的新的指导农业生产的规律，这对于作物的高产、优质具有十分重要的意义。同时数据挖掘在农业电子商务、农业系统工程、农业物流体系、农业市场信息、农业专家系统等方面都得到了有效的应用。

3.5.2 文本挖掘技术应用

文本挖掘作为数据挖掘的一个新兴分支，集合了数据挖掘、信息抽取、信息检索、文本分类等技术，是一个非常重要的研究课题，目前国内外对文本挖掘的理论方法和技术都进行着深入的研究和探讨，有着广泛的应用前景。具体来说，文本挖掘的应用可以概括为以下几个方面。

1. 在信息检索系统中的应用

文本挖掘在信息检索系统中的应用主要包括基于内容的信息检索、智能信息代理等。文本挖掘技术采用基于内容进行信息检索，它可以从文本信息中抽取一些更为详细的、经过特殊加工的特征信息，从而大大提高检索的全面性和准确性。信息智能代理可以使用户不知道所要检索信息的具体形式，存储在何处、何种介质中，只需用户提出查找要求即可。文本挖掘技术会自动把各种信息源中各种形式的相关信息检索出来，供用户使用，用户可以立即获得较为满意的检索结果。

2. 在客户自动问答系统中的应用

企业可以用文本挖掘来建立一个客户自动问答系统，对客户所发的电子邮件进行文本挖掘后，可以根据其反映的主要问题，在确定客户的需求置信度后，自动给客户发送适合的回信。

3. 在企业竞争情报收集系统中的应用

企业竞争情报的获取可以来自于企业内部数据库、媒体信息、企业门户网站、新闻等，还可以来自于图书、杂志等。企业可以利用一些具有文本挖掘功能的搜索软件，来收集与企业有关的市场信息、竞争对手、竞争环境以及一些新的政策法规等，并给出总结性的分析报告。

4. 在文档管理中的应用

随着互联网的大规模普及，电子形式文档的数量急剧增加，其中85%的信息是按文本进行存储的，文本信息的加速积累使公司、政府、科研机构在信息处理和使用中面临前所未有的挑战。文档管理是所有部门中烦琐而又非常重要的工作，通过文本挖掘可以帮助我们对庞大的文档实现有效地管理，可以使我们方便地查询文档存放的位置以及文档的内容。

5. 在垃圾邮件过滤中的应用

随着电子邮件的普及，一些商家和不法分子开始利用“垃圾邮件”来传播广告信息。有研究表明，垃圾邮件的数量已经超过了正常邮件的数量，垃圾邮件不仅耗费网络带宽和计算机时空开销，而且对用户的正常工作带来了严重的影响。我们可以利用文本挖掘技术对邮件进行分类，然后过滤垃圾邮件。垃圾邮件过滤处理是文本挖掘的一项重要应用。

3.5.3 Web挖掘技术应用

1. 在电子商务中的应用

目前，通过Web进行商务活动带来的便利和它所产生的交易速度已成为电子商务迅猛发展的关键推动力。另外，涉及客户端的电子商务活动也正在进行着巨大的革新。如果能够跟踪客户在Web上的浏览行为并进行模式分析，将会缩短销售商与客户之间的距离，让销售商更了解自己客户的需求，有针对性地开展电子商务活动。

在因特网上的客户都意识到，只要他们连接到一个在线市场的服务器上，就已经在这个服务器上留下了一个“脚印”，这就是服务器的日志文件。我们就可以对客户访问留下的这些日志文件进行Web的数据挖掘，提取关于客户的知识，对客户的访问行为、频度、内容等的分析，可以得到关于群体客户行为和方式的普遍知识，用以改进Web服务方的设计。企业从事电子商务，提供个性化的服务显得越来越重要，利用Web挖掘可对客户进行分类、聚类、关联分析等，从而了解客户的个性化需求，根据客户的个性化需求实时地来调整服务的系统。尽管Web挖掘的形式和研究方向层出不穷，但随着电子商务的兴起和迅猛发展，Web挖掘的一个重要应用方向将是电子商务系统。而与电子商务关系最为密切的是用法挖掘(Usage Mining)，也就是说在这个领域将会持续得到更多的重视。通过Web数据挖掘，就可以根据客户的访问兴趣、访问频度、访问时间动态地调整页面结构，改进服务，给客户个性化的界面，开展有针对性的电子商务以更好地满足访问者的需求，因而Web数据挖掘不可避免地和电子商务走到了一起。

2. Web挖掘在搜索引擎中的应用

在搜索引擎的研究方面，结构挖掘的研究已经相对成熟。目前的搜索引擎存在着缺陷，把Web挖掘技术应用于搜索引擎，使之成为智能化的搜索引擎，可提高性能，满足企业和组织的需要。

搜索引擎是目前互联网信息检索的主要工具，大约有85%的用户通过搜索引擎寻找自己需要的信息。搜索引擎一般用关键词建立索引，查询含有关键词的网页的URL。然而这些搜索引擎还存在很大的局限性，不能完全解决互联网信息检索的问题。大的搜索引擎主要有谷歌、雅虎、百度。据估计，整个互联网的网页数多达100多亿个，而且每年还在快速增长。许多用户普遍认为目前的搜索引擎检索出来的信息太多、太杂，让人无所适从，而且搜索引擎检索速度慢、数据库更新不及时也成为制约互联网应用的一个瓶颈。因此，对于搜索引擎而言，通过借鉴Web挖掘技术可以提高查准率与查全率，改善检索结果的组织，增强检索用户的模式研究，从而使检索效率得到改善。Web挖掘以下几方面的技术对搜索引擎有很大的借鉴作用。

（1）自动摘要的形成

搜索引擎在向用户返回检索结果时，通常要给出每个文档的一个简单的摘要。目前，大部分搜索引擎是机械地截取文档的前几句。例如有些搜索引擎的摘要是从页面中抽取前300个词，这就限制了搜索引擎的自动摘要的质量。因为，一方面仅仅通过位置进行自动摘要实际上很不准确，很难真正反映出Web文档中的信息内容；另一方面，固定字数的摘要有时会使得信息反映不完整。在Web文本挖掘中的文本抽取技术是指从文档中抽取出关键信息，然后以简洁的形式对Web文档的信息进行摘要或表示。这样，用户通过浏览这些关键信息，就可以对Web网页的内容有大致的了解，决定其相关性并对其进行取舍。可见文本抽取技术是根据Web文档本身的内容而不是位置来进行文本内容的总结，因此它更能够反映出Web文档中的真正信息。利用Web文本挖掘中的文本抽取技术，可以从Web页中提炼出重要信息形成文档摘要，使用户能快速、方便地了解检索信息。

（2）文本的自动分类

目前，搜索引擎中的自动分类还很不成熟，搜索引擎分类绝大部分依靠手工操作，而对页面的自动分类，还没有出现比较成熟的技术。与一般的纯文本文件不同，Web页是HTML格式的超文本，页面中有＜Title＞、＜Meta＞等标记，以及描述页面的标题、关键词和URL等，这些都包含了重要的分类信息。通过Web挖掘和机器学习技术可以对索引数据库中的信息进行整理，对文档进行自动分类，从而提高用户的检索速度和检索的精确度。计算机自动分类的方法，克服了人工分类中信息检索不全面、更新速度慢的缺点。

（3）检索结果的聚类

文本聚类与文本分类的过程恰恰相反，文本聚类是指将文档集合中的文档分为更小的簇，要求同一簇内的文档之间的相似性尽可能大，而簇与簇之间的关系尽可能小，这些簇就相当于分类表中的类目。用户使用搜索引擎时会得到由大量的返回信息组成的线性表，其中很大一部分是与用户的查询请求不相关的。通过对检索结果的文档集合进行聚类，可以使得与用户检索结果相关的文档集中在一起，从而远离那些不相关的文档。如果将处理以后的信息以超链结构组织的层次方式可视化地提供给用户，由用户选择他所感兴趣的那一簇，将大大缩小所需浏览的页面数量。

（4）个性化的搜索引擎

搜索引擎在人们的网络生活中是不可或缺的工具，但经典的搜索引擎如Google、Yahoo以及AltaVisa都不能返回个性化的搜索结果。这些独立的搜索引擎对于一个给定查询的返回结果是独立于提交查询的用户的，而且不会有针对用户偏好的自适应性变化。由于这些查询返回结果忽略了提交查询用户的个人兴趣偏好，所以独立搜索引擎检索结果中会存在大量用户认为与查询无关的数据。例如以查询“movie”这个词为例，独立搜索引擎检索结果中会包含大量电影公司以及电影节的页面，而这对于某些用户来说，这些页面实际上是并不需要的。将

Web 使用挖掘中的个性化技术应用在搜索引擎中，可以在大量训练样本的基础上，得到数据对象间的内在特征，并以此为依据进行有目的的信息提取，使得搜索引擎可以按照用户的兴趣偏好扩充用户搜索的关键词，以使得检索结果更接近用户要求；或者根据用户历史浏览信息的分析获得用户兴趣库，调用个性化的搜索引擎可以提高用户检索的查全率与查准率。

(5) Web 挖掘在网站设计中的应用

随着网络技术的不断发展，网络已经渗透到社会的各个角落。作为网络世界支撑点的网站，更是人们关注的热点，无论是政府、企业还是个人都希望拥有各自的网站，开辟网络世界里的一片天地。如何设计一个出色的网站？我们可以借助于 Web 挖掘技术，通过对网站内容的 Web 挖掘，主要是对文本内容的挖掘，有效地组织网站信息，如采用自动归类技术实现网站信息的层次性组织；可以结合对用户访问日志记录信息的挖掘，把握用户的兴趣，有助于开展网站信息推送服务以及个人信息的定制服务。

(6) Web 挖掘技术在企业危机管理中的应用

从事电子商务活动的企业和组织面临越来越激烈的竞争环境，非常希望知道企业和组织目前的经营状况，特别是存在的风险、危机，而这些危机信息往往隐含在企业和组织的内部或外部 Web 中，这就需要应用 Web 挖掘技术进行挖掘。

3.6　本章小结

知识获取是基于知识的应用系统的核心技术之一，知识获取技术可以将各种来源的知识吸纳进知识管理系统中，提升知识管理应用的广度和深度。随着计算机、网络和通信技术的高速发展，如何从海量的数据、信息中通过理解、分析、归纳和转化抽取出知识，是知识获取的核心任务。本章主要介绍了数据挖掘、文本挖掘、Web 挖掘等知识获取的技术，最后给出了几种技术的知识获取应用。

本章参考文献

[1] 李卫. 领域知识的获取[D]. 北京：北京邮电大学，2008.

[2] 周宽久，仇鹏，王磊. 基于实践论的隐性知识获取模型研究[J]. 管理学报，2009，6(3)：309-314.

[3] 毛国君，等. 数据挖掘原理与算法[M]. 北京：清华大学出版社，2005.

[4] 袁军鹏，朱东华，李毅，等. 文本挖掘技术研究进展[J]. 计算机应用研究，2006(2)：1-4.

[5] (美)刘兵. Web 数据挖掘[M]. 俞勇，等，译. 北京：清华大学出版社，2009.

[6] Weir Nicholas，Fayyad Usama M，Djorgovski S G，et al. The SKICAT System for Processing and Analyzing Digital Imaging Sky Surveys[J]. Publications of the Astronomical Society of the Pacific，1995，107(12)：1243.

第4章 概念相似度计算

概念相似度计算是知识管理实现的关键技术之一。知识检索过程中搜索匹配概念的操作以及知识服务管理中搜索匹配服务都是建立在概念相似度计算的基础之上。概念相似度的计算在信息检索、信息抽取、人工智能等方面逐渐成为研究热点,国内外大量学者在研究语义相似度算法时都是基于同义词典 WordNet,利用其构建的树形结构图进行计算。利用语义词典来计算这些算法简单有效,比较直观,也比较容易理解。

知识本体可以对领域知识进行概念化构造,然后利用资源描述框架以具备形式化的概念描述 Web 上的知识资源,通过这些描述,计算机可以理解被标记内容的语义。在计算机可以理解知识资源语义的基础上,便可以根据领域知识进行概念间的相似性和相似性度量分析。WordNet 正是基于同义词集合构成的英文语义词典,利用上下位关系可以方便地计算概念间的语义相似度。

本体概念的语义相似性,顾名思义包含三个概念:本体概念、语义和相似性。本体概念是相似性度量的对象,语义是相似性度量的依据,而相似性是人对概念语义产生的一种心理反应,因此分析本体所表述的语义特点是建立本体概念语义相似性度量模型的基础。本章分析了语义相似性和相关性之间的辨证关系,详细介绍了采用词语距离计算相似度的算法。

传统的短文相似度的算法往往计算的是两个文本间的共同特征和非共同特征,而忽略了文本间结构方面的因素。本章给出一种利用概念相似度和句子间结构相似度的方法共同考量短文的相似度,并且以 λ 赋予概念相似度和结构相似度不同的权重。

4.1 概念相似度计算概述

本体的出现是为了解决不同知识领域中的知识共享和重用的问题,然而本体映射或者知识共享、知识重用中由于本体创建的方法不同或者所适用的领域不同,这些知识概念的定义或者属性或者概念属性所匹配的公理都是不同的,要解决这类问题,概念相似度的研究是核心所在。概念相似度在领域本体的知识概念匹配中发挥着重要的作用。

知识领域内的概念被构建成本体以后,就可以用形式化的语言加以描述,这种形式化的语言可以更好地被计算机所理解,在此基础上就可以对本体间的知识重用进行分析。

本体的概念的属性、结构、定义等信息都反映了概念之间的语义信息,利用本体计算概念之间的相似度,则这些因素都是我们所要考虑的对象。在计算概念相似度时,首先要清楚相关度和相似度两者之间的关联。在心理学的研究领域,学者们认为相似性是一种人们对于两个实体之间关系亲密程度的判定。这是一种纯粹的由人的感官做出的判断,因而人们对于它的认识以及对于它的内在机制不明确。心理学家们只能通过描述相似性的一些外在的表现去观察它[1]。

在自然语言处理等凡是涉及本体概念的领域，都会涉及相关性这个概念[2]。在知识检索中，人们需要对所检索出的结果进行相关性的判别。然后这个判断标准在学术界却没法达成一个共识，这是因为不同的人对于相同的查询结果会有着不同的评判标准，因而就有不同的判断结果。而且我们也没法明确的定义查询结果间到底是相关还是不相关这个明确的界限。因此，要对相关性进行定量的分析在传统的自然语言处理领域是非常困难的。

为了解决相关性定量计算的困扰，一些学者试图从用户的主观判断的角度出发去度量相关性。这种思路在知识检索中依靠用户的判断来作为相关性的评判标准，然后对于检索出的结果进行细化。核心步骤在于，对于知识检索初步检索出的结果，由这个领域的专业人员根据自身掌握的经验对于结果进行判断，并将结果反馈给研究者，进而不断地缩小这个检索的范围。但是这种思路的缺陷在于，过于依赖人的主观判断，尽管这些做出相关性判别的是这个知识领域的专家学者，然而他们仍然会有自己的主观能动意识存在，造成结果的不精确。

另外的一些学者比如 Saracevic[3] 考虑到相关性计算的复杂度，从相关性相关的概念和属性的不同角度建立模型，去分析相关性评判的标准，但是，从这个角度计算相关性还处于学术的阶段，目前为止还不具备操作性，而且即使可以计算也必然会非常的复杂，对于人力、物力都是极大的耗费。

相似性和相关性经常会被混淆。为了解释这两者之间的区别，Resnik[4] 举了如下的例子详细描述相似性和相关性的区别和联系：

“汽油作为火车的原料，为火车的行驶提供动力。自行车却是人靠脚力来前行的交通工具。因此，汽油与火车的相似性按理说应该是大于火车与自行车的相似性的。然而，在人们的认识中，火车与自行车作为交通工具，汽油作为一种燃料，人们往往认为火车与自行车在相似性方面要更大一些。这个例子说明，在人们的主观认识中也就是人们认为两物品之间的相关性并不等同于相似性。虽然火车和汽油的关系很密切，但是这两者之间仅仅是一种使用的关系，没有属性上的共有特性，因而在相似性上是很小的。而自行车与火车虽然没有什么使用上的关系和联系，但是同样的作为交通工具供人们使用，在属性上同属于一类物品，因此我们认为它们之间的相似性是存在的。”从这个例子中我们可以看出，两个概念之间存在相似性的前提是两者之间有共同的属性。

相似性和相关性是紧密联系的两个概念，两个概念间是否含有共同特性是两者之间是否存在相似性的前提，而任何事物两者之间都可以说存在或大或小的相关性。在图 4.1 中，可以看到火车、汽油、自行车三者之间相似性和相关性的关系。相似性由于是基于概念之间含有共同属性的，因此可以认为相似性是在概念间基于蕴涵关系的特殊的相关性，因为蕴涵关系实质上就表示了两个概念间含有共同特性。

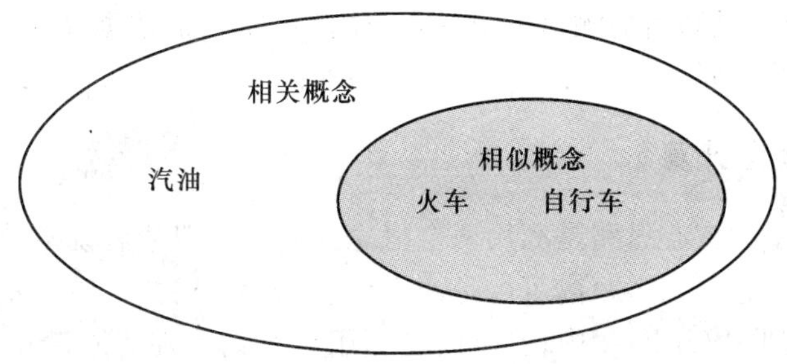

图 4.1　示例关于相似性和相关性

讨论了这么多相似性和相关性之间的区别联系,可以认为:相似性和相关性是高度密切相关的。如果两个概念之间的相似度很大,那么这两个概念之间往往有很高的相关度。但是如果两个概念之间的相关程度很高,则不可以推导出这两者之间有很大的相似度。比如前文介绍到的火车与汽油的例子,两者的相关度很高,但是两个的相似度却很小。火车和自行车的相关度很小,但是两者之间的相似度却很大。

也可以得出这样的结论,相关度是依赖人的主观判断做出的定义。一般的概念之间都存在相关度,而相似性是基于概念之间含有共同特性的特殊相关性,这些共同属性之间由于也受到人的主观影响,因此相似性必然存在相关性,反之不然。

对于相似性和相关性的关系,很多的研究结构和学者也做了大量的研究。

刘群等人认为概念之间的相似性表示的是它们之间的依赖关系。在这个模型中,相关度的值被限定在了 0 到 1 的范围之内,如果两个概念表达的是同一个含义,则两个的相关度为 1;如果两个概念没有任何的关联,则两者的相关度为 0。

Lin 所研究的模型中,把相似性和相关性之间的关联到了两个概念之间所蕴含的共同点上,所含有的共同点越多,则相似性越大;否则相反。

4.2 概念相似度模型与计算

本节将详细介绍目前人工智能领域和自然语言处理领域的常用的三种概念相似度的计算方法:关联规则相似度算法、词语相似度算法和结构相似度算法。

4.2.1 关联规则相似度计算

关联规则相似度算法是基于中科院鲁松的假设为前提[5]。鲁松的假设为:含有相似性的概念之间,它们的上下文也是相似的。这种算法的核心思想是,首先选取一组概念作为特征词,然后在选定的特定领域的知识库作为语料库的文档中检索这个待测的概念在文档的上下文中出现的频率,然后将此频率与这组特征词建立相关的向量。最后通过利用向量间的余弦公式或者是欧式距离等来测量词语之间的相似度。但是,这种算法存在一个缺陷。如果在选定的特征词组中每增加一个词,则就需要重新扫描一下数据库,这会造成时间效率上的消耗。对于一些本体映射中的相关知识领域如果经常需要添加新的知识的话,再加上该知识领域的海量知识库,造成这种相似度的算法效率较低。

关联规则相似度的算法在鲁松的假设的基础上,进行了改进。从海量数据库中进行数据之间的关联时,也就是新增加测试词语后,无须再重新扫描数据库,也可以使待测词与特征词之间建立向量的关联。

4.2.2 词语相似度计算

词语相似度模型的核心思路是利用两个概念在同义词典或者说语料库中的词语距离作为计算的重要因素。这个词语距离可以是两个概念在同一棵树形结构图中的物理路径的距离,比如说在同义词典 WordNet 中;也可以是利用计算词语在语料库中出现的频率加以一定的限制,作为概念之间的词语距离。但是这个模型计算的标准却是一定的:我们规定词语之间的相似度的值与概念之间的词语距离是成反比的。也就是说两概念之间的词语距离越大，则相似度越小；反之，如果两个概念之间的词语距离很小，则两者之间的概念相似度就很大。为了形象地表示这个含义，用以下公式描绘词语相似度的计算，其中两个概念表示为 O_1 和 O_2，两个概念之间的相似度表示为 $\mathrm{Sim}_{\mathrm{word}}(O_1,O_2)$，两个概念之间的距离表示为 $\mathrm{Dis}(O_1,O_2)$，则其计算模型为

$$\mathrm{Sim}_{\mathrm{word}}(O_1,O_2)=\frac{a(l_1+l_2)}{[\mathrm{Dis}(O_1,O_2+a)]\times\max[(l_1-l_2),1]}$$

在这个模型中，l 表示概念所处的层次，a 表示的是当概念之间的相似度为 0.5 时它们之间的距离，这是一个可调节的变量。如果两个概念它们含有相同的距离，但是层次不同，则它们的相似度随着层次的增加而增加。因为随着层次的逐渐加深，这表示概念被划分的区域越来越细致，概念表示的含义越来越具体；而层次越往上，则概念节点所代表的含义就越抽象，概念划分的区域就越笼统。

为了形象地表示上面所描述的层次结构与语义相似度之间的关联，可以利用目前已有的同义词典来举例。目前常用的同义词典中，WordNet 是比较经典的英文词典，《知网》是一个集合了汉语词汇与英文的词典，主要是英语与汉语的词语相似度的计算。在 WordNet 中，词语都被集合到了一个个的节点之上用来组成树形结构，而这些节点表示的不是单个的概念，而是一个同义词的集合。概念之间的距离可以通过这些树形结构中节点之间的距离来计算所得。

图 4.2 所示是一个 WordNet 中的树形结构的示意图。$\mathrm{Dis}(O_{10},O_{14})=6$，$l_{10}=3$，$l_{14}=3$，表示得很形象，它们之间的距离、层次被分别定义，因此相似度 $\mathrm{Sim}_{\mathrm{word}}(O_{10},O_{14})=\frac{6a}{6+a}$，而 $\mathrm{Dis}(O_{12},O_3)=4$，$l_{12}=3$，$l_3=1$，$\mathrm{Sim}_{\mathrm{word}}(O_{12},O_3)=\frac{4a}{(4+a)\times 2}$，这是由于 $a>0$，所以 $\mathrm{Sim}_{\mathrm{word}}(O_{10},O_{14})>\mathrm{Sim}_{\mathrm{word}}(O_{12},O_3)$。

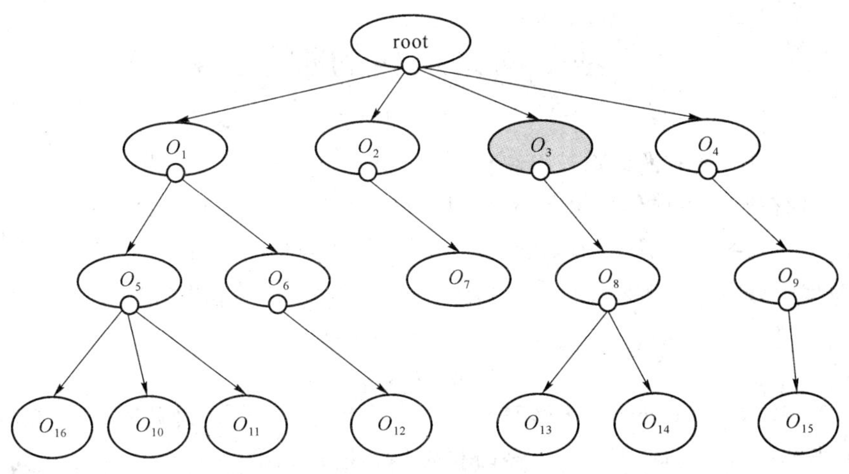

图 4.2　语义分类树形图

4.2.3　结构相似度计算

结构相似度的算法是利用概念之间结构信息的不同，往往是利用概念构成的图状结构或者网状结构，然后判断两者之间的差别，进而计算两者之间的结构相似度。下面介绍的方

法则是使用了逐层递归的方式判别概念之间的结构相似度。把两个概念分别表示为 O_1，O_2，它们的根节点分别表示为 S_1，S_2，两个概念之间的结构相似度可以用如下公式表示：

$$\mathrm{Sim}_{\mathrm{structure}}(O_1,O_2)=\mathrm{StructureSimilarity}(S_1,S_2)$$

结构相似度算法可以简单描述如下：

```
(1) StructureSimilarity(S1,S2){
(2)   Partnership = findPartnership(subset(S1),subset(S2));
(3)   While(Partnership.hasNextElement()){
(4)     Partnership.next();
(5)        If(subset(Partnership.subset(S1)))! = Null&&subset(Partnership.subset(S2))
(6)       Return Simword(Partnership.subset(S1),Partnership.subset(S2)) + levelCoefficient(Partnership.subset(S2))
(7)       * StructureSimilarity(Partnership.subset(S1),Partnership.subset(S2))else
(8) { Return Simword(Partnership.subset(S1),Partnership.subset(S2))
(9)        }
(10)      }
(11)   }
```

上面所描述的结构相似度算法中，首先对两个根节点进行两两配对，计算出最大的相似度的组合。然后，在这些组合中两两配对，如果两个树形结构不是全部含有子节点，则返回的相似度值为 $\mathrm{Sim}_{\mathrm{word}}$ 或 $\mathrm{Sim}_{\mathrm{concept}}$，否则继续计算子节点的结构相似度，循环计算，如此反复，直到计算完成为止。

4.3 基于同义词典的相似度算法

在同义词典中，所有的词都被组织在一棵或者几棵树形层次结构中。如果两个概念所在的节点出现在同一个树形结构中，则它们之间的语义距离很简单，计算树形结构中的物理路径即可。一些学者在此计算的基础上也做了一些扩展性的研究，比如除了计算物理路径之外，还考虑了这些节点所处的树形结构中的深度以及节点所在的树形结构的密度等。

4.3.1 WordNet 词典介绍

WordNet[6]是由 Princeton 大学开发的一种层次结构的英文语义词典。WordNet 的构建包括四种词性——名词、动词、形容词和副词。在 WordNet 中最小单元是同义词集合(synset)，synset 是对于一个词汇的综合定义，包括这个词本身的概念、同义词、指向信息和偏移量(offset)等。其中的指向信息包括了指向的 synset 集合、synset 数量、词性等一系列信息，而在 WordNet 中，概念间是靠同义(synonym)、反义(antonym)、整体(holonym)、部分(meronym)、上位(hypernym)、下位(hypony)、蕴含(entailment)等多种语义关系构建关系网络的，整个 WordNet 就是由无数个网织成的语义网络。

在 WordNet 中，名词以及动词都是由上下位关系构建的，即 is-a 关系，由于现有的语义相似度的算法都或多或少地涉及概念对间的信息内容，大部分的概念对的相似都是因为其包括的信息内容相同，比如汽车与船和树木相比，显然和船的相似度更大，而在 WordNet 的层次结构中，汽车和船有共同的祖先节点 vehicle，而构建这种关系的主要是 is-a，因此这些算法目前都只能计算名词以及动词之间的相似度，而副词和形容词无法计算。对于名词或者动词来说，它们都在同一个根节点下，所以这里讨论的算法都是基于同一个词性的概念间的语义相似度的比较。路径长度 (length) 指的是两个同义词典在语义树中的最短路径长度，如图 4.3 所示，假设各路径的权值均为 1，那么{Car，auto}节点与{truck}节点的路径长度是 2，与{Automotive，motor}的路径长度是 1。最近共同祖先节点(Least Common Subsumer，LCS)指的是两个 synset 在层次结构中的离它们最近的共同祖先，例如在图 4.3 中，{Car，auto...}与{truck}的 lcs 应该取{Automotive，motor}而不是{Wheeled vehicle}。深度(depth)顾名思义计算的是 synset 在这层次分类中的深度。

在介绍算法之前，首先介绍一些算法中涉及的概念。在 WordNet 中，对于名词或者动词来说，它们都在同一个根节点下，所以这里讨论的算法都是基于同一个词性的概念间的语义相似度的比较。语义距离(length)指的是两个同义词典在语义树中的最短路径长度，如图 4.3 中所示，假设各路径的权值均为 1，那么{Car，autuo}节点与{truck}节点的路径长度的语义距离是 2，与{Automotive，motor}的路径长度是 1。最近共同祖先节点 LCS 指的是两个 synset 在层次结构中的离它们最近的共同祖先，例如在图 4.3 中，{Car，auto...}与{truck}的 LCS[7]应该取{Automotive，motor}而不是{Wheeled vehicle}。深度(depth)顾名思义计算的是 synset 在这层次分类中的深度。信息内容(IC)是指 synset 所包含的信息在特定的语料库中出现的频率，利用两个 synset 之间信息内容的共享率来计算相似度。

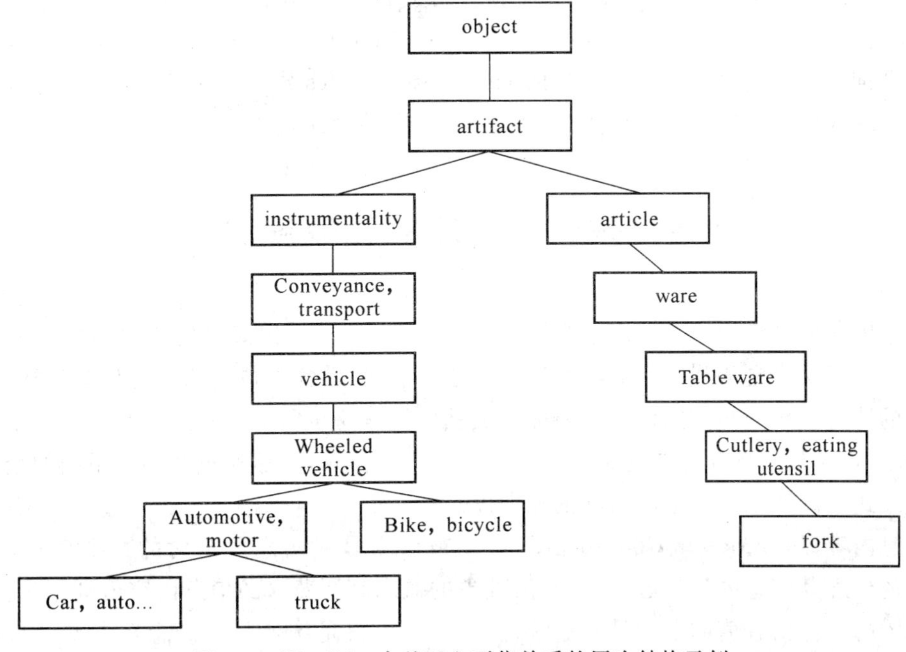

图 4.3　WordNet 中基于上下位关系的层次结构示例

4.3.2 基于 WordNet 的语义相似度算法

1. Wu&Palmer

Wu[8]所提出的这种语义相似度算法是基于 WordNet 中的层次结构的。如在 4.3.1 节中介绍的，这是基于 is-a 关系的层次结构。它的算法的核心思路是计算两个概念所在的树形结构中同义词集合的节点所在的深度，同时计算两个概念的共同最近祖先节点所处的深度，来共同决定概念相似度的大小。如果父节点所在的深度不变，则两个概念所处的深度之和越大，其值越小。若父节点的深度增大，则两概念间的相似度的值也随之增大。

$$\mathrm{Sim}_{\mathrm{wup}}(s_1,s_2)=\frac{2\times \mathrm{depth}(\mathrm{LCS})}{\mathrm{depth}(s_1)+\mathrm{depth}(s_2)}$$

在上面所述的公式中，LCS 指的是两个概念间的最近共同祖先节点，根据公式我们可以得出结论，Wu&Palmer 算法计算的语义相似度的取值区间为(0,1]，因为 LCS 的深度是大于 0 的，根节点的深度定义为 1，当两个同义词集相同时，它们的概念相似度的值为 1。

2. Leacock&Chodorow

Leacock&Chodorow[9]算法是在 Wu&Palmer 算法基础上改进的算法，采用基于语义距离的算法，并且考虑 synset 在语义层次中的深度，但是它们计算仅仅限于上下位(is-a)关系。

$$\mathrm{Sim}_{\mathrm{lch}}=\log[\mathrm{length}/(2\times \mathrm{depth})]$$

深度受是否有唯一的根节点的影响很大。如果两个 synset 有同一个根节点，那么两个词只能是动词或者名词。参数 depth 对于名词的取值会随着 WordNet 版本的不同而不同。假如没有唯一的根节点，对于一个词汇来说可能会属于不同的分类。例如，turtledove＃n＃2 属于两个分类：根节点为 group＃n＃1 和 entity＃n＃1。在这种情况下，相关度将会取决于这两个词汇之间的最短路径所形成的 lcs。如果这个 lcs 隶属于不止一个分类的话，那么会选取有最大路径长度的那个分类(即参数 depth 取最大值)。

4.4 基于语料库的相似度算法

基于语料库计算词语相似度的算法有个前提，假设语义相似的概念之间所在的语料库中文本的上下文也是相似的。这种算法的核心思想是，首先选取一组概念作为特征词，然后在选定的特定领域的知识库作为语料库的文档中检索这个待测的概念在文档的上下文中出现的频率，再然后将此频率与这组特征词建立相关的向量，最后通过利用向量间的余弦公式或者是欧式距离等来测量词语之间的相似度。

信息内容(Information Content，IC)可以被认为是对概念所蕴含的特征信息的表示。越具体的概念其信息内容的值越大，相反抽象的概念其所蕴含的信息内容值则相对较小。

传统的信息内容值的获取是基于统计的方法，也就是统计一个概念在大型语料库中出现的频率。实际上，一些概念经常具有多重意思，计算某一概念 IC 值时如果没特殊指定，其所有意思都应该被计算，这就使得所要使用的语料库必须经过详细的分析并且对词语加以语义标注，无形中增加了计算的复杂度和成本，并且往往某一概念涉及的领域非常专业，对于这类 IC 值的计算选取合适的语料库是个难题。在下文中，改进的相似度算法将利用 WordNet 这个同义词典来计算概念所蕴涵的信息内容的值。基于语料库的算法中文本的数据一般都是来源于布朗语料库。

4.4.1　布朗语料库

布朗语料库（Brown University Standard Corpus of Present-Day American English）于 1961 年在美国建成。这是第一个计算机可读的语料库。1957 年乔姆斯基的《句法结构》发表，当时很多的学者认为，语言学理论应该研究人类的语言能力（linguistic competence），而不是记录和研究交际者的语言行为，即语言表现（linguistic performance）。语料库语言学的哲学理论基础显然与转换生成语法所代表的哲学思想相悖，在这一背景下，布朗语料库的建立具有特殊的意义。现在我们知道，语言可以从多个角度进行研究，不同的研究角度可以相互补充，服务不同的目的，满足不同的需要。布朗语料库收集了 500 个连贯英语书面语文本，每个文本含 2000 词，这些文本主要是 15 种不同类别文本的样本，这样便把这个集合变成了一个很好的标准参考书。现在，我们已经感觉到这个集合很小，并且有点过时了。但是这个集合仍然还在被人们使用，最多的应用之处是布朗语料库的结构被许多其他的集合编写者借鉴。如 LOB 语料库（英国英语）和 Kolhapur 语料库（印度英语）便是两个与布朗语料库相媲美的集合范例。集合的实用性在结构上是如此的相似，另外，这个集合对于那些对比较各种语言的不同点感兴趣的研究人员也是一个珍贵的资源。

比如，很久以前布朗 和 LOB 集合几乎是唯一的计算机可读的集合，很多这个领域的语言学研究都是运用这些数据。在不同种类的研究中通过从不同的角度学习相同的数据，研究者在不考虑由数据的不同而引起结果的变化的情况下，能够比较他们的研究成果。

1991 年，在德国的 Freiburg 大学，研究人员利用新的文本开始编纂新版本的 LOB 和布朗集合。这在近期对于研究语言变化的观念中无疑是一个珍贵的资源。

4.4.2　基于语料库的相似度算法介绍

1. Resnik

Resnik 算法（Res）[4]，相关度的值是 LCS 的 IC（最少的共同包含的信息内容在特定语料库中出现的频率）。这种算法的最终值将总是逼近于或是稍大于 0，最大值将会随着决定信息容量的值的分类的大小。更准确地说，上界值是 $\ln(N)$，N 是这个分类文集里的词的个数。

$$\mathrm{IC}(c)=-\log P(c)$$

$$\mathrm{Sim}_{\mathrm{Res}}(c_1,c_2)=\mathrm{IC}[\mathrm{LCS}(c_1,c_2)]$$

2. Jcn

Jiang & Conrath 算法（Jcn）[10]相当于给定了共有祖先后，利用子节点的条件概率来计算语义距离，而语义相似度和语义距离成反比。

$$\mathrm{Sim}_{\mathrm{Jcn}}(c_1,c_2)=\frac{2\mathrm{IC}[\mathrm{LCS}(c_1,c_2)]}{\mathrm{IC}(c_1)+\mathrm{IC}(c_2)}$$

当使用 Jcn 算法时，有两种情况需要注意，而 jcn_distance 的值为 0 时都在这两种例外之中。

其一，$IC(synset_1)=IC(synset_2)=IC(LCS)=0$，理想情况下，这种情况只会出现在当 $synset_1$、$synset_2$ 和 LCS 都是根节点时。然而，当一个词汇的同义频率是 0 时，那么它的信息容量也就是 0 了。也就是说，因为缺少信息数据的缘故，此时计算出的值为 0。

其二，$IC(synset_1)+IC(synset_2)=2IC(LCS)$，这种情况只会出现在当 $synset_1=synset_2=LCS$。也就是说这两个词汇是一样的。直观的理解即可认为：在这种情况下相关度的值是最大的——无穷大，但这却是不可能的。相反的，此时我们便找到了比 0 稍大的最小的距离，从而最后计算出的值将是那个距离的倒数。

3. Lin

Lin 算法[11]是对 Resink 算法的拓展，计算了单个 synset 的信息内容。

$$Sim_{Lin}(c_1,c_2)=\frac{2IC[LCS(c_1,c_2)]}{IC(c_1)+IC(c_2)}$$

由公式可知，Lin 算法计算的相似度的值的区间是(0,1]，如果词汇 1 或词汇 2 的共有信息内容是 0 的话，由于缺少计算数值的缘故，那么相关度的值就将会是 0。理想的情况下，一个词汇的信息内容的值是 0 只会是这个词汇作为根节点出现时的。与此同时，当一个词汇的同义词汇的频率是 0 的话，那么由于没有更好的替代的词汇的原因，这个词汇的信息内容也就只能是 0 了。

4.5 基于 WordNet 的概念相似度算法改进

4.5.1 现有方法的不足及改进思想

基于语料库和基于同义词典的相似度算法各有特点，这两种模型往往建立在组织良好的语义层次结构之上(如 WordNet)，以方便地计算两个概念之间的各种信息因素来估算相似度值。基于同义词典的语义相似度方法利用两个概念之间的物理路径长度来判断两者之间的相似度值，语义距离越近两者之间的相似度越大，然而这种理论却存在一定的限制条件，比如对于相同路径长度的概念对之间，抽象的概念对之间的语义距离应该大于具体的概念对之间的语义距离。基于信息内容的方法比较两个概念之间的信息内容从而计算两者之间的语义相似度，然而传统的信息内容的值都是计算某一概念出现在大型语料库中的频率，过度依赖语料库是此方法的一个缺陷[12]。

1. 基于语义距离算法改进的设想

现有的纯语义距离的相似度算法在权值上都以所有路径权值等于 1 为前提条件，而这跟我们认为判断的理解是有差别的，比如在图 4.3 中，同样是路径长度为 1 的{Car，auto...}和{truck}以及{artifact}和{article}，显然前者的相似度大于后者的相似度，我们应该根据实际需要，当概念逐渐变得具体的时候，概念间的权值逐渐缩小，以使它们间的语义距离更近。

2. 基于语料库的相似度算法改进的设想

现有的基于信息内容共享来计算相似度的算法，其计算 IC 的值都是根据概念在层次结构(比如 WordNet)中的信息,然后计算它们具体出现在某一语料库中的频率,这一语料库的选定标准是什么,是否满足所有选定的词汇,比如有些特定的专业名词显然要比普通词汇的应用性方面要差,是否能够只根据其概念在层次结构中的关系等信息就能够得到 IC 的值,这是非常值得研究的。

4.5.2　概念相似度改进模型

本书依据 Rodriguez 和 Egenhofer[13] 提出的一个利用特征数量计算两个本体概念相似度的模型,将其抽象到信息内容领域,并对模型加以具体推导进而演化出新算法,我们称之为 W&IC 算法。此算法在 Lin 算法的基础上考虑了公共特征因素和非公共特征因素对于相似度值的影响,并且在计算信息内容的值时,采用了仅仅依靠 WordNet 的方法,摆脱了传统算法对于语料库的依赖性,大大降低了计算的成本和复杂度。

1. 信息内容

信息内容可以被认为是对概念所蕴含的特征信息的表示。越具体的概念其信息内容的值越大,相反抽象的概念其所蕴含的信息内容值则相对较小。

传统的信息内容值的获取是分析所要计算的概念在某一设定好的语料库中出现的频率然后计算而得:

$$\mathrm{IC}(c) = -\log P(c)$$

其中,c 指的是某一具体概念,$P(c)$指概念 c 在指定语料库中出现的频率。这种方法保证了概念从层次结构的叶节点到根节点时值的递减。为了使得计算所得的值符合越具体的概念值越大的要求,往往还需要结合一些有层次结构的本体库进行计算。

实际上,一些概念经常具有多重意思,计算某一概念 IC 值时如果没特殊指定,其所有意思都应该被计算,这就使得所要使用的语料库必须经过详细的分析并且对词语加以语义标注,无形中增加了计算的复杂度和成本,并且往往某一概念涉及的领域非常专业,对于这类 IC 值的计算选取合适的语料库是个难题。

针对上文提到的缺陷,Nuno seco 和 Tony Veale[14] 提出一种新的算法,仅仅依靠 WordNet 本身去计算某个概念的 IC 值。该算法公式如下:

$$\mathrm{IC}(c) = 1 - \frac{\log[\mathrm{hypo}(c)+1]}{\log(\max_{wn})}$$

其中,hypo(c)指的是概念 c 所包含的全部同义词的个数,$\max_{wn}$是一个常数,表示在 WordNet 中某概念所在的层次结构所包含的全部概念数。

Nuno seco 和 Tony Veale 的这种 IC 值算法将被本书提出的相似度计算模型所采用。

2. 改进的模型

特征模型是考虑实体的公共特征集合的数量来判断概念之间的相似程度。Rodriguez 和 Egenhofer 提出了一个利用特征数量来计算两个本体之间相似度的模型:

$$\mathrm{Sim}(A,B) = \frac{|A \cap B|}{|A \cap B| + \partial|A-B| + (1-\partial)|B-A|}$$

其中,A、B 是要计算的两个本体的特征集合,如图 4.4 所示,$A \cap B$ 表示既出现在 A 中又出现在 B 中的特征集,$A-B$ 表示出现在 A 中但不出现在 B 中的特征集合,同理 $B-A$ 表示出现在 B 中但不出现在 A 中的特征集合,$\partial \in [0,0.5]$,在这个区间的意义是为了使公共特征对相似度的重要性大于非公共特征。

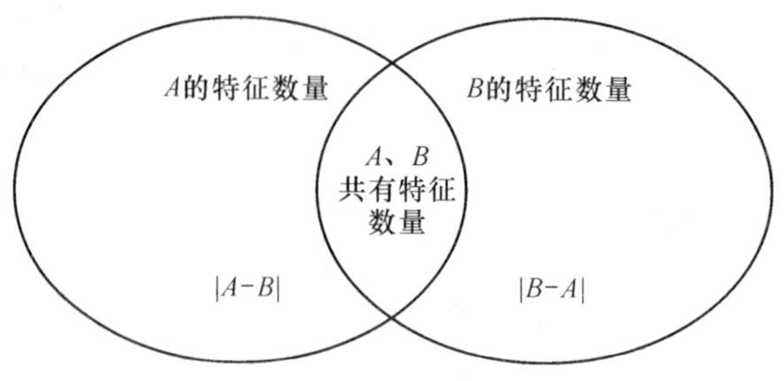

图 4.4　特征示例模型

上述公式只是一个概念相似度计算的特征模型，特征数量与 IC 值有共通之处，都表示一个概念所蕴含的信息量，设想本体 A 的特征数量即为其 IC 值，本体 A、B 的共同特征数量为两者的最近共同祖先节点的 IC 值，公式推导如下：

$$A\cap B\approx \mathrm{Sim}_{\mathrm{Res}}(A,B)=\mathrm{IC}[\mathrm{LCS}(A,B)]$$

$$|A-B|=\mathrm{Feature}(A)-(A\cap B)\approx \mathrm{IC}(A)-\mathrm{IC}[\mathrm{LCS}(A,B)]$$

$$|B-A|=\mathrm{Feature}(B)-(A\cap B)\approx \mathrm{IC}(B)-\mathrm{IC}[\mathrm{LCS}(A,B)]$$

将以上三个公式代入计算两个本体之间相似度的公式，可得如下推导过程：

$$\begin{aligned}\mathrm{Sim}(A,B) &\approx \frac{\mathrm{IC}[\mathrm{LCS}(A,B)]}{\mathrm{IC}[\mathrm{LCS}(A,B)]+a\mid A-B\mid+(1-a)\mid B-A\mid} \\ &= \frac{\mathrm{IC}[\mathrm{LCS}(A,B)]}{a\mathrm{IC}(A)+(1-a)\mathrm{IC}(B)}\end{aligned}$$

本书将此公式命名为 W&IC 算法。可以看出，Lin 算法是在因子 $a=0.5$ 时，此推导公式的特例，即在共有特征因素和非共有特征因素对两本体具有相同的影响性时，$\mathrm{Sim}_{\mathrm{W\&IC}}=\mathrm{Sim}_{\mathrm{Lin}}$。

由于本书的 IC 值计算前提是不使用语料库，对于结构因子 a，也给出了一个仅仅依靠 WordNet 利用概念所处的深度来估算值的公式：

$$\alpha=\begin{cases}\dfrac{\mathrm{depth}(A)}{\mathrm{depth}(A)+\mathrm{depth}(B)}, & \mathrm{depth}(A)\leqslant \mathrm{depth}(B)\\[2ex] 1-\dfrac{\mathrm{depth}(A)}{\mathrm{depth}(A)+\mathrm{depth}(B)}, & \mathrm{depth}(A)>\mathrm{depth}(B)\end{cases}$$

变量 a 的值的范围依然是 0～0.5，即假设依然是公共特征对相似度的重要性大于非公共特征。

本书的 W&IC 算法在 Lin 算法的基础上考虑了公共特征与非公共特征因素对于不同概念的相似度值的影响而设计了结构因子 a，并且在计算 IC 值时采用了更为简单的仅仅依靠 WordNet 的算法。

4.6　基于语义分析树核计算短文相似度

文本相似度的计算在许多文本相关应用领域正在成为一个研究热点，如数据挖掘、信息检索和问答系统等。随着自然语言处理技术的发展，一个高效、准确的短文语义相似度算法用于处理自然语言处理的各个领域显得十分必要。例如，Buyans[15]是一个用户自助的质量保证体系问答系统，需要计算句子的相似度以保证评估的质量体系的精确度。短文相似度在计算机的其他应用领域也有着大量的应用。在文本挖掘领域，短文相似度算法可以用来从文本数据库挖掘有效信息[16]；在图像检索领域，采用短文本环绕图像计算图像，可以取得比全文本更加精确的搜索结果[17]；此外短文相似度算法还可应用于文本摘要、文本分类和计算机翻译等领域[18]。

在这部分，我们回顾一些在短文相似度方面前人所做的研究。目前这些已有的文本相似度算法大致可以归类为四种：基于相关词汇的算法、基于向量的算法、基于语料库的方法和混合方法[19]。

前人所做的关于文本相关的信息检索方面的相似度算法往往都是基于篇幅比较长的文章，随着自然语言处理领域大量短文相似度应用的出现，如 BBS、E-mail 和 QA 等领域。直觉上，我们认为传统的基于篇幅较长文章的相似度算法可以应用于短文相似度的匹配算法方面。传统的算法，计算文章相似度时，往往采用基于关键字的算法，因为长篇幅的文章包含很多内容方面的关键字，但是在短文相似度方面这种方法是无法计算的，因为短文包含的信息量很少，很难找出相关的关键词。另外在文章中，一些定冠词往往被忽略，如“the”、“is”、“a”等，但是在短文方面，这些确实组成一个短文的必备语法不可忽略。这些方面的缺陷为短文相似度的计算制造了很多困难。

基于关键词匹配的相似度算法已经在很多方面被扩展用以匹配短文相似度的计算。Hatzivassiloglou 提出了一种结合大量初始特征值的算法(包含关键词、名词短语匹配、WordNet 同义词、词汇间的语义相似度等)[20]。然而，这种算法仅仅是将许多信息合成到了一起，实验表明这种算法也仅仅适用于长文章的相似度计算。

Okazaki[21]提出了一种利用文本库计算相似度的方法。这种算法的思想是：计算所有短文中词语之间的相似度用以估计整个句子的相似度，也就是基于词语之间语义相似度的算法。词语本身包含的属性很广，涉及词法、句法、语义甚至语用等方方面面的特性。其中，对词语相似性影响最大的应该是词语的语义。从语义的角度出发不考虑词法、语用等方面，我们定义词语的相似度为词语所表达概念的重合程度，也可以认为是两个词语表示的语义在概念空间距离的大小。两个词语所表达语义距离越小，所代表概念的重合度越大，则词语的相似度越大；反之越小。词语的相似度是一个主观性相当强的概念，不同的人对于两个词语的语义相似度的感受程度往往不同。在实际应用中往往根据基于语义分析树核的句子相似度计算实际的需要这一概念进行调整和扩展，例如，在基于实例的计算机翻译中，词语的相似度被定义为词语换而不改变原来句意的程度，如果替换后，句意改变的程度越小则替换词与被替换词的相似度越大，反之越小。在信息检索中词语的相似度是指词语代表用户检索目标的程度，如果词语与用户的检索概念越相近则相似度越大，反之越小。在多文档文摘系统中，相似度可以反映出局部主题信息的拟合程度；在自动应答系统领域，相似度的计算主要体现在计算用户问句和领域文本内容的相似度上。在文本的研究中，相似度可以反映句子在文本中的可替换程度。

然而这种算法有两方面的缺陷：首先拥有过多同义词的概念对于最终句子相似度的值有很大的影响；其次如何从语义词典中选取出要用的多义词的方法不明确。

Chiang 和 Yu[22]提出了一种模式匹配算法，在 QA 和文本挖掘方面应用非常广泛。这种算法不同于常用的纯关键字匹配，不仅计算句子的结构信息，而且每一部分都包含了一定的语义关系。这种算法的缺陷是需要完成一个句子各种语法组合的完全集，但是手工绘制这个完全集是一项非常枯燥且艰巨的任务。

Li[23]提出了一种句子相似度算法结合语义相似度和概念在句子中出现顺序组成的结构。这种算法并不是首次出现，但是实验表明在一些情况下会降低信息检索的精确度。

4.7 改进的短文相似度算法模型

目前已有的相似度算法在计算文本相似度时，对于篇幅较长的文章之间可以取得理想的效果，这是因为这些文章之间有充足的关键词汇可以表达文章的大致意思，因此基于相关词汇的算法在长文本的语义匹配方面取得不错的效果，然而在短文相似度方面，由于简单的几个词汇不足以完全概括短文的意思，因此传统的计算方法就失去了意义。本书通过采用对短文进行分词和语义标注后，分别从词汇相似度和句子的句法结构两方面来计算短文的相似度。词汇相似度计算的是将词汇按照一定的顺序组成向量，分别计算词汇之间的语义相似度，然而运用余弦公式计算两个句子的语义相似度；句法结构方面是通过语义树核对词语标注后，计算句子间树形结构之间的相似度，然后短文相似度算法模型通过采用加权的算法综合两方面的因素去计算所得的最终短文相似度值，如图 4.5 所示。

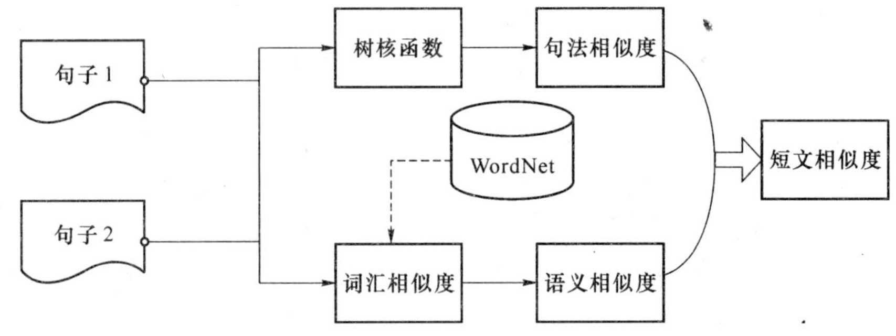

图 4.5 短文相似度计算模型

1. 语义相似度计算模型

目前人们常用语料库或同义词典来计算概念间的语义距离。这两种模型往往建立在组织良好的语义层次结构之上，如 WordNet，以方便地计算两个概念之间的各种信息因素来估算相似度值。基于路径的语义相似度方法利用两个概念之间的物理路径长度来判断两者之间的相似度值，语义距离越近两者之间的相似度越大，然而这种理论却存在一定的限制条件，比如对于相同路径长度的概念对之间，抽象的概念对之间的语义距离应该大于具体的概念对之间的语义距离。基于信息内容的方法比较两个概念之间的信息内容从而计算两者之间的语义相似度，然而传统的信息内容的值都是计算某一概念出现在大型语料库中的频率，过度依赖语料库是此方法的一个缺陷。本书在计算词汇之间的语义相似度时调用 4.5.2 节中的 W&IC 算法来计算。

$$\mathrm{Sim}(A,B)=\begin{cases}\dfrac{\mathrm{IC}[\mathrm{LCS}(A,B)]}{a\mathrm{IC}(A)+(1-a)\mathrm{IC}(B)}, & A\neq B\\ 1, & A=B\end{cases}$$

$$a=\begin{cases}\dfrac{\mathrm{depth}(A)}{\mathrm{depth}(A)+\mathrm{depth}(B)}, & \mathrm{depth}(A)\leqslant\mathrm{depth}(B)\\ 1-\dfrac{\mathrm{depth}(A)}{\mathrm{depth}(A)+\mathrm{depth}(B)}, & \mathrm{depth}(A)>\mathrm{depth}(B)\end{cases}$$

利用语义相似度算法计算短文相似度的基本思路是:短文都是由一系列的词汇组合而成的,忽略词汇之间的顺序以及它们之间的标点,把两个短文看成两个语义向量,然后计算它们之间的相似度的值。

(1) 给定两篇短文 T_1 和 T_2,T_1 包含的词汇有$\{W_1,W_2,\cdots,W_n\}$,T_2 包含的词汇有$\{Q_1,Q_2,\cdots,Q_n\}$,则两者构成一个联合集:$T=T_1\cup T_2=\{W_1,W_2,\cdots,W_m\}$。

(2) 我们把这个联合集标记为 $d_i(i=1,2,\cdots,m)$,每个短文中的词汇都包含在这个联合集中,因此此联合集的总数量为两个短文中词汇量之和,我们将此联合集定义为语义词汇向量。

(3) 如果这个语义词汇向量中存在的词汇在短文 T_1 中存在,则在此位置上 T_1 的语义向量取值为 1;如果在 T_1 中不存在语义词汇向量中包含的词汇,则在 T_1 的语义向量上则计算此词汇与 T_1 中所有的词汇之间的相似度,取最大值。

(4) 重复以上步骤,即可得两篇短文的语义向量的值。

现在我们得到了两篇短文的语义值向量,则可以利用余弦算法计算两篇短文的相似度了,计算公式如下:

$$\mathrm{Sim}_{\mathrm{sem}}(T_1,T_2)=\frac{\sum_{k=1}^{m}(w_{k,d_1}w_{k,d_2})}{\sqrt{\sum_{k=1}^{m}w_{k,d_1}^2}\sqrt{\sum_{k=1}^{m}w_{k,d_2}^2}}$$

其中,w_{k,d_1} 表示词汇 W_k 在 d_1 中的权重,计算所得的值越大,表明两篇短文越相似。

2. 句法结构相似度模型

句法结构相似度是指两个句子经过句法分析后的树形结构相似度。本书采用树核(Tree Kernel)对句法结构进行分析[24]。

在自然语言处理和人工智能等领域,基于 Kernel 来计算特征模型变得越来越受欢迎,因为树核能够将任意的模型映射到欧式特征空间,从而利用向量的方式去计算特征值。Haussler(1999)[25]在利用字符串和树形结构的离散结构上描述了一个用于计算树核的框架。2000 年,Lodhi[26]等人探索了进行文本分类的字符串核,2002 年,Collins 和 Duffy[27],2003 年, Zelenko[28]等人、Cumby 和 Roth[29],分别描述了树内核变异。我们的贡献是一个更丰富的句子表达,更通用框架以允许特征加权,以及为了减少核的稀疏性的复合核的使用。

1998 年 Brin,2000 年 Agichtein 和 Gravano[30]运用模式匹配和封装技术提取相关信息,但这些方法不能很好地扩展到快速进化的语料库。2000 年,Miller 等人提出了一个集成的统计解析技术,这种技术增加了解析树,其中语义的标签指示实体和关系类型。然而 Miller 等人在 2002 年使用一个生成模型产生解析信息及关系信息,我们推测区别分类关系的一种训练技术可以达到更好的性能。同时,2002 年,Roth 和 Yih 提出了一个用贝叶斯网络同时标记实体及其相互关系的方法。

在本书中,我们将树核应用到句子间的概念相似度的计算中,可以使句子在结构属性上的表达更加清晰便于计算。树核方法对降低结构对象的特征工程的负担方面是非常有效的,通过计算两个物体间的相似性,树核方法可以使用动态规划的方法有效地列举子结构。

比如计算两个名词短语之间的句法结构相似度:“a dog”、“a cat”简单的句法分析可以描述如下,如图 4.6 所示。

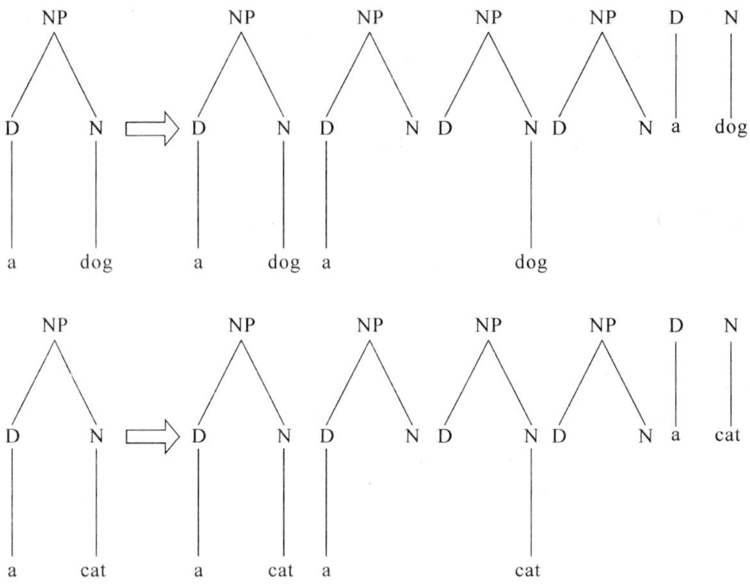

.6 简单的句法结构分析（NP ＝noun phrase；D＝definite article；N＝noun）

从图 4.6 中可以看出在 5 个子图中，有 3 个子图是相同的，故结构相似度为 3。

图 4.6 是一个简单的示例，在将这个短语按照词性分为 5 个子树后，两个模型中有 3 个子树是匹配的，因此两个短语的简单的句法结构相似度可以被认为是 3。

为能够利用句子结构信息更全面计算两个句子的相似度，本书对句子进行深入分析，将整个句子表示成树形结构，用树核来计算两个句子的结构相似度。例如例句“I got the ball”经过句法分析后的结果，如图 4.7 所示。

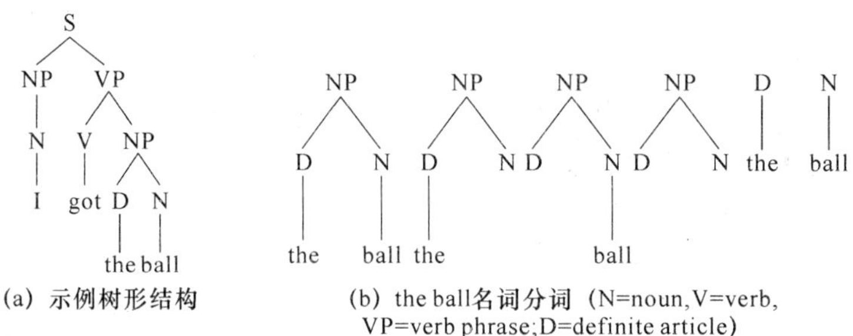

(a) 示例树形结构

(b) the ball名词分词（N=noun,V=verb, VP=verb phrase;D=definite article）

图 4.7 “I got the ball”句法分析

对于句子的嵌套结构，最直观的表示形式是其树形结构，这样更能体现句子的结构信息。另外，在比较例句和候选句时，两种结构的相似度不仅体现在单个分支的句法结构，也体现在句子的整体结构上。

比较两个树形结构时，可将树 T 表示成全部子树类型的向量形式：$\boldsymbol{h}(T)=(h_1(T), h_2(T),\cdots,h_n(T))$，其中 h_i 是第 i 个子树类型（substree）在 T 中出现的次数。

句法结构相似度算法即可定义为

$$\begin{aligned}\mathrm{Sim}_{\mathrm{syn}}(T_1,T_2) &= \boldsymbol{h}(T_1) * \boldsymbol{h}(T_2)\\ &= \sum_i h_i(T_1) * h_i(T_2) = \sum_{n_1\in N_1}\sum_{n_2\in N_2}\sum_i I_i(n_1)I_i(n_2) = \sum_{n_1\in N_1}\sum_{n_2\in N_2} c(n_1,n_2)\end{aligned}$$

其中，n_1 和 n_2 表示短文 T_1、T_2 中的节点集合，而我们定义 $c(n_1, n_2) = \sum_i I_i(n_1) I_i(n_2)$ 是以节点 n_1 和 n_2 为根的公共子树数量，若子树 i 存在于以 n 为根节点的树中，则定义符号函数 $I_i(n)$ 为 1，否则为 0。

4.8　基于 JWSL 的算法构建

为了验证所假设的两种算法的效率，本书利用 JWSL[31] (Java WordNet Similarity Library)这个开源包用 WordNet 去调用常用的 5 种语义相似度算法，并且在这个包的基础上添加了本书所提出的 W&IC。

JWSL 为开发者提供了目前已有的词汇之间的概念相似度算法，并且提供了一种利用最大加权二分图法计算的句子相似度匹配。开发者可以在此包的基础上通过各种函数调用 WordNet 中的相关信息自行设计相关相似度算法。

现有的开源的计算概念相似度的 API 有三种：JWSL、由谢菲尔德大学开发的 JWNL[32] 以及 Ted Pedersen 开发的 WordNet::Similarity[33]。

本书所以选择 JWSL 的原因在于：①这个开源包提供了一整个 WordNet 的结构的索引，调用算法时不必再初始化 WordNet，从而提高了计算的效率；②这是一个基于 Java 的开源包，相比 WordNet::Similarity 提供的一种网络服务(基于 perl)，JWNL 仅仅提供了两种基于信息内容的相似度算法，JWSL 可以提供更好的开发平台。

为了更好地展示数据，本书实现了一个简单的页面展示后台调用 JWSL 所计算出的概念相似度的值，如图 4.8 所示。

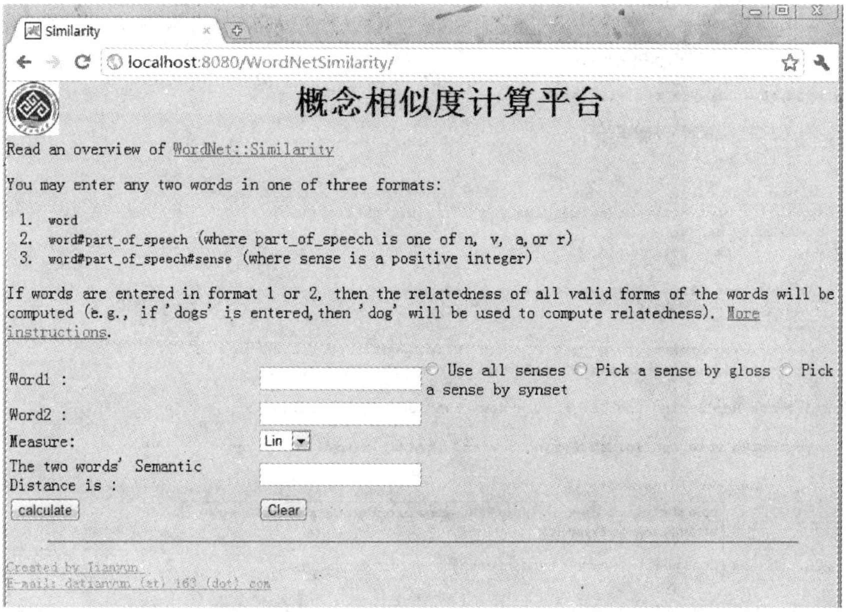

图 4.8　概念相似度计算平台

JWSL 建立在调用 WordNet 中树形结构的基础上，所以在算法的开始阶段必须初始化 WordNet 的配置，在 WordNet. xml 中，提供了一系列的初始化信息，如图 4.9 所示。

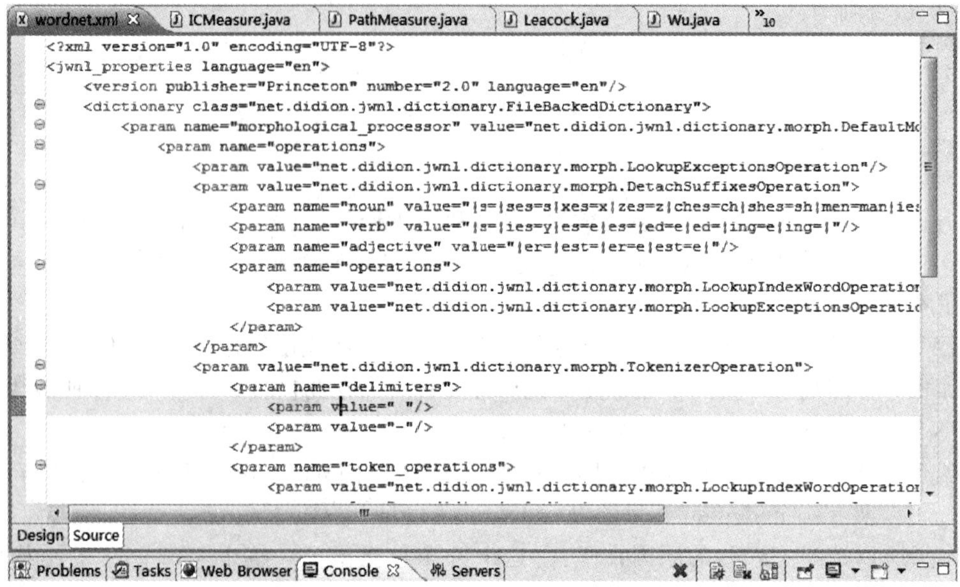

图 4.9　WordNet. xml

W&IC 算法建立在基于路径和基于信息内容的算法基础之上。ICmeasure. java 和 Pathmeasure. java 分别提供了此两种方式调用 WordNet 中同义词集合的相关方法，如图 4.10、图 4.11 所示，其余的相似度算法分别在此基础上构建而成。

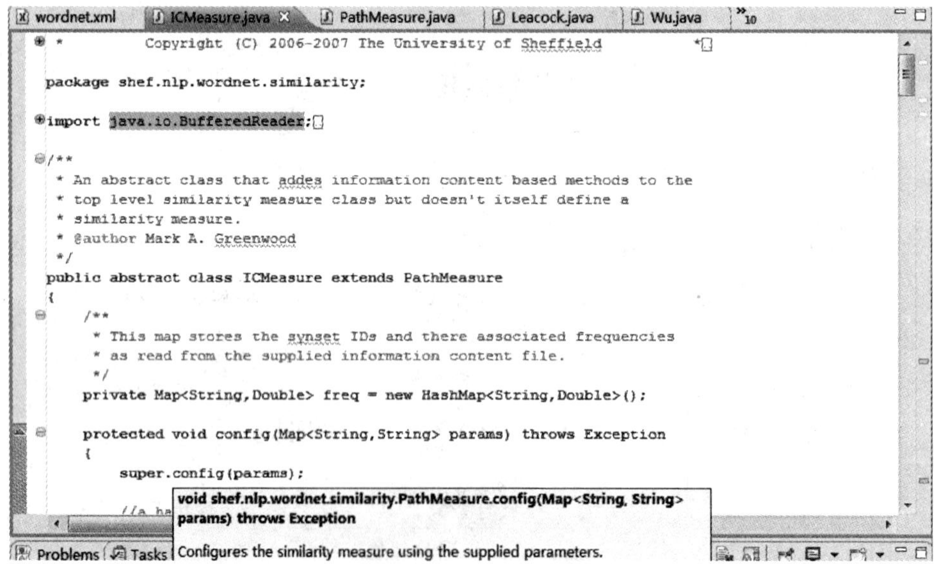

图 4.10　ICmeasure. java

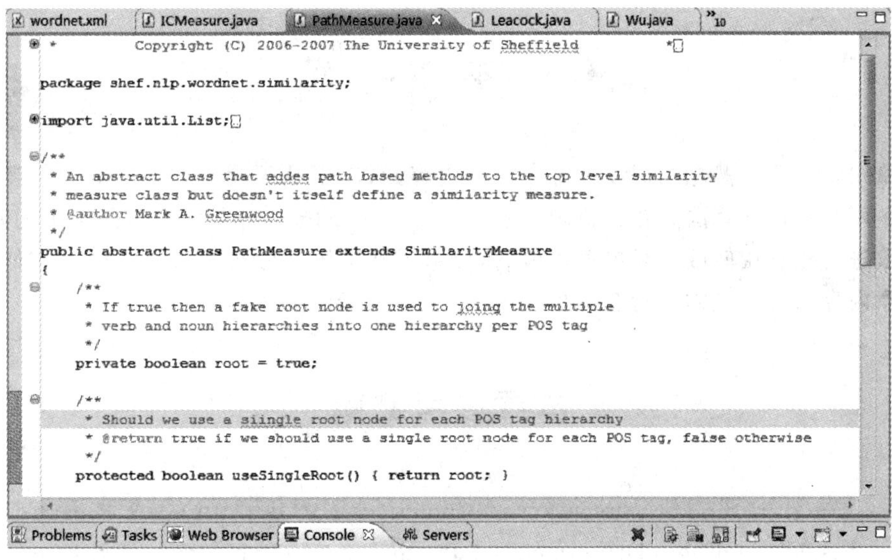

图 4.11　Pathmeasure. java

整个算法的工程概况如图 4.12 所示，com. semantci. structs 和 webRoot 下的文件存放的是一些搭建的前台页面以及后台业务逻辑跳转的相关文件，shef. nlp. wordnet. similarity 存放着相似度算法的所有信息，test 文件夹下存放了算法构建的一些基础信息，如 WordNet 的初始化信息、IC 语料库等数据源。

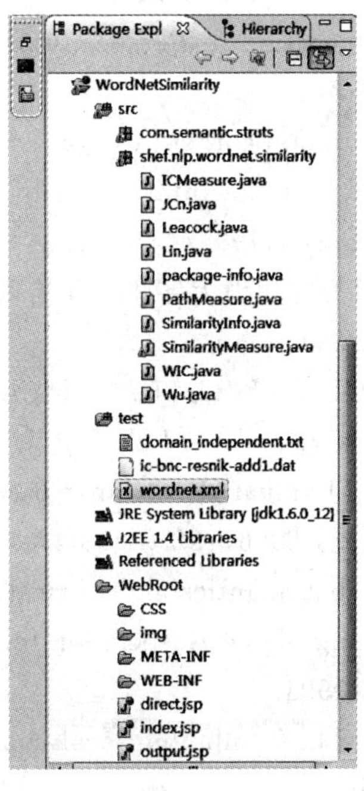

图 4.12　算法工程概况

4.9 本章小结

本章主要讨论了概念相似度计算方面的内容，给出了基于同义词词典的相似度算法和基于语料库的相似度算法。在分析现有基于 WordNet 的概念相似度算法的不足的基础上，给出了改进的概念相似度计算模型。最后，介绍了基于语义分析树核计算短文相似度的算法。本章内容为知识检索中的查询扩展提供了理论基础。

本章参考文献

[1] Blough D S. The perception of similarity[EB/OL]. In Cook R. B(Ed), Avian Visual Cognition, Department of Psychology, Brown University. http://www.pigeon.psy.tufts.edu/avc/dblough/, 2006.

[2] Chien S, Immorica N. Semantic similarity between search engine queries using temporal correlation[C]. In: Proceedings of the 14th International Conference on World Wide Web, 2-11, 2005.

[3] Saracevic T. Relevance reconsidered[C]. In: Ingwersen P, Pors N. o. (EDS). Proceedings of 2nd International Conference on Conceptions of Liberary and Information Science: Integration in Perspective, Copenhagen: Royal School of Librarianship, 1996: 201-218.

[4] Resnik P. Using information content to evaluate semantic similarity in a taxonomy[C]. In: Proceedings of the International Joint Conference on Artificial Intelligence, Montreal, Canada, 1995: 448-453.

[5] 鲁松. 自然语言中此相关性知识无导获取和均衡分类器的构建[D]. 北京：中国科学院计算技术研究所，2001.

[6] About WordNet[EB/OL]. [2011-11-20]. http://wordnet.princeton.edu/Princeton University Cognitive Science Lab[R]. User Menu of WordNet2.0, 2003.

[7] Budanitsky A, Hirst G. Evaluating wordnet-based measures of semantic distance [J]. Comput. Linguist., 2006, :32 (1)13-47.

[8] Wu Z, Palmer M. Verb Semantics and Lexical Selection[C]. In Proceedings of the 32nd Annual Meeting of the Association for Computational Linguistics, Las Cruces, New Mexico, 1994.

[9] Leacock C, Chodorow M. Combining local context and WordNet similarity for word sense identification[C]. In Fellbaum, 1998: 265-283.

[10] Jiang J, Conrath D. Semantic similarity based on corpus statistics and lexical taxonomy[C]. In Proceedings of International Conference on Research in Computational Linguistics, Talwall, 1997.

[11] Lin D. An information—theoretic definition of similarity[C]. In Proceedings of the 15th International Conference on Machine Learning. Madison, WI, 1998.

[12] Giuseppe Pirro. A semantic similarity metric combining features and intrinsic information content[J]. Data & Knowledge Engineering,2009,68:1289-1308.

[13] Rodriguez M A, Egenhofer M J. Determining semantic similarity among entity classes from different ontologies [J]. IEEE Transactions on Knowledge and Data Engineering, 2003, 15.

[14] Seco Nuno, Veale Tony, Hayes Jer. An Intrinsic Information Content Metric for Semantic Similarity in WordNet[C]. In Proceedings of ECAI′2004, the 16th European Conference on Artificial Intelligence Valencia, Spain, 2004.

[15] BuyAns-A user-interactive question answering system[EB/OL]. http://www.buyans.com.

[16] Park E K, Ra D Y, Jang M G. Techniques for improving web retrieval effectiveness[J]. Information Processing and Management, 2005,41:1207-1223.

[17] Coelho T A A, Calado P P, Souza L V, Ribeiro-Neto B, Muntz R. Image retrieval using multiple evidence ranking[J]. IEEE Transactions on Knowledge and Data Engineering, 2004,16:408-417.

[18] Erkan G, Radev D R. LexRank: graph-based lexical centrality as salience in text summarization[J]. Journal of Artificial Intelligence Research, 2004,22:457-479.

[19] Islam A, Inkpen D. Semantic text similarity using corpus-based word similarity and string similarity[J]. ACM Transactions on Knowledge Discovery from Data,2008,2(2):1-25.

[20] Hatzivassiloglou V, Klavans J, Eskin E. Detecting text similarity over short passages: exploring linguistic feature combinations via machine learning[C]. Proceedings of the Joint SIGDAT Conference on Empirical Methods in NLP and Very Large Corpora, 1999.

[21] Okazaki N, Matsuo Y, Matsumura N, Ishizuka M. Sentence extraction by spreading activation through sentence similarity[C]. IEICE Transactions on Information and Systems,2003: 1686-1694.

[22] Chiang J H, Yu H C, Literature extraction of protein function using sentence pattern mining[J]. IEEE Transactions on Knowledge and Data Engineering , 2008,17:1088-1098.

[23] Li Y H, McLean D, Bandar Z A, O' Shea J D, Crockett K. Sentence similarity based on semantic nets and corpus statistics[J]. IEEE Transactions on Knowledge and Data Engineering, 2006,18:1138-1150.

[24] Collins M, Duffy N. Convolution Kernels for Natural Language[C]. Proceedings of the 42nd Annual Meeting on Association for ComPutational Linguisties Table of Contents, Spain, 2004:119-126.

[25] Haussler D. Convolution kernels on discrete structures[R]. Technical Report UCS-CRL-99-10, University of California, Santa Cruz, 1999.

[26] Huma Lodhi, John Shawe-Taylor, Nello Cristianini, Christopher J C H W. Text classifi cation using string kernels[C]. In NIPS, 2000:563-569.

[27] Collins M, Duffy N. Convolution kernels for natural language[C]. Advances in Neural Information Processing Systems 14, Cambridge, MA. MIT Press, 2002.

[28] Zelenko D, Aone C, Richardella A. Kernel methods for relation extraction[J]. Journal of Machine Learning Research, 2003:1083-1106.

[29] Chad M C, Dan Roth. On kernel methods for relational learning[C]. Machine Learning. Proceedings of the Twentieth International Conference (ICML 2003), August 21-24, 2003, Washington, DC, USA. AAAI Press.

[30] Eugene Agichtein, Luis Gravano. Snowball: Extracting relations from large plain-text collections[C]. In Proceedings of the Fifth ACM International Conference on Digital Librarie, 2000.

[31] Java WordNet Similarity Library[EB/OL]. [2010-09-28]. http://grid.deis.unical.it/similarity.

[32] WordNet API: Project Web Hosting- Open Source Software[EB/OL]. [2010-10-28]. http://wordnet.sourceforge.net/.

[33] WordNet::Similarity[EB/OL]. [2010-06-06]. http://wn-similarity.sourceforge.net/.

第5章 知识检索

在信息爆炸的今天，大量的知识经获取并存储在知识库后，如想要在里面寻找满足特定要求的知识同样是一件困难的任务。因特网 上的信息呈现指数级的增长趋势，人们已经被如此浩瀚的信息所淹没，面对着信息爆炸的困境，处于信息迷航与信息过载的环境之中。不难看出传统的基于关键字的信息检索技术已经不能满足用户的信息需求。高速发展的社会，信息过度的困境，使用户急切地想寻找到一种能够快速而又准确地检索到所需信息的检索技术。知识检索应运而生。所谓知识检索就是从集中或分布式信息资源集合中找出满足特定要求的知识的过程。

现有的检索技术包括传统的数据检索和新兴的语义检索。数据检索属于传统的检索方式，通常使用关键词进行精确匹配的方式，却不能满足用户在语义层面的检索需求。数据检索中最有代表性的就是搜索引擎，如谷歌(Google)、百度等。

5.1 搜索引擎

随着互联网的迅速发展，全球的网页数量已超过百亿，如何能在信息量巨大的网络上找到自己所需要的信息？答案是搜索引擎。今天，搜索引擎已成为人们在网络信息海洋中自如冲浪必不可少的利器。

5.1.1 搜索引擎的概念与工作原理

搜索引擎(Search Engines)就是指在WWW(World Wide Web)环境中能够响应用户提交的搜索请求，返回相应的查询结果信息的技术和系统，是互联网上的可以查询网站或网页信息的工具，它包括信息搜集、信息整理和用户查询三部分。

搜索引擎起源于传统的信息全文检索理论，即计算机程序通过扫描每一篇文章的每一个词，建立以词为单位的文件，检索程序根据检索词在每一篇文章中出现的频率和每一个检索词在所有文章中出现的概率，对包含这些检索词的文章进行排序，最后输出排序的结果。

现代大规模高质量搜索引擎一般采用如图5.1所示的三段式工作流程，即网页搜集、预处理和查询服务。

图5.1 搜索引擎三段式工作流程

1. 网页搜集

搜索引擎是这样一种软件系统，即它操作的数据不仅包括内容不可预测的用户查询，还包括在数量上动态变化的海量网页，并且这些网页不会主动提交给系统，而是要由系统去抓取，需要高性能的搜集器自动地在 Web 中搜索信息。Web 信息搜集器是下载 Web 上网页的程序。它顺着网页之间的链接移动，自动地下载所经过的网页。给定起始 URL 集合 S，Web 搜集器不停地从 S 中移除 URL，下载相应的网页，解析出网页中的超链接 URL，将未访问过的 URL 加入集合 S。Web 搜集器也称做网络机器人或网络蜘蛛。Web 搜集器把所获得的信息保存下来以备建立索引库和用户检索。

在设计 Web 搜集器的时候，需要考虑几个问题。首先需要考虑的是抓取的时机，也就是什么时候该抓取，应该优先抓取哪些网页。在网络比较畅通的情况下，从网上下载一个网页的时间可以在秒级完成。但是如果在用户查询的时候即时去抓取成千上万的网页，一个个地分析，再和用户查询进行匹配，这显然是不现实的，也不可能满足搜索引擎的响应时间要求。面对大量的用户，如果每次都来一次查询，系统就得在网上搜索一次。

其次可以看到，大规模搜索引擎服务的基础是应该是一批预先搜集好的网页。但是为了保证数据的“新”的程度，还必须建立一套系统网页数据库的维护策略。一般来说，可以有两种基本的策略：定期搜索和增量搜集。

定期搜索，每次搜集并替换上一次的内容，我们称之为“批量搜集”。由于每次都是重新抓取，对于大规模的搜索引擎来说，每次搜集的时间通常会花几周。由于这种方法的系统开销较大，一般设定的两次搜集的时间间隔不会很短。这种策略的优点是系统实现简单，缺点是“时新性”不高，还会有重复搜集所带来的额外带宽消耗。

增量搜集，指的是开始搜集一批网页，往后就是搜集新出现的网页，或者是搜集那些在上次搜集后有改变的网页，或者是发现自上次搜集后已经不存在的网页并从库中删除。除了新闻类的网站外，一般的网站内容变化并不是很经常的，这样每次搜集的网页量不会很大，于是就可以经常启动搜索过程。这样策略表现出的“时新性”就会比较高，但其主要缺点是系统实现复杂。这个复杂不仅仅指搜集的过程，而且在于后面的建立数据索引的过程。

在具体搜集过程中，如何抓取一个个网页，也可以有不同的考虑。最常见的一种抓取行为是：将 Web 上的网页集合看成是一个有向图，搜集过程从给定起始 URL 集合 S 开始，沿着网页中的链接，按照先深、先宽或者某种其他策略遍历，不停地从 S 中移除 URL，下载相应的网页，解析出网页中的超链接 URL，判断是否被访问过，将未访问过的那些 URL 加入集合 S。整个过程就犹如一个蜘蛛在网上爬行。另外一种可用的方式是在第一次全面的网页搜集后，系统维护相应的 URL 集合 S，以后的搜索直接基于这个集合。每搜集到一个网页，如果它含有新的 URL，则将其对应的网页抓取，并将这些 URL 加入集合 S；如果 S 中 URL 对应的网页已经失效，则将它从 S 中删除。还有一种方法是让网站拥有者主动向搜索引擎提交它们的地址。系统之后向这些网站派出蜘蛛程序，扫描这些网站并将其信息加入到数据库中。

2. 预处理

通过搜集得到原始网页的集合，只是完成了搜索引擎的一小步，离面向网络用户的检索服务之间还有相当的距离。一个合适的数据结构是查询子系统工作的核心和关键。目前，最有效的数据结构是倒排文件。倒排文件是用文档中所含有的关键词作为索引，文档作为索引目标的一种数据结构。网页预处理就是指处理从原始网页集合到倒排文件的过程中几个主要问题。其大致包括4个方面，即关键词的提取、内容相同的网页的消除、链接分析和网页重要程度的计算。

通过浏览器，从网页的源文件中，除了能够看到正文内容外，还可以看到大量的HTML标记。大量网页中存在不符合HTML规范的错误，这要求网页分析模块十分健壮。同时许多网页中存在大量无用的信息，比如广告、导航条等，这一现象在大型网站使用相同模板的网页中普遍存在。这些信息被称为网页噪声，它们对用户检索没有价值，不被包含到索引范围内。另外，由于HTML文档来源的多样性，许多网页上的内容比较随意，不仅文字不讲究规范、完整，而且还可能包含许多与主题内容无关的信息。这些情况给有效的信息查询带来了挑战。为了支持后面的查询服务，需要从网页源文件中提取出能够代表它主题内容的一些特征。于是，作为预处理阶段的一个基本任务，就是要提取出网页源文件的内容部分所包含的关键词。

由于与生俱来的数字化和网络化给网页的复制以及转载和修改带来了便利，可以看到Web上的信息存在大量的重复现象。这种现象对于广大的用户来说是有正面意义的，但对于搜索引擎来说则主要是负面的，它不仅会在搜集过程中消耗计算机时间和网络带宽资源，而且在查询结果显示中容易引起用户的不满和抱怨。因此，消除内容重复的网页是预处理阶段的一个重要任务。

从信息检索的角度来看，如果系统面对的仅仅是内容的文字表述，我们所能够依据的只有“共有词汇假设”，即内容所包含的关键词集合，最多再加上词频和词在文档集合中出现的频率之类的统计量。不过有了HTML标记后，情况就有所改善。例如，在同一篇文档中，＜H1＞和＜/H1＞之间的信息就可能比＜H4＞和＜/H4＞之间的信息重要。HTML文档中包含的指向其他文档的链接信息不仅给出了网页之间的关系，而且还对判断网页内容有重要的作用。

搜索引擎返回给用户的是一个和用户查询相关的结果列表。列表中条目的顺序是很重要的一个问题。显然对同样的查询返回同样的结果并不能使所有人都满意，因此搜索引擎实际上追求的是一种统计意义上的满意度。一般认为，被引用多的就是重要的。“引用”这个概念可以通过HTML的超链接很好地体现。网页和网页之间存在着一种相互链接的对偶关系，这种关系可以让人们可以在网页上建立一些重要性指标。这些指标有的在预处理阶段计算，有的则要在查询阶段计算，但都只是作为查询服务阶段最终形成结果排序的参数。

3. 查询服务

查询服务是指根据用户输入的查询字串在索引库中快速检索出文档。用户希望看到的是一个“列表”，一个包含查询结果的已经排序过了的列表。如何从数据库中的集合生成一个列表，是查询服务子系统的主要工作。从搜索引擎系统功能划分的角度，有时候将倒排文件的生成也作为服务子系统的一部分功能。一般地，主要从以下三个方面来看待服务子系统：查询方式和匹配、结果排序及文档摘要。

查询方式指的是系统允许用户提交查询的形式。考虑到不同用户的不同背景和不同需求,不可能有一种普遍适用的方式。一般认为,对于普通网络用户来说,最自然的方式就是需要什么就输入什么。但也有一些其他的情况,用户关心的可能只是间接信息。尽管如此,用一个词或者短语来直接表达信息需求,希望网页中含有该词或者短语中的词,依然是主流的搜索引擎的查询模式。在设计搜索引擎的时候,我们默认这样一个基本假设:用户是希望网页包含所输入的查询文字的。

在得到了与查询相关的文档集合后,这个文档集合中的元素需要以一定的形式呈现给用户。目前最常见的形式是列表。给定一个查询结果集合 R 时,所谓列表,就是按照某种评价方式,确定出 R 中元素的一个顺序,让这些元素以这种顺序呈现出来。但是,有效的定义一种评价方式是很困难的,从原理上来讲它不仅和查询的词有关,而且还和用户的背景以及用户的查询历史有关。不同需求的用户可能输入同一个查询,即使是同一个用户,在不同地点不同时间输入相同的查询可能也是针对不同的需求。在搜索引擎研究的早期,人们采用了传统信息检索领域很成熟的基于词频的方法。然而,由于网页编写的自发性、随意性比较强,仅仅针对词的出现来决定文档的顺序,在 Web 上就会表现出明显的缺陷,需要有其他技术来做补充。采用基于网页内容分析和基于超链分析相结合的方法进行相关度评价,客观地对检索出的网页进行排序,从而尽量保证搜索出的结果与用户的查询串相一致。

搜索引擎对用户查询给出的结果是一个有序的条目列表,每一个条目有三个基本的元素,即标题、网址和摘要。标题和网址能够很直观地从网页中获取。其中,摘要需要从网页正文中生成。另外,为了加快检索端的响应速度,可以根据最近用户查询信息建立检索端 Cache。

5.1.2 搜索引擎的分类

自 1993 年第一批搜索引擎诞生以来,搜索引擎纷纷登场。按照用户检索机制来划分,可分为检索型搜索引擎、目录型搜索引擎和混合型搜索引擎;按照信息采集内容来划分,可分为综合型搜索引擎、主题型搜索引擎和特殊型搜索引擎;按照所包含搜索引擎的数量来划分,可分为独立型搜索引擎和元搜索引擎;按照搜索引擎检索资源的类型来划分,可分为万维网搜索引擎和非万维网搜索引擎[1]。下面对几种常用的搜索引擎作一个介绍与比较。

1. 目录式搜索引擎

目录式搜索引擎是一种独立型搜索引擎,它自身包含可搜索的数据库。工作原理是:首先把因特网中的资源服务器的地址收集起来,建立数据库,然后按照收集到的资源类型划分为不同的目录,再一层一层地进行细分,从而把网络信息资源纳入一个树形的主题分类体系之中。当用户要查找需要的信息时,可按事先组织好的目录体系分类逐层浏览目录,直到查找自己所需要的网址或信息。这种搜索引擎的服务方式是面向网站,提供目录浏览服务和直接检索服务。其优点是,由于加入了人的智能,所以查询的信息准确、导航质量高、使用方法简单、用户负担小。缺点是,需要人工介入、维护量大、信息量小、检准率低、信息更新往往不及时。此类引擎属于互联网早期搜索引擎的形式,但在现在仍占有非常重要的地位。目录式搜索引擎的国内外代表有雅虎、Open Directory、搜狐、新浪、网易等。

2. 机器人搜索引擎

机器人搜索引擎是一种全文型搜索引擎。它由三部分组成:搜索器、索引器和检索器[2]。工作原理是，由一个称为蜘蛛(Spider)的机器人程序以某种策略自动地在互联网中搜集和发现信息，搜索器按照一定的策略在互联网上自动地尽可能多地、尽可能快地搜集各种类型的新信息，并定期更新旧信息，以避免出现死链接和无效链接。由索引器为搜集到的信息建立索引(索引器的功能是理解搜索器所搜索到的信息，并从信息中抽取索引页，进而生成文档库的索引表)。一些搜索引擎采取了按照关键词在网站标题、网站描述、网站 URL 等不同位置的出现情况或网站质量等级建立索引库，以便检索器计算索引项之间的关系。在索引库快速检出文档，并进行文档与检索词的相关库评价，然后对将要输出的结果进行排序，最后将查询结果返回给用户。这种搜索引擎的服务方式是面向网页的全文检索服务。其优点是，信息量大、更新及时、无须人工干预。缺点是，返回信息过多，往往夹杂着冗余的信息，查准率低，用户还必须从结果中进行筛选。机器人搜索引擎的国内外代表有 AltaVista、Lycos、谷歌、百度、天网等。

机器人搜索引擎使用多线程并发搜索技术，主要完成文档访问代理、路径选择引擎和访问控制引擎。基于机器人搜索引擎的 Web 页搜索模块主要由 URL 服务器、爬行器、存储器、URL 解析器四大功能部件和资源库、锚库、链接库三大数据资源构成。另外还要借助标引器的一个辅助功能。具体过程是，URL 服务器发送要去抓取的 URL，爬行器根据 URL 抓取 Web 页并送给存储器，存储器压缩 Web 页并存入数据资源库，然后由标引器分析每个 Web 页的所有链接并把相关的重要信息存储在锚库文件中。URL 解析器读锚库文件并解析 URL，然后依次转成 docID，再把锚库中文本变成顺排索引，送入索引库，如图 5.2 所示。

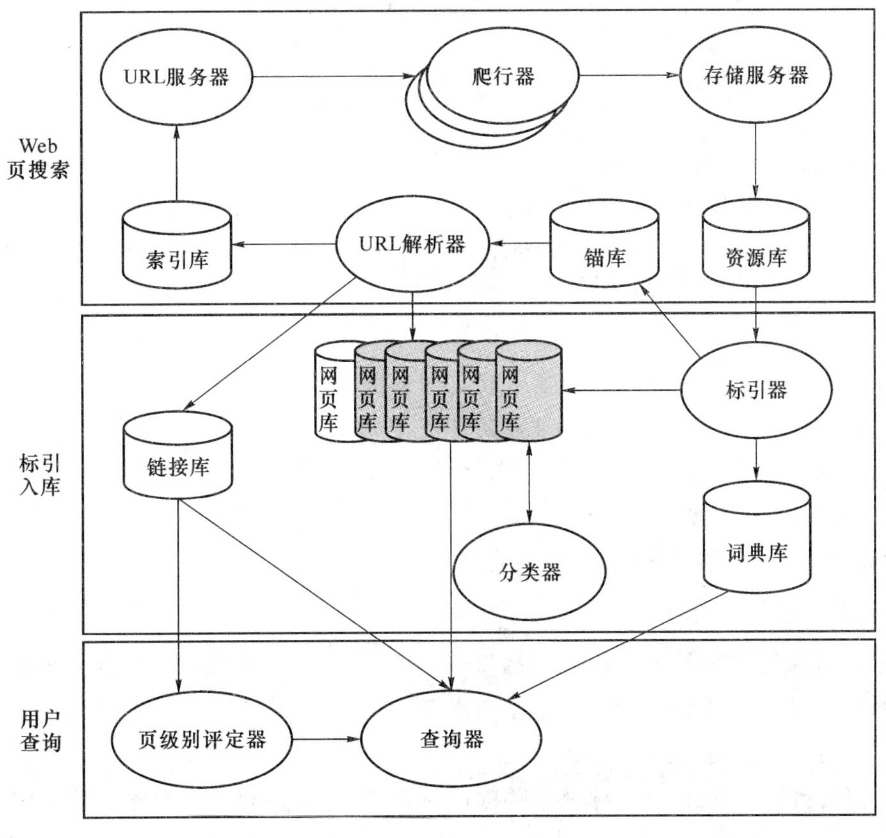

图 5.2 机器人搜索引擎工作流程图

3. 垂直搜索引擎

垂直搜索引擎是一种主题型搜索引擎。这种搜索引擎是专门采集某一学科范围、某一主题领域或某一种类型的信息资源，然后采用专业的方法对采集来的信息资源进行详细地标引描述，建立专题数据库，在检索机制设计中充分利用该专业领域的方法技术，以便为用户提供本专业领域里深层次的信息服务[3]。这种搜索引擎的服务方式是面对网页的直接检索服务。其优点是，对某一领域来说信息搜集全面、更新及时、针对性强、查准率高。缺点是，结构复杂、技术要求高。主题搜索引擎的国内外代表有查询地图的 Map Blast、查询证券信息的和讯搜索、查询旅游信息的中华万游网、查询音乐信息的 MP3 搜索通、查询文学的文学艺术资源网等。

目前，垂直搜索引擎技术有基于关键词的主题搜索引擎技术、基于概念分析的主题搜索引擎技术、链接分析的搜索引擎技术。垂直搜索引擎技术的实质就是主题爬虫技术。

(1) 主题爬虫系统组成：主题爬虫是主题搜索引擎的基础与核心，主题相关度的分析是主题爬虫的关键。主题爬虫在普通爬虫基础上进行功能扩充，在对网页的整个处理过程中需要增加模块：主题确立模块、优化初始种子模块、相关度分析模块、排序模块，如图 5.3 所示。主题确立模块用于确立爬虫面向的主题；爬行模块用其进行网页下载；相关度分析模块用来进行网页主题相关度的计算；初始种子模块用于生成面向特定主题的较好的种子站点，使爬行模块能够顺利展开爬行工作；相关度分析模块是主题爬虫的核心模块，它决定页面的取舍；排序模块是对页面的最终处理，给予主题相关页面的价值一个较为全面的评价排序。

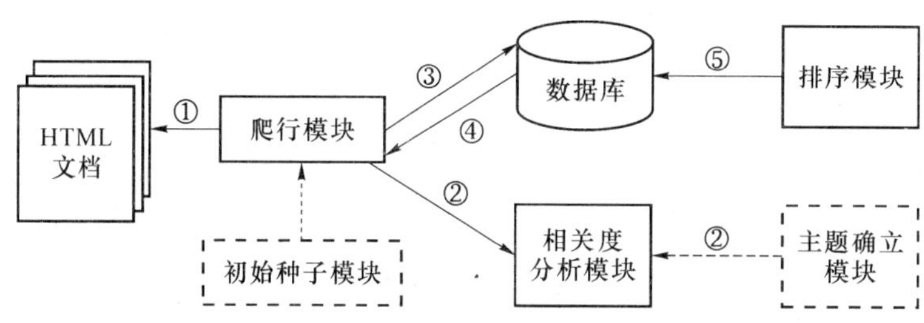

图 5.3　主题爬虫系统组成

(2) 主题爬虫的实现：主题爬虫的实现有两部分。①URL 队列的维护，为了能够方便地处理链接和主题相关度的计算，需要使用 5 个 URL 队列，每个队列保存着同一处理状态的 URL。图 5.4 用 URL 的状态流程图来表示这些状态的关系以及网页如何从一个状态转换到另一个状态。②数据库结构。由 keywords 等 7 个表构成，用来表示记录关键词和权值、概念词和权值及 5 种 URL 的不同状态。

4. 元搜索引擎

元搜索引擎是一种集合式搜索引擎。1995 年 7 月第一个元搜索引擎 Metacrawler[4] 诞生。它自己并没有数据库，而是调用众多搜索引擎数据库中的信息，整理后提供给用户。元搜索引擎可分为两大类[5]：

(1) 搜索引擎目录：这是一种采用关键词检索、集合众多独立型搜索引擎的检索工具。工作原理是：将主要的独立型搜索引擎集合在一起，并按类型或检索问题编排组织成为目录，提供给用户，让用户选择其中适合的独立型搜索引擎。检索的结果仍然是其中某一个独立型搜索引擎数据库中的信息。

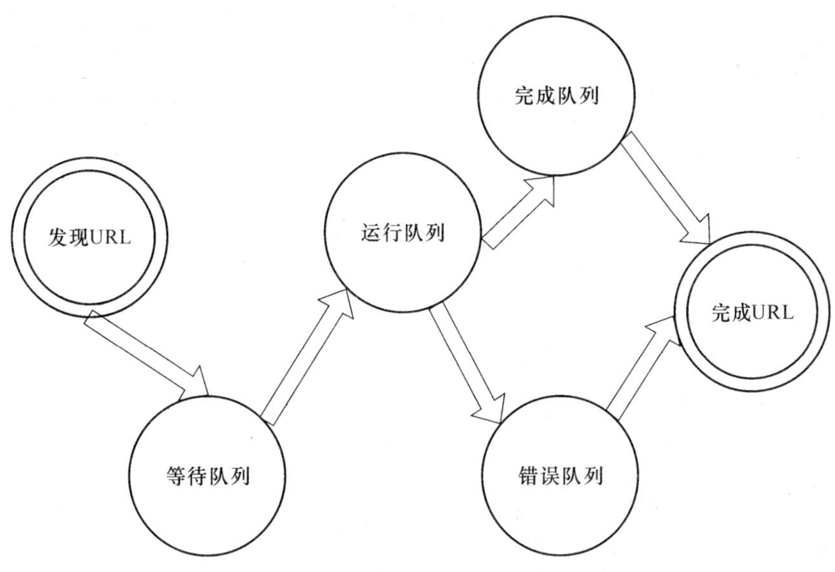

图 5.4　URL 的状态流程图

(2) 多元搜索引擎：多元搜索引擎是一种采用关键词检索、集合众多独立型搜索引擎的检索工具。它与搜索引擎目录的区别是：它是将多个独立型搜索引擎集成在一起，提供统一的检索界面，并将检索提问同时发给多个独立型搜索引擎，同时检索多个数据库，再将检索结果统一汇总、去重，最后输出提交给用户。这种搜索引擎的优点是查全率高，省时省事。缺点是查准率低、检索速度慢。

元搜索引擎以谷歌与百度为典型代表。元搜索引擎包括 Web 服务器、结果数据库、检索式处理、Web 处理接口、结果生成等几个部分，其中用户通过 Web 服务器访问元搜索引擎，而元搜索引擎则通过 Web 处理接口访问其他外部的搜索引擎。其系统结构如图 5.5 所示。

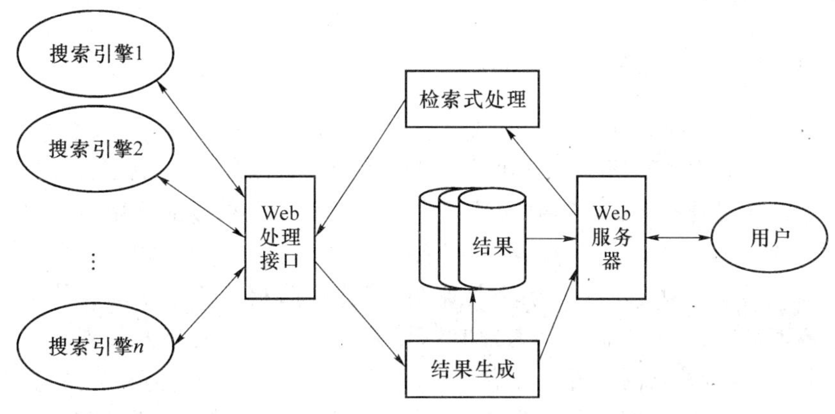

图 5.5　元搜索引擎系统组成

元搜索引擎与一般搜索引擎的最大不同在于它可以没有自己的资源库和机器人，它充当一个中间代理的角色，接受用户的查询请求，将请求翻译成相应搜索引擎的查询语法。在向各个搜索引擎发送查询请求并获得反馈之后，首先进行综合相关度排序，然后将整理抽取之后的查询结果返回给用户，元搜索引擎查全率高、搜索范围更多更大，查准率也并不低。

用户通过 WWW 服务访问元搜索引擎，向 Web 服务器提交检索式。当 Web 服务器收到查询请求时，先访问结果数据库，查看近期是否有相同的检索，如果有则直接返回保存的结果，完成查询；如果没有相同的检索，就分析检索式并转化成与所要查找各搜索引擎相应的检索式格式，然后送至 Web 处理接口模块。Web 处理接口通过并行的方式同时查询多个搜索引擎，把所有的结果集中到一起。根据各搜索引擎的重要性，以及所得结果的相关度，对结果进行抽取并排序，生成最终结果返回给用户，同时，把结果存到自己的数据库里，以备下次查询参考使用。具体工作过程可以归纳如下：

① 用户通过统一的查询界面输入查询请求，元搜索引擎对查询进行一定的预处理；

② 元搜索引擎根据成员搜索引擎调度机制，选择若干成员搜索引擎；

③ 元搜索引擎根据选择的成员搜索引擎的查询格式，对原始查询请求进行本地化处理，转换为成员搜索引擎要求的查询格式串；

④ 向各个成员搜索引擎发送经过格式化的查询请求，等待返回结果；

⑤ 收集各个独立搜索引擎的返回结果；

⑥ 对返回结果进行综合处理，例如，消除重复链接、死链接等，形成最终结果；

⑦ 以一定的格式将最终结果返回给用户。

目前元搜索引擎主要技术有基于 Web Service 架构元搜索引擎（主要解决了 Web Service 及元搜索引擎技术，认为这两者的结合能解决元搜索引擎跨网络、跨平台数据通信以及系统间灵活集成的问题）、基于 Agent 的元搜索引擎的研究与设计（基于 Agent 的元搜索引擎系统，旨在到符合自己需求的因特网信息）、基于个性化服务的元搜索引擎模型（提出了一种新的智能化提供个性化服务的元搜索引擎设计方案）。

基于 Web 服务的元搜索引擎模型较好地考虑了元搜索引擎跨网络、跨平台数据通信以及系统间灵活集成的问题。通过使用元搜索引擎技术，扩大了传统搜索引擎的查准率和查全率，较好地满足了用户的查询需求。该系统还存在着一些问题，如对处理多媒体信息源的技术还要进一步研究，并且从独立搜索引擎中获得的检索信息还不够充足。

5.1.3 搜索引擎的性能指标

搜索引擎的目标就是在非常短的时间内搜索的信息全面并且准确。传统信息检索系统的性能参数——准确率和召回率——同样也可以衡量一个搜索引擎的性能。

召回率是检索出的相关文档数和文档库中所有的相关文档数的比率，衡量的是检索系统（搜索引擎）的查全率；准确率是检索出的相关文档数与检索出的文档总数的比率，衡量的是检索系统的查准率。对于一个检索系统来讲，召回率和精度不可能两全其美：召回率高时，精度低；精度高时，召回率低。因为没有一个搜索引擎系统能够搜集到所有的 Web 网页，所以召回率很难计算。对于网民来说，互联网上的信息不是不够，而是“过剩”，如何精确查找到信息是大家所关心的问题。因此，目前的搜索引擎系统都非常关心精度。

由于互联网信息的多样性和复杂性，搜索引擎检索的信息可能不完全满足用户要求，需要网络检索工具对检索结果进行筛选、过滤、屏蔽等，这也是搜索引擎技术发展的重要方向。

5.2 领域本体的构建

在2.3节中，介绍了本体，并将本体划分为四类：顶级本体、领域本体、任务本体和应用本体。其中领域本体是用于描述指定领域知识的一种专门本体。它给出了领域实体概念及相互关系领域活动以及该领域所具有的特性和规律的一种形式化描述。

5.2.1 领域本体

有关本体论方法的研究和应用在知识工程、自然语言理解和知识表示等领域日益受到重视。领域本体(Domain Ontology)是专业性的本体，提供了某个专业学科领域中概念的词表以及概念间的关系，或在该领域里占主导地位的理论。目前本体模型的研究已经进入到实际应用阶段。许多研究领域目前都建立了自己标准的本体，目前，Web上有许多可重用的本体资源库，这使得诸多领域专家能够使用它们来共享和评注领域中的信息。构建领域本体要捕获相关的领域知识，提供对该领域知识的共同理解，确定该领域内共同认可的词汇，并从不同层次的形式化模式上给出这些词汇(术语)和词汇之间相互关系的明确定义。本体工程方法包括特定领域的本体开发，如金融、化学、生物等领域本体，还包括通常知识的本体库。

领域本体是对特定领域内概念及概念间的关系的精确描述。领域本体的建立对于需要交换信息共享信息的人或者异构系统来说，将有助于消除在概念和术语上的分歧，对领域内的概念理解达成共识。其目标是捕获相关领域的知识，提供对该领域知识的共同理解，确定该领域内共同认可的词汇，并从不同层次的形式化模式上给出这些词汇间相互关系的明确定义。

领域本体是一个五元组，记作$O=\{C,A,R,I,M\}$。其中，C表示概念集，指特定领域中属于概念的集合：A表示属性集，主要用来表现概念自身的特征；R表示关系，指领域中概念间的相互作用；I表示实例集；M表示实例与概念之间的映射关系集合，该映射集将每个实例对应到其所属的概念下。

领域本体是建立在领域概念及概念之间抽象关系的基础上，不依赖于具体的软件存在，从而可以成为面向该领域的通用模型，因此具有极高的可重用性，方便在其之上进行开发和应用。

5.2.2 领域本体构建方法

本体是个庞大的知识体系，构建本体也是一项复杂的工程。目前领域本体构建的方法主要有手工构建、复用已有本体以及自动构建本体三种。本体技术发展到如今，也形成了很多构建本体的工程方法学，比较常用的主要有以下几种：Uschold本体建立法[6]、TOVE法[7]和Meth本体法等。

1. Uschold本体建立法

这个模式是爱丁堡大学从开发Enterprise本体的经验中产生的。图5.6给出了Uschold本体建立法的流程。

2. TOVE 法(又称 Gruninger & Fox 的本体建立模式)

这个方法也是从一个具体的本体构造过程中总结出来的。它用于构造多伦多虚拟企业本体工程,由多伦多大学企业集成实验室研制,使用一阶逻辑进行集成。该本体包括企业设计本体、工程本体、计划本体和服务本体。图 5.7 给出了 TOVE 法的基本流程。

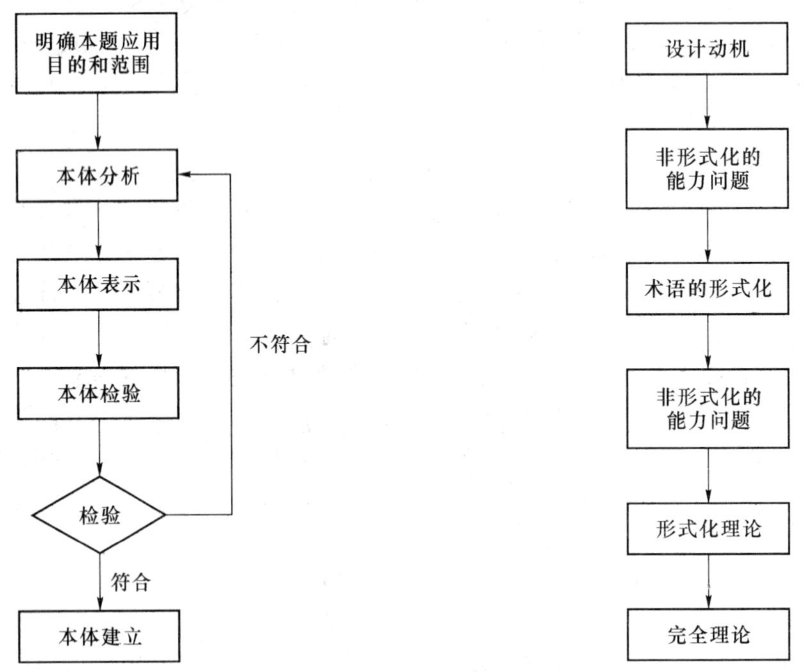

图 5.6 Uschold 本体建立法的流程

图 5.7 TOVE 法的基本流程

3. Meth 本体方法

马德里大学工艺分校开发人工智能图书馆时使用了这种方法。它分为三个不同的阶段:管理阶段、开发阶段和维护阶段。用这种方法开发的本体有①$(Onto)^2$ Agent:基于本体的 WWW 代理,使用参考本体作为知识源,在一定的约束条件下进行新知识获取的工具;②Chemical OntoAgent:基于本体的 WWW 化学教育代理,允许学生学习化学,自测该领域的技巧;③Ontogeneration:使用域本体(化学家)和语言本体来产生西班牙文本描述,作为对学生关于化学领域问题的查询的回答。

以上这些方法都是具体领域本体开发过程中总结出来的,应用领域很有限,方法细节比较粗,而且相关技术比较少,因此有着一定的局限性。

4. 领域本体知识工程构建

通过借鉴以上领域本体的构建方法,尤其是苏格兰爱丁堡大学的企业本体的建立过程,首先建立原形的本体模型,经过反复迭代不断修改、扩展、进化已建立的本体,最终得到目标本体。在遵循本体构建准则的基础上,通过抽象总结出了一种领域本体知识工程构建方法,其流程如图 5.8 所示。

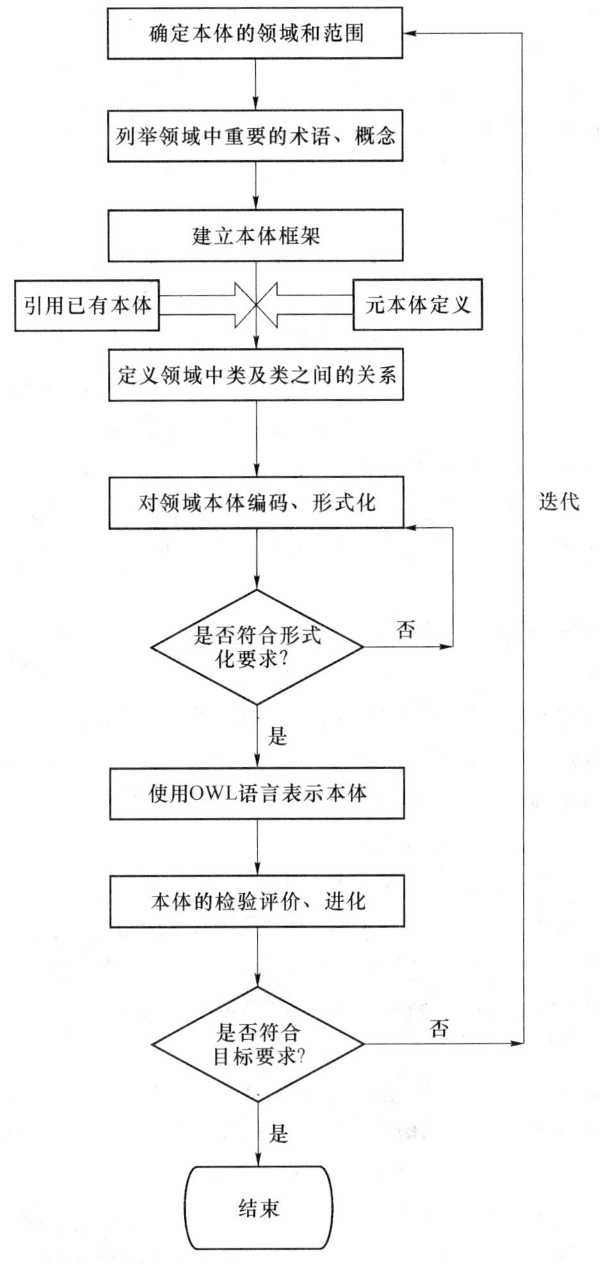

图 5.8　领域本体知识工程构建方法流程图

（1）确定本体的领域与范围

本阶段需要明确领域本体构建的目的范围用途和使用者。从表面上看，领域本体的构建是为计算机服务的，其最终目的是为用户提供信息服务。采用和软件开发过程类似的办法，在本体构建的初期，首先了解其应用的具体背景和需求。

考虑到领域知识的深度和广度以及关系的复杂程度，采用本体尽可能覆盖领域内的所有知识，但一味地扩大本体的范围会造成工程的复杂度和成本的剧增，甚至会造成工程的失败，这是需要注意的。根据领域专家提供的知识和实际需求控制知识范围，尽可能使本体范围在较小的情况下满足要求。本体开发者在实践中肩负完成形式化知识，使编码成为计算机可处理语言的任务，所以本体开发者需了解本领域的基本知识，包括特点、规则以及技术方法，以此作为与领域专家交流合作的基础。

(2) 列举领域中重要的术语、概念

在领域本体构建的初始阶段，尽可能列举出系统想要陈述的或要向用户解释的所有概念。

(3) 建立本体框架

上一步骤中已经产生了领域中大量的概念，但却是一张没有组织结构的词汇表，这时需要按照一定的逻辑规则把它们进行分组，形成不同的工作领域，在同一工作领域的概念，其相关性应该比较强。另外，对其中的每一个概念的重要性要进行评估，选出关键性术语，摒弃那些不必要或者超出领域范围的概念，尽可能准确而精简地表达出领域知识，从而形成一个领域知识的框架体系，得到领域本体的框架结构。

上述第(2)步和第(3)步并非绝对的顺序，这两个步骤也可以颠倒过来进行，有时会先列举出领域中的术语和概念，然后从概念中抽象出本体框架，也可以先产生本体框架，再按照框架列举出领域的术语。这两个步骤也可交叉进行。

(4) 设计元本体，重用已有本体，定义领域中的类及类间关系

为了描述各个概念，利用术语对概念进行标识，并对其含义进行定义，在这一步定义时先采用自然语言进行定义。为了定义这一概念，设计了元本体。一个概念可以采用元本体中定义的元概念进行定义，或采用在本体中已经被定义的概念进行定义，或重用已有本体。

元本体是本体的本体，其术语用于定义本体中的概念，如实体、关系、角色等。它可以说是更高层次的本体，是领域概念的抽象。

在设计元本体时，尽量做到领域无关性，并且包含的元概念数目尽可能少。目前，Web上有许多可重用的本体资源库。重用已有本体，既可以减少开发的工作量，又能增强与其他使用该本体的系统的交互能力。目前有许多本体可以通过因特网获得，许多现成的本体，例如，UNSPSC、DMOZ、Ontolingua 的本体文库和 DAML 的本体文库等，可以导入到本体开发系统中。

要对收集的知识进行分析抽象，进而建立本体模型，首先要定义领域的重要类，以及类间关系。类是本体的核心，用来描述领域的概念，以这些显式定义的类和关系为基础，通过一定的推理机制获得蕴含的知识。我们采用如下 4 条规则定义类：

① 本体类定义要明确，不应包含全部信息，应表示类的最突出属性。注意一个概念的表示会有同义词，但一个概念只能创建一个类，一个新类通常会增加其父类不具备的新属性，或覆盖父类属性的约束。

② 类的属性是区别类的重要标志，下列 4 种对象特性可以成为本体中的属性：a)固有的特性；b)外在的特性；c)局部，如果对象是结构的、物理的或是抽象的部分；d)其他个体的关系，类的个体成员和其他条目之间的关系，同时根据属性值的特征定义属性的约束。

③ 定义类之间的逻辑关系可以使用自上向下的方法：先定义最普通的类，再定义细致化的类。或者使用自下向上的方法：先定义最细致的类，逐层向上，最后定义最普通的类。当然也可综合使用上述两种方法。实际应用中将依照知识的特点以及开发者的思维灵活应用。

④ 根据类和属性的约束添加个体:领域专家关注的是类及其关系的精确化,从上一步骤的术语表中抽取类,剩余部分作为类的属性或个体。一些类及关系可以从上一步骤获取的知识中直接得到,另一部分通过分析从资料中提取。本体开发者通常不关心领域知识的具体内容,而关心具体的知识表示,即通过充分的粒度来忠实复制知识内部类和关系,有利于进行计算机编码。因此本体模型一方面遵循领域知识体系,另一方面要符合形式化,便于计算机处理的要求。在建模过程中,如果出现类缺失、矛盾等情况,使类不能明确表示,无法组成严格的逻辑关系,则需要返回上一步,获取知识或进行求证。

(5) 对领域本体编码、形式化

选用合适的本体描述语言对上述建立的领域本体进行编码,目前使用较多的是OWL(Ontology Web Language)语言。形式化编码阶段的主要工作是采用具体的本体描述语言来编写本体。为了提高编码效率,通常可以使用一些辅助的编码工具来完成。在编码过程结束之后,应把编码过程和编码结果以文档的形式保存下来,为本体共享和重用提供规范的文档依据。

(6) 使用OWL表示本体

OWL本体包括了类、属性、个体的描述。上一步骤形成的模型中的要素必须与之相对,OWL提供了丰富的公理,不仅准确描述了知识中的类、属性、个体,还对它们之间的复杂逻辑关系进行精确描述,为知识推理做好了准备。

(7) 确认和评估

和软件开发过程的测试阶段一样,本体也需要确认与评价。但目前还没有相关的标准方法,更没有标准的测试集。目前常用的本体评价指标主要包括:本体正确性、一致性、可扩展性、有效性和本体规模及描述能力等。

(8) 进化

具体领域的知识是复杂的,并且领域的边界是模糊的,领域之间又总是存在交叉,这些因素导致在构建本体时很难一步到位,在经过确认与评价之后,若有必要可以进一步地重复上述过程,不断扩展和进化已建立的本体。

5.3 语义检索模型和方法

传统的信息检索方法或搜索引擎,都是以关键词匹配为基础的。这种方法有两种缺陷:①检索结果只是在字面上符合用户的要求,实际内容往往偏离用户的需要;②用户输入的查询稍有偏差,检索系统就无法确定用户的真正需要,因而无法提供正确的结果。

为了解决这些问题,研究者尝试从语义的角度进行考虑,提出了各种新的方法和技术,也取得了很多的成果。通常的研究主要从自然语言处理、基于概念的方法以及基于本体的思路三个方面来实现语义在信息检索中的集成和应用。

5.3.1 语义检索

语义检索是一种基于知识的分析检索,通常在自然语言理解的基础上借助统计模型、计算语言学应用,结合人工智能技术和自然语言处理技术,从语义理解的角度分析信息资源与用户检索请求的信息,并在知识关联模型下完成检索。语义检索对于查询条件进行了语义层面的处理,表现为语义扩展,达到更高的准确率和召回率。

1. 自然语言处理的语义检索

自然语言处理是研究如何让计算机理解并生成人们日常所使用的语言,目的在于建立起一种人与计算机之间的密切而友好的关系,使之能够进行高度的信息传递与认知活动。自然语言处理的中心任务就是把潜在的、意思含糊的自然语言的询问和信息变成无歧义的内部表达,并基于这种表达进行匹配与检索。

自然语言处理包括自然语言处理技术和自然语言处理资源。信息检索中,常常使用到的自然语言处理技术包括去除停用词、取词根、词性标注、词义消歧、句法分析、命名实体识别、指代消解等。尽管在小部分实验中,信息检索效果有了一些提高,但是改进的程度往往很小,为此而使用的复杂的自然语言处理技术则有着巨大的计算消耗,很难被认为是值得的。在信息检索技术中结合自然语言处理资源,实验结果也不能令人满意。因而,自然语言处理技术对于信息检索而言,特别是中文处理方面,在性能提高到一定程度后,是否会带来更好的效果,还有待证实。

2. 基于概念的语义检索

概念是关于具有共同属性的一组对象、事件或符号的知识,是客观事物在人脑中的反映,它通过词的概念描述元素来表达。同一个概念可以有一个或多个描述元素表达,对于同一个词,也可以表示一个或多个概念。概念与概念之间是相互关联的,并不是独立存在的,概念与概念之间的关系,形成了含有语义的关系网。它可以实现同义词、近义词扩展检索,语义蕴含和语义相关扩展检索,检索系统对概念的理解和用户提交的关键词所表达的概念作为依据,通过扩展检索,筛选出与所查询概念相关的内容,以达到扩大检索、避免漏检和增加检索准确性的目的。

3. 基于文本的语义检索

基于本体的扩展查询,最早在 1994 年由 Voorhees 提出[8]。在其中,使用了本体中的概念进行查询扩展,并得出最有效的方式是利用本体中的同义词和特定的子类关系进行扩展。本体中包含的丰富的概念及语义关系,为信息检索提供了良好的基础,从此,许多团体和个人开始了关于本体在语义检索中的应用方面的研究工作。

本体作为一种能在语义和知识层次上描述信息系统的概念模型的建模工具,具有良好的概念层次结构和对逻辑推理的支持,能够通过概念之间的关系来表达概念的语义,可以被计算机理解识别,能为语义检索提供良好的知识基础。

5.3.2 基于本体的语义检索模型框架

在哲学中认为,整体是由部分组成,整体与部分是相互依存的。根据本体的知识,用户输入的关键词,不仅仅是一个简单的语言符号,它在现实世界中,应该是有一定含义的某个或几个概念,对于文档,也不只是一些简单的符号所组成的字符集,它有一定的意义,是由属于某个领域本体的不同概念组成的,概念又由其属性、同义词、下位词等来表述,最终构成一篇文档。因此我们提出了基于本体的语义检索模型,如图 5.9 所示。

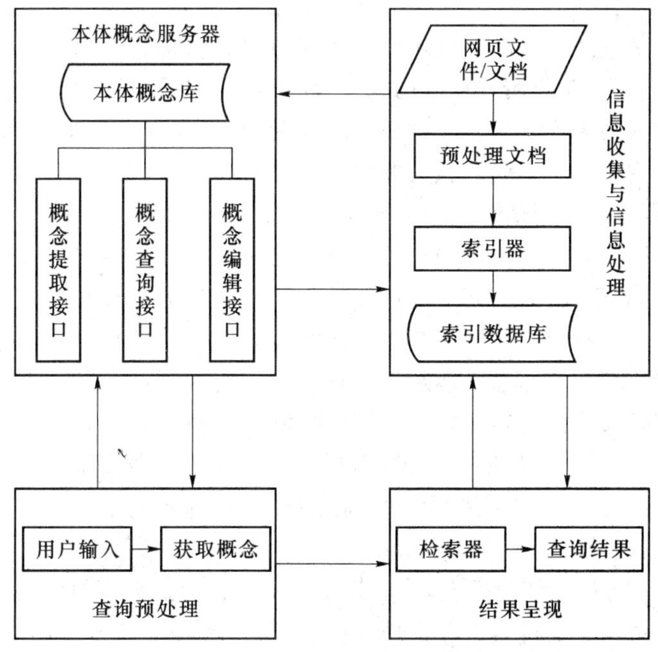

图5.9 基于本体的语义检索模型

在本模型中，本体概念库的主要作用是用来提取概念及其属性等，以进行文档-概念权重的计算，完成概念匹配的过程。它对本体的完备性要求不高，而且包含概念编辑接口，允许在使用的过程中不断地对本体的知识进行扩充。通过本体概念库中的知识，进行概念匹配，如果当前库中没有包含相应的概念，则可以把查询的词汇直接当作独立的概念，即没有相关属性或相关词汇，这样，本模型从概念匹配转换到关键词匹配。

整个搜索引擎模型，被分为四个主要部分：本体概念服务器、信息收集与信息处理、查询预处理、结果呈现。下面就对每个部分进行详细介绍。

(1) 本体概念服务器，它由以下几个部分组成：本体概念库、概念提取接口、概念查询接口、概念编辑接口等。本体概念库包含领域本体分类信息、每个领域本体下概念的信息，即表示概念的词汇、同义词、属性、下位词及概念元权值等。概念提取接口，即根据用户的输入，通过相关分析，获得用户输入所包含的概念信息，也就是把用户输入的词汇转换成领域本体中的某个或某些概念，当然，这些概念，可能属于多个领域本体。因此，它与普通的提取关键词的系统相比，根本的区别在于：概念提取接口是把无意义的语言符号向有意义的概念转换的重要过程。通过概念提取接口，获得相关概念后，可以通过概念查询接口，得到概念所属的领域本体，及此概念的相关信息及其元权值。概念编辑接口，是提供相关人员，对领域本体以及概念所进行的编辑工作，它的存在，使得本体概念库可以得到及时合理的更新与调整。

(2) 信息收集，即由搜索器(Spider)通过一定的策略，在互联网中漫游、发现和收集信息，获取各种 Web 文档。本系统模型中的信息收集与处理模块是非常重要的一个环节，也是与其他模型不同的地方。在此模型中，通过本体概念提取接口，提取文档中所包含的概念信息。如果通过对用户输入的关键词进行概念提取，一个关键词只得到了一个概念，那么，便把与此概念(词汇)相关的文档作为搜索结果输出给用户；如果获得了两个或两个以上的概念,那么,通过对文档-概念匹配系数的计算与比较,确定最终的文档-概念匹配系数。

(3) 查询预处理,它包括两个内容:用户输入与概念获取。给用户提供查询输入接口,它类似关键词搜索引擎,接收用户输入的词汇,而不做其他设置或限制,这是为了最大程度方便并减少用户输入的内容。接收用户输入的词汇,通过本体概念服务器的概念提取接口,分析得到用户输入内容中所包含的相关概念,进而确定所属领域本体。将得到的概念传递给检索器,以便根据概念进行信息查找。传统的搜索引擎,通过分词技术及基于统计等相关方法,根据词频进行分类,虽然在文档分类上有一定的效果,但是在输出时,只是根据关键词匹配,造成其查准率却不高,并且冗余信息比较多。我们认为这种模型有好的输入(分类),但是没有好的输出(查询结果)。许多基于本体的搜索引擎模型中,采用概念推理方法,根据用户的输入,提取概念进行推理,它涉及用户忠实表达的问题,有时候很难简单地用关键词明确表达出真正需要检索的内容,如果再以此为基础进行推理,反而适得其反;如果通过增加用户输入信息量,反而会增加用户负担,不利于用户体验。本模型中认为:对于词汇所表示的概念的确定,不应在查询结果之前通过推理或限制进行确定,而应在结果查询得到之后,通过用户与搜索引擎的交互来确定。

(4) 结果输出。通过查询预处理,获取到用户所要查询词汇所包含的概念集,及它们所属的领域本体,这时,可以通过索引器,向索引数据库中查找与所要查询的概念相匹配的文档,根据文档-概念匹配系数进行排序,并根据不同的概念,进行分类输出。如用户输入"病毒",通过分析,它是计算机领域本体中的一个概念,也是生物领域本体中的一个概念,那么,可以在索引数据库中查询与计算机领域本体中"病毒"概念相匹配的文档,以及与生物领域本体中"病毒"概念相匹配的文档,分别以"计算机病毒"类别与"生物病毒"类别呈现给用户,用户可以直接在查询结果上进行选择其感兴趣的类别,即确定他所关心的是计算机类的"病毒"还是生物类的"病毒"。它的特点在于,在呈现给用户时,帮助用户对不相关的概念的区分,缩小了其选择范围。这也是本模型的不同之处。

5.3.3 语义检索的框架

语义检索的框架设计主要包括两个部分:本体的处理模块与形式化查询模块。当创建好本体库被看做知识库时,本体处理模块就会自动对信息资源进行索引,形式化查询模块以关键词作为输入,输出则是一条 SPARQL 查询记录。语义检索系统的框架结构如图 5.10 所示。

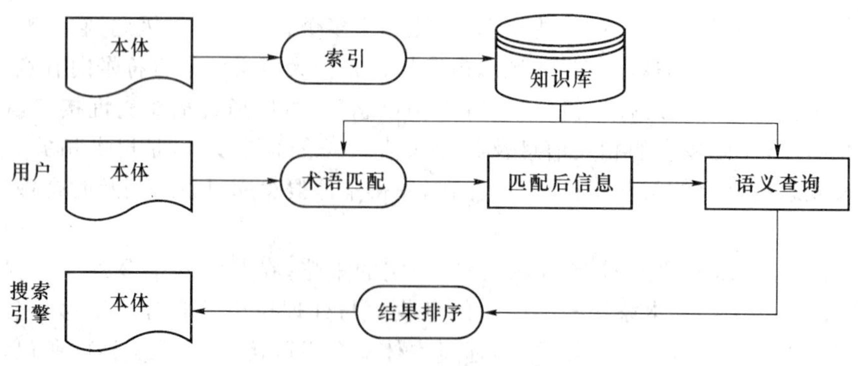

图 5.10 语义检索系统的框架结构

1. 术语匹配

术语匹配的目的就是在进行关键词查询时为每个关键词的术语找到相应的本体信息(如类、实例、属性等)。本体信息的名称和标记的匹配方法有两种:①形式匹配,就是运用字符串匹配技术在知识库中找到形式上相似的术语;②语义匹配,主要使用像 WordNet 这样的通用本体库来查询语义相关的术语(比如同义词等)。经过术语匹配处理,在知识库中的术语都可以通过不同的匹配方法找到与其相匹配的术语。各种匹配方法都由选定的预定义的可信值来决定匹配的质量,通常直接匹配的可信值要比基于同义词的匹配的可信值要高。术语匹配使得知识库中的概念与关键词查询中的术语进行联系,这样,进行术语的匹配后,术语就不再是一串字符,而被解释成用户需要的一串信息资源。

2. 语义检索

语义检索主要借助于本体和查询条件,用 Jena 提供的推理机进行语义推理或是 SPARQL 查询语言进行检索,得到查询结果,然后将结果输出到客户端。

由语义检索框架可以知道,知识库就是构建好的领域本体,而且在本体中的概念以图形结构存储;查询条件就是经过信息提取后得到的关键词集,而这些关键词可能与本体中标准的概念都不匹配,但是可能与某个概念相似,于是对这些关键词进行查询扩展,得到新的关键词集;语义检索就是针对查询条件对构建好的领域本体图形结构进行遍历,查找与关键词相匹配的概念或是关系,主要是对图进行深度优先遍历。这一过程运用 Jena 提供的推理机对查询条件进行语义推理,找到与查询条件相匹配的概念,然后针对这些概念运用 Jena 所提供的 SPARQL 查询语言对本体的 RDF 实例文件进行查询匹配,找到这些概念所对应的实例,将最终得到的实例转化成用户可理解的信息,按照本体的索引顺序输出在用户界面上。

5.3.4 基于本体的语义检索方法

由于本体具有良好的概念层次结构和对逻辑推理的支持,因此在信息检索,特别是在基于知识的检索中得到了广泛的应用。

基于本体的信息检索的方法,也就是信息检索的思想流程可归纳如下,如图 5.11 所示:

(1) 在领域专家的帮助下,建立相关领域的本体。

(2) 利用本体中的概念来标引相关的信息资源并以特定的格式存储,标引的过程与传统的方法类似,可以用手工标引,也可以采取自动和半自动的方式,而结果通常是以 RDF 文档的方式以特定的格式存储。

(3) 对 RDF、RDFS、OWL 等相关文件的解析和推理。其目的是为了将以一般文件存储的本体和信息资源信息从文件中读取出来存储在特定的模型中以便于程序处理,并可以根据一定的推理规则基于本体进行语义推理。

(4) 对用户检索界面获取的查询请求,查询转换器按照本体将查询请求转换成规定的格式,在本体的帮助下从元数据库中匹配出符合条件的数据集合。

(5) 检索的结果经定制处理后,返回给用户。

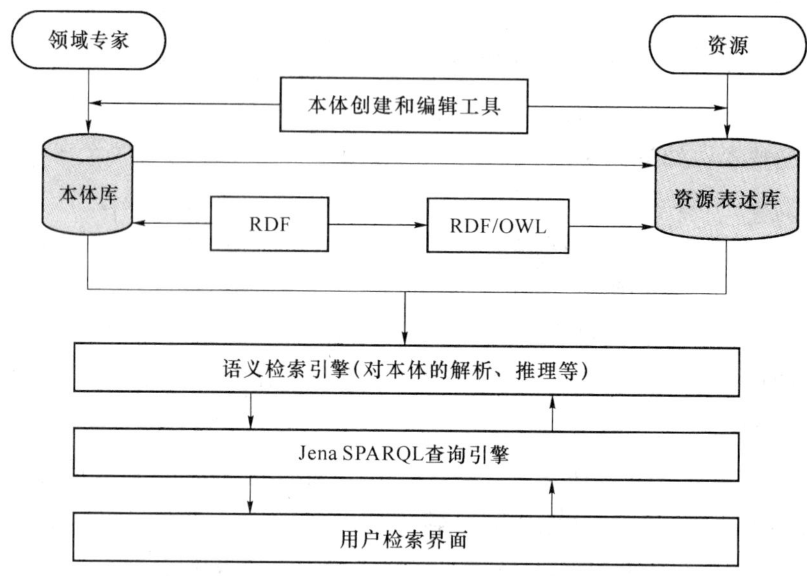

图 5.11　基于本体的语义检索的基本思想

5.3.5　基于本体的语义检索系统

目前,已有的基于本体语义检索系统,具有代表性的是以下两个:

1. Ontoseek

Ontoseek 是由 Guarino 等开发的基于协作智能 Agent 的检索系统[9]。它能够精确地描述黄页中的产品或服务,将一个本体驱动的内容匹配机制与一个具有中等表达能力的形式化表示系统相结合,尝试与本体和大辞典数据库相集成,为用户提供可以使用领域内任何词汇进行交互式语义查询的系统。Ontoseek 较好地实现了语义化功能,但更多还是基于内容,运用本体的程度还不是很高。

2. Swoogle

Swoogle 是语义网中基于蜘蛛网理念的检索系统[10]。系统从每个搜索到的文本中抽取本体,根据本体之间的相关度来比较文本之间的关系。Swoogle 能够像 Google 一样在互联网上爬行,搜集各类 meta 表示的信息。虽然 Swoogle 目前的技术还较简单,但 Swoogle 将来可以基于类或属性进行搜索,不仅是一个本体搜索引擎,更重要的是一个本体词典。汇总各种本体后,进行本体的匹配和融合,生成一个更完备和更公认的本体。

Ontoseek 和 Swoogle 都历经实践检验,具有一定的可用性。相比于传统的检索机制,它们能够较为宽泛地使用领域内的词汇,具备一定的词汇理解能力。目前,它们仍在完善之中,重点在于改进实现它们的本体结构。

5.4　知识地图

近年来,知识管理成为热门研究领域。随着信息资源的丰富和用户需求的变化,传统的信息管理方式已明显落伍,如何从海量的信息中提取知识,实现知识的组织、呈现、检索、共享与创新成为迫切的研究课题。这就要求我们掌握并会使用知识管理的有效工具——知识地图。

5.4.1 知识地图的概念

知识地图的概念起源于地理上的地图,最早的知识地图便是美国捷运公司一张充满知识资源的美国地理地图,而这便是知识地图的雏形。在企业中,用来表示信息资源与各部门成员或人员之间的信息资源管理表和信息资源分布图,也都是知识地图的原始形式,体现了知识地图的思想与框架。随着信息技术的迅速发展,知识地图进入了电子时代,知识地图发生了很大变化,利用构造地图的方式,将数据库和知识库中的各类知识资源中的信息与知识关联起来,使之成为一个知识网络。这时,便有很多的专业绘制知识地图的工具产生了,如Lotus Notes、IBM的KnowledgeX和Microsoft的Visio等,这些工具都是基于数据库来绘制知识地图,有利于知识地图的动态更新和扩展。

知识地图的概念最早是由布鲁克斯(B. C. Brooks)提出的,是从图书情报科学发展过来的[11]。他提出的知识地图的概念主要是指人类的客观知识,他认为人类的知识结构可以绘制成以各个单元概念为节点的学科认识图。

Grey认为,知识地图是对隐性知识和显性知识的导航工具,解释说明知识流如何贯穿在整个组织中[12]。知识地图对组织内部的知识的来源、信息流、限制和终止进行描述,并帮助理解知识存储和知识之间的动态关系。

Vail认为知识地图可视化地显示获得的信息及其相互关系,它促使不同背景的使用者在各个具体层面上进行有效的交流和学习知识[13]。在这样的地图中,包括的知识项目有文本、图表、模型和数字。

Eppler将知识地图定义为,连接信息和知识项目的过程最好是可视化的,该过程在绘制地图上的各项目的同时也创造了新知识[14]。

分析上述这些形形色色的对于知识地图的定义,不难看出,它们都强调了知识地图的内容和功能。知识地图涵盖三个部分的内容:一是组织知识资源的总目录及各个知识点间的关联;二是描绘组织的工作流程中涉及的知识;三是描述员工和相关领域专家具备的知识技能的员工专家网络。这样,知识地图不但可以为组织员工查找和利用知识提供导向,还可以将业务流程中的知识流动——知识的收集、整理、组织、存储、转移、扩散、共享等形象化地展现出来。因此,一幅较为完善的企业知识地图需要清楚地揭示组织内部、外部相关知识资源的分布及知识节点之间的相互关联,明确地建立知识与人、人与人之间的联系,还应该能够揭示组织的结构、业务流程等内容,其最大特点是动态性强。

知识地图首先是一个向导,不是知识集合,这是区别于以往信息工具的最大不同点;其次,它指向的对象是知识源,而这些知识源可以是显性知识,也可以是隐性知识,还可以是拥有隐性知识的专家或员工;再次,知识地图不仅仅要揭示知识的存储地,通常也要揭示知识之间的关系;最后,知识地图的最终目标是帮助企业员工实现知识共享。从以上特点可知,知识地图只不过是一个向导,它明显跳出了作为知识集合的知识库的范畴,这一点已经得到共识。知识库看重的是知识内容本身,而知识地图关注的则是知识源以及知识源之间的关系,从而使得知识一步一步地被人们利用,真正发挥其向导的作用。

5.4.2 知识地图的类型

知识地图的分类方式很多，现有文献通常按照知识地图的呈现方式和功能进行分类。通常，特定类型的知识地图采取特定的呈现方式，具体方式有：①概念型知识地图，用于协助检索、主题学习、分类编目等工作；②流程型知识地图，用于实务的确认、制造作业、工程设计等工作；③职称型知识地图，用于协助企业组成项目团队、远程教学等。

1. 概念型知识地图

概念地图是一种组织结构化的工具，能够引导发展和计划概念框架。Trochim 认为概念地图是一种过程处理工具，能够集中人们感兴趣的主题，并且可以让很多人参与其中，最终能够产生图解式的观点。概念地图能够使概念更加形象化，进而揭示各节点的关系[15]。

概念图和知识地图是用各种概念节点的组合来表达观点的示意图。它们通常被用来进行创造性的活动和作为演讲中的交谈沟通、研究材料和合作学习的工具。

2. 流程型知识地图

流程，被认为是过程处理的核心部分，能够自动地定义和监督工作过程。知识地图是一种使知识资源形象化和揭示它们之间关系的工具。整合过程管理和内容管理，认清以前的研究是至关重要的，所以研究人员提出发展基于工作流程的知识地图的框架。流程事实上是工作流程管理系统的核心引擎。基于流程的知识管理系统(WFMS)的使用使知识的数量变得更多，以前在地理上集中的商业，在网络环境下更加集中，员工合作的重要性进一步凸显。

以前对基于流程型知识地图的研究主要集中在信息技术的应用和过程自动化的相互结合上，因此研究的重点是 WFMS 的可测量性和稳定性方面。WKMS 中的主要模型包括用户界面、知识库、流程管理和用户面板管理。用户界面展示了一个个人知识地图，用户之间可以互相影响。利用导航图，用户可以浏览和检索知识库的相关知识。利用流程管理，用户能够定义一个生产的过程并执行它。最终，用户面板管理是起着监督管理，分配任务的角色。

基于流程的知识管理系统的相互关系通过以下步骤实现：①登录系统，然后在用户面板管理界面输入用户名和密码；②用户管理面板验证 ID 和密码；③将用户信息发送给流程管理；④流程检索用户发送的任务清单，然后将相关的任务信息发送到用户界面；⑤用户从用户界面的清单上选择任务；⑥用户界面发送已经选择的 ID 到流程管理；⑦流程管理识别发送过来的任务，然后将确定的任务发送到知识库；⑧流程管理将确定的任务关系返回给用户界面；⑨知识库收集所有记载适用的知识，并传输到用户界面；⑩用户界面产生一幅知识地图；⑪用户选择其中一种；⑫用户界面发送选择的知识的 ID 到知识库；⑬知识库检索知识，然后发送到用户界面，至此用户可以利用所查找的知识。

KMS 是一种包括过程管理和内容管理的完全系统，因此，流程和知识地图的整合是至关重要的。研究人员提出了一个整合知识地图和流程的框架，最终用来发展基于工作流程的知识地图。

一般贸易合同管理流程图如图 5.12 所示。呈现方式为流程图式(flowchart)，这张知识地图呈现了事件之间的顺序关系。

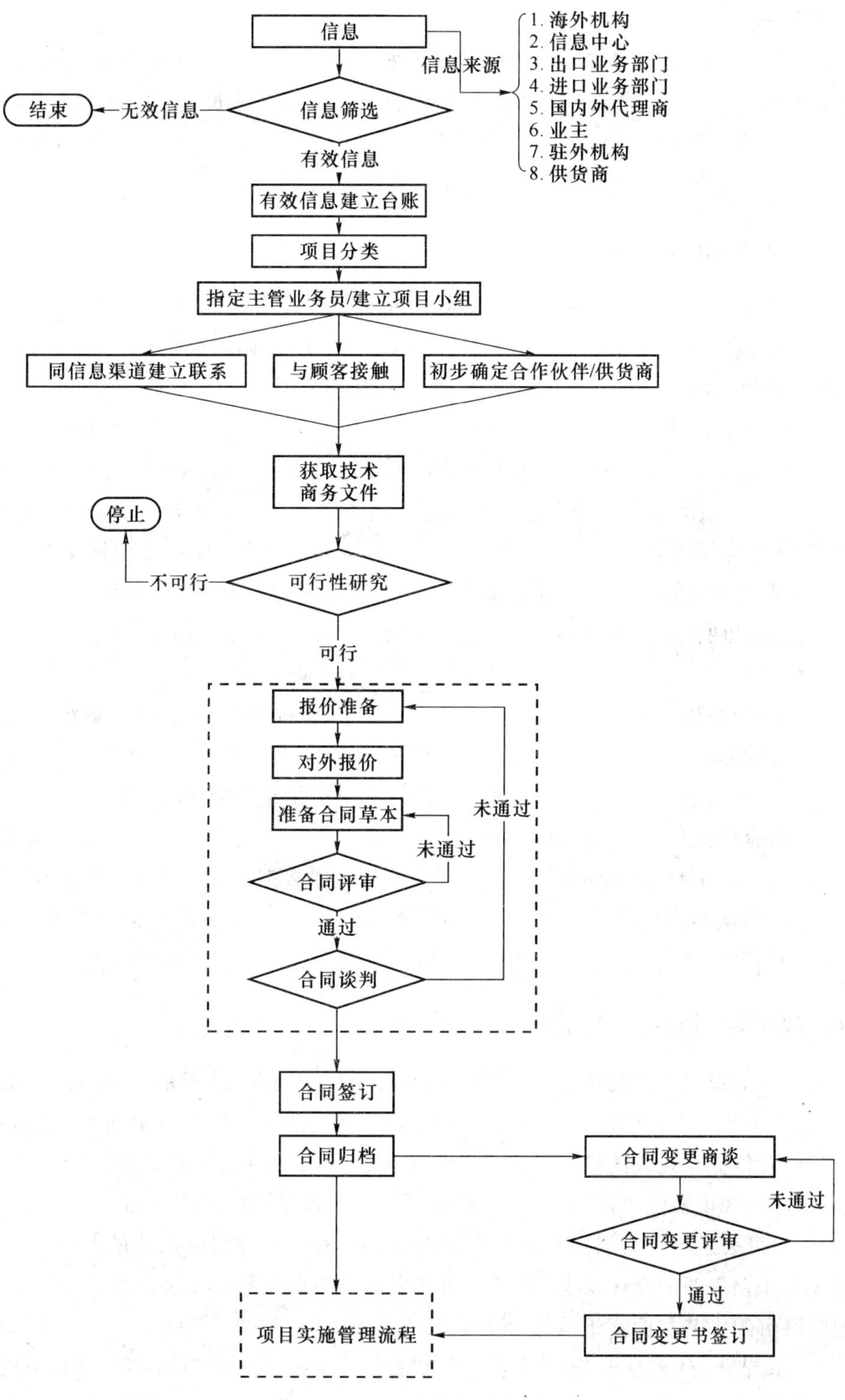

图 5.12　一般贸易合同管理流程图

3. 职称型知识地图

大多数的组织架构图都可以是职称型知识地图的应用之一。从职称型知识地图中，可以知道业务部门的知识资产有哪些？而这些知识资产为哪些成员所拥有？当业务经理需要一位具备外语能力的业务员去国外接洽业务时，便可以很快地从知识地图中找到相应的人员。

5.4.3 知识地图构建

知识地图的构建有多种方法，其中 Jason Bargent 提出了一个成功构建知识地图的 11 步骤法[16]，他是借助 LDS(Lotus Discovery Server)工具，遵循典型的生命周期开发方法进行实施的。通过这些方法的总结得出以下四个步骤必不可少：①知识获取。知识专家对不同类型的知识进行收集整理，对知识进行分类和分层。②提取元知识。将组织知识按照确立的分类规则进行归类，并依一定的规则细化每个类别，提取知识并形成元知识。③对知识进行链接，形成知识网络。利用超链接将知识节点链接到知识库或知识专家，使用户能够调用知识、工具或与专家交流。④确认知识地图的有效性。这个步骤由知识地图的构建者、使用者和知识专家共同完成。共同回顾组织知识的定义、提取和链接的过程，检查是否存在未发现、未确认的知识，是否建立了正确的链接和完整的知识网络，并确认知识地图与知识描述的一致性等问题。

构建出一份知识地图并不困难，但是要使这个知识地图能够在检索系统中发挥实际意义的作用，依照 Jason Bargent 的观点，还需要注意以下问题：①严格执行实施流程，不能跳过任何步骤；②仔细阅读开发文档；③尽量使用有价值的数据，去除那些无意义的数据，如停用词表中的词汇等；④明确这个地图开发的目标，正是衡量知识地图成功与否的标准；⑤可以从一个小范围的知识地图开始，通过增加数据信息来扩展；⑥在使用前要进行最终测试，确认知识地图的有效性；⑦要请专家们不断对知识地图进行补充加强，从而达到目标。

5.4.4 知识地图的内部结构

知识地图中知识来源复杂、类型多样，且不断变化。因此，除了部分单一类型的知识地图外，更多的业务知识地图需要在分布的环境下由不同部门共同建立并进行更新维护。每个部门和个人负责按规范的格式输入自己熟悉知识的索引或局部知识地图，来建立整体的知识地图，这个知识地图可以有不同视图、不同层次来满足不同用户的需要。为便于用户浏览，知识地图可表示为图表层、描述层，它们都是实际的知识资源层在可视化界面上的映射。图表层表现知识资源的整体状态，描述层则表现单个知识对象的相关信息，如图 5.13 所示。知识地图可由四大基本要素组成。

(1) 知识节点：代表从业务过程中提炼出的知识对象。知识节点和知识对象的关系如同书的名称、简介、目录和内容的关系。一个知识节点还可以分解为多个子节点，进行更详细的描述。一组被连接的知识节点代表一个领域知识集合或一个知识流程。

(2) 知识关联：节点之间的连线说明了知识节点之间的联系。初步描述某一领域或流程中各个知识点之间的相互关系。用户可以通过知识关联了解知识领域的结构或知识的传递演化情况。

(3) 知识链接:提供知识的详细信息或知识本身的位置。用户在初步了解知识的内容、类型和使用方法后,可以通过知识链接直接找到知识本身位置,或者与知识提供者进行进一步交流。

(4) 知识描述:提供知识节点更详细的信息。通过图表层了解整个知识领域的结构和应用背景后,可以通过知识描述来了解单个知识节点的内容、结构、使用条件等信息。

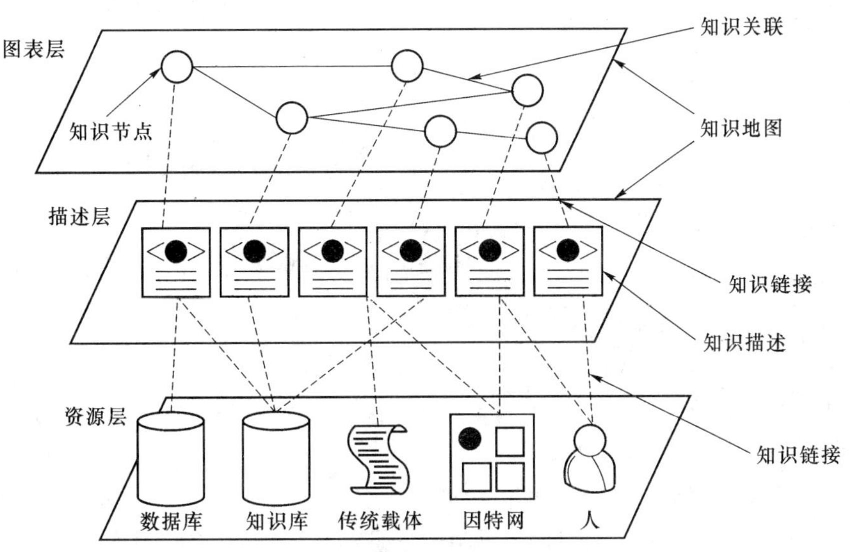

图 5.13 知识地图的内部结构模型

5.4.5 知识地图系统模型

知识地图在信息检索的应用中,其功能是要满足检索用户的需求,实现知识的相关性匹配从而得到准而全的结果集。按照这个思路,可以设计出知识地图系统的结构图。知识地图系统主要包括三个组成部分:一是知识资源部分,主要包括各类的知识库,是构成知识地图的知识的信息源;二是知识专家管理部分,它包括有收集工具、编辑工具、标注工具、定位工具和连接工具等组件;三是用户使用部分,它的组成部件有可视化引擎、解析器、权限管理和搜索工具等。通过这三个部分的协调工作,可以实现知识地图的形成与使用。

知识地图系统有两个界面,如图 5.14 所示,一个界面面对专家,用来为专家使用知识地图进行管理,领域专家们通过他们的知识,从知识资源中选择有用的知识,通过对知识进行收集、编辑、标注、定位和建立知识之间的关系连接,形成元知识,存放进元知识库;另一个界面是用户界面,也是在应用中与检索系统相连接的部分,它的功能是根据系统外的用户检索需求在已建立的元知识库中进行匹配,通过索引工具、解析器和可视化引擎,组建并呈现一份满足用户需求的知识地图,从而对用户的查询进行改善,得到更有效的结果集。

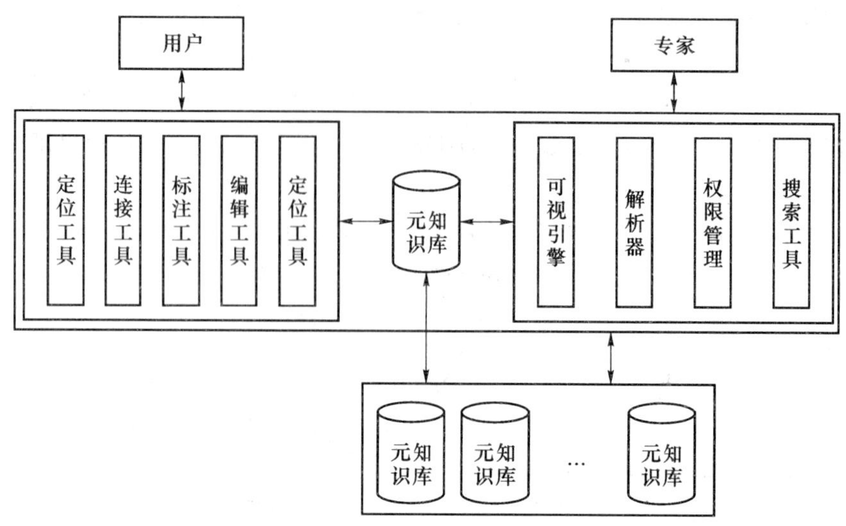

图 5.14　知识地图系统结构模型

5.4.6　知识地图的应用

知识地图的应用主要有以下三方面。

1. 知识检索方面的应用

知识地图使得传统的基于关键词的检索上升到语义检索的高度。其基本思想是:先建立相关领域的知识地图,根据知识地图收集的信息进行标注,用户的检索请求按照知识地图转换成规定的格式,在知识地图的帮助下匹配出符合条件的资料集合,返回给用户。目前,知识地图应用在信息检索中的著名项目包括(Onto)²Agent、Ontobroker 等。(Onto)²Agent 的目的是为了帮助用户检索到所需要的互联网上已有的知识地图,Ontobroker 面向的是互联网上的网页资源,目的是为用户检索到所需要的网页。

2. 信息集成方面的应用

分布式信息集成的问题是结构、设施的异构和缺乏统一的语义集,借助知识地图可以在一定程度上解决语义异构的问题。集成方式有两种:自顶向下和自底向上。自顶向下方式的基本思想是先建立相关领域的知识地图,然后,由该知识地图来统一底层各信息源的语义。自底向上方法是先提取底层各信息源的局部资料模式,再在局部资料模式上抽取局部概念模式,最后在局部概念模式上构造全局概念模式。

3. 知识获取方面的应用

借助知识地图能够更加有效地获取知识。在资料挖掘中,基于知识地图的资料挖掘可在高层次进行,产生高层次或多层次的规则,甚至在具有语义意义的规则上产生挖掘结果;在软件工程方面,知识地图能帮助更加准确地获取软件需求信息。国内已有相应的研究正在开展,在多 Agent 系统的自动设计、B2B 电子商务和 CSCW 等方面都引入了知识地图。如 Ontoknowledge 主要目的是提供对弱结构化的在线信息资源进行访问、获取和维护。Ontoknowledge 的知识地图用三层结构对信息进行访问:在最底层(信息层)抽取计算机可处理的元信息;中间层(表示层)使用这些元信息对信息资源进行自动访问、创建和维护;最高层(访问层)使用基于 Agent 的技术、人工查询技术和可视化技术等来指导用户去访问这些信息。

知识地图的功能主要是实现知识共享和重用,它使得计算机对信息和语言的理解上升到语义层次。所以,知识地图在一些涉及信息的互操作、知识理解等方面的领域具有很大的应用前景。

5.5 本章小结

知识检索就是从集中或分布式信息资源集合中找出满足特定要求的知识的过程。本章主要介绍了四种知识检索的技术:搜索引擎、领域本体的构建、语义检索和知识地图,这四种技术都是围绕着知识管理来发展的。传统的搜索引擎通常使用关键词进行精确匹配的方式,不能满足用户在语义层面的知识检索需求。本章给出了领域本体的构建方法,并基于此探索了语义检索模型和方法。最后讨论了知识地图的相关概念和知识地图在知识检索中的应用等内容。

本章参考文献

[1] [美]克罗夫特,等. 搜索引擎:信息检索实践[M]. 刘挺, 等,译. 北京:机械工业出版社, 2010.

[2] 李晓明,闫宏飞,王继民. 搜索引擎:原理、技术与系统[M]. 北京:科学出版社, 2005.

[3] 黄胜根. 智能垂直搜索引擎的研究与设计[D]. 重庆:重庆大学, 2010.

[4] MeatCrawler[EB/OL]. http://www.metacrawler.com/.

[5] 李灵华,米守防. 国外典型元搜索引擎特性比较与分析[J]. 计算机工程与设计, 2010,31(9):1931-1934,2134.

[6] Uschold M,King M,Moralee S,et al. The Enterprise Ontology[J]. The Knowledge Engineering Review,1998,13(1):31-89.

[7] Gruninger M,Fox M S. The Logic of Enterprise Modeling[J]. Reengineering the Enterprise. Chapman&Hall,1995.

[8] Voorhees E. Query expansion using lexical-semantic relations[C] . Proceedings of the17th annual international ACM SIGIRconference on Research and development in information retrieval . Ireland Dublin. 1994:61-69.

[9] Nicola Guarino,Claudio Masolo,Guido Vetere. OntoSeek:Content-Based Access to the Web[J]. IEEE Intelligent Systems. 1999,14(3):70-80.

[10] Swoogle Semantic Web Search Engine[EB/OL]. http://swoogle.umbc.edu/.

[11] 陈立娜. 知识管理中企业知识地图的绘制[J]. 图书情报工作,2003(8):

58-60,78.

[12] Grey D. Knowledge mapping :a practical overview [EB/OL] . http :// www. Smithweaversmith. com.

[13] Vail III, Edmond F. Knowledge mapping :getting started with knowledge management [J] . Information Systems Management,1999(4):32-36.

[14] Eppler M J. Making knowledge visible through intranet knowledge map :concept, elements, cases [M] . USA: Proceedings of the 34th Hawail international conference on system sciences,2001:365-366.

[15] Trochim W. An Introduction to Concept Mapping for Planning and Evaluation. Evaluation and Program Planning,1989,12(1):1-16 .

[16] Janson Bargent. 11 Steps to Building a Knowledge Map[EB/OL] . www. providersedge. com/docs/km-articles/11-Steps-to-Building-a-K-Map. pdf.

第6章 知识服务工作流

知识服务是社会信息化、知识化的产物。随着网络及电子数据交换技术的发展，为了提升企业电子化营运的效率及竞争优势，企业必须系统地整合个人与组织的经验，以知识管理作为企业电子化的核心，让企业在电子化运作的同时能积累知识、运用知识，并更进一步地创造新知识。根据工作流管理的定义，工作流管理系统是将企业流程的一部分或全部予以自动化，其文件、信息或任务会按照预设的程序规则，传递给参与者（人、组织），以协同完成工作。

事实上，工作流管理系统在企业的运作中提供了很多与知识相关的活动，如知识的交流、知识的储存与重复利用和知识的传承等，越来越多的研究者提出了将知识管理与流程管理相结合的思想。因此工作流对企业来说是相当重要的知识活动，更是企业竞争优势的来源，它增加了知识应用的效率与提供创新的一致性。如果把工作流作为企业知识管理的着手点，将信息与信息、信息与活动及信息与人联结起来，能够更好地实现企业的知识管理。本章将介绍知识服务工作流系统的系统架构、形式描述及运行过程。

6.1 工作流系统概述

6.1.1 工作流系统的发展

工作流技术的概念最早出现在生产办公自动化领域，早期没有引入计算机系统时，生产领域和办公自动化领域的许多工作都是人工完成的。在那个时期，纸张是各个业务活动之间传递信息的载体，包括文件、信件、通知、传真和统计报表等。这种以纸张为信息载体的形式，在信息的收集、组织、分析、存储和分发时，不仅需要投入大量的人力和物力，还会影响企业的运行效率，降低企业的服务质量[1]。

随着计算机技术的发展和进步，人们开始使用计算机技术构建一个无纸化的工作环境，并在其上开展日常的业务活动。20世纪60年代，Fritz Nordsieck 就已经明确地阐述了利用信息技术实现工作流程自动化的想法。

20世纪70年代工作流技术领域的主要研究工作包括：美国宾夕法尼亚大学沃顿学院的 Michael D. Zirman 设计开发的工作流原型系统 SCOOP，以及施乐帕洛阿尔托研究中心的 Clarence A. Ellis 和 Gary J. Nutt 等人开发的 Office Talk 系列试验系统，还有 Anatol Holt 和 Paul Cashman 开发的 ARPANET 上的“监控软件故障报告”程序等。

20世纪80年代中期，由 FileNet 和 ViewStar 等公司开发研制的工作流产品标志着工作流技术的研究工作进入了一个新的阶段。图形扫描、复合文档、结构化路由、实例跟踪和关键字索引等功能被结合在一起,实现了一种全面支持业务流程的集成化组件。这种集成化组件为企业简化和重构业务流程提供了一种方法,也为后期的工作流技术发展提供了一个良好的思路。

进入 20 世纪 90 年代后,计算机网络技术的蓬勃发展,给工作流技术带来了发展的大好机遇。企业信息系统的分布性、异构性和自治性逐步明晰,工作流技术的功能也随之发生变化,开始服务于企业的业务流程组织和业务逻辑处理。

1993 年,工作流管理联盟(Workflow Management Coalition,WfMC)的成立是工作流技术发展史上的又一里程碑事件。WfMC 在工作流管理系统的相关术语、体系结构和接口等方面均制定了一系列的标准,有效地解决了不同工作流产品之间的互操作性问题,同时工作流技术的相关概念与术语也得到了人们的承认,更多、更新的电子信息技术被集成进来。1994 年,WfMC 发布了工作流管理系统的参考模型[2]。

进入 21 世纪以后,国际市场竞争日益激烈,企业走向国际化,要求企业对业务流程能够快速地进行重组。近年来,企业规模的发展日益扩大,企业内部信息系统规模也变得日益复杂庞大,企业之间的联系越发紧密,企业内部和外部业务流程趋向于集中统一。Web 服务相关规范的发展与成熟,为企业分布式应用系统集成提供了技术支持。通过 Web 服务工作流技术整合业务流程,实现业务流程自动化管理,已经成为企业信息系统不可或缺的一部分。

从工作流技术的发展史来看,工作流管理系统主要经历了以下几个发展阶段[3]:

- 基于文件的工作流系统——完成任务的方式基于系统内部文件的共享。这种类型的产品是产生最早、发展最成熟、最具多样性的,通常包含有客户机/服务器(Client/Server)模式的图像、文档与数据库管理系统。代表产品有 FileNet 的 Visual WorkFlow 系统、IBM 的 FlowMark 系统。
- 基于消息的工作流系统——用户通过电子邮件来传递信息和文档。这类产品具有的一类明显特征是在系统中集成了一种或多种电子邮件系统。其中的代表产品有 Novell 与 FileNet 合作开发的 Ensemble 系统、JetForm 的 InTempo 系统和 Keyfile 开发的 Keyflow 系统。
- 基于数据库的工作流系统——在基于数据库的工作流管理系统中,所有的数据都保存在关系结构的数据库系统中,业务流程的执行过程就是对这些数据的查询和处理的操作。
- 基于 Web 的工作流系统——这类系统通过因特网技术来实现任务的协作。近年来,随着因特网技术相关标准的成熟,许多工作流系统生产商设计开发出支持 Web 架构的新产品,或在原产品的基础上进行 Web 架构的扩展支持。代表产品有 Action Technologies 开发的 ActionWorks Metro 系统和 Ultimus 开发的 Ultimus 系统。

目前,工作流技术的研究领域主要集中在以下几个方面:工作流系统体系结构的研究、工作流程定义与工作流流程定义语言、工作流中的事务处理、工作流的仿真与分析、工作流的集成与互操作技术,以及工作流的实现技术,包括面向对象技术、图形界面、互联网等[4,5]。

国外对工作流技术的研究起步较早，发展到现在已进入一个相对成熟的阶段，目前提供工作流商用系统的供应商已有几百家之多。其中比较著名的的工作流管理软件有：

- Exotica 项目。Exotica 项目是 IBM Almaden 研究中心专注于工作流的一个研究项目。该项目组研制开发的 Exotica/FMQM 系统是基于 FlowMark 模型与 Message Passing/Queuing 的有机结合。它拥有一系列自主的客户机，每个客户机拥有相对独立的功能，能单独实现业务流程中的一个或多个步骤，而不用与服务器进行频繁的信息交换。但是它引入了各部分之间的同步问题，而且基于信息传达的工作流管理系统是松散耦合的系统，对于高时效性的业务流程及操作并不能很好地加以支持，同时异常处理和动态结构改变能力薄弱[6]。
- Meteor 项目。Meteor 系统是由美国的佐治亚大学计算机系研究开发的工作流系统，它的主要特点是具有自适应的能力。该项目的研究意义在于它开发出了一个能够支持大规模复杂应用集成的工作流管理系统，并保证了在企业间异构环境中不同系统的正常通信和运行。该系统的体系结构采用完全分布式的设计，对于工作流程中涉及的节点也采用了完全分布式的调度。
- WIDE。WIDE 系统是基于分布式主动数据库技术的工作流管理系统。WIDE 的工作流模型包括组织模型、信息模型和过程模型。它不仅定义了工作流的基本要素，而且还支持组织模型建模、复杂的活动约束分配、动态流程控制、复杂过程结构以及工作流事务处理[7]。此外，瑞士联邦科技学院的 WISE 项目、欧洲的 CrossFlow 项目、苏黎世大学提出的 Brokers/Services 模型和 EVE 平台、Software-Ley GmbH 公司研究开发的 COSA 也都是工作流管理系统中的代表[8]。

相对于国外的情况，国内的工作流技术研究和应用相对较晚。不过近年来工作流管理技术的学术研究开始变得十分活跃，东北大学、浙江大学、清华大学、国防科技大学等高校都开展了一定的研究工作。其中清华大学的吴澄院士和范玉顺教授在开发 CIMS 系统的过程中，就工作流技术的基础理论、工作流的仿真与建模、工作流引擎的执行原理及效率分析、工作流系统的实现技术等方面展开了研究，并实现了基于 Web 技术和 CORBA 的工作流管理系统[4]。同时在国内市场上也涌现出不少商用的工作流管理系统。

6.1.2　工作流系统概念

工作流是针对工作中具有固定程序的常规活动而提出的一个概念。在业务流程将工作活动分解成定义良好的任务、角色和过程规则，并结合计算机和网络技术来实施流程管理、流程分析和流程再造，达到提高生产组织水平和工作效率的目的。企业可以利用工作流技术实现业务流程的自动控制，从而更好地实现经营目标。它专注于按照一定预先定义的规则来自动处理文档、信息或任务在流程参与者之间的流转。经过多年的发展，目前工作流管理技术已经形成了一个完整的理论技术体系。1993 年成立的工作流管理联盟标志着工作流技术的发展进入了相对成熟的阶段。WfMC 对于工作流系统中的相关技术名称、系统结构及编程接口都给出了相应的标准定义。

目前很多知名机构或学者给出了工作流的定义，它们主要包括：

- 工作流管理联盟对于工作流的定义是：工作流是一类能够完全或者部分自动执行的经营过程，根据一系列过程规则，文档、信息或任务能够在不同的执行者之间传递、执行[9]。

- IBM Almaden 研究中心给出的定义是：工作流是经营过程中的一种计算机化的表示模型，定义了完成整个过程所需用的各种参数。这些参数包括对过程中每一个单独步骤的定义、步骤间的执行顺序、条件以及数据流的建立、每一步骤由谁负责以及每个活动所需要的应用程序[10]。
- 我国清华大学范玉顺教授、吴澄院士等人的定义：工作流是通过计算机软件进行定义、执行并监控的经营过程，而这种计算机软件就是工作流管理系统[11]。

基于以上定义，本书认为工作流是基于一定的规则将一组任务和流程参与者组织起来，实现业务流程的自动执行、监控的软件实现。这些规则包括了业务流程中各个任务的触发顺序和触发条件及权限分配和跟踪报告机制。

下面介绍一下工作流技术中涉及的一些基本概念[5]：

- 流程(Process)。定义某一组活动为一个业务流程，这组活动有一个或多个输入，输出一个或多个结果，这些结果用来实现一个商业或策略目标。简而言之，业务流程是企业中一系列创造价值的活动的组合。
- 流程定义(Process Definition)。流程定义也称流程模板，它是将业务流程表示为计算机所能识别的形式化描述，用工作流引擎来支持运行过程的自动化。流程可以被分解成若干子过程和原子活动以及它们之间的关系，工作流程的定义主要包括工作流运行过程中所涉及的各种数据和参数，如过程的开始和结束条件、各个工作环节(活动或任务)、活动之间的控制流和数据流关系以及一些活动有关参与者行为的信息，如组织成员信息和相关的应用和数据等。
- 流程实例(Process Instance)。按照流程定义模板实际创建并执行的一个流程，每个流程实例代表一个能独立控制执行、具有内部状态的线程。
- 活动(Activity)。活动是工作流中的核心概念，又叫节点、环节或者任务，是实现流程逻辑中的一项工作任务的描述，是过程执行中可被工作流引擎处理的最小工作单元。在工作流中活动可以有很多分类，如开始活动、结束活动、路由活动、子流程活动等用于实现不同任务的描述。活动一般具有自己的属性：活动名称、活动参与者、时间限制、触发事件、激活策略、聚合模式、分支模式等。
- 活动实例(Activity Instance)。根据活动定义实际运行的活动，每个活动实例代表一个能独立控制执行、具有内部状态的线程。
- 工作项(Work Item)。用于描述工作流参与者需要执行的活动实例，通常情况下一个活动实例中可能会产生一个或多个工作项，流程参与者可根据工作项列表查阅到需要做的工作。
- 工作项列表(Work List)。用于描述每位流程参与者需要完成的工作，是工作列表处理器(Work List Handler)与工作流引擎的接口。
- 工作流参与者(Participant)。表示执行某个活动的资源，通常包括人、组织、角色、系统(或应用)、动态计算等类型。
- 转移线(Transition)。两个活动之间的连接线，用于表示活动之间的状态转移。一般在转移线上可以定义活动状态的转移条件(Transition Condition)。一般转移条件可分为无条件转移、有条件转移和缺省转移三类。

- 工作流控制数据(Workflow Control Data)。工作流控制数据是由工作流管理系统拥有的用于控制工作流运行的内部数据。比如工作流程实例或活动实例的状态数据。用户、应用程序或其他的工作流引擎不能对其进行直接读取和修改操作,但是它们可以通过向工作流引擎发消息请求来获得需要的工作流控制数据的内容。
- 工作流相关数据(Workflow Relevant Data)。工作流相关数据主要指业务流程的相关数据。工作流管理联盟对工作流相关数据的定义是:工作流系统通过工作流相关数据来确定流程实例状态转移条件,并选择流程中下一个将被执行的活动。工作流相关数据可以被工作流应用程序访问和修改,因此工作流管理系统需要在活动实例之间传递工作流相关数据。
- 工作流应用数据(Workflow Application Data)。工作流应用数据是与工作流程交互的外部应用程序的数据。它由外部应用系统维护,不能被工作流管理系统访问和修改,但可以由工作流管理系统协调,在不同的外部系统之间传递。
- 工作流管理系统(Workflow Managerment System)。能够支持工作流的定义、创建,并能管理工作流运行的软件系统,它通过与工作流参与者的交互以及调用所需的 IT 工具或应用来完成相应工作。

6.1.3　工作流参考模型

工作流管理联盟提出的工作流参考模型(Workflow Reference Model)是工作流管理系统的体系结构模型[12]。工作流参考模型标识了工作流管理系统的基本组成部分和各组成部分之间进行交互使用的接口。这些基本组成部分包括:工作流执行服务、工作流引擎、流程定义工具、客户端应用程序、被调用的应用、管理监控工具。基本部件交互使用的接口包括:接口 1、接口 2、接口 3、接口 4 和接口 5。对于工作流技术的很多研究的开展大多是基于这个工作流参考模型的。图 6.1 描述了工作流联盟给出的工作流参考模型。

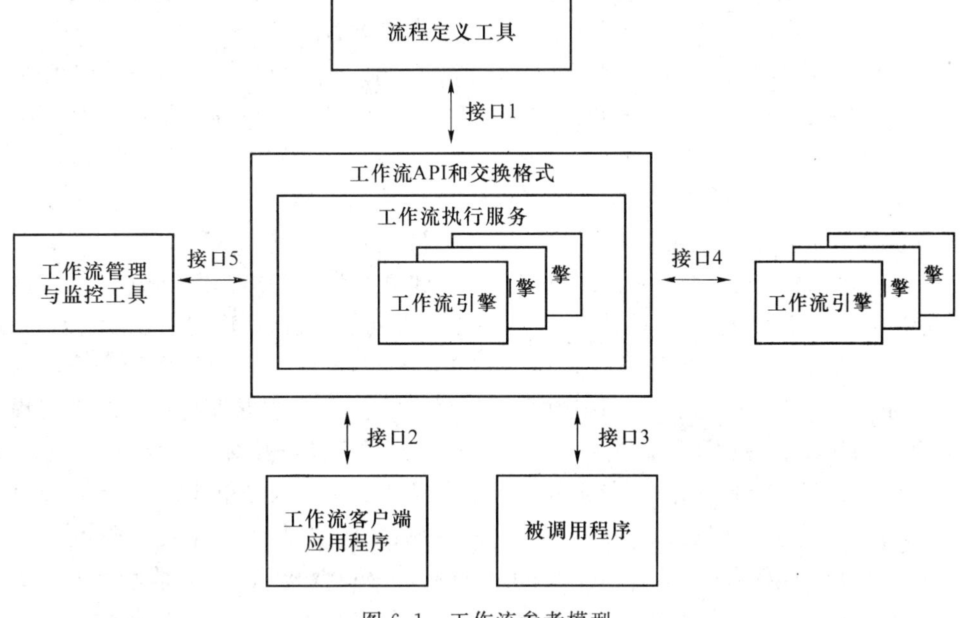

图 6.1　工作流参考模型

由图 6.1 可以看出，工作流参考模型主要包括以下几个主要模块：

(1) 工作流执行服务(Workflow Enactment Service)：工作流执行服务是工作流管理系统的核心部件，它提供了流程实例的运行时环境。工作流执行服务的主要功能包括创建和管理流程定义，创建、管理和执行流程实例；在业务流程实例的执行过程中，应用程序可能会通过相应的接口同工作流执行服务进行交互；一个工作流执行服务可能包含有多个分布式工作的工作流引擎。一个工作流管理系统应该提供的基本的工作流执行服务包括：工作流实例的创建服务、工作流实例的执行服务、工作流实例的管理服务、工作流执行的状态查询服务等。

(2) 工作流引擎(Workflow Engine)：工作流引擎是为流程实例提供运行环境并解释执行流程实例的软件部件。它提供的服务包括：

- 流程定义的解释；
- 流程实例的控制，包括创建实例、激活实例、挂起实例、终止实例等；
- 流程实例中活动的流转控制，包括顺序、并行、分支等路由的控制以及有效期安排、工作流相关数据的解释等；
- 流程参与者的权限管理；
- 通过识别用户关注的工作项，提供用户之间互操作的接口；
- 维护和传递工作流相关数据及工作流控制数据；
- 提供调用外部应用程序的接口。

(3) 流程定义工具(Process Definition Tool)：流程定义工具的主要功能是创建和管理流程定义，它基于某种规范通过图形化建模的方法把复杂的业务流程表示出来并加以描述。流程定义工具为用户提供了一种对实际业务流程进行分析和建模的手段，并输出可以被计算机识别和处理的业务流程的形式化描述。流程建模工具和工作流执行服务之间的接口是接口 1，该接口用于流程定义的导入或者导出。接口 1 的本质是一个交换格式和 API 调用，它支持对过程定义的转化，使得使用某种建模工具创建的模型可以运行在不同的工作流产品上。

(4) 工作流客户端应用(Workflow Client Functions)：客户端应用是通过请求的方式同工作流执行服务交互的应用。它提供给用户一种手段，以处理流程实例运行过程中需要人工干预的任务，每一个这样的任务就被称为一个工作项，它包括处理中的一些要求(如处理时间的限制)以及待处理的数据对象等。工作流管理系统为每一个用户维护一个工作项列表。工作流客户端应用通过接口 2 与工作流执行服务进行交互。WfMC 对接口 2 即客户端应用程序 API 的定义主要包括以下几个功能：建立会话、工作流定义操作、过程控制功能、过程状态功能、任务表\任务项处理功能、过程管理功能、数据处理功能、应用程序调用。

(5) 工作流引擎调用的应用(Invoked Application Functions)：被调用的应用是指工作流执行服务在流程实例运行过程中调用的，用以对工作流应用数据进行处理的应用程序或 Web 服务。被调用的应用程序通过接口 3 与工作流执行服务进行交互，接口 3 中的 API 中定义的操作一部分是同步的，一部分是异步的。API 的操作可以是单线程的，也可以是多线程的，主要的功能包括：创建会话、活动管理功能、数据处理功能。

(6) 工作流管理和监控工具(Administration & Monitoring Tools)：管理与监控工具主要被用来搜集管理信息，包括对工作流系统中的流程实例的状态进行监控与管理。管理与监控工具通过接口 5 与工作流执行服务进行交互，可以通过在 API 集合中提供特定的命令来完成管理和监控功能，也可以利用通用管理信息协议（CMIP）和简单网络管理协议（SNMP）来设定状态和获取统计信息。接口 5 中定义 API 主要包含以下几项功能：用户管理操作、角色管理操作、审查管理操作、资源控制操作、过程管理功能、过程状态功能。

(7) 其他工作流执行服务（Other Workflow Enactment Service）：指其他工作流系统，不同的工作流系统可以通过接口 4 完成彼此的互操作。

6.1.4　工作流相关标准

在工作流管理系统概念的基础上，衍生出了很多的标准，总体上可以分为两大类，分别是基于标准 XML 文档的规范和基于 Web 服务技术的规范[13]。

1. 基于标准 XML 文档的规范

(1) XPDL（XML Workflow Process Definition Language）[14]：XPDL 是 WfMC 推行的工作流标准，目前的版本是 XPDL2.0 规范。其中 XPDL 也是 WfMC 提出的工作流参考模型中接口 1 的核心内容。

(2) BPML（Business Process Modelling Language）：BPML 是 BPMI（Business Process Management Initiative）组织发布的规范，BPML 规范提供一个抽象模型来表达业务流程和支持活动实体。BPML 规范为表达抽象和执行流程定义了一种正式模型，该模型很好地表现出企业业务流程的面貌，其中包含了不断变化的复杂行为、异常捕获，操作语义、事务和数据的管理等。BPML 作为基于 XML Schema 的代表规范，它对于数据持久化和在不同系统进行定义交换提供了有效的技术支持[15]。

2. 基于 Web 服务技术的规范

(1) WSCI（Web Services Choreography Interface）：WSCI 规范是由 SAP、BEA、Sun 和 Intalio 公司于 2002 年 6 月在美国联合发布的。WSCI 提出了一种涉及多种 Web 服务的复杂流程的全球观点。它将业务流程管理技术与 Web 服务技术有效的融合在一起，描述了如何将 Web 服务应用于大型的、全面的业务流程中。WSCI 规范的一个主要特征在于它描述了在特殊流程中利用 Web 服务实现消息流的交流，并描述了集合性信息在互动的 Web 服务间的交流。

(2) WS-BPEL（Business Process Execution Language for Web Service）：WS-BPEL 标准的前身是 BPEL4WS 标准，它是由 IBM、Microsoft、BEA 公司于 2002 年提出的，由 OASIS 组织推行的一种规范。目前最新的版本是 WS-BPEL2.0。有关 WS-BPEL 标准的详细介绍请参照 6.7.2 节内容。

(3) WS-CDL（Web Services Choreography Definition Language）：Web 服务编排定义语言是由 W3C 组织推行的业务流程定义规范。它定义为在多个交易伙伴之间建立形式化关系，它不要求所有被集成的端点（Endpoints）都有 Web 服务基础设施。由于 WS-CDL 是一种服务编排规范，因此被更多地应用于组织之外的服务与流程编排。目前支持 WS-CDl 规范的具有代表性的开源工作流项目有：Pi4SOA 项目、WS-CDL Eclipse 项目和 LTSA WS-Engineer 系统。

3. 几种规范的比较

基于标准XML文档的规范主要用于传统工作流的定义，随着Web应用技术的不断发展和巨大成功，Web服务技术被应用到商业领域和个人生活的各个方面。Web技术的统一客户端和较好的维护性使它在系统开发过程中具备了很大优势，使一些使用传统技术开发的应用系统纷纷转型成基于客户机/服务器架构的瘦客户端应用程序。因此基于Web服务技术的工作流规范越来越显示出其巨大的优势。通过采用基于Web服务技术的工作流规范，大大提升了工作流系统的跨平台性和互操作性。

相对WSCI标准，WS-BPEL标准和WS-CDL标准被采用得更加广泛。虽然WS-BPEL标准和WS-CDL标准均为基于Web服务技术的规范，但两者还是有一定区别的。要想弄清它们的区别，首先要明白编制(Orchestration)与编排(Choreography)的概念。编制是指从流程自身的角度出发，以自我为中心调用所需要的Web服务。被调用的Web服务并不知道自己所在整个流程中的角色和作用。而编排则从整体出发，将每一个Web服务组织起来，组成一个新的流程。WS-BPEL属于Web服务编制标准，而WS-CDL则属于Web服务编排标准。从更为形象的角度说，WS-BPEL强调的是以我为中心，描述的重点是如何与其他Web服务进行交互。而WS-CDL则是从一个“导演”的层次来描述不同的Web服务之间根据需求的彼此之间如何进行交互。从开发模型上来看，WS-CDL的开发模型是自上而下(Top-Down)形式的，即先开发出全局的CDL交互模型，然后用编译器自动或半自动生成各个地方的BPEL描述。而WS-BPEL的开发模型的自下而上(Bottom-Up)形式的，即各方先定义好自己的BPEL流程，然后把它们放在一起并行执行。但由于支持WS-CDL的编译器还很少，目前支持该标准的只有Oracle、Adobe等公司，还达不到工业应用的程度，而且就算不引用WS-CDL，还是可以开发业务流程，它不像WS-BPEL是执行语言，必须采用，因此本文采用WS-BPEL规范作为业务流程描述语言规范。

6.2 Web服务

6.2.1 Web服务概述

随着信息技术的发展，企业信息化程度越来越高，为了实现更加复杂的业务功能，需要将企业中不同技术开发的各种信息系统进行整合和集成。但企业中的各个信息系统相对独立，从开发语言到部署平台再到通信协议，均存在着不同程度的差异，因此快速且低成本地集成企业内部的各个平台成为摆在设计和开发人员面前的一道难题。Web服务技术的不断成熟和发展，为系统平台集成提供了最佳的支撑技术。

Web服务作为一种新型的分布式构件模型，是以XML、SOAP、HTTP、WSDL和UDDI等协议标准为基础的提供透明访问异构信息的分布式计算技术[16]。它是一种基于Web环境的具有自适应、自描述、模块化并具有良好互操作能力的应用程序。一个完整的Web服务除了提供必要的功能外，还提供了定义明确的接口，接口描述了Web服务的内容和访问格式，用户根据Web服务的接口描述，就可以知道该Web服务是否包含了所需的功能以及该服务的调用方法。开发人员可以将某些Web服务和本地服务、远程服务以及自己编制的业务功能相集成，构成功能更强的新的 Web 服务。不同的组织对于 Web 服务的含义有着不同的认识：

- IBM 认为，Web 服务是用 XML 描述的一组可通过 XML 进行消息传递的操作。这些操作可由网络访问完成目标任务。服务的描述提供了与该服务交互时必需的所有细节，包括消息格式、传输协议和存储位置等。
- Microsoft 认为，Web 服务是一个向其他应用提供数据和服务的应用逻辑单元。应用程序通过 Web 协议和数据格式访问 Web 服务，如 HTTP、XML 和 SOAP，而无须关心每个 Web 服务的具体实现。
- SUN 认为，Web 服务是软件构件，这类构件具有被发现、可重用和再组合的特性，用于解决用户的问题或要求。
- W3C 认为，Web 服务是一个支持互操作的，使计算机能通过网络进行交互的系统。它采用 WSDL 描述服务接口，采用 SOAP 消息通过 HTTP 协议实现服务之间、服务与客户之间的通信。

综合以上几种观点，可以看出，Web 服务的最大特点主要体现在它在跨平台、互操作及功能复用等方面具有明显的优势。与传统的软件实体相比，Web 服务主要具有以下几种特性：

- 良好的跨平台集成：由于 Web 服务采用了开放的标准协议规范，HTTP、SOAP 标准协议很好地屏蔽了不同平台的差异，企业可以将采用不同语言开发的功能模块封装成 Web 服务发布到因特网上，所有在因特网上的其他 Web 服务都可以通过 SOAP 消息与该 Web 服务进行通信，从而实现较高的跨平台集成能力。
- 良好的封装性：Web 服务继承了对象组件技术的透明性特点。Web 服务将功能实现封装起来，对外只提供功能描述和调用接口，因此对于调用者来说，只要 Web 服务的调用接口不变，Web 服务的任何内部改变对他们来说都是透明的。这样对于服务的提供方来说，可以任意修改服务的实现机制，而不会影响到服务的运行，从而使得整体系统具有松散耦合性的特征。
- 良好的互操作性：由于 Web 服务所采用的标准规范都是基于因特网的标准协议，如 HTTP、SOAP 等基于 XML 的规范，应用程序可以使用标准的方法将功能和数据暴露出来，供其他服务使用，也可以有效地解决防火墙和代理服务器带来的通信问题。
- 良好的重用性：引入 Web 服务技术后，可以大大提高现有软件模块的可重用性，Web 服务既允许对功能代码的重用，也允许代码背后的数据进行重用。既可以自己进行重用，也可以将代码和数据通过服务的方式暴露出来，通过远端调用让其他人员进行复用。还可以通过 Web 服务组合技术，将现有的 Web 服务组合按照一定的规则集成起来，组成具有更强功能的新的 Web 服务。

6.2.2　Web 服务模型

Web 服务的模型由服务提供者、服务请求者和服务注册中心三个角色组成，它主要建立在三个模型的交互上。其中服务提供者和服务请求者是模型的必要组成部分，它们之间的交互和操作构成了 Web 服务的体系结构。服务提供者的主要任务是设计并实现 Web 服务，然后将服务描述文件发布存储在本地服务器供服务请求者查询或发布到服务注册中心。服务请求者在本地或服务注册中心使用查找操作检索服务描述，然后在根据服务描述提供的接口对服务提供者提供的具体 Web 服务进行绑定。图 6.2 表示了 Web 服务模型的 3 种角色及它们之间的关系[17]。

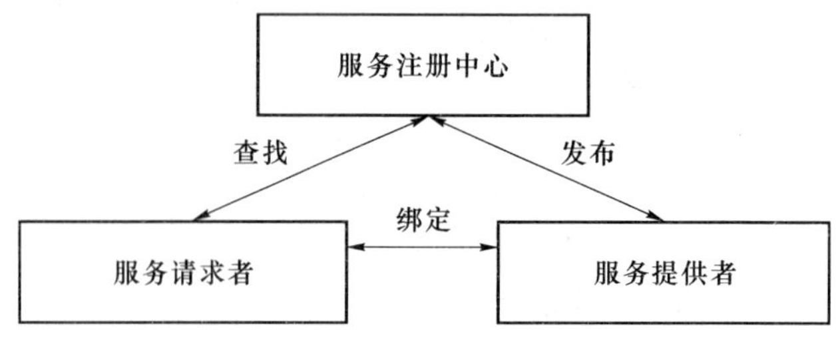

图 6.2　Web 服务模型

表 6.1 对 Web 服务模型中的主要角色进行详细的说明。

表 6.1　Web 服务中的主要角色

服务提供者	Web 服务的开发者，如企业、ICP 等。服务提供者负责设计并实现 Web 服务，使用服务描述语言对 Web 服务进行详细、准确、规范的描述，并将该描述发布到服务注册中心，供服务请求者查找和调用。
服务请求者	从商业的角度来看，这是需求某种功能的商业机构。从 Web 服务的架构看，这是查找、调用服务的应用程序。服务请求可以是手工使用浏览器完成，也可以是没有用户界面的应用程序发出。
服务注册中心	服务注册中心是连接服务提供者和服务请求者的纽带，服务提供者在此发布它们的服务描述，而服务请求者在服务注册中心查找它们需要的 Web 服务。不过在某些情况下，服务注册中心是整个模型中的可选角色，如使用静态绑定的 Web 服务，服务提供者可以把描述直接发送给服务请求者。在没有服务注册中心的情况下，Web 服务请求者可以从其他的来源获得服务描述，如文件、FTP 站点、Web 站点等。

Web 服务中的操作包含以下三种：服务描述的发布、服务描述的查找以及根据服务描述描述绑定或调用 Web 服务。这些操作可以单次或反复出现。表 6.2 详细说明了 Web 服务模型中的三种主要操作。

表 6.2　Web 服务模型中的主要操作

服务发布	为了使用户能够访问 Web 服务，服务提供者需要发布服务描述，这一描述中包括与服务进行交互所需要的全部细节，如消息格式、传输协议和服务位置。
服务查找	在查找操作中，服务请求者直接检索服务描述或在服务注册中心查询所要求的服务类型。对于服务请求者，可能会对生命周期的两个不同阶段涉及查找操作，它们分别是：在设计阶段，为了程序开发而查找 Web 服务的接口描述，静态地调用 Web 服务；在运行阶段，为了动态调用服务网而查找服务的位置描述。
服务绑定	在绑定操作中，服务请求者使用服务描述中的绑定细节来定位、联系并调用服务，从而在运行时与服务进行交互。绑定可以分为动态绑定和静态绑定。在动态绑定中，服务请求者通过服务注册中心查找服务描述，并动态地与 Web 服务进行交互；在静态绑定中，通过本地文件或其他的方式直接与 Web 服务进行绑定。

6.2.3 Web 服务相关技术与标准

Web 服务基础标准的建立和完善为 Web 服务的成熟奠定了重要基础，下面介绍一下 Web 服务相关的三大基础标准，即简单对象访问协议(SOAP)、Web 服务描述语言(WSDL)和服务注册与发现协议(UDDI)。

1. SOAP

SOAP 是一种在分布式环境中交换结构化信息的轻量级协议，由 W3C 组织于 1999 年首次发布。SOAP1.0 完全基于 HTTP 协议，2000 年 5 月发布的 SOAP1.1 则能支撑多种不同的传输协议。目前最新版本为 SOAP1.2。

SOAP 是一种无状态的单向信息交换协议，它设计的主要目标是简单性和可扩展性。为了实现这两个目标，SOAP 的核心规范消息框架(Message Framework)中将不再包含一些分布式系统中常见的特性，如可靠性、安全性、相关性和消息交换模式[18]。SOAP 协议中主要定义的是一种用于单向通信的消息格式，描述如何将消息组织成 XML 文档、消息如何被传输等内容。

SOAP 消息由 SOAP 信封、SOAP 编码规则、SOAP RPC 表示和 SOAP 绑定 4 个部分组成。由于 SOAP 协议用于消息交换，因此每条消息均可以看做是一个封装了数据信息的信封。SOAP 信封包含两个主要部分：消息头(Header)和主体(Body)，每一个部分都可以进一步被分块，其中消息头是可选的，而消息主体必须存在；SOAP 编码规则(Encoding Rules)定义了一个数据的编码机制，通过这样一个编码机制来说明应用程序中需要使用的数据类型，它遵循 XML 模式规范的结构和数据类型的定义，可以分为简单数据类型和复杂类型；SOAP RPC 表示(RPC Representation)定义了如何表示远程过程的调用和应答；SOAP 绑定(SOAP Binding)定义了节点间采用何种底层传输协议来实现 SOAP 消息的交换。

下面是一个 SOAP 消息的示例：

```
<env:Envlope xmlns:env = http://www.w3.org/2003/05/soap-envelope>
    <env:Header>
        <n:notification xmlns:n = http://www.example.org/notification>
            <n:priority>1</n:priority>
            <n:expires>2010-12-11T15:30:00</n:expires>
        </n:notification >
    </env:Header>
    <env:Body>
        <m:meetingnotify xmlns:m ="http://www.example.org/meetingnotify">
        <m:message>下午 4 点开会</m:message>
    </env:Body>
</env:Envlope>
```

2. WSDL

WSDL 是一种用来描述 Web 服务并说明如何与该 Web 服务通信的 XML 语言，它由

Ariba、Intel、IBM 和 Microsoft 共同提出。目前最新的 WSDL 版本为 2.0 版本[19]。

WSDL 从两个级别来描述 Web 服务：抽象级别和具体级别。在抽象级别层面上，WSDL 通过发送/接收消息来描述一个 Web 服务，其中消息采用 XML Schema 来描述。操作(Operation)通过消息交换模式将消息关联在一起；消息交换模式指定了发送/接收消息的序列、多重性以及逻辑上的发送者和接收者。接口(Interface)以独立于传输协议和交换格式的方式将一组操作组织在一起。在具体级别层面上，绑定(Binding)为接口指定传输协议和交换格式；端点(Endpoint)把网络地址和绑定关联在一起；服务(Service)把针对同一通用接口的端点组织在一起。

一个 WSDL 文档基本包含以下几种元素：

- <types>元素：类型元素定义了 Web 服务中可用的数据类型，通常使用 XML Schema 语法来定义数据类型和数据结构。
- <message>元素：消息元素中包含了类型元素中定义的类型信息表示的具体消息内容。当使用 SOAP 绑定时，一个 WSDL 消息元素将对应于一个 SOAP 消息的主体部分，这一映射过程是自动进行的。
- <operation>元素：操作元素描述了一组消息的集合。消息交换模式决定了操作中各消息的先后顺序以及多重性。可选的消息交换模式有 In、Out、In-Out。
- <interface>元素：接口元素是 Web 服务的抽象描述，既不包含服务具体地址也不包含服务所绑定的具体传输协议。接口具有继承性，这样可以方便重用已有的接口。
- <binging>元素：绑定元素描述了给定端口的具体消息格式和传输协议。绑定可以是通用的，也可以指定具体的接口，还可以为整个接口或接口中的一个具体操作定义一个绑定。WSDL 中绑定的通信和传输协议包括：HTTP、SOAP、MIME 等。
- <endpoint>元素：端点元素把网络地址和一个具体的绑定关联在一起。它代替了 WSDL1.1 中的<port>元素。
- <service>元素：服务元素把指定接口相关的端点组合在一起。

图 6.3 描述了 WSDL 文档中各元素的关系。

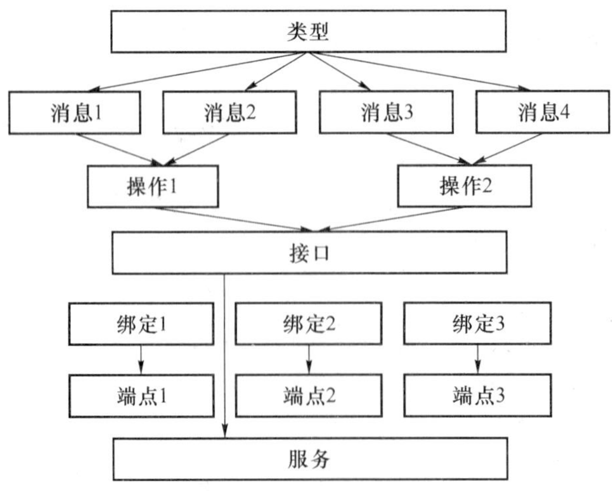

图 6.3　WSDL 文档元素结构

3. UDDI

UDDI 的目的是提供一个中介机构，为服务提供者和服务请求者建立沟通的桥梁，使得服务使用者更容易发现和找到目标服务。UDDI 由 Ariba、IBM、Microsoft 等多家公司于 2000 年共同提出。目前的最新版本是 3.0.2[20]。

UDDI 计划的核心组件是 UDDI 的商业注册，它使用一个 XML 文档通过白页、黄页、绿页三部分信息来描述企业及其提供的 Web 服务。UDDI 注册中心中的每一个数据实体就是一份 XML 文档，而这份文档包含了多种 UDDI 数据模型元素。UDDI 注册中心有 4 种主要的数据类型：企业实体，提供 Web 服务的企业或组织；企业服务，企业实体所提供的服务清单；绑定模板，描述特定服务的技术信息；技术模型，用来存储服务附加信息的可重用的通用元素，典型的附加信息包括 Web 服务的类型、协议等。

基于上述的数据类型，UDDI 具备了描述企业及其服务注册信息的能力。一般分为以下 3 类：

(1) 白页信息：有关企业的基本信息，如企业名称、经营范围的描述、联系信息和联系人等。

(2) 黄页信息：服务分类信息。

(3) 绿页信息：有关如何使用一个 Web 服务的技术信息，如服务的网络访问地址、实现服务所用的技术信息等内容。

图 6.4 描述了 UDDI 服务注册中心的工作流程。

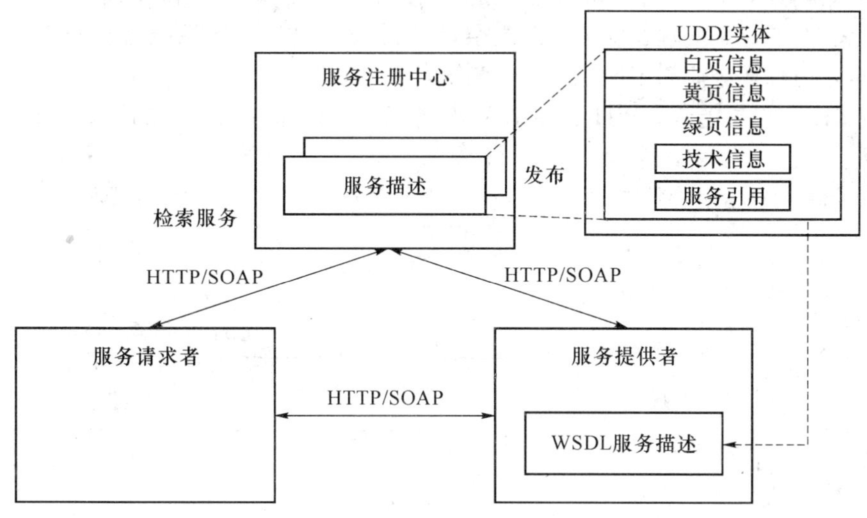

图 6.4 UDDI 工作流程示意图

首先，服务提供者需要在注册中心创建一个代表自己的企业实体并提供相关的机构信息；接着服务提供者在提供具体服务实现的同时，将自己提供的服务的描述信息发布到 UDDI 注册中心；当 Web 服务的描述被发布到 UDDI 后，该服务描述将被注册到其提供者的企业实体下。服务请求者使用注册中心提供的检索功能可以查找到服务描述，描述信息帮助服务请求者了解如何定位及使用这一特定服务，在 UDDI 帮助下服务请求者与服务提供者之间建立了一种绑定关系，服务请求者可以利用从服务描述中获取的服务使用信息来访问服务。

近年来，Web 服务技术得到了长足的发展，除了上述的基本协议，还形成了 WS-BPEL、WS-CDL、WSCI 等高层协议，目前已形成了如图 6.5 所示的以服务通信、服务描述、服务质量和服务流程为主体的 Web 服务协议栈。

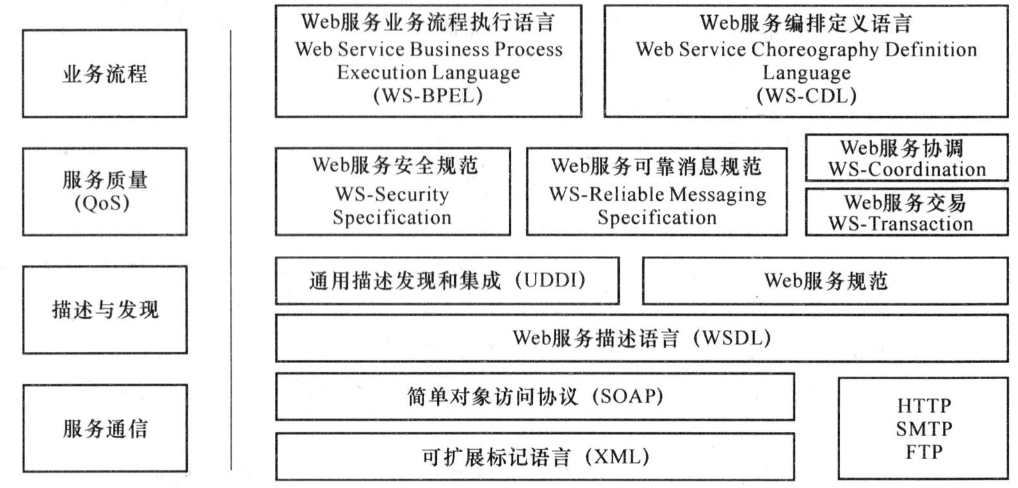

图 6.5　Web 服务协议栈

6.2.4　基于 Web 服务的工作流

Web 服务技术与工作流技术是两种相对独立的技术。随着工作流技术应用规模和领域不断扩大，企业业务流程逻辑的不断复杂，传统的集中式工作流系统已经不能满足企业的需要，将企业内部或企业间不同应用平台集成起来，组成更为复杂的分布式工作流系统成为工作流技术新的发展趋势。Web 服务技术满足了工作流系统对于分布式、互操作、平台无关性的要求。它在健壮性、安全性、组件化等方面的完善和成熟，使得基于 Web 服务的工作流技术有了巨大的应用价值。图 6.6 展示了基于 Web 服务的工作流模型。

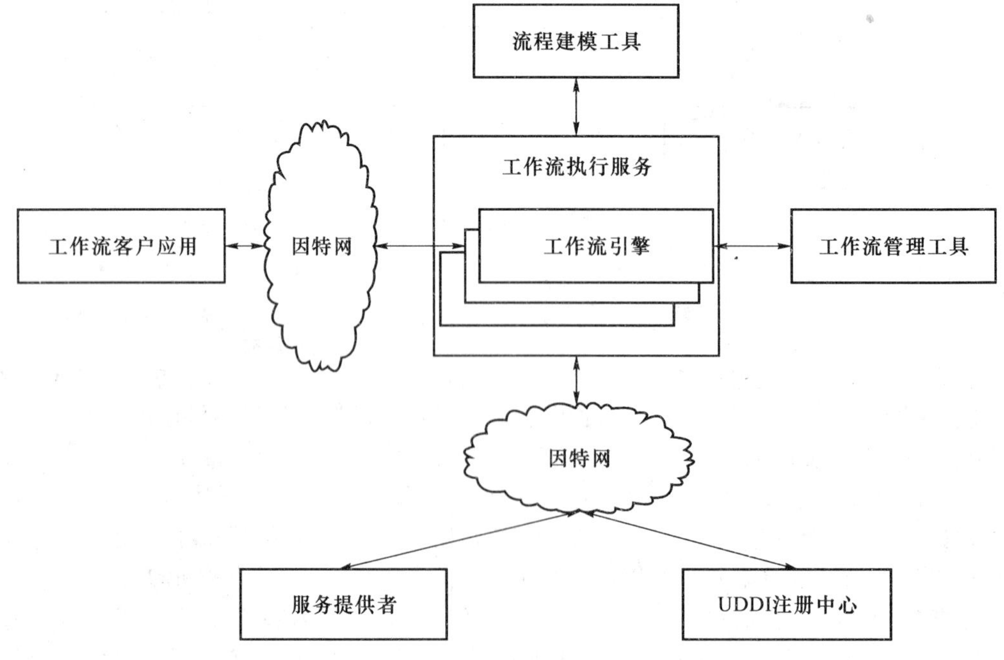

图 6.6　基于 Web 服务的工作流模型

从图 6.6 中所描述的模型中可以看出，相对于 WfMC 给出的工作流参考模型，客户端应用与被调用的应用均不再直接与工作流引擎进行通信，客户端应用可以是基于浏览器的应用程序、组件或另一个 Web 服务实体。被调用的应用既可以是新开发的 Web 服务，也可以是企业已经开发完毕的应用系统，只需将该应用系统封装成 Web 服务并发布到 UDDI 服务注册中心即可。对于流程建模工具来说，需要根据流程模型生成支持 Web 服务组合的流程描述语言，目前 WS-BPEL 已成为描述 Web 服务业务流程的主流标准。在第 7 章中，将详细介绍 WS-BPEL 业务流程描述语言及一种从 BPMN 业务流程模型到 WS-BPEL 业务执行语言的映射算法。

6.3　知识服务工作流简介

6.3.1　知识服务的起源与发展

随着计算机技术、通信技术、网络技术的迅速发展，现代信息技术已在信息管理和信息服务领域得到广泛应用。信息的总量不断增长，信息的领域不断扩展，用户对信息的需求不断增加，用户自身的知识结构也发生了变化。信息具有形态上的多样性、内容上的复杂性、存储上的分布性和组织上的异构性，同时随着信息总量的不断增长，信息领域的不断扩展，用户对信息需求的不断增加，传统的信息服务已经不能满足人们对知识的渴求，急需一种新的方式来提供更好的服务，为解决两者之间存在的矛盾，知识服务应运而生。

知识服务是以信息知识的搜寻、组织、分析、重组的知识和能力为基础，根据用户的问题和环境，融入用户解决问题的过程之中，提供能够有效支持知识应用和知识创新的服务。

知识服务最早起源于国外，从起源到现在，大体上经历了两个阶段，即从传统知识服务阶段到现代知识服务阶段。传统知识服务模式主要包括知识聚类服务、知识重组服务、传统参考咨询服务和定题跟踪服务；现代知识服务的模式主要包括数字化参考咨询服务、专业化信息服务、个性化信息服务和知识管理服务。

知识服务在国外图书情报机构已经有 130 多年的历史。在过去相当长一段时间内，大多数图书情报机构的知识服务都是以手工方式为用户查询、加工、综合处理并提供知识，也有一些机构采用传统的参考服务方式为读者提供知识服务。20 世纪中期以来，随着计算机技术、多媒体技术和网络技术的发展，文献机构所收藏文献的载体发生了变化，同时用户获取和利用知识的方式也由过去"面对面"的单一服务模式朝着电子化、网络化、专业化、个性化、团队化的方向发展。知识服务在国内已经有 70 多年的历史。最初的知识服务仅局限在一个图书情报机构范围之内，与其他机构之间没有合作，而且服务形式相对单一，因此服务效果不是很理想。但随着计算机和网络等信息技术的发展，尤其是近年来数字图书馆的产生，图书情报机构之间的交流逐渐增多。

随着信息技术的不断发展和人们对知识需求的日益强烈，知识服务正朝着数字化、共享化、网络化、虚拟化、智能化、个性化等方面发展，但是基于现有 Web 技术只有信息资源定位描述而无信息资源含义描述的局限性，即使少数知识服务系统投入了运行，由于技术支持的不足，仅仅是在原有的信息服务系统的基础上略有改进，在服务的广度、深度、自动化程度和灵活性等方面都不能满足用户需求，不能提供真正意义上的满足用户知识需求的知识服务，因此迫切需要一种新的网络技术以满足知识服务发展的需求。语义网技术的诞生，为解决这一问题提供了契机，也为知识服务的发展提供了新的平台。在语义网环境下，知识、服务和用户被整合到统一的语义空间，具有知识共享、协同集成、虚拟个性化等特征，从而能实现语义互理解、互操作。

6.3.2 知识服务工作流

企业竞争力的一个重要体现就是在业务流程中通过向客户提供高质量的产品和服务以满足客户的需求，并取得满意的经营业绩。业务流程是企业经营管理的核心，业务流程的高效实施是保证企业成功经营的一个关键因素。知识在业务流程实施过程中发挥着极为重要的作用，因为不管是在研发、生产还是在市场、销售领域，业务流程的实施过程实际上就是员工在利用现有知识的基础上不断发现问题和解决问题的过程，也是一个不断创造新知识的过程。同时，知识的内容也是由具体的业务流程决定的：在业务流程实施过程中需要哪些知识，视具体的业务流程和具体的实施人员而定，而在这个过程中创造的新知识也往往与具体的业务流程有关。因此，业务流程不仅是按照一定逻辑顺序连接起来的业务活动链，而且是利用知识和创造知识的场所。由于知识管理是从企业的战略和经营目标出发，以企业的知识为研究对象，通过知识管理的理念、方法和技术来系统化地促进企业的知识利用和知识创新，以提高企业的价值创新能力、应变能力、快速反应能力以及产品和服务的质量，最终提高企业的竞争力，改善企业的经营业绩，所以，在业务流程实施过程中需要借助于知识管理的理念、方法和技术来支持员工对知识的有效利用，并促进知识创新和知识积累，从而长期保证业务流程的高效实施。

知识服务工作流在对知识的管理上主要体现在以下两个方面：

(1) 知识支持

在日常工作中，用户通常利用自己的知识、经验和技能来实施业务流程中的任务。如果自身已具备的知识不足以支持其完成所面临的任务，那么他就需要从别处获得所需要的知识。这些知识可能是问题解决方法、流程或者最佳实践等存储于数据库中的显性知识，也可能是存储于用户大脑中的隐性知识。对于显性知识如背景资料、解决类似问题的方法、方法流程或者最佳实践以及相关的业务信息等，我们需要通过活动参与者工作项的分析，提供一种知识管理机制能够“理解”用户在实施特定任务时的知识需求，并据此提供其所需要的知识来支持其顺利完成所面临的任务。同时，用户在完成任务的过程中除了需要获得知识支持外，还应该能够与其他有相关经验的员工或专家(为了简洁起见，以后我们统称之为专家)进行交流和协作。

(2) 知识创新

用户在解决业务流程中各种任务的过程中，会产生一些新的想法、新的思路或新的问题解决方法，即所谓的新知识。这些新知识对于解决当前的问题以及以后业务流程中出现的相似问题无疑具有重要意义。为了辅助员工系统化地创造新知识并将其方便地记录、整理和归类，需要提供知识创新支持和知识分类支持。知识创新支持主要是提供给用户知识创新支持工具，帮助员工开阔思路、激发联想，支持知识的关联和表达以及对所创造的新知识的评价。新知识产生后，需要将其记录和存储。为了方便以后的查询和使用，应该将新知识进行合理分类。为此，需要提供分类支持手段，帮助员工按照统一的规则将知识分类；同时，由于知识总是与应用场景有关，所以应该将新知识与其应用场景描述一起存储。这样，以后在利用这些知识的时候，用户就能够获得更全面的理解。

图 6.7 给出了知识服务的种类。

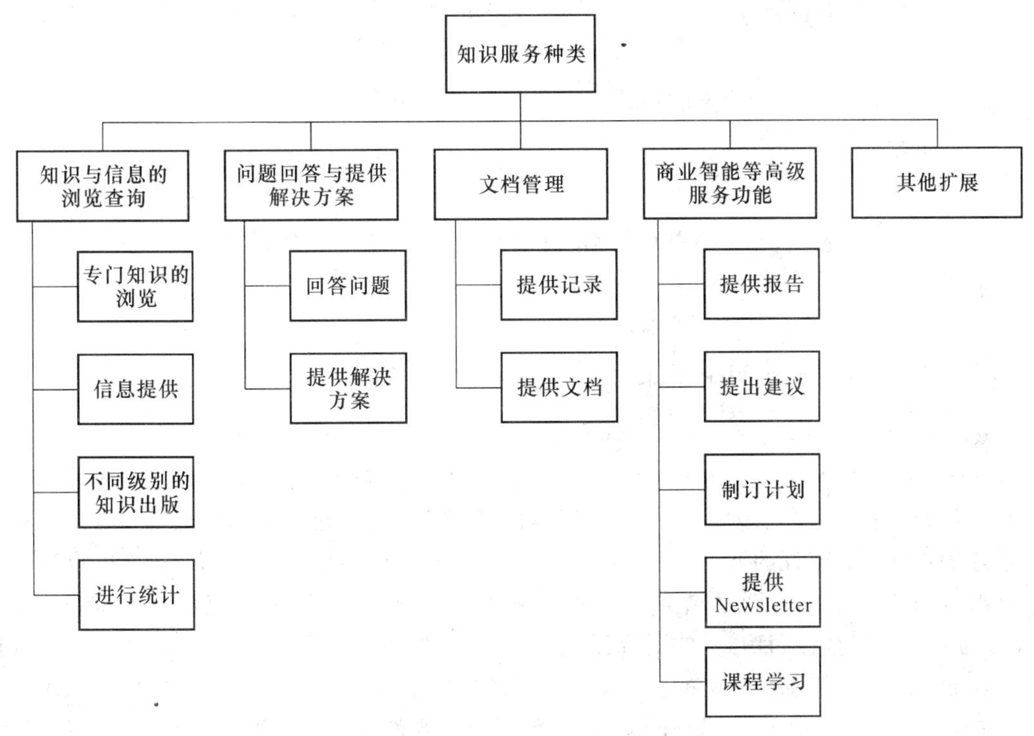

图 6.7　知识服务种类

随着网络和信息技术的发展，各个网络节点所依赖的硬件平台、操作系统平台和数据库平台可能互不相同，信息资源已经形成了一系列的“信息孤岛”。由于现有 Web 环境下的信息资源具有格式上的异构性、语义上的多重性以及关系上匮乏性和非统一性等特点，因此无法实现信息资源的互联和互操作，不能提供满足用户需求的知识服务，导致了知识共享与知识服务的低效率。要实现在异构、分布的网络环境下的知识服务，首先要打破异构平台、异构数据库所形成的屏障，在内容服务层面上实现互连互通；其次是信息采集、异地数据同步更新、数据调度、单一服务映像的数据集成等问题。语义网技术利用本体形式化描述对象本身及对象间的关系，建立一个语义级的环境，可以很好屏蔽信息资源的分布性、异构性等，从而将用户和信息资源统一在一个虚拟的语义空间中，使计算机能够理解信息的语义。同时本体因具有良好的概念层次和对逻辑推理的支持，使软件代理能够执行复杂的任务，从而实现知识服务的智能。运用基于语义网的知识表达，可以真正实现语义级的知识服务。语义网作为下一代互联网的发展方向，它的出现为知识服务的发展带来了新的机遇，必将对知识服务产生深远的影响，二者的结合，是信息技术和信息服务发展的必然趋势。

在语义网环境下，知识、服务和用户被整合到统一的语义空间，具有知识共享、协同集成、虚拟个性化等特征，从而能实现语义互理解、互操作。基于语义网的知识服务不仅包括知识库的语义互联，还包括用户需求的语义分析以及二者的语义匹配整合，从而真正实现语义层面的知识服务。基于语义网的知识服务最突出的问题是如何进行知识库语义描述,实现知识库的语义互联和语义互操作;如何对用户需求进行语义描述,实现用户需求语义上的忠实、无差异表达;如何将用户需求与知识库进行语义匹配,实现用户需求与知识库的互理解;如何优化利用知识资源,提供知识化的服务,从而提高资源的利用率。我们认为,知识的语义性、多样性要求知识服务的推理性、语义性、统一性,语义网在技术上具有先进性,在实践上具有可行性,可以很好地解决上述问题。

知识服务过程是一个业务的形式化表示并由工作流管理系统自动操作和执行的。下面给出知识服务工作流的形式化定义。

6.4 知识服务工作流的形式化描述

6.4.1 过程模型的形式化描述

(1) 流程:ProcessDefinition=(Id, P_v, A_b, Start, Terminal, ACL, Activities, Transitions, Parent),其中,Id 为流程的标识号;P_v 为流程的版本号;A_b 为流程的其他属性集合,包括一般的业务流程均会具有的一些常用属性,如创建人、创建时间、流程名称、有效性和流程描述等;Start 为流程的开始节点信息;Terminal 为流程结束点信息,流程的开始节点和结束节点为一种特殊的活动节点。一个流程有且只有一个开始节点和一个结束节点。ACL 为流程的安全控制信息,包括流程的浏览、实例化、删除和修改等;D_r 是流程相关数据信息集合;T_r 是关于流程约束的信息,包括流程的有效时间、工作时间等时间约束;Activities 是流程包含的活动集合;Transitions 是流程所包含的活动路由集合;Parent 是流程的父流程标识信息。

(2) 活动:Activity=(Id, A_v, A_b, Type, IKS, OKS, D_r, T_r, R, S_c, E_c, state, Actor, S_m, E_m),其中,Id 为活动的标识号;A_v 为活动的版本号;A_b 为活动的其他属性集合;Type 为活动的类型,包括自动执行、客户端执行、代理执行、开始节点、结束节点等;IKS/OKS 为活动启动/结束时准备输入输出的知识服务;D_r 为活动相关数据信息集合;T_r 为关于活动时间约束的信息;R 为活动所需资源;S_c 为活动开始条件;E_c 为活动结束条件;state 为活动所处的状态,包括{初始,就绪,执行,挂起,终止,完成};Actor 为活动类型为客户端执行时活动参与者的信息;S_m 为多活动结束时的分裂方式,如 AND、OR、XOR;E_m 为多活动开始时的组合方式,如 AND、OR、XOR。

(3) 活动路由:Transition=(Id, T_v, Set_S, Set_T, C, V, B, Up_{Dpen}, $Down_{Dpen}$),其中,Id 为活动路由的标识号;T_v 为活动路由的版本号;Set_S 为路由开始活动节点集合;Set_T 为路由结束活动节点集合;C 为活动路由的条件表达式;V 为路由所在流程的版本号;B 标识路由是否循环。当活动路由的开始活动节点集或结束活动节点集包含一个以上节点时,还要从 Up_{Dpen}, $Down_{Dpen} \in$ {AND, OR, XOR}中选择活动分裂或组合关系来确定路由的迁移条件。

(4) 活动转移函数:活动转移函数是驱动知识服务工作流流转的条件抽象,分为静态转移函数和动态转移函数两种,区别在于是否得到领域知识库的控制。

静态转移函数是一个三元组 StaticTrans=($Activity_i$, Event, $Activity_{i+1}$),表示映射

$(Activity_i, Event) \rightarrow sfActivity_{i+1}$，即在事件 Event 的激发下，工作流由活动 $Activity_i$ 迁移到活动 $Activity_{i+1}$。动态转移函数是一个四元组 DynamicTrans ($Activity_i$，Event，KB，$Activity_{i+1}$)，其中，KB 为知识服务的领域知识库。动态转移函数的含义是当前活动为：在事件 Event 出发下，根据 $Activity_i$ 和活动结束时输出的知识服务，由领域知识驱动着服务工作流流转到活动 $Activity_{i+1}$。静态转移函数可以是知识服务工作流的通用部分，而动态转移函数则随不同领域知识的变化而变化。动态转移函数是知识服务工作流相异于一般工作流的重要特征。

6.4.2 数据模型的形式化描述

(1) 工作流相关数据 WfRelevantData=(N,T,V)，其中，N 是相关数据的名称，必须是唯一的；T 是相关数据的类型；V 是相关数据的值，以统一的二进制的形式保存。

(2) ProcessRelevantData=(N,T,V,Pid,Pv)，其中，N 是相关数据的名称，同一个流程定义中必须保证唯一；T 是相关数据的类型，既支持基本数据类型也支持扩展数据类型；V 是相关数据的值，以统一的二进制的形式保存；Pid 是相关数据所属的流程的标志号；Pv 是相关数据所属的流程的版本号。

(3) 活动相关数据 ActivityRelevantData=(N,T,V,Aid,Pid,Md,Gn)，其中，N 是相关数据的名称，同一个活动中必须保证唯一；T 是相关数据的类型，既支持基本数据类型也支持扩展数据类型；Aid 是相关数据所属的活动的标志号；Pid 是相关数据所属的活动所在的流程的标志号；Md 是相关数据的映射类型，表示与活动所在流程的相关数据之间的映射关系，实现相关数据之间的关联性；Gn 是相关数据所对应的流程相关数据的变量名，如果没有映射则为空。映射类型分为四种{NO,IN,OUT,INOUT}，NO 表示没有映射关系，相应的 Gn 值取空，IN 表示相关数据与 Gn 所对应的流程相关数据存在值导入的关系，即取值为 Gn 所对应的值，OUT 表示相关数据与 Gn 所对应的流程相关数据存在值导出的关系，即在该活动执行完成之后需要修改 Gn 所对应的流程相关数据，INOUT 表示相关数据与 Gn 所对应的流程相关数据存在完全映射关系，既有值导入又有值导出关系。

6.4.3 组织模型的形式化描述

(1) 用户 Users=(Uid,Uname,PW,Role,Ol,ACL)，其中，Uid 是用户标识号，是唯一确定用户身份的关键字；Uname 是用户姓名；PW 是用户密码，对于某些特殊用户可以设置两个密码，如超级用户；Role 是用户角色列表，一个用户可以同时具有多个角色，角色是系统权限的集合，是实现系统安全控制的一部分；Ol 是用户组织列表，用于描述用户所在组织；ACL 是安全访问控制列表，用于描述用户对系统各种信息的访问权限。

(2) 组织 Organization=(Oid,Oname,Fl,T,Ul,ACL)，其中，Oid 是组织标识号，是唯一确定组织身份的关键字；Oname 是组织名称；Fl 是组织的父组织或上级组织，当每个组织只有一个父组织时，它形成了组织的层次结构(树形结构)；当每个组织可有多个父组织时，它可以形成网状的组织结构；T 是组织的类型，动态或静态；Ul 是该组织所直属用户列表，它不包括其间接所属的用户，这类用户可通过递归查询下属组织的 Ul 获得；ACL 是安全访问控制列表，用于描述隶属该组织的用户对系统各种信息的访问权限。

(3) 角色 Role=(Rid,Rname,Pl,Ll,Cl,Ul,Ol)，其中，Rid 是角色标识号，角色的唯一

标识;Rname 是角色名称;Pl 表示角色的权力列表;Ll 表示角色的直接领导角色列表;Cl 表示职位的协作职位列表;Ul 表示拥有该角色的用户列表;Ol 表示拥有该角色的组织列表。

一个完整的知识服务工作流以 Start 活动节点开始,由输入事件 $Event_i$ 触发,在 $Transitions_i$、$StaticTrans_i$、$DynamicTrans_i$ 的共同约束下,依次流转到后继活动 $Activity_1$,$Activity_2$,…,$Activity_n$,若 $Activity_n$=Terminal,则称此次知识服务工作流成功完成了。

由上述定义可知,于一般意义上的工作流相比,知识服务工作流具有以下显著特点:

(1) 一般工作流中流转的是文档和任务,而知识服务工作流中流转的是知识和服务。

(2) 一般工作流中的流程是用户实现定义确定的,而在知识服务工作流中存在静态流程和动态流程两种流程。前者由静态转移函数驱动,用户可事先定义,而后者由动态转移函数驱动,具体流转过程由领域知识确定。

(3) 与一般工作流强调企业业务流程的自动化相比,知识服务工作流更注重知识的利用过程,随着知识服务工作流的进行,其中的先进知识逐步地被企业人员获取、理解和消化,并转化成企业的知识资产,这实际上是一个知识增值的过程,也是提高企业核心竞争力的重要途径之一。

6.5 知识服务工作流模型

知识服务的概念是随着知识经济和服务经济的发展而跃入人们视野的,并且结合语义 Web、知识网格的发展,展现了广阔的发展前景,与知识服务相关的研究工作正在逐步开展起来。

目前知识服务研究的主要方向之一是同语义 Web 技术结合,实现知识服务的深层次的语义表达,赋予及其可以理解的语义,使得知识服务的主动发现、有效检索、智能推理成为可能,从而克服了以往 SOAP-WSDL-UDDI 架构下的 Web 服务语义层次低、服务检索以关键字匹配为主、准确率低等不足。通过本体来驱动知识服务的表达、获取、检索,完全可以覆盖知识服务构造和管理的需求。

首先我们来了解一下本体的概念,一个比较得到认可的本体的概念是:C=〈D,W,Rc〉,其中,C 表示概念化的对象,D 表示一个域,W 表示该领域中相关事务的集合,Rc 表示域空间〈D,W〉上的概念关系集合。

本体需要有某种语言对它进行描述,而实现语义 Web 服务的关键是如何对 Web 服务进行语义描述。这里我们选择 OWL-S 这种本体语言。它能够很好地描述一个 Web 服务,而且支持逻辑推理和分析,如图 6.8 所示。其中,Resource 代表提供 Web 服务的 Web 资源,Service 作为 Web 服务本体分类的根节点,代表 Web 服务自身。OWL-S 主要用于从三个方面描述 Web 服务,它们分别是:此 Web 服务提供什么样的服务,Web 服务具体是怎样工作的以及如何访问这个 Web 服务。

Service Profile 描述服务做什么?它主要是为一个服务搜索代理提供 Web 服务的相关信息。当确定需要访问某个 Web 服务以后,我们通过 Service Model 来进行整合,将其他的执行逻辑合并入工作流的整体逻辑。然后,通过对这个 Web 服务的 Service Grounding 的分析，可以让工作流来访问这个 Web 服务来完成整个流程。在整个过程中，Resource 扮演的是一直提供给我们这个 Web 服务基本信息的角色，从 Resource 这里获得 Web 服务使用的资源、用到的词典、涉及的背景等各种信息。同样，基于 OWL-S 的描述的语义 Web 服务完全可以应用到整个工作流上，如图 6.9 所示。

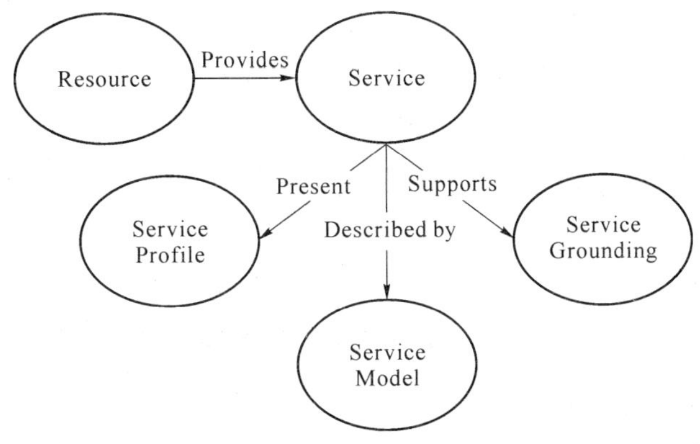

图 6.8 OWL-S 架构

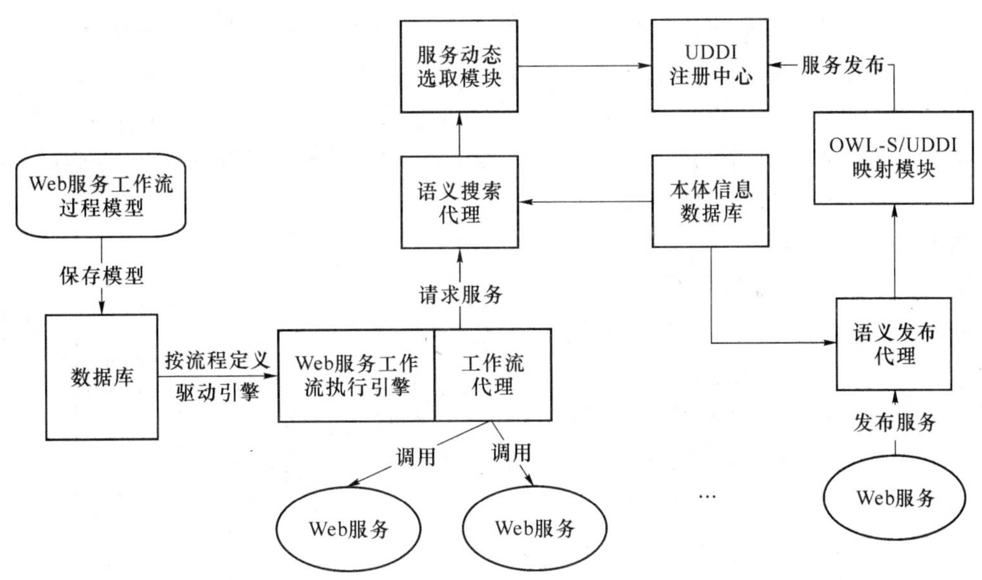

图 6.9 基于 OWL-S 描述的知识服务工作流模型

从图 6.9 中可以看到，我们在一般 Web 服务工作流基础上增加了三个语义代理：工作流代理、语义搜索代理和语义发布代理。其中，工作流代理负责在工作流执行过程中服务请求的发布和找到所需的 Web 服务后服务的调用。语义搜索代理负责请求服务的语义丰富和服务动态选取时的语义辅助，语义发布代理负责 Web 服务发布前的语义描述和服务的发布注册。通过使用代理，可以减少人工干预，提高工作流的执行效率。

这个模型具有以下几个特点：

(1) 灵活性和重用性强。将工作流的各个任务封装成 Web 服务的形式，可以灵活修改服务和应对情况变化，服务调用方便，可重用性强。

(2) 查找服务效率高。通过引入语义代理,将工作流引擎和服务注册中心之间的交互交给工作流代理和服务搜索代理,这样查找一个 Web 服务的过程就变成代理之间的交互过程,提高了查找过程的自治性、主动性和智能性。

(3) 服务质量好。建立了一个单独的 Web 服务本体信息数据库,用于存储 Web 服务的本体信息,通过 Web 服务的语义信息来确定是否是工作流执行所需要的 Web 服务,这样既减轻了访问服务注册中心的负担,又提高了服务质量。

(4) 可以实现组合 Web 服务。OWL-S 具有表达 Web 服务间交互的能力,所以 OWL-S 可以作为组合 Web 服务的描述语言。同时,OWL-SAPI 也给出了组合 Web 服务的执行功能。

6.6 知识服务工作流执行过程

知识服务工作流按其查找匹配知识服务和执行知识服务的顺序,可分为静态知识服务工作流和动态知识服务工作流。静态知识服务工作流现将所有所需知识服务找齐,整合了所有的数据流和控制流后才开始执行知识服务工作流,而动态知识服务工作流查询到合适的知识服务即将其整合进工作流中,并立即执行,然后继续寻找下一个所需的知识服务,如此循环直至完成整个工作流。动态工作流有查询策略简单、执行迅速等优点,而静态工作流则具备查找策略多样、能找到知识服务组合的最优解等特点,并能减少因匹配不到合适的知识服务而导致异常的发生。

知识服务的工作流执行过程具体可分为 4 个阶段:知识服务发布阶段、知识服务发现阶段、知识服务整合阶段和知识服务执行阶段,如图 6.10 所示。

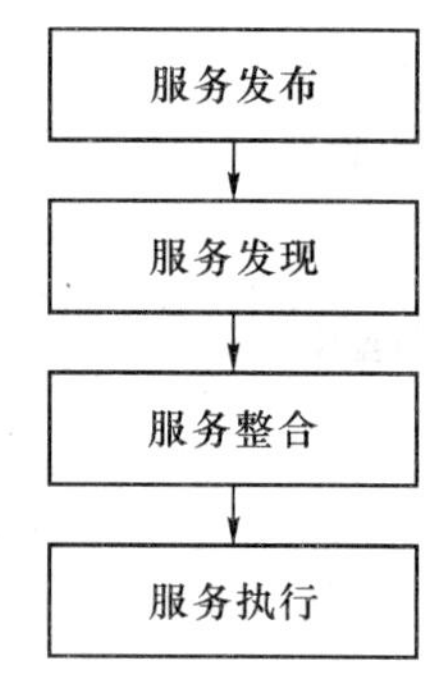

图 6.10 知识服务工作流执行过程

知识服务发布阶段完成的主要任务包括:Web 服务提供者向注册中心提交服务注册,激活一个语义发布代理,语义发布代理根据服务提供者提供的关键字去 Web 服务本体信息库查询满足条件的本体,如果没有合适的本体,则需要由服务提供者自己定义本体。语义发布代理找到所有满足条件的所有本体后,返回给服务提供者,由服务提供者选择出最合适的本体,然后按照此本体中的定义对 Web 服务进行 OWL-S 语义描述。发布之前,需要由 OWL-S/UDDI 映射模块将 OWL-S 映射为 UDDI 的数据结构,映射后的服务描述就可以使用发布 API 向 UDDI 注册中心进行发布了。这一阶段还包括服务流程模板的创建,也就是说根据要完成的任务目标,确定工作流中包含哪些服务。这通常是根据所需要解决的问题决定的。

知识服务发现阶段的主要任务包括:服务查找匹配、服务相似度计算并排序、选择合适的服务。

服务发现过程的关键是服务的匹配。这一步骤实际上是搜索模板与服务发布的匹配问题,当前所提出的匹配算法可以根据输入、输出和种类进行语义匹配。传统的基于 UDDI

的服务匹配主要采用关键字搜索进行服务发现,没有为搜索服务提供语义匹配。而OWL-S语言为服务描述引入了语义信息,可以实现服务的自动发现与组装。理论上说,自动化的Web服务组装根据给定的功能需求就能自动完成服务的自动组装,但应用的实际前提是领域专家制定了领域本体,服务发布者使用该本体中的概念对服务使用OWL-S进行描述。服务请求者对所需服务进行描述,如果服务包含语义信息,查询时适配器模块就会从语义UDDI中取得该服务分类的属性模板,然后由请求者填写所需的服务属性指标,用于对服务的匹配查询。对于不包含语义的请求服务,直接使用传统UDDI的服务查询。

知识服务的匹配按照匹配的程度分成4种:

(1) 完全匹配,即找到服务的输入输出信息与请求服务的输入输出信息完全相同,这是服务匹配最理想的情况。

(2) 包含匹配,即找到服务的输入输出信息包含了请求服务输入输出信息。

(3) 部分匹配,即找到服务的输入输出信息与请求服务的输入输出信息的一部分相同。

(4) 不匹配,即没有找到与请求服务的输入输出信息一致的Web服务。

6.7　基于BPMN的工作流建模

6.7.1　BPMN相关概念介绍

1. BPMN简介

业务流程建模标注(Business Process Modeling Notation,BPMN)是一种业务流程描述的图形化表示,BPMI符号工作组于2004年5月发布了BPMN1.0规范。目前最新的BPMN规范版本是2.0 beta[21]。

BPMN是一个业务流程建模的标准,它定义了建立业务流程操作的图形格式——业务流程图(Business Process Diagram,BPD)。BPD基于流程图技术,它与UML中的活动图很相似,在BPD中,BPMN为业务流程建模提供了大量的图形符号。BPMN开发的主要目的在于使开发初始草图的流程分析员和负责实施的开发技术人员以及管理和监控流程执行的人员都可以很好地理解流程的含义。BPD中主要有4种基本的元素分类:Flow Object、Connecting Object、Swimlanes、Artifacts。在此基础上,在流程建模过程中再为这些基本元素添加一些信息,从而通过简洁的流程图表达出复杂的业务流程关系。

2. BPMN中的基本构件

(1) Flow Object

Flow Object共有三种核心构件,它们是Event、Activity、Gateway,如表6.3所示。

(2) Connecting对象

Connecting对象用于连接Flow对象,从而搭建业务流程的基本结构。Connecting对象也分为三种,它们分别是Sequence Flow、Message Flow和Association构件,如表6.4所示。

表 6.3 Flow 对象的 3 种类型

Event	Event 元素用圆形符号来表示，用于启动流程。共有三种不同形式的 Event 元素，它们分别是开始元素(start)、中间元素(Intermediate)和结束元素(End)。不同的事件元素对流程的影响不同，通常表现在触发和结果上。	
Activity	Activity 元素用圆角矩阵符号来表示，这也是一般公司表示活动的通常表示方法。活动元素分为两种类型：原子活动或任务和复合活动或子流程。子流程在矩形的底部加一个加号表示。	Task
Gateway	Gateway 元素用菱形表示。它通常用于表示流程的分支和汇总，因此可以用来表示流程中的分支、并发、循环等结构。不同类型的 Gateway 元素中菱形的符号是不一样的。如右图所示，从左至右依次是 Complex Gateway、Inclusive Gateway、Exclusive Gateway、Parallel Gateway。	

表 6.4 Connecting 对象的三种类型

Sequence Flow	Sequence Flow 用一条实线和一个实心箭头组合来表示。它用于表示流程中活动的执行顺序，在 BPMN 中一般不适用控制流的概念。	
Message Flow	Message Flow 用一条虚线和一个空心箭头表示。它用来表示不同的流程参与者之间的信息传递通道。在 BPMN 中用两个不同的泳道来表示不同的参与者。	
Association	Association 对象用一个点线和一个线箭头表示。它用于定义数据、文本以及其他的 Artifacts 对象和 Flow 对象之间的关联。它用于展示活动的输入和输出。	

(3) Swimlanes 对象

Swimlanes 概念被用在许多流程建模方法中，通过这种机制来将活动组织成不同的种类，以此来展示它们不同的功能和责任。BPMN 中的 Swimlanes 对象主要有两种构件，它们分别是 Pool 和 Lane，如表 6.5 所示。

表 6.5　Swimlanes 对象中的两种结构

Pool	Pool 结构表示了流程的一个参与者。它用于作为一个图形化的容器来划分活动集合。	Pool
Lane	Lane 结构是对 Pool 结构的子划分。它将会扩展 Pool 整体的长度和宽度。Lane 用来组织活动的种类。	Pool Lane Lane

(4) Artifacts

BPMN 被设计可以为流程模型添加一些适当的上下文信息，从而使得建模人员可以更加灵活地扩展基本的标注符号。我们可以在 BPD 图中添加任意数量的 Artifacts 来表示流程模型中的上下文信息。Artifacts 共有三种类型的构件，它们分别是 Data Object、Group、Annotation，如表 6.6 所示。

表 6.6　Artifacts 中的三种构件

Data Object	Data Object 是一种显示流程中活动需要或产生了的数据。它通过 Association 对象与流程中的活动连接。	
Group	Group 用虚线圆角矩阵来表示，Group 用来产生文档或分析流程时作标注使用，它并不会影响流程的执行。	
Annotation	Annotation 是用来注释流程图的，以帮助流程设计人员或技术人员更好地理解流程定义。	Annotation

同时，BPMN 也允许建模人员自定义 Artifacts 对象的类型，用来标注更多的流程执行信息，通常是用来显示流程活动的输入和输出数据。由活动(Activity)、网关(Gateway)、顺序流(Sequence Flow)定义的流程的基础机构是不会随着 Artifacts 对象的添加而改变的。

6.7.2　Web 服务业务流程执行语言

1. WS-BPEL 简介

Web 服务业务流程执行语言(Business Process Execution Language for Web service,

WS-BPEL）是一种基于 XML 的业务流程描述语言，它用于描述支持 Web 服务的业务流程。WS-BPEL 起源于微软（Microsoft）公司的 XLANG 规范[22]和 IBM 公司的 WSFL 规范[23]。WSFL 支持图形化的流程，而 XLANG 在结构化构造方面有独到的方法。2002 年，IBM、Microsoft 为了建立统一的业务流程建模规范，决定结合 XLANG 和 WSFL 两种规范的特点，形成了一个新的工作流规范——BPEL4WS 1.0 规范，此后于 2003 年，BEA System、IBM、Microsoft 等五家公司联合向 OASIS（Organization for the Advancement of Structured Information Standards，结构信息标准化促进组织）提出 BPEL4WS 1.1 标准。并于次年的 12 月 14 日正式由 OASIS 组织定名为 WS-BPEL 规范。在 2007 年 6 月，又由 Active Endpoints、Adobe System、IBM、BEA、Oracle 和 SAP 六家公司联合发布了 WS-BPEL 的扩展规范 BPEL4People 规范和 WS-Human Task 规范，这两个规范描述在 BPEL 流程中如何实现与人的交互[24]。

WS-BPEL 定义了描述基于业务流程和伙伴服务之间进行交互的行为的模型和语法。伙伴之间的交互通过 Web 服务接口发生，使用伙伴连接元素来表示接口的级别和架构关系。WS-BPEL 程序定义了与伙伴服务的流程服务之间的交互是怎样协调一致来完成业务目标的，同时也定义了交互过程中协调的状态和必要的逻辑[25]。对于处理业务异常和编程故障的系统，WS-BPEL 也定义了相关的机制。此外，WS-BPEL 还提供了当异常发生或者伙伴请求撤销时，单元功能内的单个或复合活动是如何被赔偿的机制[26]。

WS-BPEL 是建立在若干 XML 规范的基础之上的：WSDL 1.1、XML Schema 1.0、Xpath 1.0 和 XSLT 1.0。WSDL 消息和 XML Schema 类型定义提供了在 WS-BPEL 流程定义中使用的数据模型。Xpath 和 XSLT 提供了对于消息数据操作支持。在 WS-BPEL 中所有的相关资源和伙伴被描绘为 WSDL 服务。WS-BPEL 所提供的可扩展性能支持这些标准的未来版本，即用于 XML 规范的 XPath 和相关标准[27]。

2. WS-BPEL 中的核心概念元素

BPEL 中的核心概念元素包括合作伙伴链接类型（PartnerLinkType）、合作伙伴链接（PartnerLink）、端点引用（Endpoint Reference）、变量（Variable）、相关性（Correlation）、活动（Activity）等[28]。

下面详细介绍 BPEL 中各个核心元素：

（1）合作伙伴链接类型：<partnerLinkType>通过定义会话里每个服务扮演的角色以及指定由每个服务提供的 portType 接收会话上下文里的消息来刻画了两个服务之间的会话关系。每个<role>确切指定了一个 WSDL portType。

<partnerLinkType>元素的基本结构如下：

```
<partnerLinkType name = "BuyerSellerLink">
    <plnk:role name = "Buyer" portType = " buy:BuyerPortType " />
    <plnk:role name = "Seller" portType = " sell:SellerPortType " />
</partnerLinkType>
```

（2）合作伙伴链接：在 WS-BPEL 中越业务流程交互的服务被建模为一个合作伙伴连接。每个<partnerLink>由 partnerLinkType 标记。相同的 partnerLinkType 标记可以标示多个<partnerLink>元素。

<partnerLink>元素的基本结构如下：

```
<partnerLinks>
    <partnerLink name = " " partnerLinkType = " " myRole = " "
            partnerRole = " "?
    initializePartnerRole = "yes|no"? />
</partnerLinks>
```

(3) 端点引用：端点引用指定了服务的描述信息、服务名称及端点引用相关的信息。端口引用的主要用法是像指定端口数据服务的动态通信机制一样提供服务。端口引用使得 WS-BPEL 里动态地选择特殊类型的服务提供者以及调用它们的操作是可能的。

(4) 变量：变量提供了持有消息的方法，组成业务程序状态的一部分。被持有的消息经常是从伙伴那里接收到的或者即将被送给伙伴的。变量也可以持有保持相关程序状态需要的数据并且不会同伙伴交换。WS-BPEL 使用三种类型的变量声明：WSDL 消息类型、XML Schena 类型(简单或复杂的)以及 XML Schema 元素。可以使用<assign>活动元素来给变量进行赋值。

<variable>元素声明语法如下：

```
<variables>
    <variable name = "BPELVariableName" messageType = "QName"?
        type = "QName"? element = "QName"? > +
    </variable>
</variables>
```

(5) 相关性：WS-BPEL 标记相关性情况通过提供说明性的机制来指定在程序实例中相关的操作组。WS-BPEL 中使用<correlationSet>来标记相关性。<correlationSet>比起变量更类似于一个有边界的常量。<correlationSet>的绑定值通过特定的有记号的发送或接收消息操作触发。<correlationSet>在其所属作用域的生命周期内只能被初始化一次。一旦被初始化，<correlationSet>必须保持它的值，不管变量是否更新。相关性可以在每个通信活动<receive>、<onMessage>、<onEvent>、<reply>和<invoke>中使用。

相关性的声明语法如下：

```
<correlationSets>
    <correlationSet name = "NCName" properties = "QName-list" /> +
</correlationSets>
```

(6) 活动：活动是 BPEL 元素中的核心，WS-BPEL 主要通过活动元素来描述业务流程的逻辑。BPEL 允许递归地组合结构化活动，以表达任意复杂的算法，这些算法代表和体现了服务的具体实现。活动元素分为两类：一类是基本活动(Basic Activity)，另一类是结构化活动(Structured Activity)。下面对 BPEL 中的主要活动类型进行介绍。

WS-BPEL 中的基本活动类型包括：< invoke >、< receive >、< reply >、<assign>、<throw>、<wait>。

① <invoke>活动用于调用服务提供者提供的 Web 操作。

② <receive>活动用于接收合作伙伴链接发送来的信息，receive 活动指定了 partnerLink，其中包括用来接收消息的 myRole、portType 以及期望伙伴调用的 operation。

③ <reply>活动用于通过输入消息活动(如<receive>活动)发送响应给先前的请求。

④ <assign>活动用于为变量赋值。

⑤ <throw>活动用于当业务程序需要显式发送内部故障信号时。

⑥ <wait>活动指定了某个时间段或者直到某个最后期限到达的延迟。

WS-BPEL 中的结构化活动类型包括：<sequence>、<if>、<while>，<repeatUntil>、<pick>、<flow>等活动。

① <sequence>用于描述顺序执行的流程。<sequence>活动包括顺序执行的一个或多个活动，词法要求它们应该在<sequence>元素中出现。当序列中最后一个活动完成时<sequence>活动完成。

② <if>用于描述选择性结构的流程。活动由<if>和可选择的<elseif>定义的一个或多个条件转移的有序列表组成，后面跟随可选的<else>元素。

③ <while>用于描述循环结构的流程。<while>活动提供被包含活动的重复执行。在每个迭代开始，只要验证<condition>布尔值为 true，则被包含活动一直被执行。

④ <repeatUntil>同样用于描述循环结构的流程。该活动为被包含的活动提供重复执行。被包含活动执行直到给出的<condition>布尔值变成 true。每个循环体被执行后检查条件。相对<while>活动，<repeatUntil>循环执行活动至少一次。

⑤ <pick>用于描述分支结构的流程。该活动等待事件集中某个具体事件发生，然后处理同那个事件相关联的活动。当事件被选中后，其他的事件不再被<pick>接受。

⑥ <flow>用于描述并发结构的流程。在<flow>中将活动分组的效果是能够启用并发。当所有附属<flow>的活动完成时，<flow>结束。在<flow>中使用<link>标签来建立同步关系。

6.7.3 从 BPMN 到 WS-BPEL 的映射算法

1. 基于 BPMN 工作流的形式化描述

欧阳春提出了一套完整的从 BPMN 到 BPEL 的映射算法[29]，该算法的基本思路是首先定义 BPD 的核心子集，然后根据核心子集元素将 BPD 划分为若干个“component”。其中“component”分为两部分：一部分是良好格式的“component”，另一部分是非良好格式的“component”。良好格式的“component”可以直接映射到 BPEL 的控制语句结构，非良好格式的“component”则通过定义好的事件响应规则将其转换成相应的 WS-BPEL 代码。

文献[29]中 BPD 图定义形式比较复杂，在本书里，将一个 BPD 图定义成一个二元组，即 BPD=$\{O,F\}$，其中 O 表示 BPD 中的节点，根据 4.1.2 小节的介绍，节点集 O 中的节点类型可以定义为 Type=$\{\mathrm{T},\mathrm{T_l},\mathrm{E_s},\mathrm{E_e},\mathrm{E_i},\mathrm{G_p},\mathrm{G_d},\mathrm{G_v},\mathrm{G_i}\}$。其中，T 表示 Task 类型；$T_l$ 表示循环任务节点类型；E_s 表示 Start Event 类型；E_e 表示 End Event 类型；$\mathrm{E_i}$ 表示 Intermediate Event 类型；G_p 表示 Parallel Gateway 类型；G_d 表示 Exclusive Data-Based Gateway 类型；G_v 表示 Exclusive Event-based Gateway 类型；G_i 表示 Inclusive data-based Gateway 类型。F 是连接各个节点的边的集合，也可以理解成是 Sequence Flow 类型的构件集。如此，可以将 BPD 抽象成一个有向图。

下面，我们做如下定义，对于节点集中的任意一个节点，把以节点为终点的边称为该节

点的入边，将该节点的前置节点记做 in(x)，将以该节点为终点的边数称为该节点的入度，记做|in(x)|，将以该节点为起点的边称为该节点的出边，将该节点的后置节点记做out(x)，将以该节点为起点的边数称为该节点的出度，记做|out(x)|。

根据以上定义，可以这样表示 BPD 中的核心元素的形式化约束：

① 对于 $\forall x \in O$，如果 TypeOf(x)$=E_s$，则 $|\text{in}(x)|=0 \wedge |\text{out}(x)|=1$，即对于开始事件节点，它的入度为 0，出度为 1；

② 对于 $\forall x \in O$，如果 TypeOf(x)$=E_e$，则 $|\text{in}(x)|=1 \wedge |\text{out}(x)|=0$，即对于结束节点，它的入度为 1，出度为 0；

③ 对于 $\forall x \in O$，如果 TypeOf(x)$\in \{T, e_i\}$，则 $|\text{in}(x)|=1 \wedge |\text{out}(x)|=1$，即对于中间节点和普通任务节点，它的入度为 1，出度为 1；

④ 对于 $\forall x \in O$，如果 TypeOf(x)$=G_v$，则 TypeOf[out(x)]$\in \{T, E_i\}$，即对于基于事件的异或路由节点，它的后继节点只能是普通任务节点或中间事件节点；

⑤ 对于 $\forall x \in O$，$\exists (s,e) \in \{E_s \times E_e\}$，$sF * x \wedge xF * e$，即对于任意图中节点均应该在从开始节点到结束节点的一条路径上。

与文献[29]中不同的是，这里的路由节点将其中提到的 5 种路由节点合并为平行网关(Parallel Gateway)、基于独家数据的网关(Exclusive Data-Based Gateway)、基于独家事件的网关(Exclusive Event-based Gateway)、基于包容性数据的网关(Inclusive data-based Gateway)四种类型。同时为了描述循环结构的流程模型，除了使用循环任务类型节点外，再引入循环子流程的概念，6.8 节将详细描述循环子流程实现循环结构建模的实现方法。

2. BPMN 中的主要流程结构

为了将 BPD 图映射成可读的 BPEL 文件，需要将 BPD 中图形表示的流程结构分成若干个子流程类型，并与 BPEL 中的控制结构语句相对应，根据 4.2.1 小节中的介绍，BPEL 中主要使用结构化活动类型来表示流程的逻辑结构，如<sequence>、<flow>、<while>、<repeatUntil>、<if>、<pick>等标签。下面介绍在 BPD 图中的工作流模型的主要子流程结构。

BPD 图中的主要流程结构分为以下几种：

(1) 顺序结构

在顺序结构中所有节点顺序执行。该结构可以与 WS-BPEL 中的<sequence>标签映射。顺序结构如图 6.11 所示，其中◎代表消息中间事件，是 InterMediate Event 元素的一种。

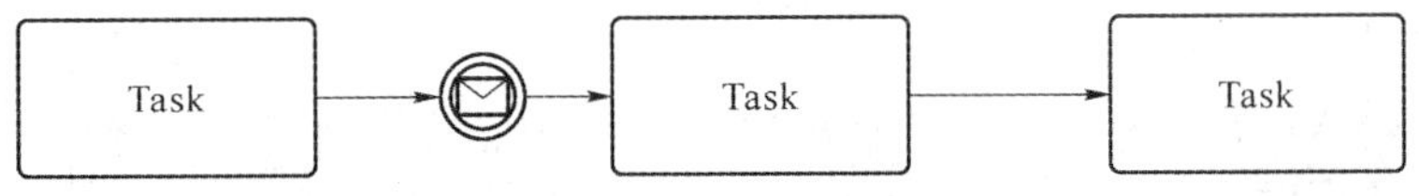

图 6.11　BPMN 中的顺序结构

(2) 并发结构

在并发结构中，结构的起点为 Parallel Gateway 节点。除起点和终点外，在该结构中，所有的流程路径中的节点都要被执行。该结构可以与 WS-BPEL 中的<flow>标签映射。

并发结构如图 6.12 所示。

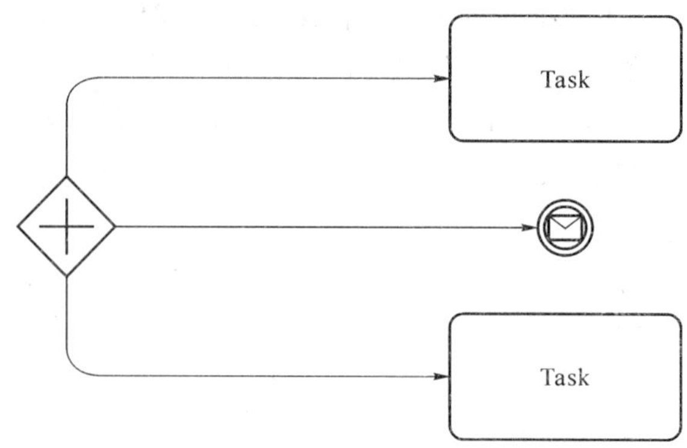

图 6.12 BPMN 中的并发结构

(3) 基于事件的选择结构

在基于事件的选择结构中，结构的起点为 Exclusive Event-based Gateway，流程只能根据 Gateway 中的事件（或消息）条件，选择其中一条路径流转。对于该结构在 Gateway 节点后必须有 Task 节点或 Intermediate Event 节点用于接收消息。该结构可以与 WS-BPEL 中的<pick>标签映射。基于事件的选择结构如图 6.13 所示。

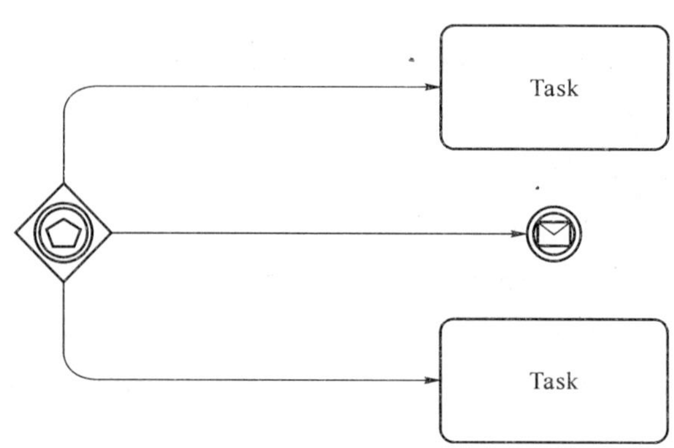

图 6.13 BPMN 中的基于事件的选择结构

(4) 基于数据的选择结构

在基于数据的选择结构中，结构的起点为 Exclusive Data-based Gateway 节点，并且流程只能根据 Gateway 中定义的条件值选择其中一条路径流转。该结构可以与 WS-BPEL 中的<if>、<else>标签映射。基于数据的选择结构如图 6.14 所示。

(5) 并发选择结构

在并发选择结构中，结构的起点为 Inclusive Gateway，该结构同时具有并发结构和选择结构的特性，即可以根据 Gateway 节点的选择条件执行满足选择条件的路径进行流程流转。该结构可以与 WS-BPEL 中的<flow>和<if>、<else>标签组合映射。并发选择结构如图 6.15 所示。

(6) 循环结构

与以往的映射算法[29,30]不同的是，对于简单的循环活动，我们使用普通循环任务节点来建模，对于复杂的循环流程，BPEL2.0 模型中引入了循环子流程结构来建模工作流中的循环流程结构。我们可以将循环子流程结构看做一个流程，其中包含上述的满足其他子结构条件的流程活动。循环子流程将循环执行直至不满足循环条件。这样做可以有效地降低在流程中寻找回路，以及避免交叉循环流程[29]的出现。根据不同的情况，循环结构可以分别映射 WS-BPEL 中的<while>、<forEach>、<repeatUntil>标签，对于循环子流程结构还需要和<scope>标签联合使用。循环结构如图 6.16 所示。

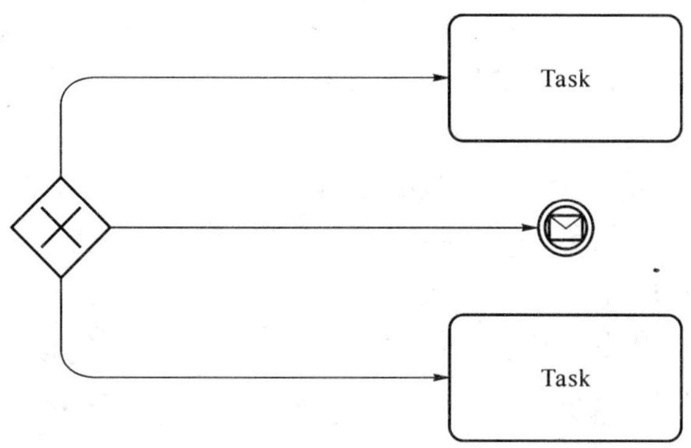

图 6.14　BPMN 中的基于数据的选择结构

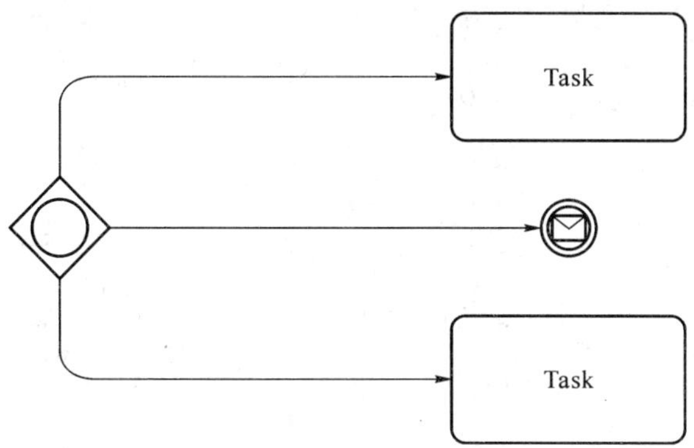

图 6.15　BPMN 中的并发选择结构

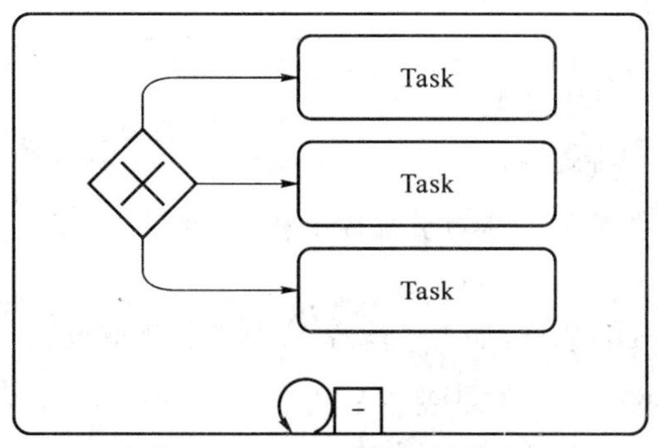

图 6.16　含有选择结构的循环子流程

3. 映射算法描述

基于上述的介绍和对 BPD 图的抽象化描述，本书将提出一种基于深度遍历多叉树的 BPMN-BPEL 映射算法。将流程模型中的开始事件节点看成是多叉树的根节点，将 Gateway 节点、While 子结构节点看成多叉树的中间节点，将结束事件节点看成多叉树的叶子节点。

算法的主要思想是将每个工作流程均看成一个顺序结构的流程，流程结构为{开始节点，子流程，结束节点}。算法首先从根节点开始深度遍历工作流程树，如果后继节点是 Task 节点或 Intermediate Event 节点，则将其添加到顺序结构的节点中，如果后继节点是一个路由节点，便将其代表的结构映射到相应的 BPEL 标签上，同时将从该节点引出的每条分支均看成是一个＜Sequence＞子流程嵌入到对应的分支结构中。当后继节点为结束事件节点时，表示该条 Sequence 活动路径结束。此时应回溯到该条路径的父节点，继续遍历其他分支，直到完成遍历整条流程树，映射过程完毕。下面将结合一个 BPMN-BPEL 映射实例来展示算法的执行过程。图 6.17 为一个 BPMN 流程模型，图 6.18 为图 6.17 所示模型映射完成后的 BPEL 代码，由于是为了解释算法执行过程，因此图 6.18 中的 BPEL 代码为简化的伪代码。

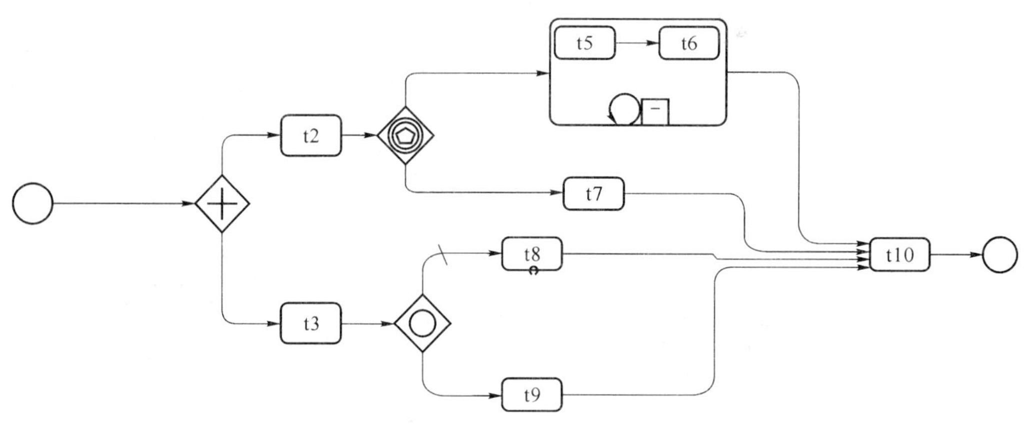

图 6.17　BPMN 流程建模示例

BPMN-BPEL 映射算法的执行过程是：

① 创建顺序结构主流程，将开始节点与结束节点加入主流程，扫描开始节点的后继节点；

② 后继节点为 Parallel Gateway 类型，记录该节点引出的分支数及节点类型，映射对应的 BPEL 标签＜flow＞，创建顺序结构子流程 1 和顺序结构子流程 2，进入子流程 1，扫描后继节点；

③ 后继节点 t2 为 Task 节点，加入子流程 1，扫描后继节点；

④ 后继节点为 Exclusive Event-Based Gateway 类型节点，记录该节点引出的分支数及节点类型，映射对应的 BPEL 标签＜pick＞及相应的＜condition＞标签，创建顺序结构子流程 3 及顺序结构子流程 4，进入子流程 3，扫描后继节点；

⑤ 后继节点为循环子流程节点，记录该节点的节点类型，映射对应的 BPEL 标签

<scope>、<while>，创建顺序子流程5，进入子流程5，扫描后继节点；

⑥ 后继节点t5为Task节点，加入子流程5，扫描后继节点；

⑦ 后继节点t6为Task节点，加入子流程5，扫描后继节点；

⑧ 循环结构子流程结束，扫描循环子流程后继节点；

⑨ 后继节点t10为Task节点，加入子流程3，扫描后继节点；

⑩ 后继节点为End Event节点，回溯到该子流程的起始节点，进入下一个子流程4，如此继续进行，直到整条流程树遍历完毕。

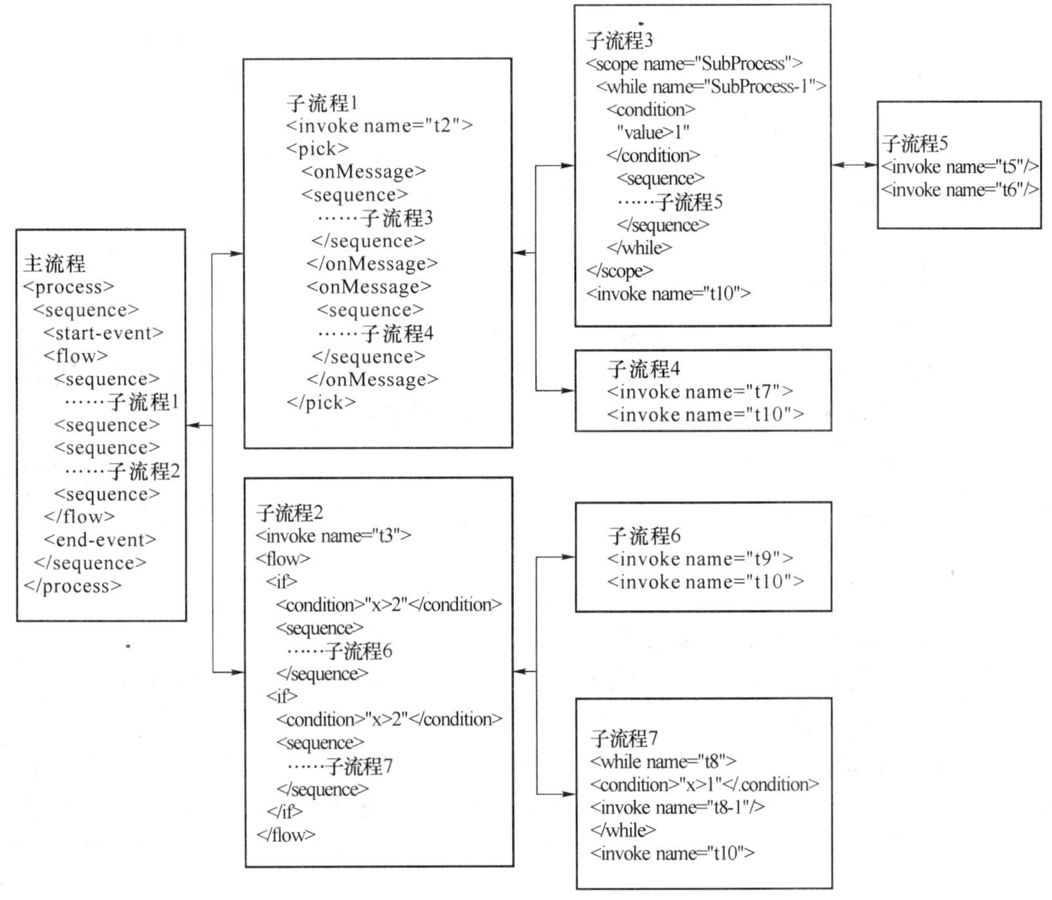

图6.18　BPMN流程建模对应的WS-BPEL代码

6.8　工作流引擎设计

6.8.1　工作流引擎功能需求

根据工作流管理联盟的定义，工作流执行服务是由一个或多个工作流引擎构成的软件服务，用来创建、管理和执行工作流实例。应用程序可能会通过工作流应用程序编程接口

(Workflow API)与工作流执行服务进行交互。

工作流引擎是工作流管理系统的核心所在，是整个系统的“后勤总部”，是负责工作流执行服务中部分或全部的运行控制环境。也就是说，工作流引擎就是为工作流实例提供运行期执行环境的软件服务。

工作流引擎的职责功能包括[31]：

- 解释流程定义；
- 控制流程实例的创建、激活、挂起和终止操作；
- 控制活动或任务实例的床架、激活、挂起和终止等操作；
- 在流程活动之间导航，包括顺序或并发的操作、最后期限调度，以及对工作流相关数据进行解释等；
- 参与者的登录或退出；
- 确定需要用户参与的任务项，并提供与用户交互的接口；
- 维护工作流相关数据，并在应用程序或参与者之间传递工作流相关数据；
- 提供调用外部程序和访问工作流相关数据的接口；
- 提供控制、管理和审查功能；
- 记录流程实例运行的历史数据。

总体来说，工作流引擎应该支持流程模型的实例化与执行控制，在流程和活动实例执行时提供导航功能，提供与外部资源进行交互的接口，最后要维护工作流系统运行中涉及的工作流控制数据及工作流相关数据。

6.8.2 模型设计

1. 流程定义元模型

在一个工作流模型中，除了需要提供描述业务流程机构的流程元素外，还需要提供表示流程执行逻辑和流程业务功能的变迁和动作。因此，工作流模型必须包含一个用来描述工作流模型的基本元模型。

所谓的元模型就是描述模型的模型。流程定义元模型是工作流模型中描述流程定义内在联系的模型，反映了工作流模型中所有流程元素的结构功能和内在联系。使用流程定义元模型，可以建立一个与实现无关的流程定义，方便在多个工作流产品之间交换信息。

图 6.19 展现了流程定义中的元模型[32]，从图中可以看出，流程定义元模型的核心是活动实体。工作流定义与活动、工作流定义与工作流相关数据都是一对多的关系。也就是说，一个工作流定义可以由多个活动实体和一系列的工作流相关数据组成。角色、工作流相关数据、被调用的应用程序，以及变迁条件与活动之间都是多对多的关系，即一个活动可以引用多个不同的角色，使用多个工作流相关数据，调用多种类型的应用程序工具，并能在不同的变迁条件中导航。同时，同一个角色、工作流相关数据、变迁条件或应用程序工具也可以被多个活动使用。

2. 过程模型

过程模型对于业务流程中包含的三大元素进行了抽象定义，它们分别是流程、活动和迁移。

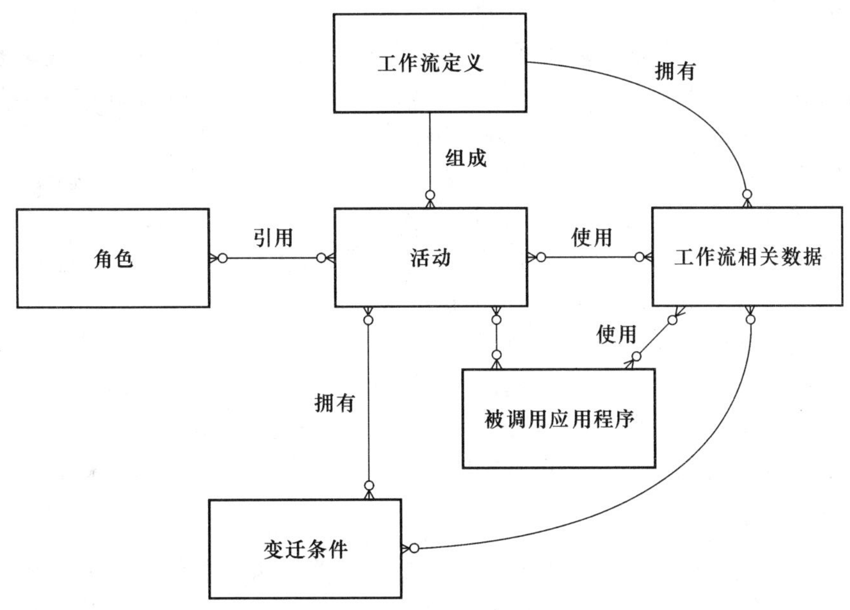

图 6.19　流程定义元模型

- 流程：ProcessDefinition＝(Id，Name，Description，Version，Start，End，State，Parent)，其中，Id 表示流程的编号；Name 表示流程的名称；Description 表示对流程的描述；Version 表示流程的版本；Start 表示流程的开始节点；End 表示流程的结束节点；State 表示流程所处的状态，包括初始化、运行、挂起、激活、终止、结束；Parent 表示该流程的父流程编号。
- 活动：Activity＝(Id，Name，Description，Type，Enter，Leave，State，Actor，Time，TransitonIn，TransitionOut，F)，其中，Id 表示活动的编号；Name 表示活动的名称；Description 表示对活动的描述；Type 表示活动的类型，包括自动执行、人工执行、分支节点、聚合节点、开始节点、结束节点等；Enter 表示进入活动的条件；Leave 表示离开活动的条件；State 表示活动所处的状态，包括初始、运行、挂起、撤销、完成；Actor 表示活动类型为人工执行活动时活动参与者的信息；Time 表示活动实效的时间期限；TransitionIn 表示进入活动的迁移，对于分支节点和聚合节点可以包含多个；TransitionOut 表示离开活动的迁移，对于分支节点和节点可以包含多个；F 表示分支活动的类型，包括并发活动、选择活动、并发选择活动、循环活动。
- 迁移：Transition＝(Id，Name，Description，Process，PrcessVersion，From，To，Condition)，其中，Id 表示迁移的编号；Name 表示迁移的名称；Description 表示对迁移的描述；Process 表示迁移所属流程信息；ProcessVersion 表示迁移所属流程的版本；From 表示迁移的开始节点；To 表示迁移的结束节点；Condition 表示迁移条件。

3. 数据模型

数据模型就是对工作流相关数据的描述，主要包括保存决策数据或引用数据值，它们在任务或子流程中间传递。数据模型对于工作流模型的作用体现在用户功能的扩展性。

工作流中相关数据为 Data=(Id,Name,DataType,InitialValue,Description),其中,Id 表示数据的编号;Name 表示数据的名称;DataType 表示数据类型,数据类型主要包括两种,一种是基本数据类型,即整型、浮点型、字符串等,另一种为扩展的数据类型,如数组、枚举等;InitialValue 表示数据的初始值;Description 表示对数据的描述。

在工作流系统运行时,多个工作流组件和工作流执行服务中的工作流引擎进行交互,互换信息,共同完成业务流程的执行。在此过程中流转的数据主要记录以下几个方面信息:

- 工作流执行数据:保存业务流程的业务逻辑数据,包括业务流程的业务规则、工作流管理系统的任务列表和流程实例的执行状态等。
- 业务数据:记录与业务相关的数据或外部应用数据。
- 历史数据:记录业务流程运行期间的执行细节,也可称之为日志信息。历史数据能够追溯业务流程实例的运行情况,可用于评估、分析业务流程的性能和关键点,查找问题原因,为业务流程再造提供支持。

4. 组织与权限模型

WS-BPEL 注重对业务流程的构成以及它们之间的依赖关系和流程执行逻辑的描述,但对于企业工作流来说,工作流系统的安全需求也十分重要,这就需要对 WS-BPEL 进行扩展组织权限分配的扩展。

工作流的权限控制,也就是为了让工作流系统在运转时更好地和人的操作有序、有规章地结合起来。对外的表现就是某人应该完成某人所应该完成的工作,也仅仅能够完成其可操作范围内的工作。目前,工作流的权限控制层,比较普遍的方式是以角色为基础的访问控制模型(Role-Based Access Control Model)。

随着企业应用复杂度的不断提高,传统的访问控制越来越体现出其局限性,资源控制已经无法适应复杂多变的应用系统——资源的变动、人员的变动以及系统/任务之间相互协调关联的关系。于是,基于角色和基于任务的一些较为主动型的访问控制方式,被广泛采纳。

下面来看看最为简单的 RBAC 模型,也可以叫做 Core RBAC 模型。在基本的 RBAC 模型中,包含五个基本元素:用户(User)、角色(Role)、许可(Permission)、资源(Resource)和操作(Operation)。此外还有两个基本概念:分配(Assignment)和会话(Session)。它们之间的关系如图 6.20 所示。

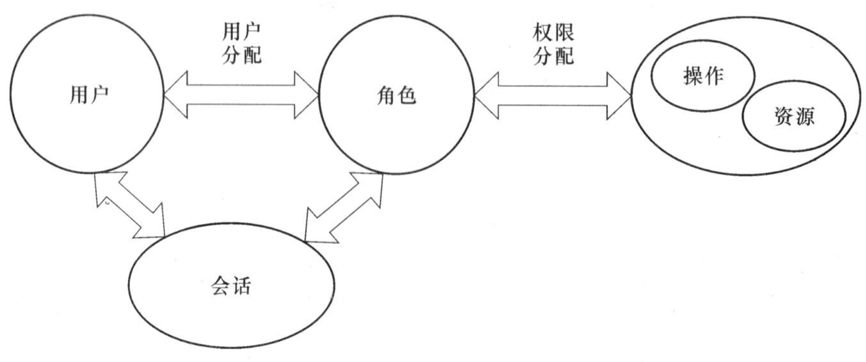

图 6.20　基本 RBAC 模型

从图 6.20 中可以看出，对于资源和操作的权限将分配给某些角色，而属于该角色的用户将拥有这些权限，其中一个用户可以有多重角色，每种角色下也可以包含多个不同的用户。

具体来说，组织权限管理分为授权信息和授权约束两方面内容，授权信息记录的是将流程中的某一项任务分配给某个角色，授权约束则定义了权限分配时的限制规则，比如对于某个流程中的两个活动，必须由两个不同的角色来完成，或者某两个活动必须由同一个角色来完成。

为了实现这样的需求，我们需要定义以下四个模块：组织模型、权限模型、权限分配模型和授权约束模型。

首先来定义角色树模型，角色树是一个层次模型，它定义了角色以及角色之间的关系，如图 6.21(a)所示该角色树模型定义了 5 个角色，分别是总经理、部门经理 A、部门经理 B 和员工 A、员工 B。树形结构很好地表示了不同角色之间的关系。

图 6.21(b)表示了权限的分配，在图 6.21(b)中共定义了 6 条权限，分别是执行活动 A、B、C、D、E、F。图 6.21(c)定义了权限的分配，从图中可以看到同一角色可以拥有多种权限，同一个权限也可以授予多个角色。需要指出的是高级角色拥有低级角色所分配的权限。而角色的级别由角色树的层次结构来表示，最后图 6.21(d)表示了权限约束规则，权限约束规则的模型可以定义为 C=(O,A_1,F)，用来表示活动 A_1 和活动 A_2 的授权约束。其中，O 表示该规则是基于角色的还是基于用户的，共有两个可选值 U 和 R，U 表示基于用户，R 表示基于角色；F 表示约束规则，共有四个可选值 E,D,J,S，而 E 表示两个活动必须由相同的角色或用户完成，D 表示两个活动必须由不同的角色或用户完成，J 表示活动 A_1 执行者的级别必须低于活动 A_2 的执行者，S 表示 A_1 执行者的级别必须高于活动 A_2 的执行者。由此构建出一个基础的组织权限分配模型。

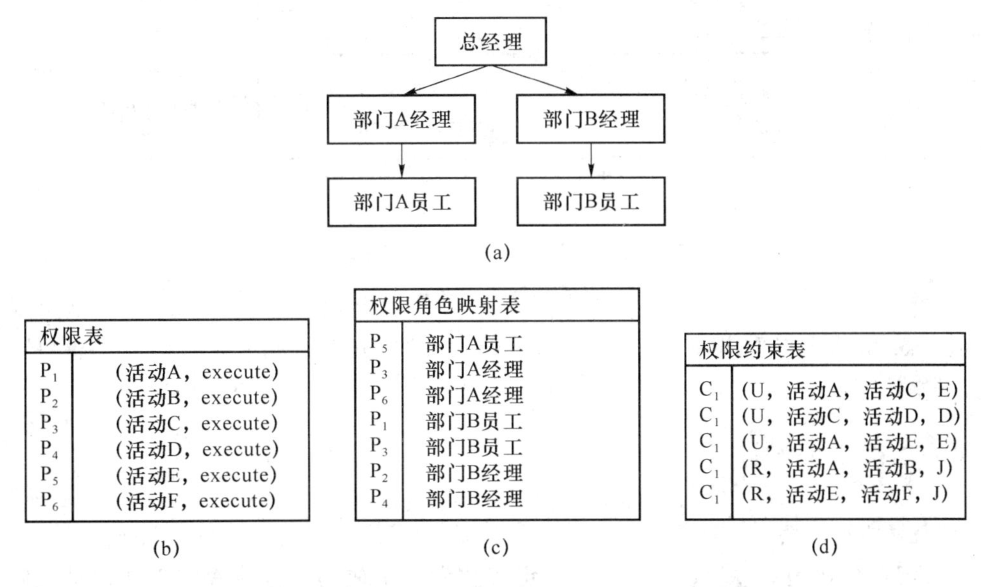

权限表	
P_1	(活动A, execute)
P_2	(活动B, execute)
P_3	(活动C, execute)
P_4	(活动D, execute)
P_5	(活动E, execute)
P_6	(活动F, execute)

(b)

权限角色映射表	
P_5	部门A员工
P_3	部门A经理
P_6	部门A经理
P_1	部门B员工
P_3	部门B员工
P_2	部门B经理
P_4	部门B经理

(c)

权限约束表	
C_1	(U, 活动A, 活动C, E)
C_1	(U, 活动C, 活动D, D)
C_1	(U, 活动A, 活动E, E)
C_1	(R, 活动A, 活动B, J)
C_1	(R, 活动E, 活动F, J)

(d)

图 6.21　扩展的 RBAC 模型示例

6.8.3 工作流引擎架构

工作流管理联盟给出的工作流引擎参考模型包括流程解释器、过程管理器、活动管理器、任务管理器、执行器、事件服务器、客户端控制器、数据管理器、监控管理器等部分。参照该模型,本书设计的工作流引擎架构如图 6.22 所示。

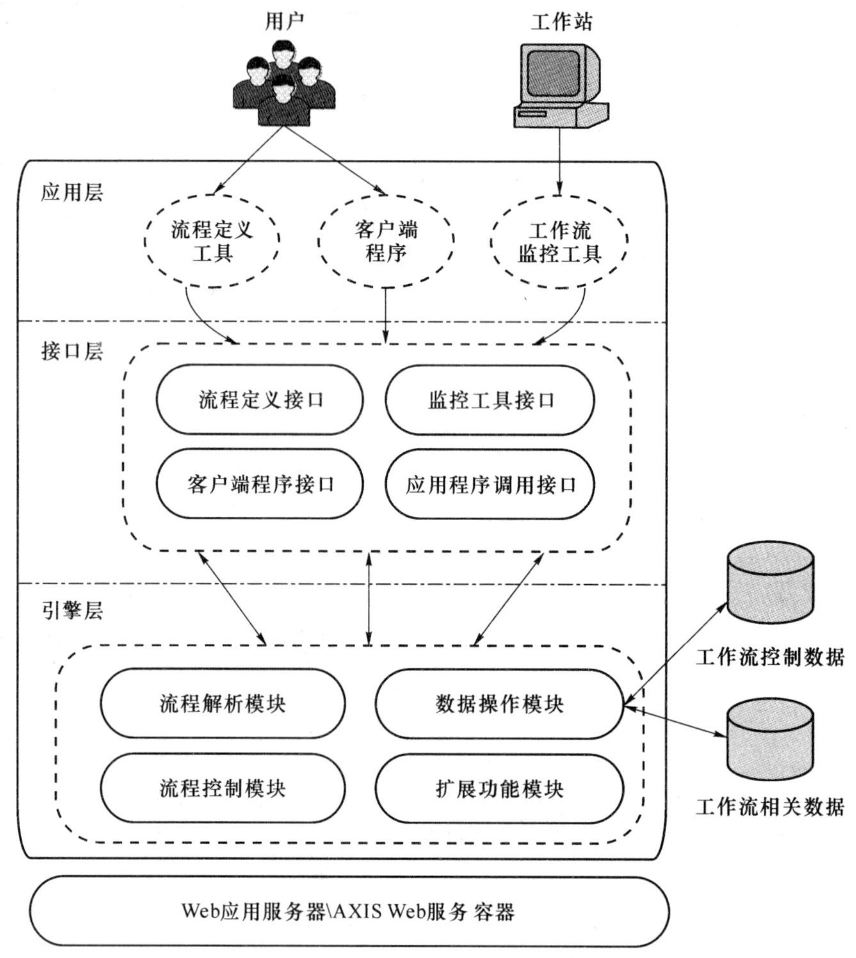

图 6.22　基于 Web 服务工作流引擎架构

从图 6.22 中可以看出,工作流引擎共分四大模块,分别是流程解析模块、流程控制模块、数据操作模块和扩展功能模块。

6.8.4 功能模块设计

1. 流程解析模块

流程解析模块是对过程定义工具经过可视化设计生成的业务流程定义文档进行解析,具体来说就是对 WS-BPEL 工作流执行语言进行解析,并存入工作流模型库中。我们使用的流程定义工具的输出结果是一个以 XML 形式表示、符合 WS-BPEL 规范的流程定义文档。流程解析模块负责将 XML 格式的流程定义文档解析成工作流引擎可以理解的业务流程对象，我们定义 ProcessDefinition 类用来管理业务流程模板，它的每一个实例对应一个流程定义模板。

流程建模人员使用流程建模工具对现实业务进行分析、建模后，输出流程定义，进而通过流程定义转换接口，即接口 1 将流程定义导入到工作流引擎中。实现流程定义解析主要依靠 Dom4j，Dom4j 是一个解析 XML 文档的开放源码框架，能够遍历 XML 文档树上的所有节点，并能够按照元素中的属性名称获取属性值，接口统一，操作方式简单。我们使用 ProcessDefinition 类来封装解析流程定义的操作。为了简单起见，目前只能够解析 XML 形式的 WS-BPEL 流程定义文件。在 ProcessDefinition 类中定义 parseBPELResource()方法来解析 WS-BPEL 文件。

2. 流程控制模块

在流程实例运行过程中，需要完成许多操作，如启动流程、启动活动、调用应用、分配任务、结束活动和结束流程等。工作流引擎的流程控制模块根据流程解析模块定义创建的流程实例对象，和参与者共同协作，实现业务流程定义的任务目标。

当工作流引擎启动一个流程定义时，系统内生成相应的业务流程实例并运行这个实例。为此定义 ProcessInstance 类，该类的一个实例对应一个运行中的流程实例。流程实例的运行状态包括初始状态、运行状态、挂起状态、激活状态、终止状态和结束状态[33]，各状态之间的转换如图 6.23 所示。

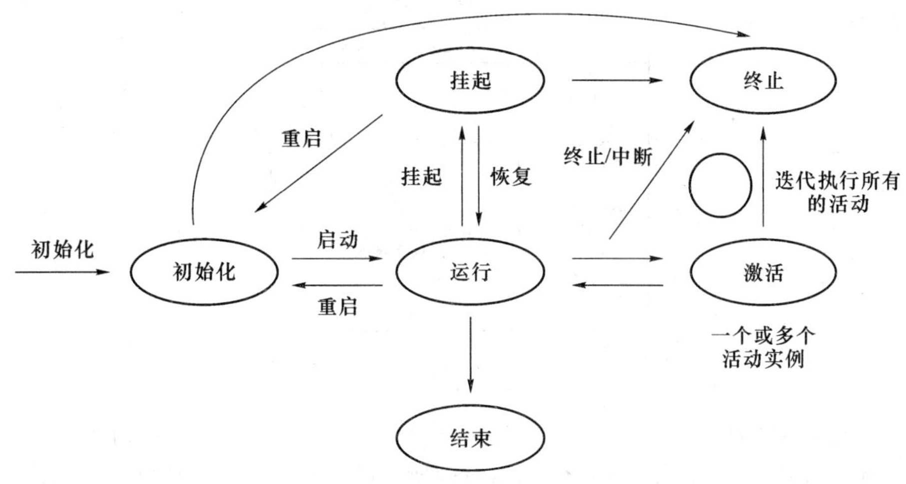

图 6.23　流程实例状态迁移图

同时定义 Task 类和 TaskInstance 类来表示活动节点，Task 类的一个实例对应流程定义中的一个活动，TaskInstance 的一个实例对应着正在执行的一个活动节点。活动实例是流程实例中不可分割的原子动作，业务流程实例的实现体现在完成流程所属所有的活动实例。活动实例的状态包括运行状态、挂起状态、完成状态和撤销状态，活动实例状态之间的转换关系如图 6.24 所示。

流程控制模块引用了 Petri 网中的令牌(Token)的概念[33]，以方便控制流程的流转。当一个业务流程定义被启动实例化时，系统会自动生成一个根令牌。在流程实例的执行过程中，当一个动作实施时，令牌就会通过变迁从一个节点流向下一个节点。流程实例的运行状态由令牌来表示。令牌包含一个当前节点对象的引用，用来表示业务流程执行所处的位置和状态。

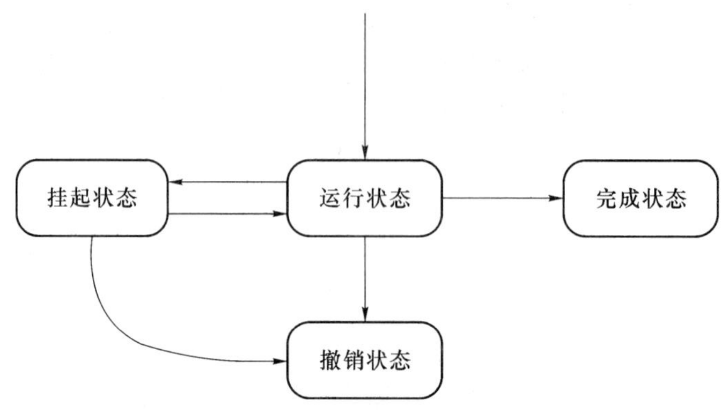

图 6.24　活动实例状态迁移图

流程实例开始运行时，令牌指向开始节点。开始节点任务完成后，令牌顺着节点的变迁向下传递，指向下一节点。接下来，节点持有该令牌并等待节点动作执行。节点动作执行结束后，令牌通过节点的离开变迁向下传递。如此反复，直到令牌进入结束节点。流程实例结束。令牌除了包含一个指向当前节点的引用外，还拥有大量的属性，如名称、创建时间和所属的流程实例等。令牌的属性结构如图 6.25 所示。

Token
Id:long Name:String Start:Date Parent:Token End:Date NodeEnter:Date subProcessInstance:ProcessInstance processInstance:ProcessInstance node:Node children:Map

图 6.25　令牌结构图

令牌中的节点属性用来表示当前指向哪一个节点，即为哪一个节点所拥有。令牌还包含流程实例的引用 ProcessInstance，表示该令牌所属的流程实例。除此之外，令牌还包含一个自身的引用 parent 和一个 Map 形式的键-值对 children。这是因为在流程实例执行的过程中，遇到并发结构或并发选择结构，则执行路径将被分为两条或多条子路径，在这些子路径上，节点任务可以相互独立的执行而互不影响，以便提高业务流程的执行效率。

当令牌通过并发节点时，根令牌被分割为两个子令牌。其中子令牌的属性 parent 指向父令牌，而父令牌则通过属性 children 来维护生成的子令牌，从而形成一个令牌树，树的根节点就是流程实例的根令牌。当所有子令牌到达聚合节点后，聚合节点销毁这些子令牌，即销毁根令牌的子节点，重新启动根令牌，继续执行剩余的流程任务。因此，从运行的角度来看，令牌代表了流程实例的执行路径；流程实例的执行过程就是令牌树的创建和回收过程。

令牌在流程实例中的流转如图 6.26 所示。

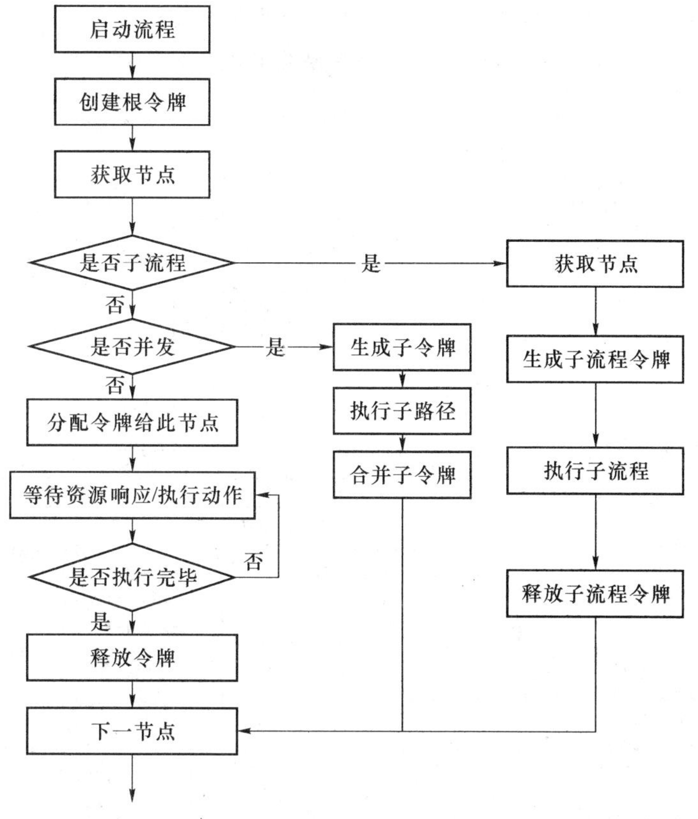

图 6.26　流程实例流转控制示意图

3. 数据操作模块

工作流系统执行过程中的数据操作包括数据的读取、存储、传递等。工作流引擎需要数据操作模块处理以下几种数据：

- 活动实例数据：追踪已经创建的活动实例的运行信息，如基本信息、活动状态等。
- 信息数据：流程实例正在等待的信息数据。
- 变量数据：每个流程实例的 WS-BPEL 变量的值。
- 伙伴链接类型数据：每个流程实例的伙伴链接类型的值。
- 流程的执行状态：流程实例的执行状态信息。

工作流引擎的数据操作模块主要依赖 Hibernate 来实现。Hibernate 为开发者提供功能强大，使用简单的持久化数据管理框架。Hibernate 封装了和关系型数据库交互的操作，采用对象关系映射机制，屏蔽了底层关系数据库复杂的技术细节降低了编写应用程序的复杂度，提高了编写应用程序的效率，简化了工作流引擎的数据管理工作。对象关系映射将对象模型中的类和关系数据库中的表映射起来，旨在对象模型和关系模型之间建立一个沟通的桥梁。图 6.27 给出了一个简单的对象关系映射示例。

Hibernate 中的会话接口（Session）是对象操作的核心接口。使用 Hibernate 操作对象前，首先要获得 SessionFactory 的实例。SessionFactory 是一个单例模式，也就是说在整个应用范围只许拥有一个 SessionFactory 实例。通过 SessionFactory 的 openSession( )方法可以获取到 Session 实例，使用 Session 对象提供的 save( )、load( )、update( )和 delete( )等方法可以进行保存、加载、修改或删除对象的操作。当业务逻辑执行完毕时，需要关闭 Session 和 SessionFactory。图 6.28 是数据操作模块主要类的类图。

类
映射
表
ProcessDefinition
-id
-name
-...
对象关系映射
ProcessDefinition
PK
id
-name
-...

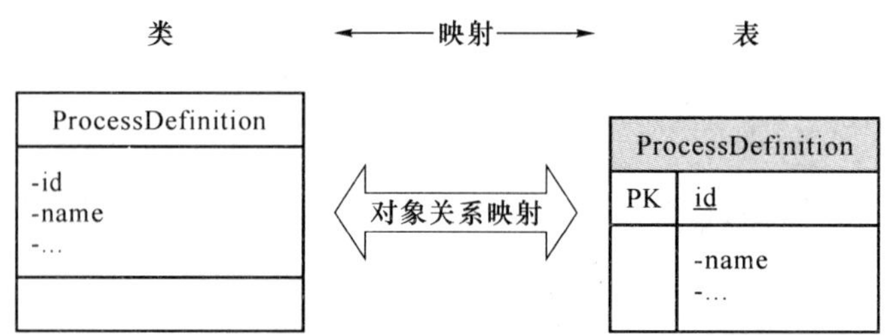

图 6.27　对象关系映射模型

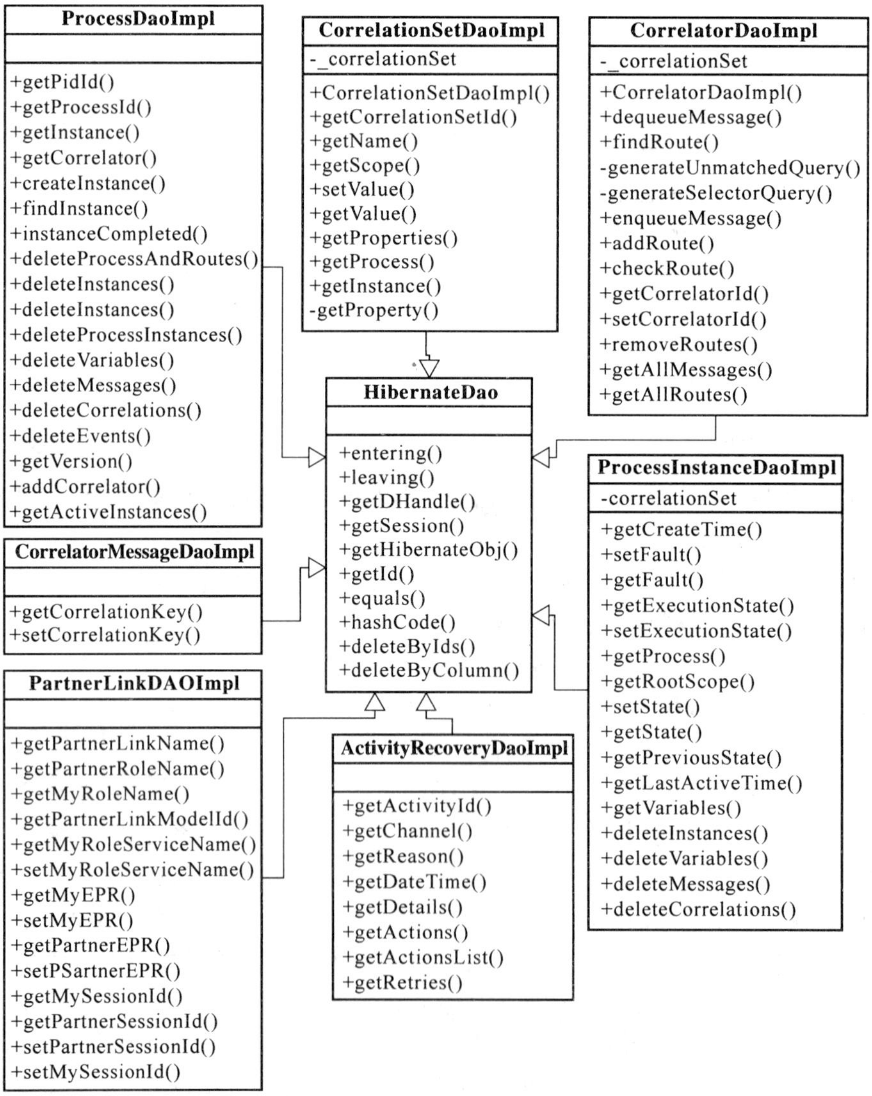

ProcessDaoImpl
+getPidId()
+getProcessId()
+getInstance()
+getCorrelator()
+createInstance()
+findInstance()
+instanceCompleted()
+deleteProcessAndRoutes()
+deleteInstances()
+deleteInstances()
+deleteProcessInstances()
+deleteVariables()
+deleteMessages()
+deleteCorrelations()
+deleteEvents()
+getVersion()
+addCorrelator()
+getActiveInstances()
CorrelationSetDaoImpl
-_correlationSet
+CorrelationSetDaoImpl()
+getCorrelationSetId()
+getName()
+getScope()
+setValue()
+getValue()
+getProperties()
+getProcess()
+getInstance()
-getProperty()
CorrelatorDaoImpl
-_correlationSet
+CorrelatorDaoImpl()
+dequeueMessage()
+findRoute()
-generateUnmatchedQuery()
-generateSelectorQuery()
+enqueueMessage()
+addRoute()
+checkRoute()
+getCorrelatorId()
+setCorrelatorId()
+removeRoutes()
+getAllMessages()
+getAllRoutes()
HibernateDao
+entering()
+leaving()
+getDHandle()
+getSession()
+getHibernateObj()
+getId()
+equals()
+hashCode()
+deleteByIds()
+deleteByColumn()
CorrelatorMessageDaoImpl
+getCorrelationKey()
+setCorrelationKey()
ProcessInstanceDaoImpl
-correlationSet
+getCreateTime()
+setFault()
+getFault()
+getExecutionState()
+setExecutionState()
+getProcess()
+getRootScope()
+setState()
+getState()
+getPreviousState()
+getLastActiveTime()
+getVariables()
+deleteInstances()
+deleteVariables()
+deleteMessages()
+deleteCorrelations()
PartnerLinkDAOImpl
+getPartnerLinkName()
+getPartnerRoleName()
+getMyRoleName()
+getPartnerLinkModelId()
+getMyRoleServiceName()
+setMyRoleServiceName()
+getMyEPR()
+setMyEPR()
+getPartnerEPR()
+setPSartnerEPR()
+getMySessionId()
+getPartnerSessionId()
+setPartnerSessionId()
+setMySessionId()
ActivityRecoveryDaoImpl
+getActivityId()
+getChannel()
+getReason()
+getDateTime()
+getDetails()
+getActions()
+getActionsList()
+getRetries()

图 6.28　数据操作模块类图

4. 扩展功能模块

以上三大模块提供了工作流引擎的核心功能，流程解析模块提供了流程定义的解析功能，将流程定义解析成工作流引擎能够理解的流程对象。流程控制模块提供了包括流程的实例化、活动的实例化以及流程的路由控制、任务分配等功能，数据操作模块提供了对工作流相关数据和工作流控制数据的持久化操作。

此外工作流引擎中的其他功能可以根据应用需求加入到扩展功能模块，如流程的日志管理、事务管理等。扩展功能模块体现了工作流引擎开发的灵活性。

6.9　系统的实现

6.9.1　开发环境介绍

系统开发环境如表 6.7 所示。

表 6.7　系统开发环境

软件	操作系统	Microsoft Windows XP Professional
	数据库	MySQL 5.1
	Web 服务器	Tomcat 6.0
	开发工具	Eclipse 3.6
硬件	Thinkpad 笔记本式计算机	Inter(R)core 2.0 GHz×2G RAM

本系统采用 Tomcat 6.0.20 作为 Web 应用服务器。Tomcat 服务器作为 Apache 软件基金会的 Jakata 项目的核心项目之一，具有运行时占有系统资源小、扩展性好、支持负载平衡和邮件服务等开发应用系统常用的功能。包括工作流引擎在内的工作流系统的全部组件以及 Axis 通信中间件都将被部署在 Tomcat 服务器上。其中流程定义文档被定义在 var 文件夹下，工作流引擎、Axis2 及客户端工具、工作流监控管理工具均被部署在 webapp 文件夹下。

Axis2 项目是一个基于 Java 语言的 Web Services 系统服务和客户端的实现。Axis 也是一个 Web 应用程序，可以被部署在 Web 应用服务器上。从在本质上来说 Axis2 是一个 SOAP 引擎，它提供了创建服务器端、客户端和网关 SOAP 操作的基本框架。它为用户提供了以下的操作：发送 SOAP 消息；接收和处理 SOAP 消息；从一个普通的 Java 类建立 Web 服务；用 WSDL 来建立实现服务和客户端的实现类；从一个服务来获取 WSDL；发送和接收带有附件的 SOAP 消息；建立或使用基于 REST 的 Web 服务等。通过使用 Axis2 可以轻松创建 Web 服务和实现 Web 服务之间的通信和调用。

6.9.2　系统需求分析

工作流原型系统的应用背景是某企业的外事部门和人事部门共同开发的外事管理系

统。该系统设计目标是基本实现公司对本单位的因公出国任务和人员信息上报及审批流程的支持。

随着因公出国人员审查业务实施的不断深入，两部门原有的外事系统暴露出了一些问题。主要问题包括：原有的管理信息系统受物理部署结构的约束，在一定程度上造成了硬件资源的浪费，外事部门和人事部门开发的系统采用不同的技术，在协同运行、共享数据的能力上显示出明显的缺陷。同时随着公司的不断发展壮大，该公司与外资企业合资成立了多家子公司，国际间的交流学习任务日益频繁，导致业务审批的环节越来越多，流程越来越复杂，等待的事件也越来越长，因此，为了适应现有业务，在原有系统的基础上，将工作流管理功能从系统中划分出来，设计开发基于 Web 技术的工作流管理系统，加快出国任务的审批和人员审查的进程，减少出国团组的等待时间，加强业务的管理和监控功能，使人事和外事两大部门的系统协同工作，确保所有业务流程顺畅地执行。

公司因公出国任务和人员审查系统的主要业务是公司的人事部门和外事部门之间相互配合协作，外事部门进行出国任务审批，人事部分进行出国人员的政治审查任务审批。业务流程的具体表现为出国任务和人员审查任务的审批在两个部门的不同组织结构之间的交互流转，逐级汇报审批，最终实现出国任务的业务审批工作。

该系统的主体流程分为两条主线：

第一条主线，从外事任务审批流程看，子公司的外事部门先将本公司的出国任务申请呈报到总公司外事处审核。外事部门审批未通过则通知子公司外事部门修改任务申请，审核通过后，将申请信息及审批意见传递给公司领导审批。如果公司领导同意该任务的执行，外事部门则向人事部们递送任务申请信息和草拟任务批件信息，并等待人事部门人员审查结果信息。当任务批件和人员批件齐全后，通知申请的子公司办理人员护照和出国签证。

第二条主线，从人事审批任务看，子公司将出国团组成员相关信息呈报到公司人事部，人事部门初审不通过则通知子公司进行相应修改。初审通过后，呈报人事部门经理审批。在获取外事部门出国任务审批信息后，呈报公司领导审批，全部审批通过后，拟写人员审查批件，并把人员审查批件传递给外事部门，当任务批件和人员批件齐全后，通知子公司人员审查任务完成，子公司可以办理出国人员的签证和护照。上述业务流程设计如图 6.29 所示。

因公出国任务和人员审查系统的全局业务目标是在公司总部和二级单位之间实现异地协同办公，以完成因公出国团组的审批以及团组相关人员的审查。

本系统的边界界定为：针对全局业务目标而言，只处理公司层面关于因公出国任务和人员审批的具体流程以及所有二级单位对公司的上报和审批的通用性业务，对于他们各自的个性化业务处理流程不做处理。二级单位申报出国任务，提交出国团组相关人员名单，然后由公司总部审批并进行人员政治审查。出国团组任务审查和人员政审结束后，公司总部将审核结果反馈给二级单位。出国团组的主要属性包括出国团组名称、团长姓名、团组人数、出访人员、出访任务和出访时间等。

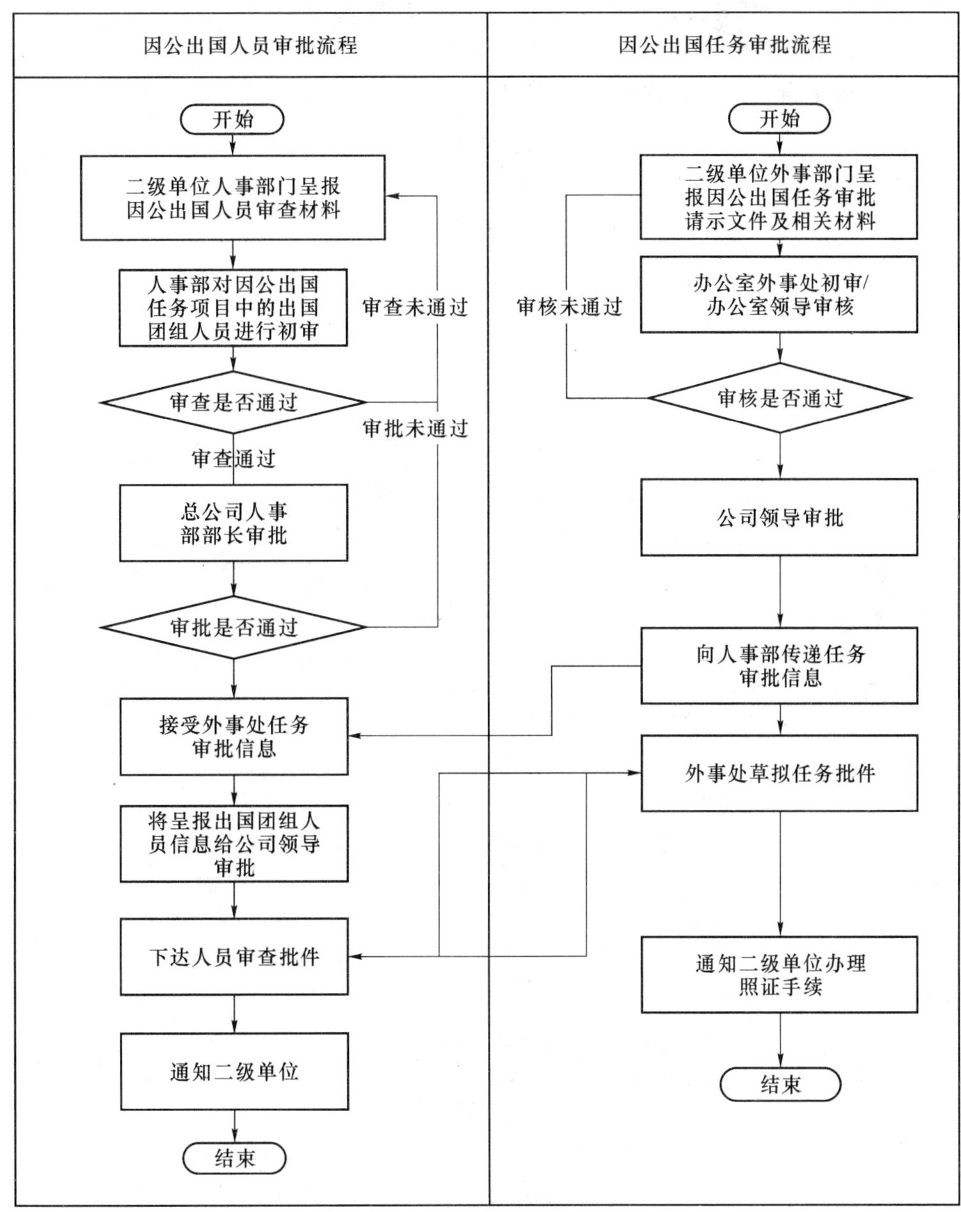

图 6.29　因公出国(境)任务申请流程设计图

6.9.3　业务流程模型

由图 6.29 可以看出,业务流程的执行需要协调外事部门和人事部门交互工作,因此在业务流程模型的设计时需要考虑外事部门和人事部门之间的任务执行的先后次序和逻辑关系,在流程设计时需要注意,外事部门拟写批件顺序在人事部门下达审批批件之前,且人事部门和外事部门业务审批互不影响。

因此,在业务流程建模时外事部门和人事部门的审批任务并发执行,这样可提高系统业务处理吞吐量,减少下达批件时的互相等待时间,提高办事效率。双方在处理任务时互不等待，外事部门完成草拟任务批件的工作后，给人事部门发送信号，人事部门收到信号后下达人事审批批件，然后将执行权交给工作流管理系统，由工作流管理系统负责通知任务审批情况给子公司。外事审批业务流程图如图 6.30 所示。

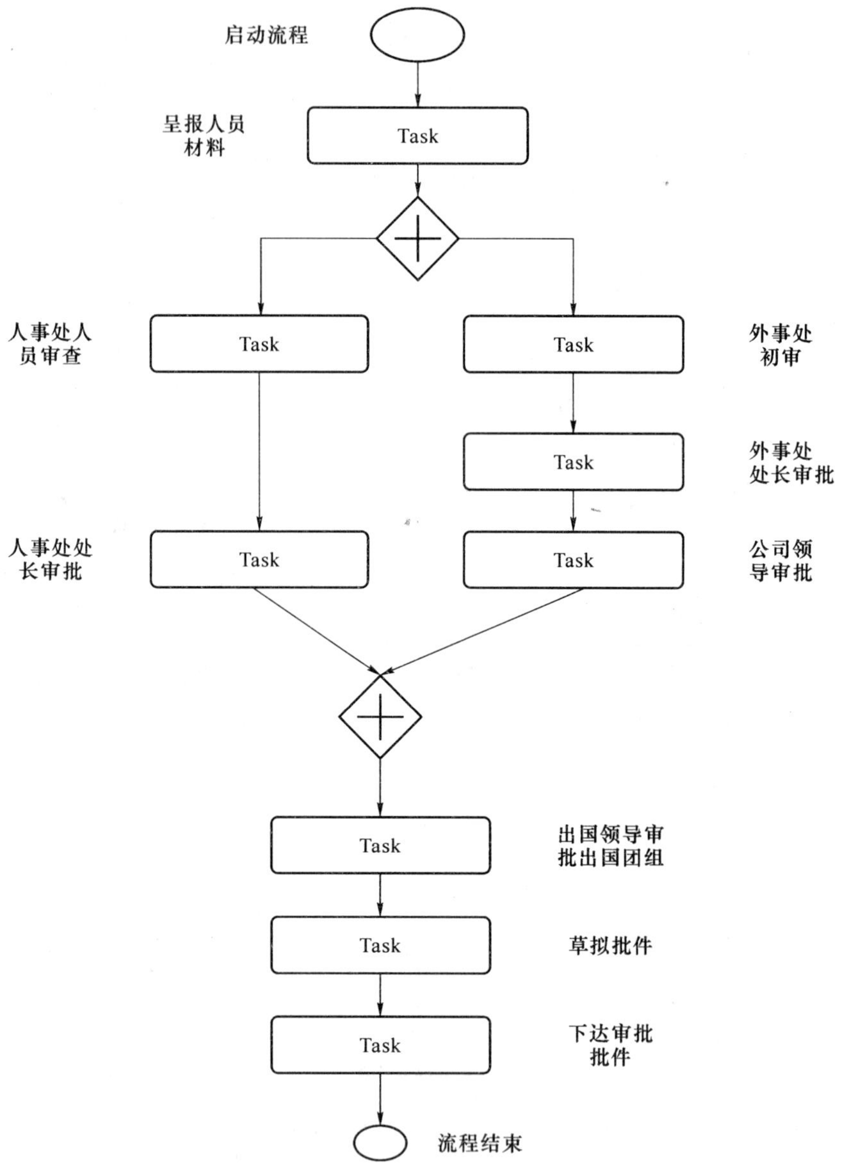

图 6.30　因公出国任务审批业务 BPMN 流程模型

6.9.4　工作流的执行

1. 流程发布

流程发布是指将建模好的流程模板发布到应用服务器中，在发布的过程中，根据流程模型生成对应的 WS-BPEL 规范描述的工作流定义文件，也就是生成对应的 WS-BPEL 文件，在用户启动流程时，工作流引擎根据流程定义文件进行流程的实例化。生成的文件还包括一个 deploy. xml 文件，在该文件中定义了一些与流程进行交互的伙伴连接提供的服务以及对应的端口信息。同时对于在建模中定义的人工交互窗口，也要生成对应的 WSDL 服务描述文件。在本系统中，流程发布使用 IDE 集成环境来完成，如图 6. 31 所示。

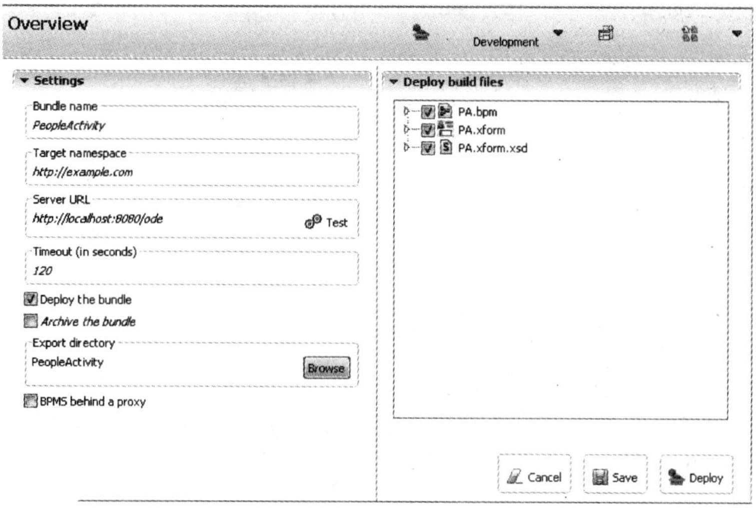

图 6. 31 流程发布界面

为了方便工作流引擎的交互，流程本身也被发布成一个 Web 服务，在流程发布的过程中会生成流程对应的 WSDL 描述文件，主要内容如下：

```
<?xml version='1.0' encoding='utf-8'?>
<wsdl:definition xmlns:wsdl="http://schemas.xmlsoap.org/wsdl/" targetNamespace="http://example.com/Demo">
<wsdl:import namespace="http://www.example.com/gi/Application1.gi" location="Application1.gi.wsdl"/>
<wsdl:import namespace="http://www.example.com/gi/Audit.gi" location="Audit.gi.wsdl"/>
    <pnlk:partnerLinkType name="ProcessimplicitPartnerA">
        <pnlk:role name=" ProcessimplicitPartner" portType="Application "/>
    </pnlk:partnerLinkType>
    <pnlk:partnerLinkType name=" ProcessimplicitPartnerB">
      <pnlk:role name= " ProcessimplicitPartnerForThePortTypeProcess" portType="Audit:Process"/>
        <pnlk:role name=" ProcessForAuditPort" portType="Audit:Workflow"/>
    </pnlk:partnerLinkType>
</wsdl:definitions>
```

2. 流程启动

流程启动就是根据流程定义文件生成对应的流程实例，存储在流程数据库中。在本系统中启动流程共有两种方式：一种是在流程建模过程中将流程启动任务与系统角色定义中的某个角色绑定，流程发布后，属于该角色的用户均可以通过浏览器登录客户端工具后在“流程”标签下启动指定流程；另一种方式是流程管理员在流程监控界面中启动流程。图 6.32 为客户端流程启动界面。

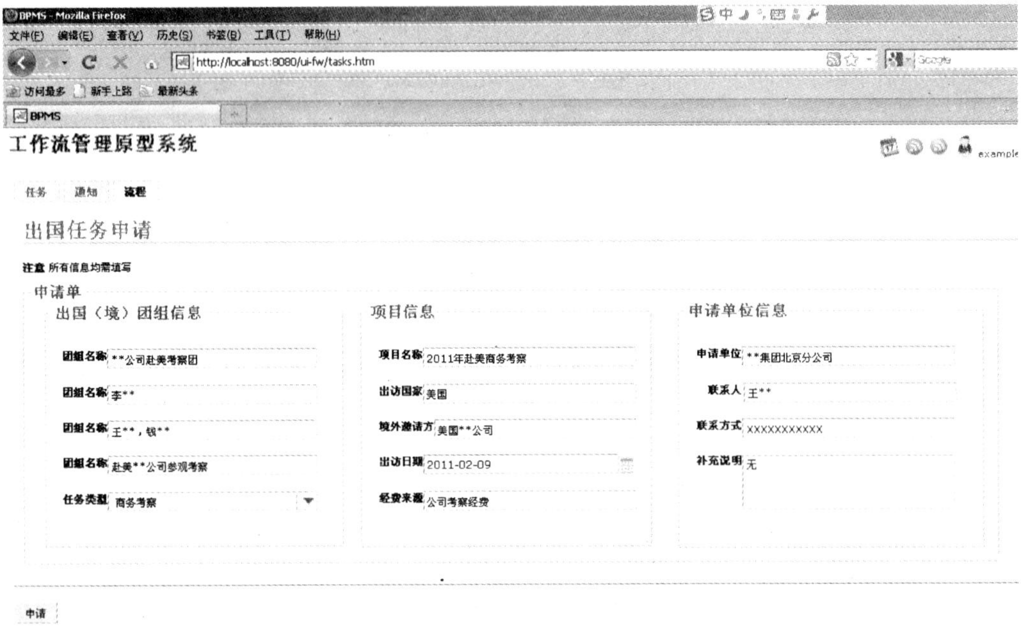

图 6.32 客户端应用流程启动界面

创建流程实例的主要代码是：

```
public ProcessInstance(ProcessDefinition processDefinition,Map variables) {
  if (processDefinition == null) throw new Exception("can't create a process instance");
  this.processDefinition = processDefinition;
  this.rootToken = new Token(this);
  this.start = new Date();
  Services.assignId(this);
  Map definitions = processDefinition.getDefinitions();
     if(definitions! = null) {
   instances = new HashMap();
     Iterator iter = definitions.values().iterator();
   while (iter.hasNext()) {
     ModuleDefinition definition = (ModuleDefinition) iter.next();
         ModuleInstance instance = definition.createInstance();
     if(instance! = null) {
        addInstance( instance );
     }
   }
}
```

流程启动后，工作流引擎根据工作流定义将工作流数据传送给指定的用户，该用户登录系统后可以在“任务”标签下查看到待处理的任务信息列表。图 6.33 为部门经理的审批任务页面，部门经理可以对任务进行审批、保存或锁定的操作。

图 6.33　客户端应用流程审批页面

此后工作流引擎将按照流程定义控制流程的流转，直至流程结束。

3. 日志管理

在工作流引擎的运行过程中，流程实例的每一次操作都将以流程日志的形式保存到日志文件中。日志管理器会将工作流引擎的启动与关闭，流程实例的执行状况以及流程引擎抛出的异常记录到日志文件中，通过对日志文件的分析，可以为系统分析提供数据参考，同时流程日志记录流程实例执行过程中流程变量的异常情况，以便业务的回滚或撤销。流程管理模块主要由流程日志类 ProcessLog 及其子类完成。流程日志 ProcessLog 是一个接口类，其实现类 CompositeLog 包含一个流程日志 ProcessLog 的列表。所有流程日志类别必须继承并实现流程日志 ProcessLog 或 CompositeLog。流程日志文件由流程日志模块实例 LoggingInstance 维护。流程日志模块实例 LoggingInstance 提供操作流程日志的方法。当流程实例创建并开始运行后，流程实例产生流程日志，此时，工作流引擎访问流程日志模块实例，然后将流程日志放入流程日志模块实例 LoggingInstance 中。

图 6.34 所示为引擎运行后的日志文件。

4. 流程的热部署

流程的热部署是指在流程发布完成后，如果对流程模板进行了修改，在流程引擎保持运行的情况下，将修改后的流程模板发布到应用服务器上。本系统支持流程的热部署，对于修改的流程模板的管理方法是将具有相同名称的流程模板按照版本号进行管理，按发布顺序排列流程模板的版本号，重新生成所有的流程定义文件，所有新建的流程实例以最新版本的流程定义为模板进行创建。按照原版本模板已经实例化的流程实例，按照原版本的定义执行。

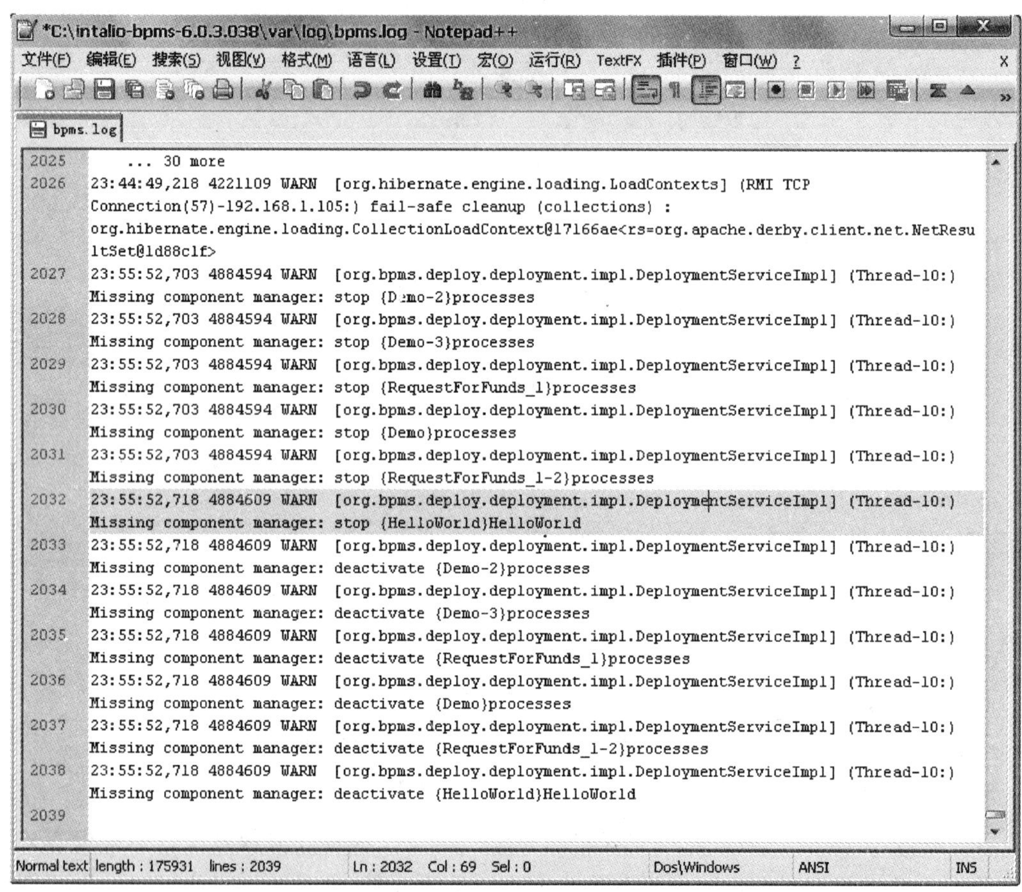

图 6.34　系统日志文件

6.9.5　工作流的管理与监控

尽管在工作流参考模型中的其他接口中已经定义了一些流程状态管理的操作，但在实际运作中，人们常需要进行业务流程的状态监控并提取业务流程运行的相关信息。因此一个完整的工作流管理系统必须拥有系统管理与监控工具，实现流程监控、系统管理、安全控制等功能。管理与监控接口属于工作流参考模型的接口 3，一个构建良好的系统管理与监控工具，对于保障业务系统持续有效，提高系统运行效率，以及增强系统的适应性，有着至关重要的作用。管理与监控工具一般分为两个部分，一部分负责工作流运行管理，另一部分负责工作流的记录和报告。运行管理工具涵盖了所有与工作流管理相关的操作，常用来维护系统的服务信息，保证系统正常运行，比如技术参数的配置、权限的管理、系统故障的解决和系统运行瓶颈的定位。记录和报告工具则用于提供系统运行的性能指标分析的参考数据。

用户通过工作流监控工具与工作流引擎进行交互，监控工作流的执行情况，同时可以进行流程管理操作，主要包括：改变工作流流程定义或其对应的流程实例的运行状态；启用或取消某一类型的所有流程/活动实例的状态；终止某一个或所有的流程实例。监控管理工具还可以进行控制流程的状态的操作，主要包括获取流程实例或活动实例的详细信息，比如平均等待时间和处理时间；获取某一流程实例或活动实例的详细运行信息等。本系统的流程监控工具主要包括对于工作流定义、流程实例状态的查询、转换工作流定义或流程实例状态的功能。

工作流的相关数据最终将以数据记录的形式保存到数据库中。本系统主要通过 DiagramSession 类和 SystemContext 类来实现流程定义和流程实例等工作流相关数据的持久化操作。DiagramSession 类和 SystemContext 类提供了流程定义和流程实例的管理接口，能够方便地创建、查询或删除流程定义或流程实例，实现业务流程的管理，主要接口定义形式如下：

```
//查询所有流程定义
List Pds = DiagramSession.findAllProcessDefinitions();
//根据名称查询最新版本的流程定义
ProcessDefinition pd = DiagramSession.findLatestProcessDefinition
(ProcessDefinition pd);
//删除指定的流程定义
DiagramSession.deleteProcessDefinition(ProcessDefinition pd);
//按照指定模板创建流程实例
ProcessInstance pi = new ProcessInstance (ProcessDefinition pd);
//持久化流程实例
SystemContext.Save(pi);
//查找流程实例
List Pds = SystemContext.findAllProcessInstances();
//从数据库载入流程实例
SystemContext.LoadProcessInstance(PrcocessDefinition pd,ProcessInstance pi);
//挂起流程实例
ProcessInstance pi.suspend();
//重启流程实例
ProcessInstance pi.resume();
//删除指定的流程实例
DiagramSession.deleteProcessInstance(ProcessInstance pi);
```

流程监控功能界面如图 6.35 所示。

图 6.35 中展示了工作流运行状况的监控和相关的管理操作，在监控功能方面，用户可以看到目前系统中发布的所有流程定义文件，以及各流程定义文件以及对应流程实例的运行状况，包括生命周期、运行、启动失败、挂起、运行失败、终止、完成、合计等数据。同时可以在系统中进行启动流程实例、激活已失效的流程定义模板、卸载已发布的流程定义模板的操

作。此外在流程管理界面，可以查看到引擎中所有正在运行或运行完成的流程实例的状态、开始时间和最后激活时间，并支持对于流程实例进行激活、重新开始、挂起、终止、删除、全部删除等操作。

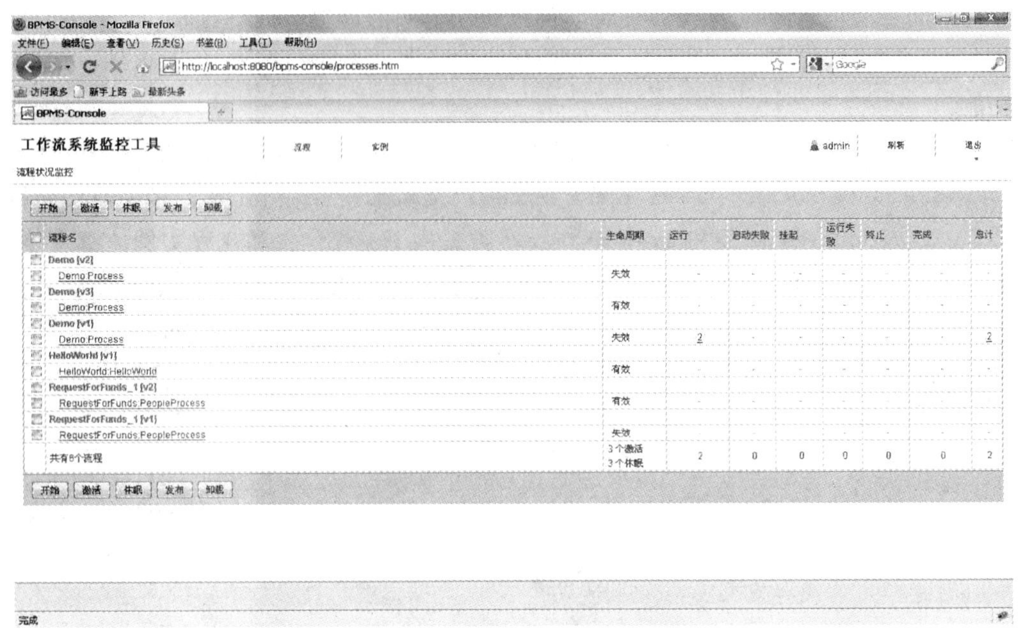

图 6.35　工作流监控工具流程状况监控界面

6.10　本章小结

本章首先给出了工作流系统，Web 服务相关技术与标准和知识服务工作流的概念与形式化描述，说明了知识服务工作流的执行过程，给出了基于 BPMN 的工作流建模，设计了从 BPMN 到 WS-BPEL 的映射算法，并以某企业的外事部门和人事部门共同开发的外事管理系统为例，设计实现了工作流引擎原型系统。

本章参考文献

[1]　史美林，杨光信，向勇. WFMS：工作流管理系统[J]. 计算机学报，1999，22(3)：325-334.

[2]　彭炜. 基于 BPEL 的工作流引擎的研究与设计[D]. 长沙：国防科学技术大学，2007.

[3]　刘莎. 基于 SOA 的工作流引擎的设计与实现[D]. 重庆：重庆大学，2008.

[4]　Alonso G，Agrawal D，Abbadi E A，et al. Functionality and limitations of cur-

rent workflow management systems. http://www. almaden. ibm. com/cs/exotica/wfmsys. ps,1997.

[5] 范玉顺,罗海滨,林慧萍,等. 工作流管理技术基础[M]. 北京:清华大学出版社,2001.

[6] Ewa Deelman, Dennis Gannonb. Workflows and e-Science: An overview of workflow system features and capabilities[J]. Future Generation Computer Systems,2009,25(5):528-540.

[7] Stefano Ceri,Paul Grefen,Gabriel Sánchez. WIDE-A Distributed Architecture for Workflow Management. Proceedings. Seventh International Workshop on Data Engeering,1997.

[8] 刘建建. 基于 JBPM 工作流引擎的 OA 系统设计与实现. 西安:西安电子科技大学,2009.

[9] Workflow Management Coalition. Workflow management coalition terminology and glossary. Technical Report, WfMC-TC-1011, Brussels: Workflow Management Coalition,1996.

[10] 范玉顺,吴澄. 工作流管理技术研究与产品发展现状及发展趋势[J]. 计算机集成制造系统,2006,06.

[11] 罗海滨,范玉顺,吴澄. 工作流技术综述[J]. 软件学报,2000,11(7):899-907.

[12] Workflow Management Coalition. The Workflow Reference Model[S]. WFMC-TC-1003,Issue1. 1,http://www. WfMC. org. October 1997.

[13] 汪春杰. 面向科学工作流的应用集成框架[J]. 计算机工程,2009,35(20):258-260.

[14] WFMC,Workflow Management Coalition Workflow Standard: Workflow Process Definition Interface- XML Process Definition Language (XPDL),Technical Report,Workflow Management Coalition,2002,Lighthouse Point,Florida,USA,2002.

[15] JIN Xin,XU Jing. The Design and Implementation of XML-based Workflow Engine[J]. Eighth ACIS International Conference on Software Engineering, Artificial Intelligence,Networking,and Parallel/Distributed Computing,2007.

[16] 柴晓路,梁宇奇. Web Service 技术、架构和应用[M]. 北京:电子工业出版社,2003.

[17] Ramesh Nagappan. Developing Java Web Service[M]. 清华大学出版社,2004.

[18] SOAP Version1. 2 Part1: Messaging Framework W3C Recommendation 24 June 2003. http://www. w3. org/TR/soap12-part1/.

[19] W3C Working Draft. Web Services Description Language(WSDL) Version2. 0. http://www. w3. org/ TR/2005WD-wsdl120-rdf-20051104.

[20] UDDI. org. UDDI Version 3. 02 API specification UDDI published specification [EB/OL]. http://uddi. org/pubs/programmers APIV 3. 02 published.

pdf,2005.

[21] BPMN Homepage,http://www. bpmn. org/.

[22] Satish thatte. XLANG-WEB SERVICE FOR BUSINESS PROCESS DESIGN. 2001. http://www. gotdotnet. com/team/xml_wsspecs/xlang-c/default. htm.

[23] Frank Leymann. Web Service Flow Language (WSFL 1. 0). 2001. http://xml. coverpages. org/WSFL-Guide-200110. pdf.

[24] Widipedia. Business Process Execution Language. http://en. wikipedia. org/wiki/WS-BPEL.

[25] 崔福东,等. 基于 BPEL 的 Web 服务快速组合框架[J]. 计算机工程,2010,07(36):262-264.

[26] 汤丹,等. 基于消息队列的工作流引擎及其容错设计[J]. 计算机工程,2008,19(34):49-52.

[27] ZhanghongShen,YinRenKun,ZhangSuQin. Design of Workflow Engine Based on Web[J]. Computer Engineering, 2004, 3(40):83-85.

[28] S. Hinz,K. Schmidt,C. Stahl,Transforming BPEL to Petri nets,in:Proceedings of the International Conference on Business Process Management (BPM' 2005), of Lecture Notes in Computer Science, vol. 3649, Springer, 2005, 220-235.

[29] Chun Ouyang,marlon Dumas,wil M. P,etc. From Business Process Models to Process-Oriented Software Systems: The BPMN to BPEL Way. BPM Center Report BPM-06-27.

[30] 陈勇. 从 BPMN 到 BPEL 映射的研究[D]. 西安:西北工业大学,2007.

[31] 徐建军,谭庆平. 一种基于 J2EE 的工作流引擎体系结构[J]. 计算机应用,2005,25(2):469-472.

[32] 赵文,胡文惠. 工作流元模型的研究与应用[J]. 软件学报,2003,26(3):110-111.

[33] Simone Pellegrini,Francesco Giacomini. Design of a Petri Net-BasedWorkflow Engine[J]. The 3rd International Conference on Grid and Pervasive Computing,2008.

第7章 知识网格

网络的出现，改变了人们使用计算机的方式，而因特网的出现，又改变了人们使用网络的方式。现在，利用成熟的Web技术建立的系统，将各种数据、信息和文档置于Web数据库和服务器上，使得不论是用户身处何地，只要打开浏览器、简单地移动鼠标就可以获得想要的任何信息。

然而，我们面临的是一个信息爆炸的时代，各种信息成几何数地快速增长，而现有的Web信息服务器就好像因特网世界上一个个孤立的小岛。虽然这些“小岛”之间暂时还有充足的带宽资源可用，但大量的信息还是被“锁”在各个小岛的中央数据库里，各“孤岛”之间并不能按照用户的指令进行有意义的交流。解决这一问题的最佳途径是建立跨越Web的信息分布和集成应用程序逻辑——信息网格。不断增长的对资源共享以及提供高性能计算的需求(如超级计算、合作工程、高吞吐率计算)、大规模模拟和参数研究、数据密集型计算等也驱动了网格技术尤其是网格计算技术的产生。

网格技术关注如何有效安全地管理和共享连接到因特网上的各种资源，并提供相应的服务，实现互联网上所有资源的全面共享。

7.1 网格的概念

7.1.1 网格

网格(Grid)的概念产生于20世纪90年代中期，是从电力网的概念借鉴过来的，其最终目的是希望用户能像使用电力一样方便地使用网格计算能力。“网格计算之父”Ian Foster给出的网格定义是：网格是构筑在互联网上的一组新兴技术，它将高速互联网、高性能计算机、大型数据库、传感器、远程设备等融为一体，为科技人员和普通老百姓提供更多的资源、功能和服务[1]。网格利用地理上分布的计算资源的巨大集合所带来的巨大处理能力、存储能力和其他IT资源来实现动态多机构虚拟组织中的资源共享和协同问题解决，共享开放异构环境中应用和数据的虚拟的合作组织。网格强调的是全面地共享资源、全面地应用服务。网格给最终的使用者提供的是一种通用的计算能力。事实上，网格的本质是资源共享和分布协同工作而不是它的规模。

一般认为，网格是满足以下三个条件的系统：

(1) 能协调不服从集中式控制的资源，消除资源孤岛；

(2) 通用开放的、标准的协议和接口，提供非平凡服务质量；

(3) 动态功能,开放系统,单一系统映像,协同工作。

网格要解决的问题包括:统一平台、单一入口、海量数据的超级计算、海量并发用户使用资源、海量存储、海量信息检索和获取、海量的数据分析、所需即所得的网格服务、知识挖掘等。因此,网格被认为是互联网发展的高级形式,被誉为继因特网和 Web 之后的第三个信息技术浪潮。

网格计算的核心构件是网格中间件(网格操作系统),通过聚合计算设备、高性能存储器、数据库,甚至包括科学仪器,来为用户提供对计算力(Computing Power)随时随地的、透明的、远程的、安全的、可靠的访问。就像电网把电力提供给墙上的每个插座,网格聚合可用的计算资源然后把计算力提供给网格环境中的每个用户,使人们可以轻而易举地为一些科研工作创建和使用大规模、多学科、动态的、分布式的、高性能的应用环境,如高能物理数据分析、基因信息处理、气候建模、宇宙观测、实时遥感数据分析和数据同化、大型数据集交互分析和虚拟现实可视化等。

根据计算角度和应用特性,网格可大体分为:计算网格、存储网格、数据网格、信息网格、知识网格和各类应用网格等。各种网格在体系结构上基本一样,都采用国际上比较公认的标准和规范。

国际上主要网格标准化组织包括全球网格论坛(GGF)、对象管理组织(OMG)、W3C、GridForum 以及 Globus. org 等。目前网格计算还没有世界统一的标准,但在核心技术上,相关机构与企业已达成共识:GlobusToolkit 已成为网格计算事实上的标准[2]。GlobusToolkit 基于 Globus 和 IBM 共同倡议的网格标准 OGSA(Open Grid Services Architecture),把 Globus 标准与以商用为主的 Web Services 的标准结合起来,网格服务统一以 Services 的方式对外界提供。

2003 年上半年符合 OGSA 规范的 GlobusToolkit 3.0 正式发布。这标志着 OGSA 已经从一种理念、一种体系结构,走到了付诸实践的阶段,包括 IBM、Entropia、Microsoft、HP/Compaq、Cray、SGI、SUN、Veridian、富士通、日立、NEC 在内的 12 家计算机和软件厂商已宣布采用 GlobusToolkit。作为一种开放架构和开放标准基础设施,GlobusToolkit 提供了构建网格应用所需的很多基本服务,如安全、资源发现、资源管理、数据访问等。目前所有重大的网格项目都是基于 GlobusToolkit 提供的协议与服务建设的。

7.1.2 网格计算

网格计算技术的产生是应对计算资源和计算能力不断增长的需求的结果。它是通过共享网络将不同地点的大量计算机相联,利用开放标准使网格中异构的计算机资源虚拟化,从而形成虚拟的超级计算机,并将各处计算机的多余处理器能力合在一起,为研究和其他数据集中应用提供巨大的处理能力。在网格环境中,不管用户工作在何种客户端上,系统均能根据客户的实际需求,利用开发工具和调度服务机制,向用户提供优化聚合后的协同计算资源,并按用户的个性提供及时的服务。用户在使用网格计算能力解决问题时像使用电力一样方便,用户不用去考虑得到的服务来自于哪个地理位置,由什么样的计算设施提供。

网格计算作为一个集成的计算与资源环境,能够吸收各种计算资源,将它们转化成一种随处可得的、可靠的、标准的且相对经济的计算能力,其吸收的计算资源包括各种类型的计算机、网络通信能力、数据资料、仪器设备甚至有操作能力的人等各种相关资源。有了网格计算，那些没有能力购买价值数百万美元的超级计算机的机构，也能利用其巨大的计算能力。

7.1.3　网格的体系结构

目前网格的体系结构主要有两个：一个是 IanFoster 博士等在早些时候提出的 5 层沙漏结构，它与目前最重要的网格开发工具包 GlobusToolkit 网格计算协议对应，建立在互联网协议之上，以互联网协议中的通信、路由、名字解析等为基础；另一个是 IBM 公司与 Ian Foster 博士共同提出的开放网格服务结构（Open Grid Services Architecture，OGSA）。OGSA 是目前最新的一种网格体系结构，是下一代的网格体系结构[3]。

OGSA 的核心组件主要有 3 个（如图 7.1 所示）：开放网格服务基础结构（Open Grid Services Infrastructure，OGSI）、OGSA 服务和 OGSA 模式。OGSA 是构建在 Web 服务上的。Web 服务是一个基于标准的、广泛部署的分布计算模式，它提供用于描述和调用网格服务的基本机制。OGSA 的核心服务有：

（1）名字解析和发现，OGSI 的 Handle Resolver 能将网格服务句柄（Grid Service Handle，GSH）解析到网格服务引用（Grid Service Reference，GSR），必须为 Handle Resolver 接口定义标准行为允许在各种环境下进行 GSH 解析。

（2）服务域，是将一个 OGSA 兼容服务实现成为以协调方式管理的内部服务集合，这是一种常见的应用实践。

（3）安全，这类服务涉及很多方面，如私密性、完整性和策略等。虚拟组织（Virtual Organization，VO）的出现需要建立各种域或组织、个人间的信任机制。

（4）策略，是基于一组条件的动作的明确目标、过程或方法，用以指导和确定当前和未来的决定。

（5）消息、排队和日志服务，包括事件通知服务、度量和会计服务等。

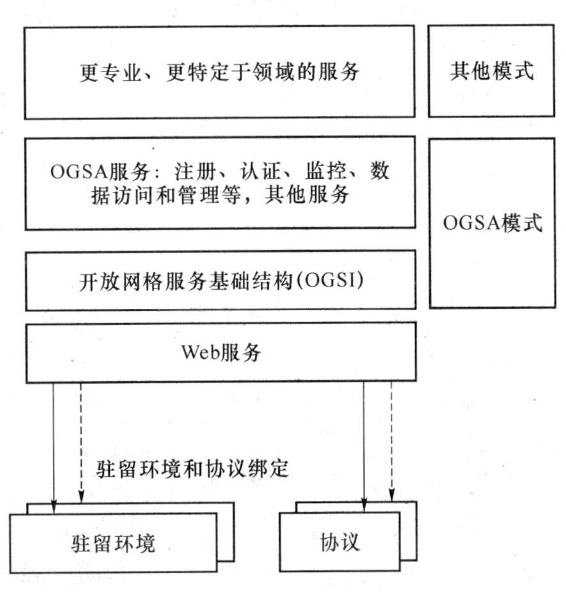

图 7.1　OGSA 的核心组件

OGSI、OGSA 和 Web Services 之间的关系符合 OGSI 标准的 Web 服务称为网格服务，OGSA 把主要的网格技术和 Web Services Mechanisms 集成起来，在 OGSI 的基础上建立一个分布式系统构架。

7.1.4 网格系统

1. 网格系统的定义

网格计算系统是一种无缝、集成的计算和协作环境。按照网格提供的功能，网格可分为两类：计算网格（Computational grid）和存储网格（Access Grid）。计算网格可以提供虚拟的、无限制的计算和分布数据资源，而存储网格则提供一个合作环境。

2. 网格系统的特点

(1) 异构性(heterogeneity)。网格可以包含多种异构资源，包括跨越地理分布的多个管理域。构成网格计算系统的超级计算机有多种类型，不同类型的超级计算机在体系结构、操作系统及应用软件等多个层次上可能具有不同的结构。

(2) 可扩展性(scalability)。元计算系统初期的规模较小，随着超级计算机系统的不断加入，系统的规模随之扩大。网格可以从最初包含少数的资源发展到具有成千上万资源的大网格。由此可能带来的一个问题是随着网格资源的增加而引起的性能下降以及网格延迟，网格必须能适应规模的变化。

(3) 可适应性(adaptability)。网格中具有很多资源，资源发生故障的概率很高。网格的资源管理或应用必须能动态适应这些情况，调用网格中可用的资源和服务来取得最大的性能。与一般的局域网系统和单机的结构不同，网格计算系统由于地域分布和系统的复杂使其整体结构经常发生变化。网格计算系统的应用必须能适应这种不可预测的结构。

(4) 结构的不可预测性——动态和不可预测的系统行为。在传统的高性能计算系统中，计算资源是独占的，因此系统的行为是可以预测的。而在网格计算系统中，由于资源的共享造成系统行为和系统性能经常变化。

(5) 多级管理域。由于构成网格计算系统的超级计算机资源通常属于不同的机构或组织并且使用不同的安全机制，因此需要各个机构或组织共同参与解决多级管理域的问题。

3. 网格系统的体系结构

网格计算系统的体系结构如图 7.2 所示。

- 网格基础设施：包含网上可访问的所有资源，如运行 NT 或 UNIX 的 PC 或工作站、运行 Cluster 操作系统的机群、存储设备、数据库，也可能是科学仪器。
- 网格中间件(Grid Middleware)：网格中间件提供核心服务，如远程进程管理服务、资源分配服务、存储访问服务、信息服务、安全控制服务、质量服务(QoS)。
- 网格发展环境和工具：网格必须提供网格应用开发工具。
- 网格应用和网格门户(Grid Portal)：可以使用 PVM(Parallel Virtual Machine，并行虚拟机)、MPI(Message Passing Interface，消息传递并行程序设计标准之一)等工具开发参数模拟等应用，这些应用通常需要相当多的计算资源以及远程数据访问。网格门户提供基于 Web 的应用服务，用户通过网络界面提交任务，并得到结果。

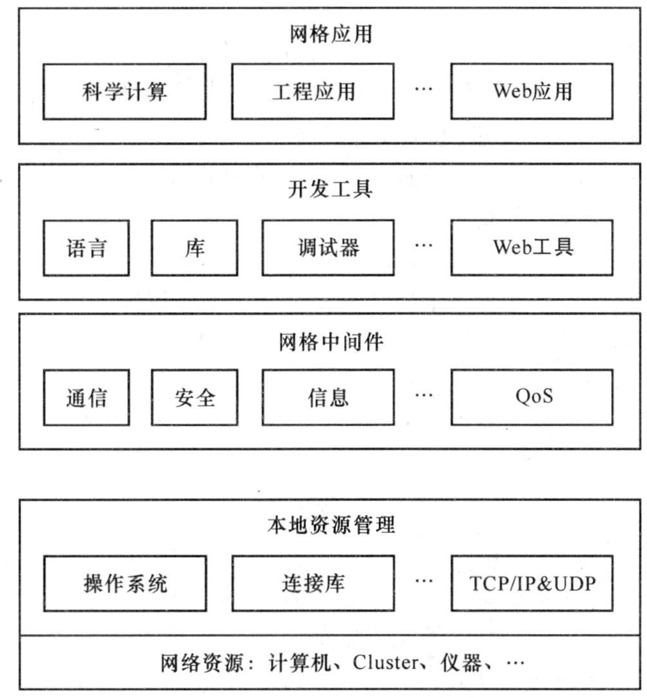

图7.2 网格计算系统的体系结构

4. 网格系统的主要功能

通常网格环境必须提供以下的基本服务：

(1) 管理等级结构(Administrative Hierarchy)：它定义网格计算系统的组织方式，如网格环境如何分级以适应全局的需要。

(2) 通信服务：网格中的应用可能有多种通信方式：可靠的、不可靠的、点对点和广播方式。网格的通信基础设施需要支持多种协议，如流数据、群间通信、分布式对象间通信等。同时，它还要提供QoS支持，如延迟、带宽、可靠性、容错性和抖动控制。

(3) 信息服务：作为一个动态的网格，它提供服务的位置和类型是不断变化的。网格计算系统的一个目标就在于不管用户和资源的相对位置如何，都能提供资源的全局访问。因此，有必要提供一种能迅速、可靠地获取网格结构、资源、服务、状态的机制，保证所有资源能被所有用户使用。

(4) 名称服务网格计算系统：和其他的分布式系统一样，使用名字引用资源，如计算机、服务或者数据对象。如同因特网的DNS服务，网格名称服务给网格中所有资源提供统一的名称空间。

(5) 分布式文件系统及Cache分布式应用：经常需要对分布在多个服务器上的文件进行存取，因此分布文件系统是分布式系统的重要组成部分。从应用的观点来看，分布文件系统能提供一致的全局名字空间，支持多种文件传输协议，同时提供良好的Cache机制与I/O性能。

(6) 安全及授权：网格安全机制相当复杂，各种自治资源交互时既不能影响资源本身的可用性又不能在整个系统中引入漏洞，因此，安全机制是网格环境成功的关键。

(7) 系统状态和容错：为了提供一个可靠的、强壮的网格环境，系统应该提供资源监视工具。

(8) 资源管理和调度:网格必须对网格中的各种部件,如处理器时间、内存、网络、存储进行有效的管理和调度。从用户的观点来看,这种资源的管理和调度应该对用户透明。用户与网格系统的交互只限于用户向系统提交任务。

(9) 计算付费和资源交易:网格环境提供一种机制刺激人们贡献他们的闲置资源。同时,资源管理系统根据资源性能价格比和用户需求调度最合适的资源。

(10) 编程工具:网格系统提供良好的环境。网格应提供多种工具、应用、API、开发语言等以构造良好的开发环境,如C、C++以及Fortran等通用科学计算语言,MPI、PVM等应用开发界面,并支持消息传递、分布共享内存等多种编程模型。网格系统同时还应该提供科学计算和其他常用函数库。

(11) 用户图形界面和管理图形界面:网格环境提供直观易用的与平台、操作系统无关的界面,用户能够通过Web界面随时随地调用计算资源。

7.1.5 网格的应用

网格的应用,已经在全球范围内日益普及。首先是一些大学和研究机构。英国国家网就属于这类情况,他们把英国的许多著名大学如牛津大学、剑桥大学的超级计算机利用宽带网连接到一起,使有权使用这些计算机的用户不再操心计算机位于何处,就可以利用网上的任何资源。英国政府准备向私营部门开放这些网格,首先可能从那些技术性公司开始,比如医药公司、化学公司,然后再向其他商业企业开放。

在美国,国家科学基金会正在建立"分布式兆兆级网格(TeraGrid)",供许多领域的研究机构使用。该项目将成为世界上最强的联合计算设施,其处理能力约为每秒13.5万亿次浮点操作,存储容量接近700兆兆字节,分布在伊利诺州立大学超级计算中心、圣地亚哥大学超级计算中心阿贡国家试验室和加州理工学院,采用Qwest提供的每秒40千兆位光导纤维管路连接。

进入21世纪,网格技术的发展已经不再单纯依靠科研人员的努力和政府部门的投入,商业化的号角已经吹响。需求也吸引了企业的目光,直接促进了商业化技术产品的出现。例如,在工程方面,波音、福特、宝马公司都在尝试用网格计算进行复杂的仿真与设计;在数据搜集分析方面,制造、石油加工、货物运输、甚至零售企业都要维护昂贵的设备,时常会出现问题,造成不好的结果,同无线传感器一样,网格能够存储和处理所有交易。

可见,网格应用具有十分广阔的应用前景。随着随需应变的新时代的到来,网格计算的普及已经刻不容缓。

7.2 知识网格的概念

7.2.1 知识网格的定义

Fran Berman于2001年11月在"Communications of the ACM"上发表了短文"From TeraGrid to Knowledge Grid",提出了知识网格(Knowledge Grid)这一概念[4],指出知识网

格研究的主要内容是:利用网格、数据挖掘、推理等技术从大量在线数据集中抽取和合成知识,使搜索引擎能够智能地进行推理和回答问题,并从大量数据中得出结论。之后他还做了大量的工作,推动了知识网格研究的发展。意大利学者 M. Cannataro 提出,在从大量数据集获取知识(知识发现)方面,知识网格完全能够为知识发现提供一种高性能的服务[5]。他对知识网格在知识发现中的重要作用作了初步设想,从而奠定了他对知识网格研究的方向:为知识发现提供一种智能网格服务环境。他的这种研究思路为后来一些学者对知识网格的研究产生了重要影响。

中国科学院计算机研究所诸葛海研究员领导的中国知识网格研究组[6]成立于 2001 年,是最早研究知识网格的课题组之一,参与了开创该领域的工作,引起了国外同行的密切关注。该研究组认为知识网格是一个智能互联的环境,能使用户(或虚拟角色)有效地获取、发布、共享和管理知识资源,并为用户和其他服务提供所需的知识服务,辅助实现知识创新、协同工作、问题解决和决策支持[7]。与国外一些专家研究不同的是,以诸葛海研究员为代表的中国知识网格研究组主要研究基于自组织的对等语义链网络模型和基于规范组织的资源空间模型,以及各自的范式理论和完整性理论,进而将两者有机地集成起来,形成新的资源组织模型和理论,并将其作为知识网格的资源组织模型。

7.2.2　知识网格的特征

1. 知识网格是一种新的知识组织的理念和模式

知识网格的本质是知识的共享与协同,它将蕴涵在万维网信息资源中的"知识"看成是知识网格资源的主体,将对数字型客观知识的组织、挖掘、提炼、传播与共享作为自身的目标。技术的变革为实现这一目标提供了可能。通过新型的技术与方法,改变万维网资源局部有序而整体无序的现状,形成以知识组织体系为支撑的知识互联与共享的大环境,促进知识的传播与利用,已不再是遥远的梦想。

2. 知识网格以网格与语义网为基础架构

网格和语义网基于万维网,从不同角度整合万维网的资源与服务;知识网格(语义网格)是两者的有机融合,立足万维网异构语义资源节点及服务的集成与共享;从网格、语义网到语义网格和知识网格,它们之间不是相互割裂、孤立存在的,而是继承、融合、发展和延续的关系。

3. 知识网格以信息组织成果为知识层基础

作为新型知识组织模式的知识网格不可脱离现有信息组织成果。图书情报界的数字图书馆以及企业、政府等相关信息机构积累的经过信息组织的元数据,既是用户重要的信息来源,也是万维网资源的主要组成部分。将不同元数据集合赋予语义所形成的语义资源,是知识网格的主体资源。

4. 知识网格以领域本体为核心

领域本体是知识网格知识层构建的核心。领域本体组织资源的基本思路,即是在信息资源集合层之上构建反映领域知识结构的本体概念模型,对资源进行基于语义的元数据标注,形成具有语义关联的语义网节点。利用网格技术集成、整合这些异构的语义资源节点,知识网格方可实现。

5. 知识网格以知识服务为最终目标

知识服务是一种基于语义资源系统、以知识检索与利用为目的的过程与方式，是知识网格主要应用目的，包括提供知识导航、知识检索、知识发现等应用服务。知识导航即通过一定方式循着知识的语义关系浏览知识；知识检索即能够实现基于概念的智能化检索；知识发现一般指从数据库中发现有价值的知识，并表示为易于理解的模式或规则的特定过程；有效知识发现的前提即是具备正确、完整和集成的数据源。知识网格中整合的具有语义关联的资源系统，为知识发现提供了更好的资源与技术平台。

6. 知识网格以统一的门户提供知识服务

知识网格面对用户的是一个单一的入口，在此能共享存储于万维网任意一地的知识。"统一的门户"包括以下含义：一是构建在异构语义资源节点之上，依据公共标准协议，通过网格实现资源的整合与协调；二是能提供不同目的、不同层次的知识服务；三是以可视化、形象化、易理解的方式展示知识。

语义 Web 和知识网格的主要区别有：(1)目的不同。前者是在将 Web 文档表示成计算机可理解的形式基础上，建立信息共享机制；后者是为了知识共享和管理，从而最终达到帮助因特网用户有效地解决问题。(2)功能不同。前者不提供任何形式的知识管理与检索。而知识网格则可使用语义 Web 最新研究成果，来更新知识网格模型中的知识表示，因此知识网格可以被认为是基于语义 Web 之上的一种知识 Web。

7.2.3 知识网格模型

如同地图上根据经度和纬度可以确定某一位置，我们可以将人类的知识看做是三维知识空间并建立相应的坐标。如图 7.3 所示，知识网格作为三维知识空间，其坐标分别是知识类别、知识级别和位置定位，前两个坐标确定知识的内容，位置定位确定知识的存储位置。研究人员将知识空间划分为 4 个级别：概念级、公理级、规则级和方法级。三维知识空间的任意一点都代表某一知识类别中某一知识级别的知识资源，这样网络用户就可以方便地使用知识网格操作语言对知识网格进行存储、检索等操作，从而实现对全球分布的知识资源进行共享和管理。

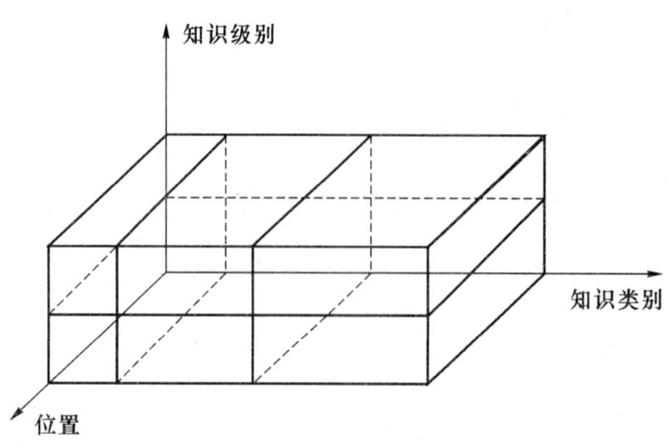

图 7.3　三维知识空间

7.2.4 知识网格所关注的问题

知识网格主要关注以下五个问题：

(1) 知识获取与知识表示的理论、模型、方法和机制。在知识网格中获取知识有两种方法：一种方法是人们直接通过交流互相获取知识，或通过接受他人发布的知识资源获取知识；另一种方法是知识网格通过对诸如数据、文本和图像等资源进行抽取、挖掘、归纳、演绎、合成来获取知识。知识网格应该能够辅助人或虚拟角色有效地获取和发布知识，并以人机都可理解的方式将其表示出来。因此，我们应建立一个开放的原语集合来实现知识表示。这些原语应能表示多粒度的知识，并能通过原语操作得到新的知识。

(2) 知识可视化和创新。主要包括智能化的用户接口(如语义浏览器或知识浏览器)，它使人们通过可视化来共享知识。语义链网络和认知图可以缩短知识表示和知识可视化之间的鸿沟。接口应体现知识网格的个性特征，并能通过类比推理、归纳机制及组织规则来激发知识创新。显然这是知识管理的一个巨大进步。

(3) 在动态虚拟组织间进行有效的知识传播和知识管理。中国知识网格研究组提出一种知识流网络来实现动态虚拟团队间的知识有效共享。

(4) 知识的有效组织、评估、提炼和衍生。知识可通过基于语义的范式来组织，以确保有效的检索和修改操作。知识网格应能删除冗余知识，并提炼所含的知识来合理扩展有用的知识。它也会有助于从已有的良好知识、范例和类似文本的知识源中衍生出新知识。

(5) 知识关联和集成。知识网格应能关联和集成不同级别(如概念级、公理级、规则级和方法级)和不同领域的知识资源，以此来支持跨领域的类比推理、问题解决和科学发现。

以上这些，无论是哪方面都能带来知识管理的升级换代。

7.3 知识网格系统的结构

知识网格系统是基于网格技术的，是建立在企业的数据/计算系统与信息系统之上的知识管理系统，它的目标是成为支持企业知识资源和服务，特别是企业隐性知识的应用基础平台，以优化企业对内外部资源的管理。关于知识网格的体系结构，目前主要有几种不同的描述。

1. 从应用的角度

从应用的角度进行描述，知识网格的体系结构由五个层次组成：构造层、连接层、资源层、汇集层、应用层。构造层的主要功能是控制网格中的资源，提供共享资源的本地控制接口。连接层定义核心的通信和安全协议，使得通信更安全、更简单。通信协议使得两个构造层之间交换数据成为可能，安全协议提供了安全保证，为建立用户和资源之间的信息关系提供了技术支持。资源层建立在连接层之上，定义了在一个单独的资源上提供共享操作的协议。汇集层主要是协调各种资源，该层提供的协议和服务可以是很广泛的，开发者可以根据自己的需要，在使用下层提供服务的基础上进行再开发。应用层是体系结构的最后一层，也称为用户层。应用程序通过各层的应用程序编程接口调用相应的服务，再通过服务调动网格上的资源来完成任务。

2. 从技术的角度

从技术角度描述,知识网格的体系结构可分成一个如图 7.4 所示的三层结构,包括人类层、语义层、资源实体层。

其中人类层反映知识网格的社会和人类行为特征,它包括:知识空间、用户空间、社会组织规则。知识空间包含所有参与者的可表达的知识;用户空间包含用户信息;社会组织规则表示评估其社会价值的标准或规范。人类通过特定媒体(如文本文档)以自然语言的方式传送知识。知识网格可能需要用户提供被当前媒体忽略的元知识、背景知识和常识知识。

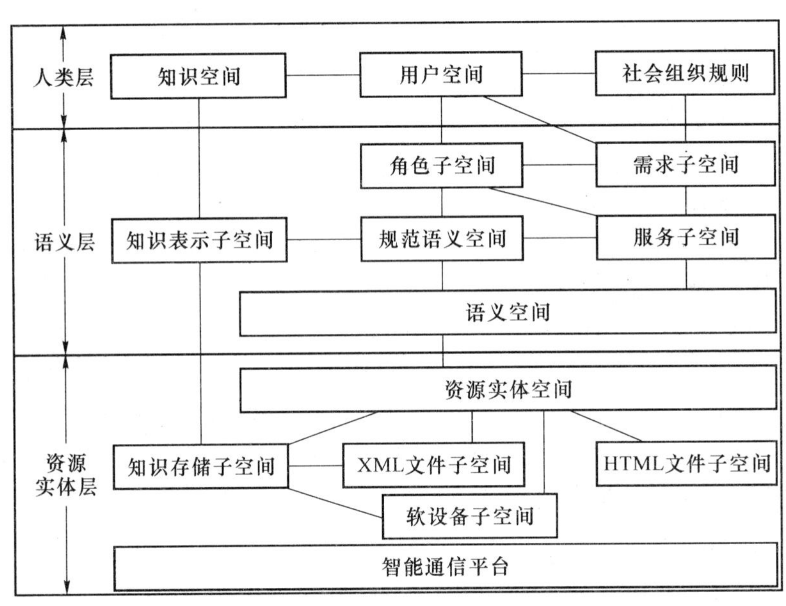

图 7.4　知识网格多空间体系结构

语义层包括知识表示子空间和角色子空间。前者以计算机可理解的形式表述用户知识,后者根据用户意图为用户提供多种角色。该层还包括需求子空间和服务子空间。在知识表示子空间中用户和服务可以通过角色来表示需求,在角色子空间中服务是自治、自表示的。系统以社会价值观来评估服务的有效性。知识表示子空间以语义空间和规范语义空间的形式组织。语义空间能通过规范化来达到完备性、完整性、有效性和正确性等质量要求。语义链、本体和名空间属于语义空间。语义层避免了用户直接与资源实体层交互,用户不必关注资源的形式和位置,这也使得资源实体层的任何变化对用户透明化。因此,当通信平台和表示基础变化时(如标记语言更新),语义层能够保持相对稳定。

资源实体层包括智能通信平台和资源实体空间。后者包含知识存储子空间、XML 文件子空间、HTML 文件子空间、软设备子空间等。知识网格应利用互联网的优点并与其兼容。知识存储子空间通过定义在语义空间的原语来实现。中国知识网格研究组提出软设备模型来概括和封装各种资源类型,包括推理机制、知识资源和数据资源。智能通信平台综合了客户机/服务器、网格、P2P 计算的优点,支持移动性和正确性,从而实现知识网格的本质特征。

在知识网格体系结构中,任何用户或服务都可根据其应用领域选择一个角色,在需求空间输入需求。服务空间中的服务将在需求空间中主动查找相匹配的需求,然后为需要服务的用户(或虚拟角色)提供最佳服务,通过服务代理选择最优的服务,或者将相关服务进行组合提供统一集成的服务。在服务交互中,服务集成包括数据流集成和知识流集成,从而获得单一语义映像。

3. 从网格技术的构成和发展角度

从网格技术的构成和发展视角看,知识网格系统的结构由网格底层结构、资源实体层、语义层、网格服务层及知识网格应用层组成,如图 7.5 所示。其中,语义层和网格服务层是企业进行知识管理及应用的必要中间层,在知识网格系统中发挥着重要作用。目前,企业知识资源中绝大多数内容没有经过足够的评估、过滤和转换,因此,企业、组织和客户很难识别这些内容,而内容的价值也会大大降低。知识网格体系结构中的语义层则用来对用户和应用程序所需要的能力进行详细的定义,并对企业的知识内容进行加工,以便更好地查找和利用网格。语义层是当前网格的一个扩展,它避免了用户与资源实体层的直接交互,用户不必关注资源的形式和具体位置,这使得资源实体层的任何变化对用户都是透明的。同时,由于语义层对知识和服务进行了更好的描述,从而大大提高了知识集成与管理的能力,并帮助企业重用现有的知识资源来满足自己对网格的需求,而不用构建新的网格平台和应用程序来处理新知识。知识网格系统中的网格服务层由计算服务层、数据服务层、信息服务层及知识服务层组成。计算服务层主要是大规模地利用企业的计算资源。这个层次提供的服务主要和知识资源的发现与配置、资源的监控、用户身份的证明、工作日程的安排、容错等应用领域相关。建立在计算服务层之上的数据服务层主要是提供大规模强度的计算和对大规模共享数据库的分析,这个层次的服务和企业各种数据的存储、管理、复制和传递相关。信息服务层工作在数据服务层之上,主要提供能够在这些分散的计算机和数据资源上普通执行的服务,并允许用同一模式访问不同来源的信息资源。知识服务层是网格服务层的最高层,它使得计算机能够在已知的数据库中找寻一定的模式,并进行管理信息服务。利用数据筛选的方法,知识服务层还可以从信息服务层的大量信息中发现并总结出知识。

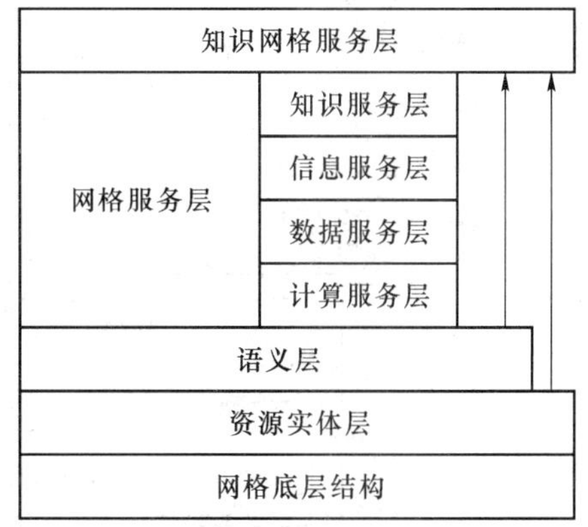

图 7.5 企业知识网格系统结构

一切专用网格都必须构建在通用网格技术规范即 OGSA 之上,知识网格也不例外。OGSA 最突出的思想就是以“服务(Service)”为中心,并把整个网格看成由“网格服务(Grid Service)”构成的一个有机整体。因此,知识网格服务的知识服务也必须由一个个具体的网格服务组成。具体来说,面向知识用户的网格知识服务归根结底也要转化为具体的网格服务,才能发挥网格的强大功能。

一个典型的知识网格架构如图 7.6 所示。在这个架构的最底层是网格底层结构和 OGSA 网格服务,在它的上面是语义网格服务层,语义网格服务的上面是构建在知识语义网格服务基础之上的知识网格系统,最上面是构建在知识网格平台上的各种应用。

(1) 网格底层结构和 OGSA 网格服务。该层承担通用网格平台的功能,它是知识网格的技术基础。

(2) 语义网格服务层(Semantic Grid Services)。本层主要处理知识的表示、存储、访问、共享以及维护。在该层中知识被理解成“具有意义的数据和信息”,它通过对知识的表示、存储、共享和维护等形式对知识进行同化处理,并提供单一访问接口来访问异构分布的知识资源。

(3) 知识网格服务层(Knowledge Grid Services)。本层主要的目的是获取、使用、检索、发布和维护知识,帮助用户达到特定目的。该层使用基于方法学和本体论的知识来回复科学家们的问题或按照用户所要求的方式来交流科学问题等。本层的具体功能包括:机器学习、本体论、智能端口、工作流推理和问题解决环境等。此外,本层还为知识服务的用户提供智能导航等功能。

(4) 知识网格高级应用。利用网格知识服务来构建各种应用,以便于更好地满足用户的各种知识需求。这些应用往往与某个特定的研究课题或研究领域相关。

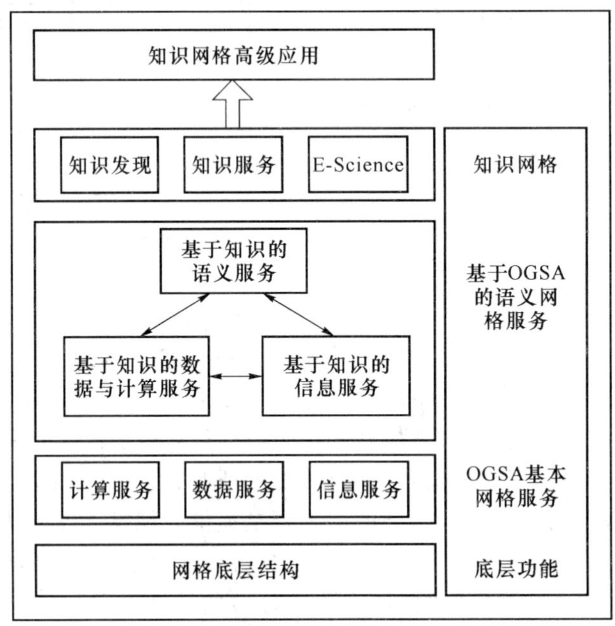

图 7.6　知识网格架构与 OSGA

在这个四层体系中,知识服务是知识网格最核心的组成部分。构成知识服务的具体网格服务分为以下几种类型。

(1) 支持在信息和数据集里发现知识的服务。此类服务用来在网格中提炼知识,提炼的对象包括网格中存储、维护和更新的所有数据、信息和知识。

(2) 对海量知识内容进行聚集和索引的服务。此类服务用来对提炼出来的知识进行维护。

(3) 提供在多个本体论集之间进行映射的服务。本体论的核心就是将对象进行分类,然后在概念基础上进行推理,以产生新的知识。由于不同实体之间的分类法不同,对同一对象的分类有可能采用不同的分类法,因此提供不同本体论集之间的映射机制就成了网格知识服务的重要任务。

(4) 根据特定的概念化方案对知识内容进行自动注释和链接的服务。此类服务也是本体论在知识网格中的应用之一。每一个概念化方案就是一个本体论集,知识网格必须提供根据某个本体论集对知识进行自动注释和语义链接的服务,注释和链接的结果使用户和计算机都能理解知识的内容。

(5) 对海量知识内容进行提炼和精准化的服务。根据用户的个性化需求,网格知识管理环境可以提供某个特定领域知识的视图,也就是根据用户的定制对知识进行提炼和精准化后,以个性化方式呈现给用户。

(6) 针对海量知识内容提供定制、可视化功能的服务。这是网格知识门户的功能。通过可视化将知识呈现给用户是知识网格的基本要求。

(7) 执行以任务为导向的推理服务。根据特定的专业领域,以本体论为基础对知识进行推理,以产生新知识。

7.4 知识资源的XML表示

知识是信息经过加工整理、解释、挑选和改造而成的,它包括事实性知识、过程性知识、行为性知识、实例性知识、类比性知识、元知识。知识表示实质上是知识的符号化,以便于计算机对知识进行存储和处理。由于不同的知识结构都有其针对性和局限性,而且有时同一领域知识可采用不同的知识表示结构来表示,因此,应依据具体情况来选定知识表示结构。

7.4.1 XML表示知识的方法

互联网的发展促使了XML的产生,它是通用标记语言标准(Standard for General Makeup Language,SGML)的一个子集,因此是一种元语言。XML中包含大量“自我解释”性的标识文本,每一个标识文本由若干规则组成,这些规则可用于创建标识,并能用一种常常称为解释程序的简明程序处理所有新创建的标识。这样,XML便能够让不同的应用系统理解相同的意义,从而创建一种任何系统都能读出和写入的世界语。正是由于这些标识的存在,使得基于XML的知识表示方法具有很强的表达能力,便于组织、管理、维护和搜索知识点。XML的威力在于将用户界面和结构化数据相分离,允许不同来源的数据无缝集成以及对同一数据的多种处理。从数据描述语言的角度看,XML是灵活的、可扩展的,有良好的结构和约束;从数据处理的角度看,它足够简单且易于阅读,同时易于被应用程序处理。因此,采用通用的网络语言XML语言来表示知识,除了使知识表示适应于分布式处理,还具有一定的语法独立性,表示方法本身能够自由地扩充,具有极大的可操作与应用价值。

XML的优良特性使得它成为分布式知识表示的首选语言。第一,XML已经成为业界的事实标准,XML从逻辑、语法和完备性等方面保证了可靠性,采用XML交换知识已经成为趋势。第二,相对于传统的智能设计系统中,编译器的开发工作量大且不易开发的情况,利用目前现有的标准XML文档解析器,可以节省开发编译器的时间。第三,XML所表达的信息是成树形结构的,可定义任意复杂度的数据结构和嵌套卷结构。第四,XML的可扩展性使得知识的维护非常简单。

XML是一个开放的标准。XML文档不属于任何软件包、任何计算机配置或任何操作系统。XML语言表示的知识能保证所构建的通用知识库除了工具本身外不与任何其他程序设计语言有关系。这种知识库一经建立,就可以根据使用者的个人偏好,用某种语言工具访问或修改,以适应其特殊需要。它可以保证通用知识库的保存、传输、修改、知识添加都是跨平台的,只有具体使用时才与某个软/硬件平台建立起联系。XML的知识表示具有如下特点:第一,便于通过Web查询;第二,便于通过WWW传输;第三,便于在人工智能的各种系统上使用;第四,具有纯文本特性,不依赖于软/硬件平台,容易更新,具有超时限特性。

根据W3C委员会1988年2月制定的XML1.0标准,从物理结构上来看,一个XML文档由多个实体(entity)组成,每个文档由一个"根"实体开始,一个实体可通过引用将其他实体包含至文档。从逻辑结构上来看,XML文档由声明(declaration)、元素(element)、注释(comment)、符号引用(character reference)与处理指令(processing instruction)组成。这些组成部分全由"标记"指出。从用户的角度来看,XML文档由两个部分组成:文档定义与文档正文。在文档定义(Document Type Declaration, DTD)中包括文档类型、元素定义与实体定义,文档定义确定了正文标记的语义,通过它可以解释文档正文中的标记。由于XML提供了一种适应于因特网处理的数据格式,它能够清晰、无异议地表达消息的结构与数据。

可以采用XML的DTD来定义一个知识表示方法的语法系统,通过定制XML应用来解释实例化的知识表示文档,如图7.7所示。实际上,XML的DTD是知识表示语法的同构映射,而XML文档则是知识实例的同构变换。

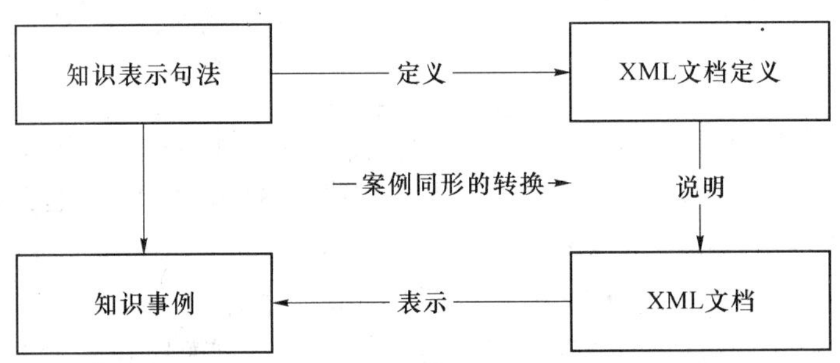

图7.7 采用XML的知识表示原理

XML文档以树形结构包含描述数据、数据类型以及文档结构。重要的是XML可以包含语义,也就是说能够给一个标志赋予确定的语义。而且XML是一种元语言,完全可以用来描述具有良好结构的知识。

7.4.2 XML的树形知识表示

作为一种标记语言,XML标准是由一系列规范组成的。一方面可以通过DTD或模式(schemas)对XML树形表示进行正确的定义从而支持XML的自我描述能力。对于XML文档,可以通过DOM(Document Object Model)读取XML文档中的节点,通过DOM API来存取XML数据。作为最基本也是最底层的XML存取技术,DOM将一个XML文档看成是一棵节点树,每一个节点代表一个可以和它交互的对象。DOM的基本对象有5个:Document、Node、NodeList、Element和Attr。这些对象代表了整个XML的文档,所有其他的节点都以一定的顺序包含在文档对象之内,排列成一个树形的结构,可以通过深度与广度两种方式遍历文档树来得到 XML 文档的所有的内容。XML 的树形表示结构如图 7.8 所示。

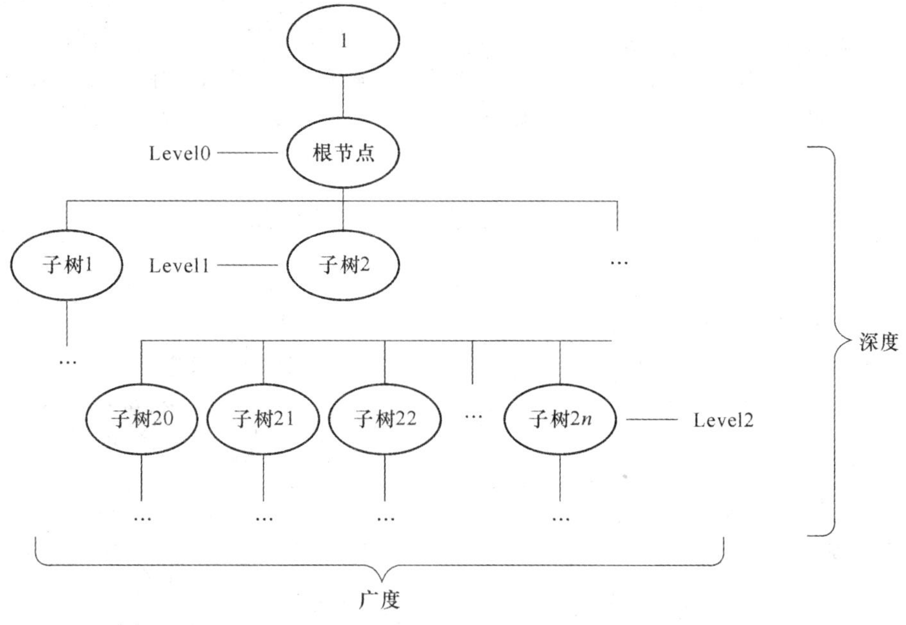

图 7.8　XML 的树形表示结构

基于 XML 知识表示可以完全通过树形结构来定义数据类型(数据结构)和文档结构的规范。又由于可以运用 namespace 及 URI(Uniformed Resource Identifier)给 XML 的某个置标定义确定的语义，从而把知识表示法融合进来。在信息挖掘的过程中，使用 XML 实现知识表示，主要体现在下面三个方面：①数据预处理的知识表示；②挖掘算法的知识表示；③挖掘结果的知识表示。

知识表示是构建知识库的关键，知识表示方法选取得合适与否不仅关系到知识库中知识的有效存储，而且也直接影响着系统的知识推理效率和对新知识的获取能力，图 7.9 给出了基于 XML 的知识库的创建过程。

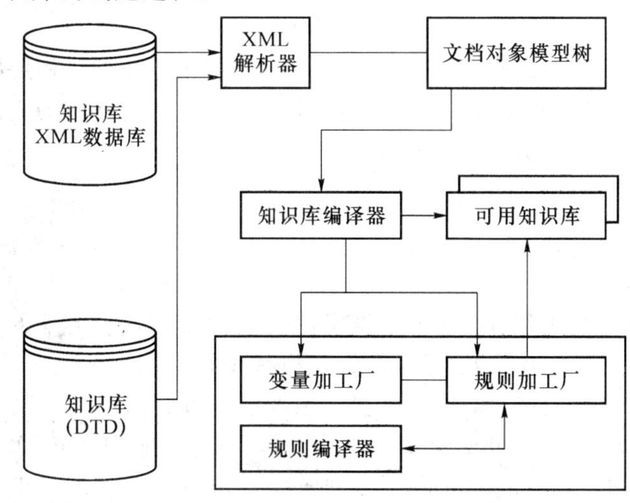

图 7.9　基于 XML 知识库的创建

在 XML 表示方法中吸取面向对象的这种思想，将类的属性、方法、继承关系用 DTD 定义下来，通过定制 XML 应用来解释实例化的知识表示文档。这样，整个知识系统不仅适用于分布式智能系统，其结构灵活、易于数据交换及便于扩充，而且又具有面向对象的封装性和继承性等优点。因此，面向对象的表示方法可以与 XML 的表示方法高效地结合起来。从以上可以看出 XML 知识表示方法有很多优势，它将在知识表示中占据重要位置。

7.5 知识网格研究项目

对于知识网格，目前存在着两种主要观点。一种观点的核心思想是结合语义 Web 技术提供语义知识，本体是其中的核心概念。这种视角下的知识网格，基本上等同于语义网格。另一种观点则把知识网格视为网格环境下的知识发现，如图 7.10 所示，可把下一代网格分为如此层次。

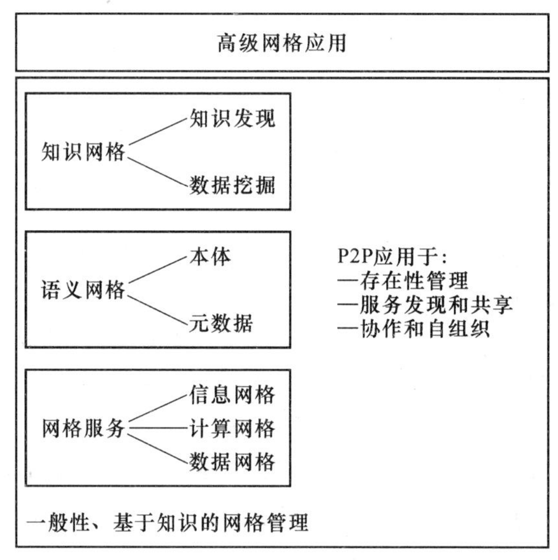

图 7.10 下一代网格层次结构

显然，图 7.10 中的网格服务层次等同于之前所提及的网格的结构层次，在此基础上，以本体和元数据实现网格服务的语义描述，形成语义网格；在语义网格的支撑下实现知识发现和数据挖掘服务，就形成所谓的知识网格。

1. 知识网格

知识网格 K-Grid 有利于用户组合、存储、共享和执行知识发现工作流，并把这些工作流作为网格的新组件和服务进行发布。K-Grid 体系结构如图 7.11 所示。

知识网格 K-Grid 的服务可分为两个层次：核心层和高层。核心层的主要目标是管理所有的元数据，这些元数据描述了数据资源、第三方数据挖掘和可视化工具/算法的特征。核心层还要负责知识发现计算的执行计划，把应用需求和可用的网格资源进行最优匹配。核心层的知识目录服务(Knowledge Directory Service, KDS)在 Globus MDS(Monitoring and Discovery System)的基础上进行扩展，负责维护知识网格中所有数据和工具的描述。所有的元数据信息以XML文档形式保存在KMR(Knowledge Metadata Repository,知识元数据存储库)中;知识发现得到的结果被存储在知识库存储(Knowledge Base Repository,KBR)中。KDS不仅能够访问和搜索原始数据,而且还能够对以前发现的知识进行检索。资源分配和执行管理服务(Resource Allocation and Execution Management Service,RAEMS)用于建立执行规划和可用网格资源之间的映射。所有的执行规划被保存在KEPR(Knowledge Execution Planning Repository,知识执行规划存储库)中。

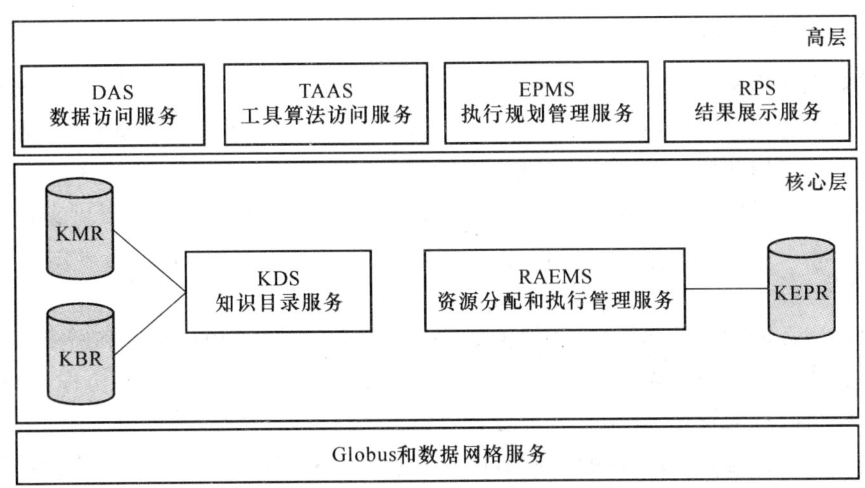

图7.11 K-Grid网格体系结构

高层的K-Grid服务包括数据访问服务(Data Access Service,DAS),它负责目标数据的搜索、选择、抽取、转换和传递;工具和算法访问服务(Tools and Algorithm Access Service,TAAS),它负责搜索、选择和下载数据挖掘工具和算法;执行规划管理服务(Execution Plan Management Service,EPMS),它是一种半自动化工具,能够根据用户选择的数据和程序,生成满足用户、数据和算法需求及约束的执行规划;结果展示服务(Results Presentation Service,RPS),它主要用于知识发现结果(包括规则、关联、模型和分类等)的生成、展示和可视化。

其他知识发现网格项目还包括DataMiningGrid和GridMiner等。DataMiningGrid的目标是实现网格环境下的分布式知识发现服务,关键组件包括工作流管理器和编辑器、数据挖掘应用适配器、基于网格的数据访问和集成服务以及资源代理和信息服务。GridMiner主要关注数据挖掘和联机分析处理(On-Line Analytical Processing, OLAP)两种技术,希望能够提供有效且功能强大的基于网格数据分析和知识发现服务。

2. 织女星知识网格VEGA-KG

中国科学院计算技术研究所的网格研究工作统称为"织女星网格(VEGA)"。从高性能计算机、超级服务器跨越到服务网格,从企业信息平台跨越到信息网格,从传统的人工智能跨越到知识网格,这就是VEGA[8]。其体系结构图如图7.12所示。

知识网格、信息网格
网格计算协议栈(GCP)
织女星网格操作系统
曙光高性能计算机

图7.12 织女星网格的体系结构

VEGA-KG是VEGA中的知识网格部分。它包括两个主要部分:统一资源空间模型RSM(Resource Space Model)和一个可操作的知识浏览器。RSM 把信息资源、知识资源和服务资源统一放入一个 n 维空间，其中每个点唯一确定了一个资源或一组相关的资源。特殊的资源空间包括知识空间、信息空间和服务空间等。RSM 和关系型数据模型之间的主要区别包括 5 个方面：依据、管理对象、数据模型、标准化基础、操作特征和交互基础。知识浏览器是一个易于使用和可操作的浏览器，它有如下功能：①在知识空间中通过决定坐标来定位知识资源；②选择合适的操作和设置参数；③传送该操作给执行引擎；④接收和显示操作结果。

3. 中国知识网格项目

中国知识网格是由中科院诸葛海研究员及其研究团队实施的研究项目。该项目团队把知识网格定义为："知识网格是一种智能化的因特网应用支撑环境，它使得用户或虚拟角色（有利于用户、应用和资源之间互操作的机制）能够有效地捕捉、发布、共享和管理显性知识资源。知识网格提供的按需服务，为创新、团队合作、问题解决以及决策提供支持。知识网格吸纳反映人类认知特征的认识论和本体，运用社会、生态和经济的原则，采用下一代 Web 技术和标准。"[7]

知识网格必须支持下列特性：知识发现和知识管理功能；对用户任务和需求、网格服务、数据资源和计算机设备的语义建模；普适和无所不在的计算；高级形式的协作，如动态虚拟组织；自我配置、自动管理、动态资源发现和容错。

知识网格直接建立在语义网格的基础上，它具有下列显著特征：访问世界范围知识的唯一入口点；智能聚类、融合的分布式知识；单一的语义镜像；世界范围内完备的知识服务；知识的动态演化。知识网格研究的主要内容包括：

(1) 有关知识捕捉和表示的理论、模型、方法和机制，特别是知识表示要用到的语义原语，如本体；

(2) 知识显示和创建，其中语义链接网络和认知图是两种主要的知识表示方法；

(3) 虚拟组织内的知识传播和管理，知识流管理师虚拟团队实现知识共享的一种方法；

(4) 知识的组织、评估、细化和推导；

(5) 知识集成，以支持跨领域的类比、问题解决和科学发现；

(6) 对资源的语义自动进行抽象，并能够在统一的语义空间进行推理和解释；

(7) 支撑知识网格的可扩展的网络平台，例如把 P2P 技术与网格平台相结合。

中国知识网格研究项目的第一个贡献是提出了资源空间模型（Resource Space Model, RSM）和语义链接网络（Semantic Link Network, SLN）两种模型，它们能够支持下一代互联环境更丰富的语义。资源空间模型是一种语义数据模型，它能够有效地把异构资源组织成为统一的范式。只要给定资源空间坐标，对应的资源就能够被识别出来；约束、操作以及其他范式能够保证演绎过程的正确性。语义网络链接是支持语义覆盖的概念模型，即资源之间通过语义链接（而不是简单的超联接）互联，从而能够进行相应的语义推理。

中国知识网格项目的第二个贡献是提出了知识流模型和基于 P2P 的知识共享。在知识流部分，讨论了知识强度的可计算模型并提出了揭示工作流本质的知识螺旋模型。在基于 P2P 的知识共享部分，主要讨论了无标度（scale-free）网络的各种特性，涵盖随机图理论、小世界效果、偏好附着的思想以及网络的动态演化等方面。

7.6 语 义 网 格

7.6.1 语义网格概述

1. 语义网格的概念

网格概念为我们描绘了一幅十分诱人的宏伟蓝图，提供了对遍布世界各地的资源提供了一种"即插即用"的新型资源使用方式。但网格的现实情况与目标存在较大差距，实现网格的目标并不容易，网格还面临着许多问题和挑战。当前网格缺乏计算机可读可理解的数据语义，缺乏人和计算机很好合作的支撑，计算机难以处理异构资源，难以联合、再利用信息，难以灵活协作、高度易用和无缝自动化，难以根据用户的需求自动地生产知识。而语义网虽然实现了计算机可理解的数据语义问题，但难以实现互联网上各种资源(包括硬件和软件资源)的共享，难以满足日益增长的计算需求。于是提出了语义网格的概念。

David De Roure 等学者 2001 年在 *Research Agenda for the Semantic Grid*:*A Future e-Science Infrastructure* 中第一次提出了语义网格(Semantic Grid)的概念[9]，把语义网格作为未来 e-Science 的基础架构。OGSA 的提出，给语义网格的发展注入了新的活力，使语义网技术应用于网格变得更为简单。全球网格论坛(GGF)也成立了语义网格研究组(Global Grid Forum Semantic Grid Research Group，SEM-GRG)，来提供对语义网格的支持，研究把语义网技术应用到网格的问题[10]。该研究组仿照语义网的定义，把语义网格定义为：语义网格是当前网格的延伸，因为信息和服务有了清晰明了的含义，人与计算机能够更好地合作。在这个定义里，有清晰含义的是信息和服务，表明语义网格研究的语义的对象包括信息和服务。它把所有的资源，包括服务，都用一种计算机可理解、可处理的方式来描述，实现语义的互操作性。目前本体所表示的领域已逐渐扩大，存在面向语义网的本体和面向网格服务、Web 服务的本体 OWL-S。语义网格把本体看做自身的基础构造，语义网格的本体可能描述的是对象、服务、过程、资源、能力等[11]。

2. 语义网格的发展

语义网格的发展可简单表示为图 7.13，图中显示了语义网格、语义网、网格和 Web 四者的关系，Web 向网格和语义网两个方向发展，横轴用数据和计算能力表示网格的发展方向，纵轴用互操作性能表示语义网的发展方向。语义网格结合了语义网和网格的优点和技术，是语义网技术在网格的应用。语义网格与网格的关系类似于语义网与 Web 的关系。

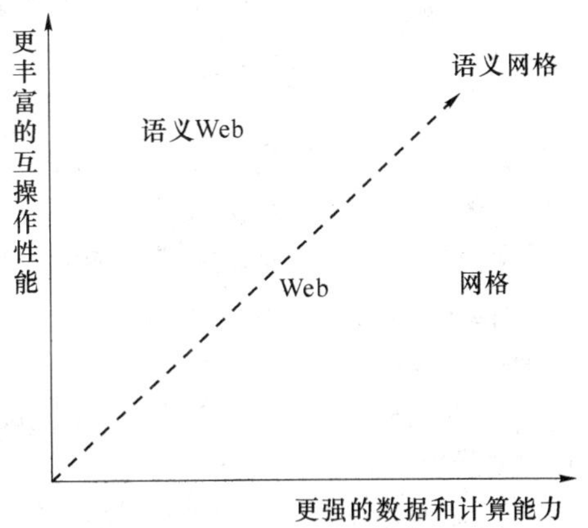

图 7.13 语义网格、语义网、网格和 Web 的关系

基于 OGSA 和 WSRF 的网格实现了网格和 Web 服务的融合，语义 Web 服务实现了语义网和 Web 服务的融合，在这个基础上，语义网格实现了基于 OGSA 和 WSRF 的网格

和语义网的融合，从根本上看，语义网格是实现了网格、Web 服务和语义网的融合。语义网格与网格、语义网、Web 服务的关系可表示为图 7.14。其中 Web 服务和网格融合为网格服务，语义网技术应用于 Web 服务并融合为语义 Web 服务。语义网格是集中了网格、语义网和 Web 服务的发展方向和技术优点的新交互平台，并采用新的计算模式和资源组织模型。

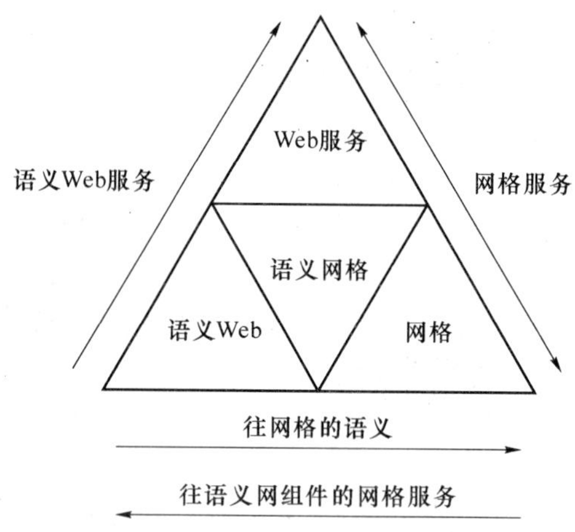

图 7.14　语义网格与网格、语义网、Web 服务的关系

3. 语义网格的特点

与网格相比，语义网格的特点有：

(1) 透明性。在语义网格中，用户可以跨越异构的、分布式的多个管理域，及时发现、访问和处理相关内容，实现透明性的互操作。

(2) 智能性。运用动态内容连接、注解搜索、自然语言处理、数据挖掘、机器学习、推理服务等知识捕获工具和方法，语义网格可实现智能化的资源共享与智能服务。

(3) 协作性。基于一定的用户限制、操作规则，通过建立统一、协作的工作流体系，语义网格可动态地形成、维护和解散合作环境，具有灵活、一致的协作性。

(4) 可靠性。由于地域分布的广泛性和系统的复杂性，语义网格通过实施严格的工作流控制，避免不同级别上的失败和例外，可靠性高。

7.6.2　语义网格的体系结构

语义网格作为方便用户组成、存储、共享和执行知识发现的信息基础设施，具有层次化的体系结构，如图 7.15 所示，依下至上分别为：

(1) 网格中间件基础结构层。应用由 IBM、Globus 联盟和惠普(HP)共同提出的 Web 服务资源框架(WS2Resource Framework，WSRF)作为底层技术实现的基础设施，支持网格数据联通与共享。

(2) 基础网格服务层。采用开放网格服务结构实现计算服务、数据服务、信息服务的共享。

(3) 语义网格服务层。作为语义网格的核心层，使用本体和元数据语言描述信息，按照计算机理解的格式表示知识，具体包含：①数据/计算服务。处理计算资源分配、调度和执行的方式，并提供快速的网络数据传送。②信息服务。处理被描述、存储、接收、共享及保留的信息(处理过的数据)。③知识服务。处理知识获得、使用、检索、发布以及维护的方式。这里的知识是指应用于实现目标解决问题或做出决定的信息。

(4) 知识服务层。通过文本挖掘、数据挖掘等方法，实现知识服务，并通过接口与高级网格应用互联。

(5) 高级网格应用层。支持广域分布的、并行的高级网格应用，以促进特定任务或各学科及专业领域的全球协作与信息共享。

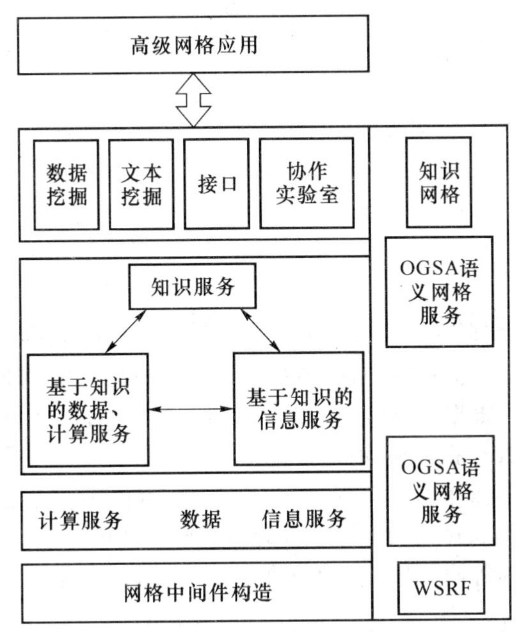

图 7.15　语义网格的体系结构

随着网格的发展和语义网格概念的提出，语义网技术不仅在知识层起作用，而且渗透到整个语义网格体系结构中。语义网格以 OGSA 和 WSRF 为基础，采用了面向服务的结构，提供了基本网格服务。语义网格服务包括了以此为基础的知识网格，提供了高级网格应用的接口。语义网格服务可提供知识服务、基于知识的信息服务、基于知识的数据计算服务。语义网格提供了更高级的知识共享和管理平台，使数据挖掘、文本挖掘等变得更为容易。语义网格在网格中间件和知识网格，高级网格应用件实现了计算机的语义理解，为整个网格系统的语义互联提供了强有力的支撑。语义网格不仅能提供数据计算服务和信息服务，而且引入知识层处理，提供知识的获取使用、检索、发布等知识服务，体现了下一代网格的特点[12]。

7.6.3　语义网格的核心技术

(1) Web 服务(Web Services)：OGSA 以网格服务为中心的架构，非常有利于构建语义网格环境。在 OGSA 网格体系结构中，由于网格环境中所有的组件都是虚拟的(指对相同的接口不同实现的封装)，因此通过提供一组相对统一的核心接口，所有的网格服务都基于这些接口实现，就可以很容易地构造出具有层次结构的、更高级别的服务(如语义服务、知识服务)。

(2) 软件代理(Software Agents)：多 Agent 系统研究提出的问题空间与语义网格是相一致的，Agent 中决策、分散、对等、自治的行为，正是构建网格虚拟组织所必须的。基于 Agent 的计算模式也是一种面向服务的模式，Agent 与面向服务的网格可以建立直接的映射，

Agent 可以是服务的生产者、消费者和代理者。

(3) 元数据:元数据是关于数据的数据,是对语义网格上信息的一种描述方式,这种描述方式使得信息变成计算机可以理解的信息。元数据最基本的作用就是管理数据,从而实现查询、阅读、交换和共享。

(4) 本体和推理:本体是共享概念模型的形式化规范说明,目标是获取、描述和表示相关领域的知识,提供对该领域知识的共同理解,确定该领域内共同认可的词汇,并从不同层次的形式化模式上给出这些词汇(术语)和词汇间相互关系的明确定义。

(5) 语义服务(Semantic Web Services):现有的 Web Services 围绕着 UDDI、WSDL 和 SOAP,提供了有限的机制来实现服务的发现、配置、组合和自动协商,对服务的调用来说抽象层次较低。语义服务的目标是通过提升服务的描述来指明服务的能力和任务完成的特性,使得在同一语义空间下的服务更容易整合。

7.6.4 语义网格服务

如图 7.16 所示,在面向服务的语义网格中,服务被视为对一些内容或者处理能力的抽象与封装,它存在于特定的上下文环境中,即所有的服务都有拥有者(或拥有者集合)。拥有者设定服务访问的术语和条件,根据服务契约,为其他个体的消费者提供服务。定制的契约形式依赖于服务的性质(如调用服务的价格、消费者提供给拥有者的信息、服务输出、输出时间、违约罚款等)、拥有者与提供者之间的关系。服务的过程是在市场这一特定的环境下进行的。创建和运行市场的实体被称为市场拥有者,每个市场中具有不同的市场原则,具有封闭属性,市场拥有者通过监控、强制措施等使服务提供者和服务消费者间实现自由的交互式服务。

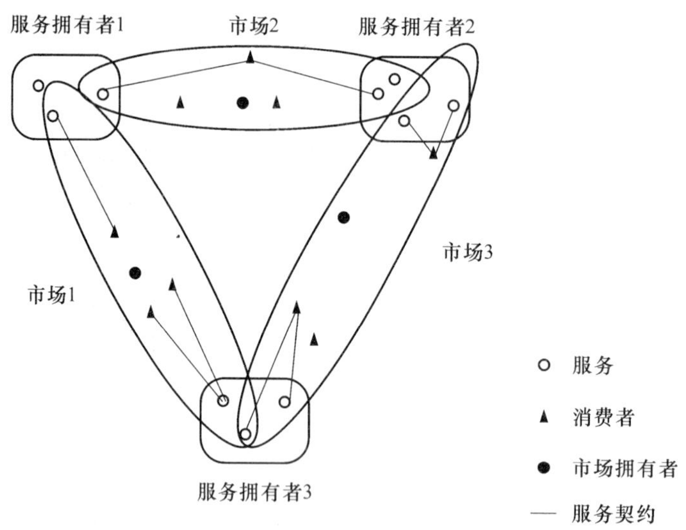

图 7.16 面向服务的语义网格服务

在语义网格环境中,一切均以服务为核心,网格应用的各实体间通过不同契约形式,通过服务创建、服务获取、服务制订等,在市场中相互间提供服务,从而实现了数据、信息及知识的交换与共享。

语义网格作为未来网络互联的智能环境,以其面向服务的体系结构、灵活多变的代理方式、基于语义的信息处理模式,在 e-Science 的应用中已得到初步的、成功的应用。但是,为使语义网格技术在全球范围内广泛实施，尚有诸多的关键技术有待解决，如服务描述语言开发、基于代理的交互技术、元数据及本体库编码、知识获取技术、集成媒体研究、可视化内容表达、联合与协作的工作流控制等。在未来几年内，随着 e-Science 研究的不断深入，语义网格技术必将日渐成熟，它将带动电子商务（e-Commerce）、电子教育（e-Education）、电子娱乐（e-Entertainment）等相关领域的发展，全面推动全球化的资源共享与协作。

7.7　本 章 小 结

网格技术为人们对知识信息的需求，由文本单元向知识单元的深度发展，提供了实现的可能。本章主要介绍了网格的概念、知识网格和语义网格的定义及体系结构，从而从技术角度更好地帮助组织实现知识的有效利用和共享。

本章参考文献

[1]　(美)福斯特 . 网格计算[M](英文版，第 2 版). 北京：机械工业出版社，2005.

[2]　(美)索托美亚，查尔德斯. Globus Toolkit 4：Java 网格服务编程[M]. 薛胜军，马廷淮，刘文杰，译. 北京：清华大学出版社，2009.

[3]　许骏. 面向服务的网格计算 ——新型分布式计算体系与中间件[M]. 北京：科学出版社，2009.

[4]　Berman F. From TeraGrid to Knowledge Grid. Comm. ACM，2001，44(11)：27-28.

[5]　Cannataro M，Talia D. The Knowledge Grid. Communications of the ACM，2003，46(1)：89-93.

[6]　信息物理社会知识网格研究组[EB/OL]. http://kg. ict. ac. cn/index. html.

[7]　Hai Zhuge. The Knowledge Grid[M]. World Scientific Singapore，2004.

[8]　徐志伟，李伟. 织女星网格的体系结构研究[J]. 计算机研究与发展，2002，39(8)：923-929.

[9]　D. De Roure，N. R. Jennings，N. R. Shadbolt. Research Agenda for the Semantic Grid：A Future e-Science Infrastructure [R]. National e-Science Centre，2001.

[10]　Global Grid Forum[EB/OL]. http://www. gridforum. org/.

[11]　De Roure，David，Nicholas R Jennings，Nigel R Shadbolt. The semantic grid：past，present and future[C] . Proceeding of the IEEE，2005，93(3) ：669-681.

[12]　吴朝晖，陈华钧. 语义网格：模型、方法与应用[M]. 杭州：浙江大学出版社，2008.

第 8 章 知识管理平台

8.1 知识协同管理平台建设的思路

知识协同管理平台应该能够保证在最需要的时间将最需要的知识传送给最需要的人。这样可以帮助企业员工共享信息，进而将其通过不同的方式付诸实践，最终达到提高组织业绩的目的。与此同时知识协同管理平台能同时有效地管理显性知识与隐性知识，以及提高企业内员工获取知识与创造知识的能力。知识协同管理平台的目的是解决“信息孤岛”、“应用孤岛”和“资源孤岛”三大问题，实现信息的协同、业务的协同和资源的协同，提升企业的竞争力[1]。

对于任何一个知识协同管理平台，只有当它与自己的业务流程结合起来才会真正发挥其独有的优势和价值。近年来，知识协同管理越来越受到企业的重视，但是“知易行难”，知识管理几乎没有办法实现有效地运转。有必要来研究知识协同管理平台建设的思路。

知识协同管理平台应根据企业自身的需求，结合企业的实际和自身信息化的现状来进行规划和建设。在具备了协同平台的支撑、协同引擎的驱动、协同机制的管控和协同工具的配置的系统架构之下，知识协同管理平台建设的思路主要集中在如何借助现成的体系架构来实现、支持、促进、激发知识的生产，规范化支持知识交互—生产—应用，依据组织应用需求存储、架构和配置知识、知识资源、知识流程，面向组织应用构建知识和知识资源体系，通过知识发现、数据挖掘、知识展现来方便知识的应用[2]。借助平台的流程和资源管控机制实现组织的知识管理。

同时要整合企业信息资源来建设知识协同管理平台。知识协同管理平台建设包含一个前提、两大内容。前提是在企业内部建立无缝互联网络，并可支持跨网络、跨地区的应用；两大内容包括建立知识管理体系和协同办公管理体系。在此基础上通过计算机管理技术整合信息资源，建立企业平台系统，使企业信息源在企业内部能高速、高效地流转。

在构建知识协同管理平台时，首先应该了解企业的发展战略，明确企业发展战略中对于知识管理的需求，并以此明确知识管理工作的指导方向，明确符合企业未来发展的知识管理的战略定位和目标。其次应该知道需求调研也是构建知识协同管理平台战略规划的基本步骤。通过访谈，问卷调研和研讨会等方式对企业目前的知识管理现状进行评估分析。从知识、人、系统、管理四个方面进行详细的调研问卷设计，从而对企业知识管理整体水平有一个清晰的认识。在充分了解需求的基础上，前瞻性地规划知识管理的目标。根据目标和现状的差距，从知识体系、管理体系、推行策略、信息系统四个方面，对企业知识管理进行总体规划，明确“做什么”[3]。

通常，目前大部分的知识管理系统是在办公自动化(OA 系统)之上的扩充。下面以一个典型的知识协同管理平台为例来具体阐述知识管理平台建设的思路。知识协同管理平台将协同管理分为人员、流程、信息的协同应用，而对于这几个层面再细化到应用范畴，又分为个人办公、团队协作、行政办公、知识管理四个方面，如图 8.1 所示。

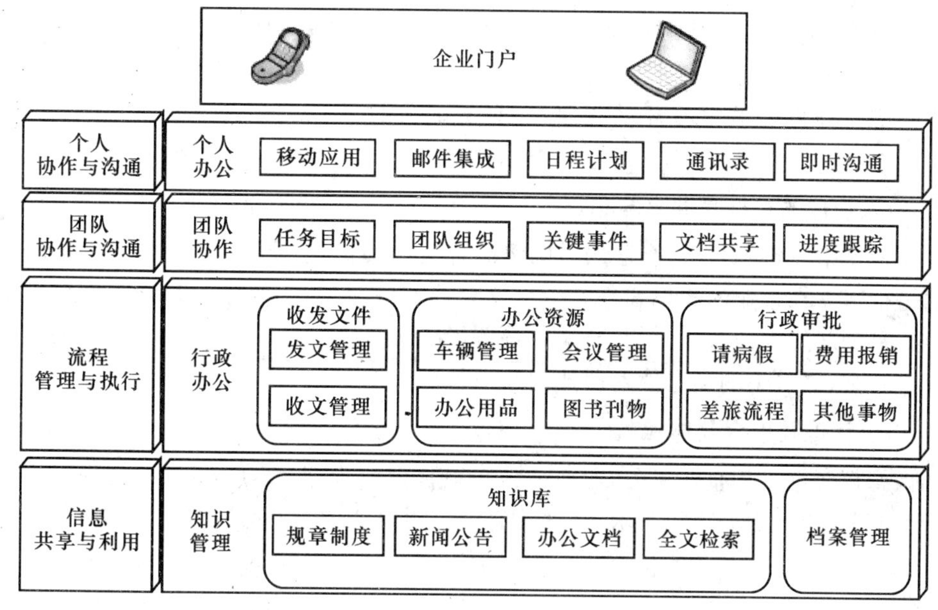

图 8.1 知识协同管理平台功能

因此，在个人办公、团队协作、行政办公、知识管理四个方面，把具体的协同管理功能进行划分。

(1) 个人办公

个人在日常工作中的内容，一般会包括移动应用、邮件集成、日程计划、通讯录、即时沟通等方面，通过这些办公方式，快速提高工作效率和协作办公能力，为终端用户提供一种简单、易于使用的管理软件操作场所。

(2) 团队协作

各类业务和管理工作的执行、落实都是依靠团队。团队的协作是经营目标达成质量和效果的保障。企业组织也是为了提高企业的生产率而设置的，也就是围绕企业核心业务高效的进行团队协同办公，组织协同的主要方式是工作和任务协同，包括统一任务目标、团队组织、关键事件、文档共享、进度跟踪等内容。

(3) 行政办公

行政办公是业务目标的衍生，是为达成企业经营目标而服务的。所以说，企业的任何行政办公行为，都是和业务运作紧密相关。在日常的行政办公中，将收发文件、企业办公资源管理、行政审批管理通过统一的权限和技术平台，完全整合起来，真正实现行政办公和企业 ERP 业务的一体化运行。

(4) 知识管理

企业运作中的文档、报告、提案、新闻、论文、音视频等构成了整个无形资产体系，对这些无形资产的管理就是企业知识管理，为企业管理理念传承、企业文化积累、技术和管理的创新提供内容支持。根据现代知识管理理论和分类标准，把知识管理按照应用方式和目标分为档案馆管理和知识库管理，知识库管理是企业应用的重点。规章制度、新闻公告、办公文档、技术创新、全文检索等内容均属于知识库管理范畴。

1. 知识管理的核心是知识资本和员工

知识资本包括显性知识和隐性知识。显性知识可以通过网络和软件系统进行编码，进而被人获得和分享。隐性知识主要存在于企业的员工身上，他们本身都是所在领域的专家，企业要营造一种良好的学习环境和氛围，以充分发挥他们的主观能动性，进行创造性的工作。

2. 知识管理的目标是共享与创新

共享就是指“将知识在最合适的时间将最合适的知识传递给最合适的人”，从而使每个业务的运行建立在企业的知识和经验的积累上，同时进行知识的再造和创新。现代企业的竞争主要是创新能力的竞争，因此要赢得竞争优势，企业在知识的共享和创新上要建立相应的激励机制，依靠员工的创造性发挥达到知识管理的目标。

3. 知识管理要结合具体业务

知识管理要立足于企业业务，而不是为知识管理而管理。知识体系的结构和应用领域要适用于业务本身，面向市场需求，这样才有其应用价值，并进行价值再造。

8.2 知 识 门 户

知识门户又称知识桌面，它是知识管理系统的入口，也是知识管理系统的一个重要组成部分，也是企业信息门户(Enterprise Information Portal，EIP)的一种新表现形式[4]。门户技术是应企业信息化建设的需要而出现的一种应用整合技术。通过构建企业知识门户，企业可以为内部员工及管理者利用企业的各种业务系统、了解企业的运作情况，为外部客户及合作伙伴获取企业信息资源提供一个统一入口。企业知识门户是建立在信息门户和知识管理系统基础上的，是对企业内外部相关知识进行集成，实现知识有效共享和利用的平台，它是企业信息门户的延伸和发展。

8.2.1 企业信息门户

为解决“信息孤岛”问题和企业内网与企业外网的互动话题，IT界的解决方案经历了从系统集成(SI)到企业应用集成(EAI)[5]，渐渐发展出企业信息门户的概念。企业信息门户的基本作用是为人们提供企业信息，它强调对结构化与非结构化数据的收集、访问、管理和无缝集成。这类门户必须提供数据查询、分析、报告等基本功能，企业员工、合作伙伴、客户、供应商都可以通过企业信息门户非常方便地获取自己所需的信息。

企业信息门户是一个应用系统，它使企业能够释放存储在内部和外部的各种信息，让客户们能够从单一的渠道访问其所需的个人化信息[6]。客户们将利用这些个人化信息做出合理的业务决策并执行这些决策，同时发现做出类似决策的其他人并和他们取得联系。EIP

通过及时地向用户提供准确的信息来优化企业运作和提高生产力。这些门户将把存放在企业数据库与数据仓库中的业务智能转变成可利用的信息，并通过浏览器送到用户眼前。EIP是一个将企业的所有应用和数据集成到一个信息管理平台之上，并以统一的用户界面提供给用户，使企业可以快速地建立企业对企业和企业对内部雇员的信息门户。EIP是一个基于Web的系统，它能向分布各处的用户提供商业信息，帮助用户管理、组织和查询与企业和部门相关的信息。内部和外部用户只需要使用浏览器就可以得到自己需要的数据、分析报表及业务决策支持信息。EIP的出现是为了满足企业不断增长的需求，企业如果需要更有效地利用企业的数据资源和信息资产，必须保证内部和外部的每一个用户都能访问到信息。

作为Web应用程序简单、统一的访问入口，EIP提供了集成的内容和应用，提供了统一的协同工作环境，同时还增加了许多有价值的附加功能。EIP的系统整合功能将业务系统及不同用户通过协同功能连接起来，形成共同工作的统一的平台。EIP的内涵可以概括为以下几个方面：利用“推”、“拉”技术，通过一个基于Web的界面把信息传递给用户；提供交互功能，也就是在用户桌面上“询问”和共享信息的能力；把包括内容管理、竞争情报、数据仓库/数据集市、数据管理，以及其他相对这些应用系统而言的外部数据在内的应用整合为从一个集中的用户界面就能共享、管理信息的统一系统；是获取内、外部数据和信息的途径；能支持用户与数据源、信息源的双向信息交流；能对所获取到的数据和信息进行进一步处理和分析。

对访问者来说，企业信息门户提供了一个单一的访问入口，所有访问者都可以通过这个入口获得个性化的信息和服务，可以快速了解企业的相关信息；对企业来说，信息门户既是一个展示企业的窗口，也可以无缝地集成企业的内容、商务活动、社区等，动态地发布存储在企业内部和外部的各种信息，同时还可以支持网上虚拟社区，访问者可以互动讨论和交换信息。实际上，各企业建立的企业网站都可以算做企业信息门户的雏形。

8.2.2 企业知识门户的概念

企业知识门户来源于企业信息门户，是企业信息门户的一种新表现形式。企业知识门户更关注企业内部员工和内部信息，它是知识管理系统与企业信息门户的结合。一般意义上，企业信息门户更关注业务过程和企业的内/外网的整合。企业知识门户的实现目标可以归纳为：创造知识共享最佳实践环境，建立学习型组织制度和文化，最终实现最大程度地将知识转化为价值，同时达到价值和智力资本的最大化。企业知识门户能够帮助企业实现显性和隐性知识的管理，还能够使得企业员工快速地找到企业内外的知识资源，提高知识的获取效率。

企业知识门户以知识的生产与集成为功能核心，实现了基于知识的个性化服务、基于知识的自动化工作流、协同知识生产、组织知识生产和集成以及基于知识的企业决策。也就是说，在提供商业信息的同时，还要提供企业决策在多大程度上可以信赖这些信息的元信息，提供从信息加工出知识的工具，支持知识生产和知识集成。这些功能以企业知识门户提供的信息、数据以及这些信息和数据的正确性方面的信息为基础，所以能真正给企业带来生产力和生产效率提高、竞争力增强的好处。

企业知识门户是企业员工日常工作所涉及相关主题内容的统一入口，员工可以通过它方便地了解今天的最新信息、当天的工作内容、完成这些工作所需的知识等。通过企业知识门户,任何员工都可以实时地与工作团队的其他成员取得联系、寻找到能够提供帮助的专家或者快速连接到相关的知识。企业知识门户的使用对象是企业员工,它的建立和使用可以大大提高企业范围内的知识共享,并由此提高企业员工的工作效率。企业知识门户具有信息集成、知识分类、个性化展示和系统资源管理的集成。企业知识门户的出现不仅为知识管理系统的建设带来了新技术,也为知识管理系统的架构设计提供了新思路。随着企业知识管理的普及和深入,企业知识门户必将成为企业信息化建设的必然趋势。

8.2.3 知识门户对知识管理的作用

在企业知识管理过程中,知识的获取、共享、交流和创新是企业知识管理流程中必不可少的环节。知识门户对知识管理的作用可以概括为以下四点。

1. 实现企业高效的知识共享

企业知识门户是将集成后的信息发布在知识门户网站上,并同时提供智能搜索引擎和知识地图等工具,帮助员工快速找到所需要的知识,利用网络优势建立知识沟通平台和交流渠道,使知识拥有者和知识需要者迅速建立联系,达到知识共享的目的。知识门户不但可以加速企业员工的知识共享速度,同时也可以促进企业内各个部门之间以及企业间的知识共享,从而提高本企业的业绩。

2. 实现企业员工畅快的知识交流

企业文化的核心是企业价值观,成员间的价值观存在着差异,我们可以通过建立统一的知识管理平台,促进企业文化之间的交流,使之达到一定程度的融合。在企业的知识门户中,所有的知识形成完整的有条理的体系结构,而且这一切是自动生成、自动维护的,系统地利用信息和专家技能,能够不断提高企业的创新能力、响应能力、生产效率和技能素质。

3. 实现企业便捷的知识获取

企业知识门户能够帮助企业实现显性和隐性知识的管理,还能够使得企业员工快速地找到企业内外部的知识资源,提高知识的获取效率。通过企业知识门户,企业员工还可以获得个性化的知识。企业知识门户作为企业知识管理 IT 架构的前端展现工具,提供了访问所需企业知识的统一入口,它突破了传统知识管理系统在时间上和地域上的限制。企业员工还能够利用网络优势,在知识门户上构建协同工作环境,使企业员工能通过浏览器共享群体内的有用知识、专业技能和经验。

4. 实现企业持续的知识创新

知识只有通过相互交流才能得到发展,在交流中派生出新的知识,达到知识创新的效果。而这正是企业知识门户的重要作用。将分散在各个员工甚至顾客和供应商头脑中的零星知识整合成强有力的知识力量,通过对知识积累和应用管理使组织能够更好地运用组织的人才资源,提高企业对市场的应变能力和创新能力。

8.2.4 知识门户的特点及功能

企业知识门户的特点是知识门户具有统一的访问入口和不间断的服务,同时提供知识分类与内容管理能力、知识挖掘能力，以及个性化的应用服务，并且它与现有系统具有较好集成性、可扩展性以及安全可靠性；知识门户还能有效地协作及实现知识共享，还可以流程整合和协同作业。知识门户的功能主要包括如下几个方面：

1. 提供知识发布和知识共享

知识门户利用网络优势，建立知识沟通平台，如虚拟会议室、网络留言板、在线成员感知等，通过建立有效地沟通和交流渠道，使知识拥有者和知识需要者迅速建立联系，达到知识共享的目的。同时知识门户提供开放的接口设计，保持企业信息系统之间具有高度的集成性、通用的共享性，方便与其他应用系统进行数据交换或信息共享。

2. 提供个性化的服务

通过对知识的分类和权限规划，将基于浏览器的应用安装规则统一界面入口并实现企业门户、部门门户和个人门户的多级需求建立统一访问的界面规则和风格。企业知识门户的主要目标之一是定制终端用户的门户体验。门户系统的数据和应用可以根据用户的不同需求来设置和提供，为用户提供与工作相关或感兴趣的信息，提高企业员工的工作效率。另外，用户还能根据自身的喜好，轻松改变门户的外观主题，改善知识门户界面的使用的友好性。

3. 应用于数据集成

由于企业信息可能以多种数据格式保存，所以知识门户必须提供足够的信息检索、信息共享能力。许多企业拥有多个应用系统，不同的系统的数据以不同的数据格式存储在多个数据库中。企业知识门户对这些分布在不同物理位置的数据和异构数据进行的有效的整合，提供跨数据库的信息检索和共享能力。

4. 系统管理集成

企业知识门户网站服务器提供了全面的单点登录支持。门户系统使用统一的账号管理，借助目录服务系统(如 LDAP)采用一致的用户账号和密码。登录企业知识门户就意味着登录了权限范围内的所有信息系统，包括知识管理系统。门户系统利用权限的控制和个性化知识展示，使得企业面向内部员工、合作伙伴、客户采用一致的信息门户和登录场所，提供了集成化的信息服务。

8.2.5　企业知识门户的应用

企业知识门户的出现不仅为企业知识管理系统的建设带来了新技术，也为企业知识管理系统的应用提供了新思路。

1. 提高企业员工的学习能力，推动企业成为学习型组织

企业知识门户是企业员工日常工作所涉及相关主题内容的统一入口，员工可以通过它方便地了解当天最新的消息、当天的工作内容、完成这些工作所需的知识等，并由此提高企业员工的工作效率，并在组织中形成学习氛围，客观上提高了企业整体素质水平和企业竞争力。

2. 保障企业知识系统的安全

系统要确保在知识获取、加工传播和应用全过程中信息和操作的安全。系统使用统一的账号管理，借助目录服务系统使得采用一致的用户账号和密码，一次登录企业所有的信息系统。这样，可以保证在访问时系统的稳定性。

3. 提高产品与技术创新效率

企业技术创新的成功主要取决于技术创新的参与者。知识门户的实施可以使技术创新过程流程化，使有用知识能在最短时间内传递到参与者，并协同开发团队的运作。知识在获得前所未有的流动的同时，也培育出许多新知识，使企业获取新技术、新工艺、新产品和新思想的效率得到极大提高，企业创新变得更加频繁和积极。随着新科技革命的推进和科技经济一体化的深入，技术要素以及建立在技术要素基础上的企业创新及创新能力成为企业赢取竞争优势、提升竞争力的重要源泉。

4. 提高企业的综合管理水平

管理从某种角度讲就是对信息的处理。企业管理表现为各个管理层相互联系形成等级链、矩阵链、链条上的某一环节只是发挥着信息的收集、挑选和转发的“中转站”作用。知识门户可以实现企业信息更有效的管理，使这些工作由正规的信息系统来承担，使知识传递更快、更准、更全面；可以缩短等级链的长度和矩阵链的规模，简化人为的协调，提高效率。据调查数据显示，管理工作中有些属于常规，许多均有规律性，完全可以由计算机代替人工。另外的思考工作中，还有一半左右为规律性工作，也可由计算机完成对于无法程序化的工作，借助知识门户也可以大大提高决策效率，降低决策成本。

5. 提高组织的协同管理能力

协同管理能力与组织绩效相关，协同管理能力越强，组织绩效越高，协同管理能力越弱。组织绩效越低。知识门户平台的建立增进了企业协同管理的能力，增强了企业知识管理的能力，加快了知识的转移、创新和增值，提高组织的响应速度和创新能力，提高了组织绩效。

6. 提供个性化的知识服务

企业知识门户在为用户提供访问企业知识资源通道的同时，也为用户提供了一个管理自身所需知识资源的接口。用户通过使用 Web 浏览器登录知识门户后，可以根据需要增加或移除对其权限范围内的信息访问，还能轻松改变门户页面的内容布局的外观主题。通过对门户个性化的定制，企业知识门户以不同的内容和外观展现在每一个使用者面前，提高了员工的工作效率，为实现企业知识管理的目标提供了技术上的保障。

8.3 知识管理平台的体系结构

如何统一、规范、有效地管理各种资源，提供计算机可理解的语义信息，已经被越来越多的企业认识到，他们认为有效的知识管理能够促进和引导积极健康的企业文化的建立，提高企业员工的素质和技能，提高企业资源运用效率，提高企业应变和创新能力，从而降低企业生产成本、提高利润、增强企业市场竞争能力。知识管理的实现必须以先进的信息技术作为技术支撑。知识管理基础平台是整个知识管理平台的软硬件基础，不仅包括各种知识管理平台工具，如搜索引擎工具、信息交流工具、数据库和知识库管理系统等，还包括各种各样的知识资源库。考虑当前网络化协同工作环境下的知识管理系统分布式及 Web 化的特性，本着方便各逻辑层次上的组件能单独更新、替换、增加或拆除以降低系统维护成本为原则，并提高系统的可靠性、安全性、可伸缩性和加强对异构数据库的访问能力。选用 JavaEE 构架为例介绍一种通用的系统开发平台。JavaEE 是一套全然不同于传统应用开发的技术架构，包含许多组件，主要可简化且规范应用系统的开发与部署，进而提高可移植性、安全与再用价值[7]。JavaEE 是一个面向企业级应用的、基于 Java 的多层分布式计算模型。目前，Java 平台有 3 个版本：适用于小型设备和智能卡的 JavaME(Java Platform Micro Edition，Java 微型版)、适用于桌面系统的 JavaSE(Java Platform Standard Edition，Java 标准版)、适用于企业级应用的 JavaEE(Java Platform EnterPrise Edition，Java 企业版)。JavaEE 是一种利用 Java 平台来简化企业解决方案的开发、部署和管理相关的复杂问题的体系结构。JavaEE 技术的基础就是核心 Java 平台或 Java 平台的标准版，JavaEE 不仅巩固了标准版中的许多优点，例如“编写一次、随处运行”的特性、方便存取数据库的 JDBC API、CORBA 技术以及能够在因特网应用中保护数据的安全模式等，同时还提供了对 EJB(Enterprise JavaBeans)、Java Servlets API、JSP(Java Server Pages)以及 XML 技术的全面支持。其最终目的就是成为一个能够使企业开发者大幅缩短投放市场时间的体系结构。

JavaEE 体系结构提供中间层集成框架用来满足无须太多费用而又需要高可用性、高可靠性以及可扩展性的应用需求。通过提供统一的开发平台，JavaEE 降低了开发多层应用的费用和复杂性，同时提供对现有应用程序集成强有力支持，完全支持 EJB，有良好的向导支持打包和部署应用，添加目录支持，增强了安全机制，提高了性能。

图 8.2 给出了基于 JavaEE 架构的通用知识管理平台的体系结构，共分为五层，JavaEE 在这五层模式基础上提供了 1 个多层次的分布式应用模型和一系列开发技术规范，使应用逻辑根据功能而划分成多层，每层支持相应的服务器和组件，组件(Component)在分布式服务器各自的组件进行通信实现组件的相互调用。JavaEE 这种基于组件，具有平台无关性，或称为高度的可移植性和兼容性平台的多层次体系结构，符合企业知识管理框架构建的技术平台需求。

(1) **数据资源层**：为知识管理系统存放支撑系统运行的各种数据，包括本体库、知识库、模型库、服务目录和日志库等，这些数据通过上一层基础设施服务层提供的访问接口进行访问。

(2) **基础设施服务层**：为系统提供各种基础服务，包括安全管理、事务管理、目录寻址服务、日志、数据库连接池等，这些服务使得业务逻辑层中各项业务引擎可以专注于自身的逻辑封装和功能实现，而不必关心这些与基础结构服务相关的问题和底层分配问题。

(3) **业务逻辑层**：是系统的核心，由各种功能执行部件构成，涵盖了系统各业务引擎，其中的每个部件对应于一个运行于 EJB Container 中的 EJB，由于 EJB 的先进性，从而简化了业务逻辑的实现。

(4) **表示逻辑层**：主要由一系列运行于 Web Service 上的采用 Servlet/JSP 实现的 Web 组件构成，面向远程用户，使用浏览器接受用户请求，转递给业务逻辑层，并将系统响应的结果呈现给用户，即向用户展示系统管理的各种知识。

(5) **用户界面层**：负责与终端用户的交互，包括两种交互方式：一种是通过浏览器，主要由一系列放在 Web Server 上可下载的 Applet 组成；另一种是通过普通的 Java 程序，跨越表示逻辑层，直接与业务逻辑层交互。

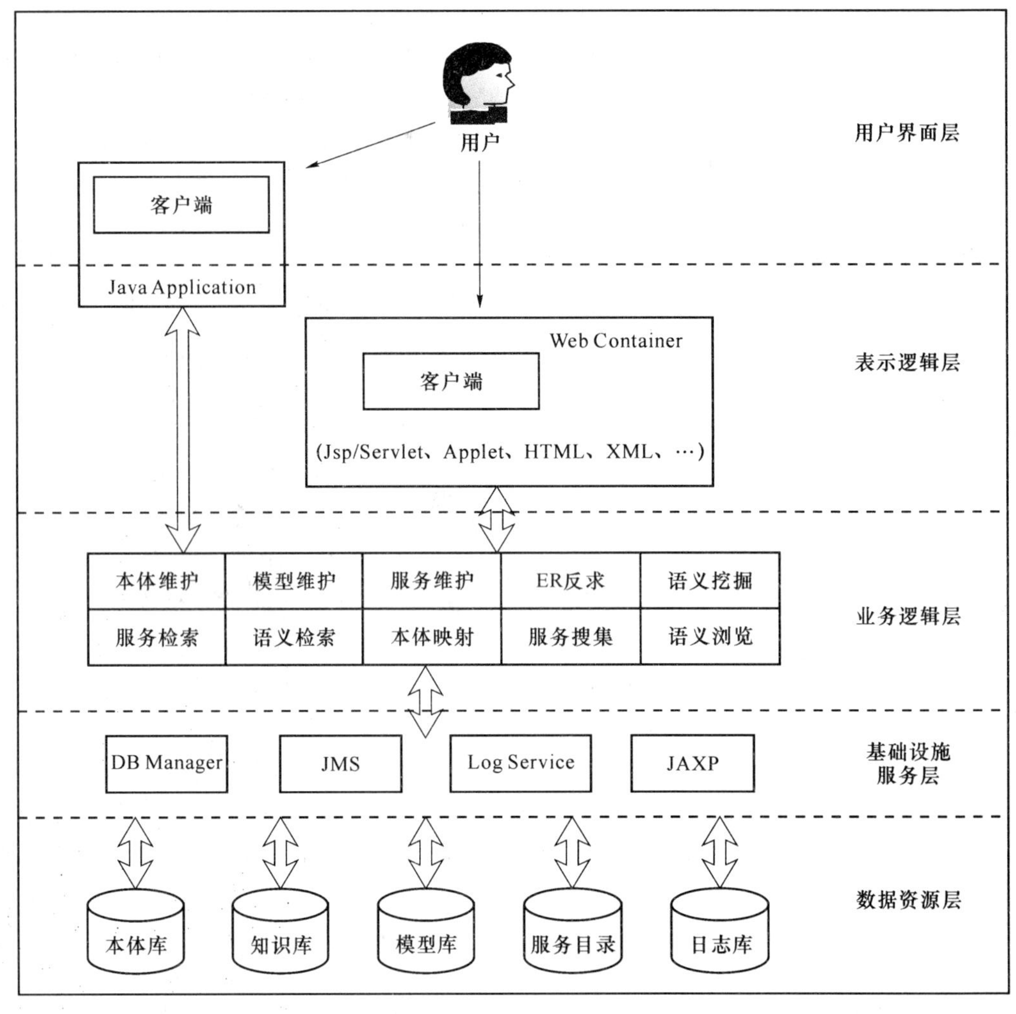

图 8.2 知识管理平台的体系结构

8.4 知识管理平台的功能模型

知识管理成功的关键是要有一个合适的知识管理平台,没有强大的知识管理技术支持,企业很难有效地实施知识管理,它是实现知识管理的强大推动力。当今社会,知识在社会发展过程中所起的作用越来越大,而信息社会的知识爆炸使得我们生活的空间里到处充斥着纷繁复杂、各式各样的信息,在这样的大背景下,有必要对知识管理平台的模型设计进行研究。前面几节我们论述了知识管理平台的层次模型和体系结构及其所涉及的相关知识处理技术,因应用领域或实现的功能不同,所采用的知识处理技术也会有所不同。

功能模型表示变化的系统的“功能”性质,它指明了系统应该“做什么”,因此更直接地反映了用户对目标系统的需求。通常,功能模型由一组数据流图组成。一般说来,与对象模型和动态模型比较起来,数据流图并没有增加新的信息,但是,建立功能模型有助于软件开发人员更深入地理解问题，改进和完善自己的设计。知识管理平台的功能模型一般可以分为前端交互工具、知识获取工具、知识服务工具、知识维护工具和系统管理维护工具。

8.4.1 前端交互工具

前端交互工具提供给用户一系列便捷的交互手段，以此可以实现查询、浏览、服务能力的标注、知识标注等交互行为，它应该包括以下组件：

(1) **用户查询工具**：提供友好的用户查询交互界面，具有较好的交互性，它能够接受用户提交的查询请求，包括各种查询参数等，用户可通过该工具查找需要的知识和服务。用户查询工具支持多种查询方式，包括基于谓词的查询、自然语言查询等，可以供用户灵活选择。

(2) **浏览器**：知识管理平台拥有多个本体库以提供对组织知识的深层次的语义支撑，因此语义浏览器的功能是以友好的图示化和图形化的方式，向用户呈现本体的语义信息，包括语义结构、语义层次、语义关联等。用户可以以一种更加直观的方式，浏览、导航和定位各种语义信息。

(3) **服务标注工具**：提供交互界面，并集成语义浏览器，方便用户对服务接口和服务能力描述标注语义。用户可以通过拖拉方式或者点选方式，直观便捷地完成标注过程，使用户使用起来更加方便快捷、高效。

(4) **知识标注工具**：与服务标注工具功能类似，提供直观便捷的界面，方便用户对发布的各种知识进行语义标注，方便用户更好地获得所需要的信息。

8.4.2 知识获取工具

知识获取工具为知识管理系统从各种知识源中挖掘和捕获各类知识提供自动化或交互手段，是系统运转的动力源，它主要包括以下组件：

(1) **ER 模式反求工具**：ER 模式反求工具对描述关系数据库语义的 ER (Entity-Relation)实体关系模式分析，包括对各种表显性关系、表隐性关系、表约束、表数据等 ER 模式结构性元素的解析，反求出描述关系数据库语义的本体，然后根据反求出的本体，利用表数据进行实例化，从而实现存储在关系数据库中历史知识的获取。

(2) **语义挖掘工具**：知识挖掘旨在从海量的数据、信息中通过一定的算法挖掘出有效的、新颖的、潜在有用的、最终可理解的模式。语义挖掘通常从以下几个方面来提高知识挖掘的效率。一方面，可以利用本体来指导传统 Web 挖掘过程；另一方面，可以把挖掘来的知识进行语义标注后建立语义 Web 以方便日后语义 Web 智能软件代理 Agent 进行自动化的语义 Web 挖掘。

(3) **隐性知识获取工具**：相关专家学者大脑中蕴涵的经验性知识即隐性知识具有非常重要的应用价值，隐性知识获取工具的目标就是给专家学者提供界面友好的隐性知识捕获工具，使得专家、学者可以以适合隐性知识表述的方式将头脑中的经验知识固化到知识管理系统中。即隐性知识显性化，为有效实现隐性知识向显性知识的转换，避免专家学者与知识工程师的交流鸿沟，该工具可以采用多级映射机制，实现逐步地将适于隐性知识表达的模型向适于显性知识表达的知识模型的转换。

(4) **实例知识获取工具**：实例知识也是组织知识中不可或缺的重要知识内容之一，实例知识的优势在于其经验证过的成功实践知识都蕴藏在实例之中，避免了传统的知识获取的弊端。实例知识获取工具的目标就是从应用系统的历史数据中挖掘出实例知识模型，并提供友好的界面供给用户交互。

（5）**资源封装工具**：资源封装工具用于接受其他结构化或非结构化资源作为知识来源，如各种文档、Web 页面等，对于从这些知识源中获取知识是资源封装工具的主要任务。按照预设的知识模型，对这类知识封装，并转换成知识管理系统可以识别并管理的知识形式。

8.4.3 知识服务工具

知识服务工具提供有关知识服务注册、发布和检索等功能，是知识管理系统向用户推送知识的使能工具，主要包括以下组件：

（1）**知识服务注册工具**：负责整理各种描述知识服务能力的参数，转换为知识服务目录中对注册服务的标识信息，并在知识服务目录中进行注册，同时负责知识服务的注销。

（2）**知识服务匹配工具**：执行知识服务的语义匹配任务，即根据用户输入的知识服务检索请求，在知识服务目录中过滤出语义上最佳匹配的一个或多个知识服务，由于该工具采用的是语义匹配策略，相比于关键字匹配准确率和召回率都有较大提高。

（3）**知识服务执行工具**：接受用户的知识服务请求参数，执行匹配的服务，将服务结果反馈给用户。

（4）**知识服务搜索工具**：包括但不局限于下面两种服务注册机制：一种是采用直接在知识服务目录中注册的方式，即知识服务注册工具负责的活动；另一种则是知识服务搜索工具负责的方式，即采用网络爬虫形式，启动网络资源搜集进程，自动从网络化协同工作环境中搜集并整理各种发布的知识服务。

8.4.4 知识维护工具

知识维护工具提供各种与系统语义知识维护及管理相关的技术支撑，封装对语义知识库的操作，它主要包括以下组件：

（1）**本体库维护工具**：负责管理本体库的创建，以及对本体增加、删除、修改和一致性验证等功能。

（2）**知识模型库维护工具**：与本体库维护工具功能类似，负责对知识模型库的维护。

（3）**知识服务封装工具**：采用有效的知识服务机制，按照知识服务的接口要求，包括输入、输出等参数格式，将知识模型封装成知识服务形式使之在网络化协同工作环境下得以共享。

（4）**知识评价工具**：对纳入系统管理范畴的知识进行重要性、实用性等评估，为其他工具提供知识价值评价支持。

8.4.5 系统管理维护工具

系统管理维护工具提供支撑知识管理平台运转的所需各项有关系统管理的基本功能，它主要包括以下组件：

（1）**人员组织管理**：管理使用系统的组织和用户，包括对用户的权限和安全认证的管理，基于语义面向服务的知识管理与处理。

（2）**系统服务管理**：负责管理系统运行所必需的一些系统服务的开启和维护等。

(3) **日志管理**:对使用系统的用户、时间、地点和操作等关键信息进行跟踪和记录。

(4) **备份与恢复管理**:为增加系统的安全性,对系统关键的库表进行备份和审计,并提供在发生故障时恢复系统的能力。

(5) **帮助系统**:为用户提供超文本格式的系统帮助,方便用户使用系统。

企业知识管理平台的功能模型以用户为中心,以知识服务为中心,可以形成一整套的智能化、个性化服务解决方案,通过该模型,最终将企业的全部显性知识和隐性知识集成在一个网络大环境下形成循环转化的知识流,以高效、快速地识别、获取、开发、分解、存储和传递知识,从而使每个员工在最大限度地贡献出其积累知识的同时,也能享用他人的知识,实现知识共享。

8.5 本章小结

本章从知识管理实现的角度,在分析了知识管理平台的设计目标后,给出了知识管理平台的建设思路,详细介绍了知识门户的概念,设计了基于 JavaEE 架构的知识管理平台体系结构。在此基础上,对知识管理平台的功能进行了划分,构建了知识管理平台的功能模型。

本章参考文献

[1] 董金祥. 基于语义面向服务的知识管理与处理[M]. 杭州:浙江大学出版社,2009.

[2] Lee S M, Hong S. An enterprise-wide knowledge management system infrastructure [J] . Industrial Management and Data Systems,2002,102 (1):17-25.

[3] (美)蒂瓦纳. 知识管理十步走:整合信息技术、策略与知识平台[M]. 董小英,等,译. 北京:电子工业出版社, 2004.

[4] 陈玉. 企业知识门户构建与知识管理模式研究[D]. 长春:吉林大学, 2009.

[5] 康一梅. 企业应用集成中流程集成模型的研究[J]. 计算机工程与应用, 2007,43 (12):212-214.

[6] 韦吉文. 供电企业门户单点登录及内容管理子系统的设计与实现[D]. 哈尔滨:哈尔滨工业大学,2010.

第9章　企业信息化与知识管理

9.1　知识管理与ERP

企业资源计划(Enterprise Resource Planning,ERP)本质上是一种现代企业管理理念。现在,越来越多的企业都在逐步实施ERP系统来支持业务流程并开展电子商务。但ERP系统是一项投资巨大且较为复杂的系统工程,如何成功地开发、实施和应用ERP就显得尤为重要。

在21世纪知识经济时代,企业开始认识到知识是企业最重要的战略性资源和资产。BRINT知识库的创建人和知识总监Malhotra认为:“知识管理是在日益加剧的不连续的环境变化下服务于组织适应、生存和能力等关键问题的活动,其实质在于,它具体包容了信息技术处理数据与信息的能力以及人们创造和创新的能力有机结合的组织过程。[1]”同时他还指出,知识管理是一个大的框架,在这一框架之下,组织把其所有过程视为知识过程,因而包括知识的创造、传播、更新和应用等一切业务过程都与组织的生死存亡息息相关。ERP是对企业资源进行有效管理,也应包括对知识资源的整合。因此,企业需要引入知识管理的理念,通过完善战略性知识产生、存储、交流和共享的方式对ERP进行开发、实施和应用,实现对企业四大资源——知识资源、信息资源、物质资源、资金资源的有效整合。

9.1.1　知识管理与ERP系统

知识管理是以知识为核心的管理,是对知识进行管理和运用知识进行管理,通过知识共享和运用集体智慧提高组织的应变和创新能力。企业知识管理理论认为:知识管理的核心是两种知识类型——隐性知识和显性知识的相互转化,最终是要将个人的隐性知识转化为组织的显性知识。实际上,在ERP的实施过程中,同样伴随着两种知识的转化。

知识管理凭借知识管理理论和知识管理技术(如计算机处理技术、数据库存储技术、网络通讯技术等),从管理企业的知识出发,将ERP实施所需的知识及实施过程中产生的知识,进行识别、存储、共享与交流,达到有效支持ERP实施的目的。知识管理的内容来源于ERP实施过程,又作用于ERP实施的过程,起有效支持ERP实施的作用。

企业在实施ERP的过程中会用到大量的文档资料,如何对这些文档进行有效的管理,是企业面临的一个问题,尤其是在ERP测试阶段需要用到大量的业务数据,若这些数据不准确,将极大地影响ERP的正常实施。因此,知识管理系统在ERP实施之前,将ERP实施所需的文档资料进行收集整理,然后集中存储,形成知识文档,为ERP实施阶段使用,从而尽量避免出现找不到数据或数据不准确的情况[2]。具体管理的知识文档包括如下几个方面:

(1) ERP实施文档:如项目实施计划。

(2) 外部咨询文档:ERP 在实施过程中,一般都会聘请外部的咨询公司参与。咨询公司会提供调研报告、咨询报告等。

(3) 基础数据文档:在 ERP 系统的试运行阶段,必须提供准确可靠的实际数据,包括各种业务数据、文档等,如果输入的数据不准确的话,会影响 ERP 的测试与运行,严重的话,还会导致实施失败。

(4) ERP 培训文档:不同层次的员工所需的培训资料是不同的,管理大量的培训文档,仅靠手工是难以完成的。

由此可见,如何对上述知识文档进行有效的管理,是知识管理辅助 ERP 实施必须解决的一大问题。

9.1.2　基于知识管理的 ERP 系统

1. 知识管理的过程与层次

知识管理的对象是包含在企业知识链中的知识资源。这里的知识资源包括知识信息、知识人员、知识资产;知识链包括知识获取、知识存储、知识传递、知识融合、知识创新、知识评价、知识应用七个部分。

知识获取是企业将非组织化的隐性知识转化为有组织的显性知识的过程。通过对知识信息、知识人员和知识资产的识别、判断、提取、总结,将隐性知识转化为显性知识,个人知识转化为组织知识,外部知识转化为内部知识。知识存储是企业将组织化显性知识按照便于获取和更新的原则存储到企业知识库的行为过程,通过对有价值的知识进行的分解、过滤、分类、标识,将组织中知识存入知识库,为知识应用提供基础。知识传递是组织内成员获取组织知识的行为过程,通过搜索、选择、传递、接收达到应用的目的,它也是知识资源共享和再分配的过程。知识融合是企业吸收知识的过程,反映了企业不断学习、动态变化的行为模式,知识融合将组织知识转化为组织能力,通过接收、学习、融合、重构来达到知识融合的目的。知识创新是创造新知识的过程,通过知识的整合来达到创新的结果。知识创新的过程是思考和创造的过程。知识评价是组织对知识资产中的知识人员进行激励的过程,通过知识评价反映知识创新的成果和对组织带来的实际绩效。知识应用是使用组织知识的行为过程,通过应用不断实现知识的价值增值,将知识规范化、制度化。

知识管理从立体上可以分为三个层次。第一层为基础层,包括知识获取、知识存储、知识传递。这一层也是通常所指的狭义的知识链,它代表了知识梳理、存储、释放的过程。第二层为升华层,包括知识融合和知识创新。它反映了组织将知识转化为行为能力的过程。第三层为应用层,包括知识应用。它反映了组织将能力转化为产出的过程。知识评价贯穿于知识管理的基础层、升华层和应用层。

2. ERP 系统的实施

ERP 系统的实施通常分为广义实施和狭义实施两种,狭义的 ERP 实施是指从企业购买软件之日起,到正式运行之日为止,这期间的全部活动;广义的 ERP 实施是指从企业正式提出引入 ERP 的需求,直到企业 ERP 系统正式运行并达到预期目标,这期间的全部活动。这里我们所指的实施是广义上的实施,它可以分为两个阶段,第一个阶段是将现实世界中散乱的存在于企业高层、中层、操作层中的管理方法进行识别,做出分析,然后抽象、概括、总结的过程,在 ERP 系统正式启动前,通常应由企业高层组织各部门负责人召开动员大会,设置独立的实施小组和实施负责人,负责日常管理和协调工作,以确保对企业知识资源进行汇集、过滤、整理、分类储存，确保系统得到建立、实施和保持。系统开发人员应根据用户反馈和实际需求，不断完善 ERP 系统的内容和功能。第二阶段是用计算机来实现企业管理思想的过程，也就是狭义的 ERP 实施的过程[3]。

ERP 代表的是一种管理过程，是对企业中一切资源（有形的、无形的）以及这些资源中潜在的知识进行管理的过程，是一个渐进的概念。用系统的方法分析企业内部各个部门和各个岗位可以提供哪些领域的知识，确定这些知识资源应该向哪些部门和哪些岗位流动。通过分析企业知识资源的构成和需求，制定知识管理的战略规划。知识管理贯穿了 ERP 系统开发全过程。

3. 基于知识管理的 ERP 实施方法

从 ERP 整体实施过程来看，是个从逻辑分析到物理实现再到记录管理的过程。知识管理渗透在 ERP 实施的全部过程。每一个知识管理的环节都涉及管理的单循环（计划、组织、领导、控制）。将知识管理的内容引入 ERP 实施过程，提出如下 ERP 实施模型，如图 9.1 所示。

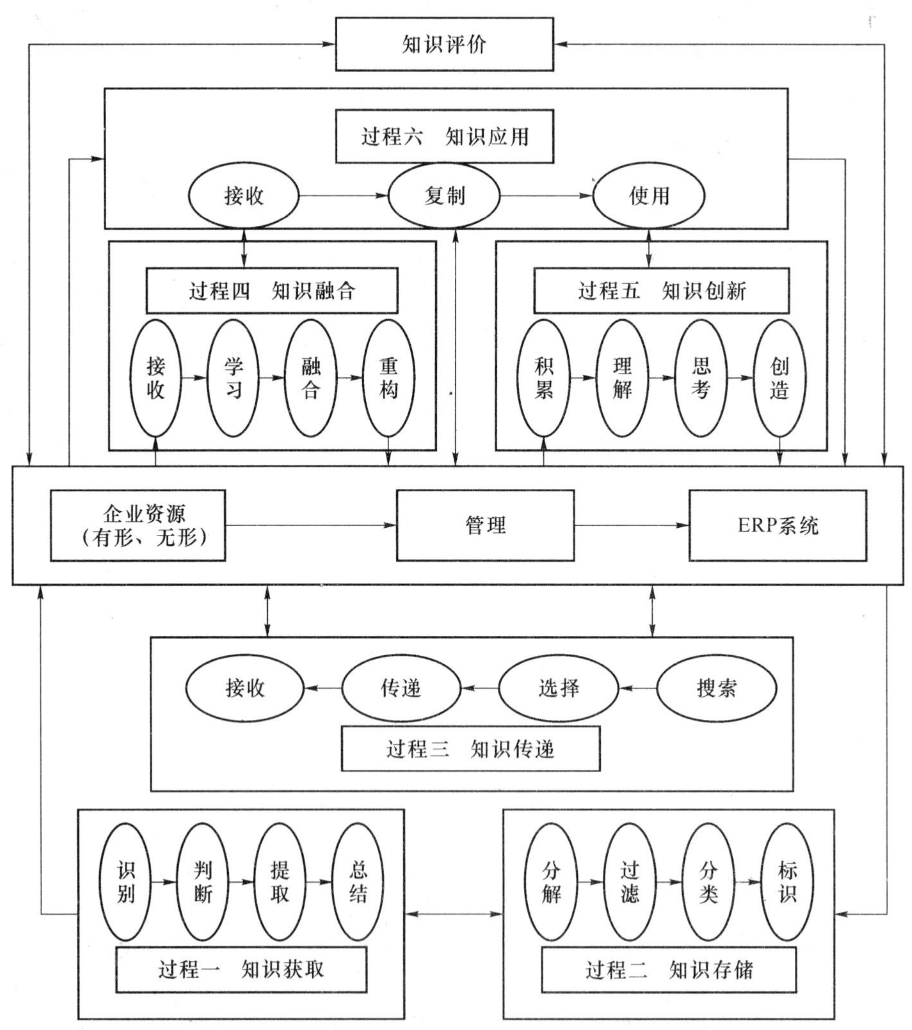

图 9.1　ERP 实施过程模型

从知识获取来看，这个过程主要包括识别、判断、提取和总结四个部分。系统分析员通过座谈或现场调查的方式来识别用户的需求，将分析结果以书面的《用户需求报告》的形式提交给客户，同时对企业业务流程中存在的问题提出改进意见，由客户确认《用户需求报告》的可行性，双方就产生异议的部分进行讨论，直到客户认可。接下来系统分析员分析业务流程中的数据流，形成数据流程图，交客户确认。同时就客户产生异议的部分，进行再次评估和修改，直至客户认可。最后系统分析员根据数据流程图，制作系统界面。通过界面及界面说明，客户可以直接看出组成系统的各个模块，了解各个模块的功能。

整个知识获取的过程最终抽象、概括、总结出企业的管理思想和管理方法，它也是挖掘企业隐性知识的过程。系统分析员要找出伴随企业物流、资金流中的数据流，这些数据流正是存在于企业员工大脑中的适合企业管理的知识，这些知识为记录企业知识提供了基础。系统分析员还需要通过分析找出企业现有管理方法上需要改进的部分，对企业内部的知识进行重新整理，并将企业中员工和组织的知识有机地融合起来，使之具有柔性、条理性、系统性，必要的时候重组业务流程，对原有的知识体系进行重构，并以此形成企业新的核心知识体系。从知识存储来看，这个过程主要包括分解、过滤、分类和标识四个部分。这个部分以过程一的输出结果作为启动的标志，是将客户需求的逻辑方案转化为可以实施的基于计算机管理的技术方案的过程。选用适当的系统分析工具对过程一形成的系统分析文档进行进一步的分解，尽量降低模块之间的联系，使分解的模块保持相对的独立性，最终将分解结果存储到组织知识库中，完成将企业隐性知识记录的功能。从知识传递来看，这个过程主要包括搜索、选择、传递和接收四个部分。这个部分以过程二的输出结果作为启动的标志。企业中不同部门的成员有着不同的知识需求，这个过程根据不同部门员工的需要，从知识库中搜索相关的知识，按照事先规定的必要原则和交流原则在最短的时间内传递给员工，从而帮助企业员工有效地管理企业资源，辅助企业领导层迅速准确地制定决策。上述三个部分是狭义的知识管理的内容，涉及的知识行为、知识形式等相关内容如表 9.1 所示。

表 9.1　知识管理的内容

知识管理环节	知识行为	知识形式
知识获取	识别—判断—提取—总结	隐性知识—显性知识
知识存储	分解—过滤—分类—标识	记录的显性知识
知识传递	搜索—选择—传递—接收	显性知识—隐性知识

但是广义上看，知识管理的活动并未结束，企业还要通过知识融合，重构企业的知识资源，通过知识创新不断培养企业的学习能力，通过知识应用不断提高企业利用知识资源的能力，从而创造企业不断学习的组织氛围，形成不断创新的组织文化，塑造企业独特的核心竞争力。

9.1.3　ERP 实施与应用

1. ERP 实施与应用的知识缺口

知识管理是企业对所拥有的知识资源进行管理的过程，其理念是对组织内部和外部知识进行获取、分解、存储、传播、共享和创新，使有价值的知识（包括显性知识和隐性知识）最大程度地从个人头脑中分解出来，使之“外化”并积累成为企业运作的“资本”，从而使员工在最大限度地贡献出其积累的知识的同时，也能享用他人的知识从而实现知识共享。知识管理是与企业特定的业务流程相结合的。ERP 的理念是对企业内部和其供应链上各环节的资源进行统筹规划和严格控制，以提高生产效率、降低成本、满足顾客需要及增强企业竞争力。而知识是企业最重要的战略性资源和资产，因此 ERP 应该能够对其各环节上的知识资源进行有效整合。但目前大部分企业在实施 ERP 后却收效甚少，有些甚至与业务流程发生冲突。从知识管理的角度看，其主要原因在于以往的 ERP 缺乏知识交流与共享的理念，导致在实践中存在"知识缺口"。知识缺口是指主体间的知识没有实现共享和创新，在知识流通过程中发生"断路"，使知识无法有效传递以达到增值。在 ERP 实践中有关知识缺口主要表现在以下 4 个方面：

(1) 企业外部 ERP 系统承包商与企业内部专家的知识缺口（简称为 C-E 知识缺口）。由于企业外部开发商对于业务知识的掌握很有限，而企业内部大部分管理人员对于信息技术一知半解，从而导致一方面企业的业务流程不能有效地与 ERP 技术结合在一起，另一方面在技术承包商撤离企业后内部管理人员无法熟练操作 ERP 系统。

(2) 企业内部专家与 ERP 的最终使用者的知识缺口（简称为 E-U 知识缺口）。企业内部专家在实施 ERP 初期给 ERP 的最终使用者培训，ERP 的最终使用者也将建议积极反馈给内部专家，但职位、受教育程度、理解能力的差异往往使知识不能有效到达对方。

(3) 企业最终使用 ERP 的不同部门员工间的知识缺口（简称为 U-U 知识缺口）。ERP 的实施过分强调企业内部单个部门的实际产出或个人的绩效。这种机制无形中提高了企业内部竞争，而内部过度竞争会导致知识高度集中在个人之中。ERP 的实施提高了企业的局部效率，却是以牺牲企业的整体效益为代价的。

(4) 企业内部人员与供应商、顾客及合作伙伴的知识缺口（简称为 U-P 知识缺口）。由于信息和知识的不对称性，双方都是"暗箱"下交易，企业一般很难与其顾客、供应商及合作伙伴进行深入的沟通，由于实施和应用 ERP 削减了一些业务量较少的供应商、顾客或合作伙伴，企业就会失去这些供应商、顾客或合作伙伴的知识。

上述 4 种知识缺口如图 9.2 所示。这些知识缺口的形成是由于企业没有对 ERP 实施过程中有价值的知识资源进行有效管理，阻碍了知识的顺畅流动，并引起企业知识的流失和 ERP 整体效率严重降低。由此可以看出，企业在 ERP 中引入知识管理理念则可以"对症下药"，有利于克服知识缺口，促进 ERP 的有效开发和实施，增强 ERP 各个环节的链接，提高部门的合作及创新。因此，企业应在 ERP 的开发、实施和应用中充分体现知识管理的思想，扩展 ERP 系统的集成范围，并通过一些具体的实施对策促进知识的交流与共享，最终达到提升 ERP 整体效率的目的。

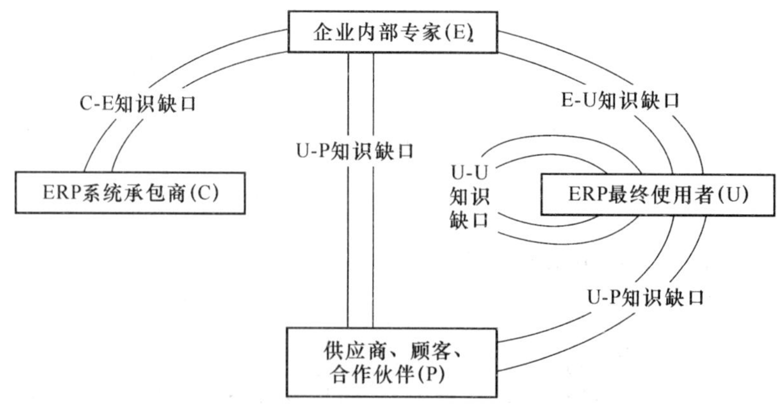

图 9.2　ERP 中的 4 个知识缺口

2. 基于知识管理的 ERP 实施对策

在 ERP 实施过程中，如何使 ERP 有效地实现与知识管理相结合是个很重要的问题。建议企业采取以下具体的实施对策：

(1) 统筹规划与控制

实施 ERP 是一项耗资大、实施周期长、涉及面广的系统工程，因此企业领导者在进行统筹规划与控制时应注意以下几点：①全面考察企业实施 ERP 的环境，进行可行性分析，构思一个相当长时期的基于知识管理的 ERP 系统；②选择合适的 ERP 承包商；③将 ERP 的实施规划在企业内部上下沟通，取得绝大多数员工的支持；④解决业务流程中的问题，使业务流程与技术、知识管理紧密相结合；⑤对项目过程中的难点和问题要有充分的预估，并进行进度监控和调整。

(2) 构建学习型组织

促进知识管理融入 ERP 中，关键一点是企业必须构建一个学习型组织，以更好地从整体范围内将知识管理与 ERP 紧密结合起来。构建学习型组织应从以下几个方面着手：①实现组织创新，强调组织结构的扁平化、开放化；消除传统的等级制度，使部门间的界限趋向模糊，部门的职能范围逐步转变；设立知识总监(CKO)，对知识管理部分负责；实施项目管理、并行工程等，使知识能够跨部门、跨等级交流，使组织更适于学习和建立开创性思考方式。②塑造组织的学习文化，培养组织的学习习惯和学习气氛，开展经常性的学习(如集体讨论)以及实行连续性培训，以提高企业整体的学习积极性。同时还要鼓励员工在学习当中提高对知识的吸收能力，使知识能够增值，并且转化为生产力。③通过知识联盟的方式获得 ERP 环节上的合作伙伴的知识资源，更好地向外界学习和进行知识的吸收，以增强组织的系统思考能力，并且使 ERP 各环节的知识资源更有效地得到管理。

(3) 促进团队合作

ERP 实施过程涉及企业的所有员工以及其他许多相关的人员，这些人员都是知识的载体，因此组建一个开发、实施和应用团队，并促进团队合作是企业提高知识共享、成功实施和应用 ERP 的关键。团队成员主要包括：企业外部 ERP 系统承包商、企业内部专家及成员、顾客及供应商等。团队合作主要体现在：①企业内部专家与技术承包商进行直接、共时的学习、交流，双方知识实现新的飞跃，形成符合本企业流程的一套 ERP 系统。另外，ERP 承包商积极为企业提供信息化管理服务与咨询，内部专家也需要主动深入学习承包商的知识，并将 ERP 系统中存在的不足及时反馈给承包商，使系统能尽快得到完善。他们之间的互动学习能有效克服 C-E 知识缺口。②企业内部专家深入基层向员工阐明企业的 ERP 计划，在对员工的培训过程中应尽量采取非专业化的语言，使员工比较容易接受和吸收。员工也应该积极学习，接受新思想，并努力提高自身的知识水平和适应能力，并主动向上反馈意见。这就易于填补 E-U 知识缺口。③企业内部员工通过跨职能部门的相互交流以及集体讨论，将分歧摆到日程上来，并经过讨论分析，寻找解决对策及实现创新。这就实现了个人支持企业战略的知识体系及资源运作流程知识的最小量级的项目分解以及员工知识的整合，易于弥补 U-U 知识缺口。④企业让顾客清楚企业的产品及服务情况，向供应商提供企业未来的需求预测，以及与合作伙伴结成战略联盟；同时也最大程度地去了解顾客的需求、供应商的技术、合作伙伴的资源及知识状况。这样也就易于克服 U-P 知识缺口。

(4) 塑造相应的企业文化

企业文化对于促进分享知识、学习知识和创造知识是至关重要的因素。围绕着将个人的技能和经验整合成组织知识而建立起的带有激励色彩的开放性企业文化，是成功实现基于知识管理的ERP的重要保证。企业通过克服"只见物不见人"的思想,以人为中心,尊重、爱护及培养人才,提高企业的凝聚力;通过提倡内部成员的平等性,保证一种轻松、自由的氛围,使员工可以畅所欲言;通过建立知识共享的激励机制,使员工在共享他人的知识的同时也愿意将自己的知识与他人共享;通过实现移动办公及组织办公室内外的比较随意的聚会活动,来增进员工之间的接触和交流。

(5) 提高人力资源管理

在企业的ERP实践中,人力资源部的任务也应该作出相应的变动。其主要任务有:①获取、分析和跟踪员工的知识,为ERP的各个环节寻找最合适的员工,并对员工绩效进行评估。②培养和开发复合型人才。企业必须注意培养两种复合型人才:一种是既具备专业的信息技术知识、又精通业务流程知识的人才,他们可以在企业充当顾问;另一种是兼备ERP系统的操作知识以及业务流程知识的人才,这种人才应在企业中占大部分。③通过招聘引入人才,并最大程度地减少企业人才的流失。

9.2 知识管理与CRM

随着信息技术的发展和网络化经济的快速进步,传统的商业模式发生了根本性的变化。由于计算机、通信技术和网络的飞速发展,客户的期望也在快速变化。客户完全可以控制要选择谁、何时选择和如何选择,客户选择摆脱了传统地理关系的限制,变成了"点击鼠标的一瞬间"。在这种情况下,客户关系管理(Customer Relationship Management,CRM)就应运而生。

CRM是以客户为中心的,因此,就离不开关于客户的知识,包括客户的消费偏好、喜欢选用的接触渠道、消费行为特征等许多描述客户的知识。除此之外,在CRM的销售、营销以及呼叫中心等其他模块中,也需要有大量的知识来支撑。但是,来自销售、服务、市场的信息都是分散存在的。信息的分散使得知识不能得到很好的保存和重用,大大降低了知识的使用效率,也令企业失去宝贵的市场机会。因此,在推行CRM的过程中有必要进行知识管理,建立知识管理系统,以收集发掘整合知识,有效地利用知识,快速地找到所需要的知识,从而提高企业的核心竞争力。

9.2.1 知识管理与CRM的整合

IDC知识管理项目高级研究分析员Greg Dye说过:"今天,企业启动知识管理项目最普遍的原因是想增加收益和利润,维持企业的关键能力和专项知识,改善客户服务"[4]。IDC的预测报告"知识管理过程:实践方法"的研究结果表明,企业正在通过实施KM项目来实现他们的商业目标。这类知识管理项目都强调知识共享、最佳实践和客户关系管理等的应用。IDC的预测报告说明了一个问题:客户关系管理与知识管理息息相关。

1. 知识管理与CRM的关系

目前CRM包括的内容中大多数渗透着知识管理的概念,充分利用CRM的功能,并以知识管理(KM)的思想辅以实施,效果会更好。

CRM中的基本信息有大量的记录可供共享,这些信息主要是客户信息、联系人信息、服务项目信息、在整个客户生命周期中同客户交往的过程信息(如电话、E-mail、面谈、建议书)、竞争对手信息。通过对这些信息的记录和共享,可达到三个方面的目的:防止信息的丢失;知识积累;重点客户的跟踪监控。

例如,对客户的信息收集,是每个企业都在进行的工作,但这些客户信息一般都被不同的部门所有,信息往往不是连续变化的,企业在进行营销决策销售时很难用好这些客户信息。在已实施 CRM 的企业中,客户的信息就像原材料一样,被专门的组织进行整理、分析并可以在组织内部形成共享,从客户信息转化为客户知识,营销决策和资源分配是建立在客户知识基础之上的。通过客户知识管理就可以有效地获取、发展和维系有利于客户组合的知识与经验,为尽可能地求得最大的价值,"客户"、"知识"和"管理"处在一个封闭的循环体系中,企业运用这个循环体系中的客户知识,从客户关系中获得最大收益。

举一个客户关系管理运行的例子,美国 GE 公司的家电部门拥有 3 500 万个美国家庭的资料,相当于美国家庭数的 1/3。知识库的资料已经由开始的仅由客户服务人员提供,变成由所有的与客户连接点提供,包括客户服务人员、业务人员、产品维修人员、技术工程师、经销商和市场营销人员,每一个群体不仅必须把资料汇集到客户知识管理资料库中,而且还有权力使用资料库中的资料以对新产品开发和营销计划作出支持,在公司内部形成了封闭的客户知识管理环路。充足的客户资料库成为解决客户问题的依据,因为资料库中汇集了大量的公司内部的专家的知识和各类问题处理的答案,客户服务人员可以立即为客户进行问题解答(有 75%的客户问题可以马上得到解决),对于不能马上解决的,则进入公司内部给产品专家解决,解决的方法再进入资料库作为以后处理同类问题时参考。

2. 向以客户为中心的知识型企业转型

企业通常可以从三方面来获得竞争优势——改善业务流程、提高效率留住和发展现有客户、开拓新市场。其中维持现有客户主要依靠服务水平的提高,开拓新市场的关键则在于营销。随着市场竞争的加剧,通过改善业务流程来挖掘潜力的空间越来越小,而消费个性化、服务化的趋势越来越明显,服务和营销的创新也越来越重要。只有快速满足消费者多变的个性化需求,才能在瞬息万变的市场中留住老客户,争取新客户。因此,企业必须把经营的重点从提高内部效率转向尊重外部客户,树立"以客户为中心"的经营理念,建立并维持良好的客户关系,进行客户关系管理。而在知识经济时代,知识与知识管理决定了企业的内在竞争力,向知识型企业转型已成为现代企业适应市场与竞争变化的必然趋势。

客户关系管理中的深度分析与数据仓库技术,数据挖掘技术与在线分析处理(On-line Analytical Processing,OLAP)等都与知识获得、加工处理与应用密切相关,而客户知识管理则是知识管理的一个重要组成部分。因此,企业要实现向"以客户为中心"的知识型企业转型,必须将 CRM 与 KM 进行整合。

3. 实现与发展客户智能

利用 CRM 系统获取客户信息是 CRM 的基础,通过对客户信息的管理、加工与利用,可以实现客户智能。所谓客户智能,是指创新和使用客户知识,帮助企业提高优化客户关系的决策能力和整体运营能力的概念、方法与过程。客户知识主要包括客户的消费偏好、喜欢选用的接触渠道、消费行为特征等描述客户的知识以及通过数据分析获得的诸如客户消费模式等具有规律性的知识。此外,还包括在企业与客户的交互过程中,从客户方了解到的客户对产品新设计的要求及合理化建议等。因此,需要企业能够发现与挖掘有效的客户知识并对其进行有效管理。

而客户关系管理与知识管理的整合不仅可以为客户智能提供充分的客户信息，而且还可以提供有效的客户知识发现、挖掘与利用的工具。

4. CRM 与 KM 整合的必要性

企业中单一的资源通常不能保持持续的竞争优势。也就是说，企业的资源是一个体系，需要有效配合在一起才能更好地发挥作用。同样，只有将客户资源与知识资源整合在一起，才能使企业获得持续的竞争优势，从而同时提升 CRM 系统与 KM 系统的实施成效。

CRM 将客户看做一项重要的企业资源，通过完善的客户服务和深入的客户分析来提高客户满意度和忠诚度，从而吸引和保留更多有价值的客户，最终提升企业利润。而完善的客户服务和深入的客户分析是建立在有效的知识管理基础之上的。只有有效地对客户信息进行知识挖掘和知识积累，建立企业知识库，并在有效利用已有知识的基础上，才能更有效地提供完善的客户服务，从而提高 CRM 系统的实施成效。

KM 则将知识作为一项重要的企业资源，通过人、流程以及技术的有机结合而有效支撑企业战略目标的实现。目前，由于网络技术的发展，企业与企业之间、企业与客户之间、企业内部各部门之间已不再仅仅是垂直或水平的关系，而是全方位、全天候的联系。因此，企业知识管理不应仅仅局限于企业内部，而应在整个价值网范围内进行。此时，价值网中的各成员(包括企业内部员工)都成为广义上的企业客户，企业知识管理必然与对这些企业客户的管理密切相关。成功的客户关系管理可以使企业与客户之间的联系更紧密，有利于客户知识的获取，从而更有利于在整个价值网范围内进行知识管理。因此，CRM 与 KM 的整合可以提升 KM 系统的实施成效。

9.2.2 CRM 中的知识管理系统

在客户关系管理的流程中，涉及许多知识，所以可以将知识管理系统作为一个支撑系统加入到 CRM 系统中。将知识管理系统与 CRM 相融合，使 CRM 系统有了实际的知识和信息的支撑，不再只是一种管理理念或计算机软件，而真正成为企业处理销售、市场、服务等业务和企业决策的必要工具[5]。

作为 CRM 系统的支持，知识管理系统应当具有三个特性：实用性、友好的个性化服务以及支持激励创新。

1. 实用性

要保证员工能够从使用知识系统中获益，而不是给企业提供一个中看不中用的“花瓶”。知识管理要能够与 CRM 的流程进行“融合”，对于工作的每个阶段都必须有与知识管理系统相连接的接口。如果员工正在使用 CRM 的客户服务模块，那么，相应的知识管理系统就应该能够提供与客户服务相关的知识支持。这样才能够充分地重用知识，并且正是因为知识的使用与实际工作进行了良好的结合，还将进一步促进知识的创新。“融合”是一个过程，随着企业员工参与程度的不断加深、随着系统性能的不断完善、随着企业文化的不断建立，“融合”也不断地加深，员工在使用 CRM 系统的同时也将习惯于利用知识管理系统来帮助自己完成工作。

同时，作为 CRM 系统的支撑系统，知识管理系统应该有能力通过主动式的搜索引擎和数据挖掘工具从员工的经验中、从企业的门户中、从过去积累的数据中不断创造出新的知识。CRM 系统要实现一对一的个性化服务的目标，就必须进行知识挖掘、获得有关客户的知识，通过使用数据挖掘工具对客户进行分类，划分出对企业贡献最大的客户群加以重点对待，分析客户的个性化需求，预测客户的行为，为企业的生产计划和决策提供依据。

2. 友好的个性化服务

所谓个性化，就要求系统除了能保存员工的一般性背景数据之外，还能保存员工与知识管理系统交互的历史记录，并具备一定的人工智能推理的能力，能从历史数据中分析出员工使用知识管理系统的偏好、习惯和需求。这样，每次员工从 CRM 系统进入知识管理系统的时候，不用费力地回忆上次所使用到的知识，就可以直接延续上次的工作继续进行工作。但是，提供的个性化服务必须是友好的，员工容易接受的。也就是说系统应该是容易使用，容易学习的，用户对系统没有畏难情绪。CRM 系统的实施过程中，本身就涉及许多技术上的要求，需要员工能够很好地掌握系统的使用方法，否则 CRM 系统就不能发挥应有的作用。如果知识管理系统在使用上还需要另外花大量的时间来学习，那么企业的员工很有可能就会放弃使用这个支撑系统。所以，知识管理系统操作要方便，人人会用，容易使用。

3. 支持激励创新

知识管理系统不应该仅仅是管理知识，还要注重创造知识和知识的增值，必须要能支持激励创新，这也是知识管理系统区别于一般管理系统的标志之一。知识管理系统要能有效地支持新思想、新技术的迅速传播和交流，迅速地将员工创造的新知识转化为企业可重用的知识资源，有效地支撑企业对员工创新能力激励机制的实现。

在具体的设计中，可以在知识管理系统中开辟一个类似于 BBS 的新知识讨论区，员工有了新的思想或者是解决问题的新方法后，可以立刻将这个方法输入新知识讨论区中，并共享给所有员工使用。员工在使用后，可以对这个新知识的效率进行评价。经过一段时间的实践，管理员可以根据员工给出的评价对这些知识进行整理，将那些确实可行的、有利于工作的知识存入知识库，并记下提供该知识的员工信息，在年末进行统计，根据提供有效知识的多少，对员工进行奖励，激励员工积极地进行知识的创新。

基于以上的三个特性，具有知识管理支撑系统的 CRM 系统结构图如图 9.3 所示。

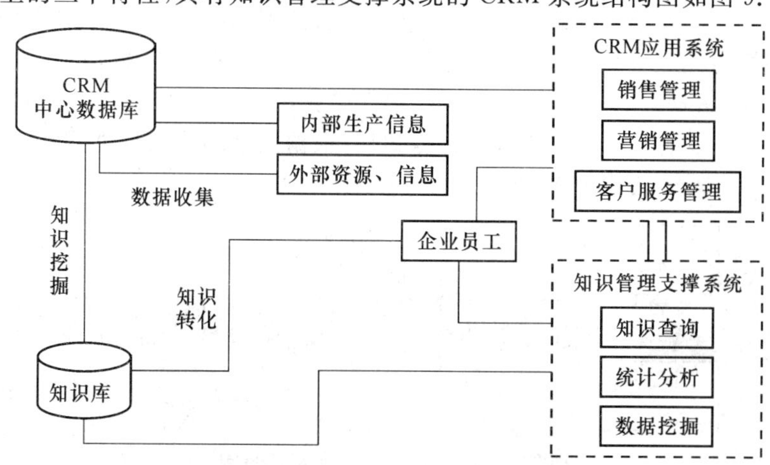

图 9.3　具有知识管理支撑系统的 CRM 系统结构

9.2.3 CRM 的知识管理过程

管理学专家对知识管理有很多诠释。韩国的 Malhotra 博士解释知识管理为："知识管理是满足企业在持续变化的竞争环境中寻求生存和发展的关键问题。从本质上看，它包含了利用 IT 技术进行数据和信息处理，从而增强企业和人的创造和创新能力。"[6] 这是一个从信息技术和企业行为的战略角度出发的定义。如果单纯从信息技术角度来看，知识管理的本质是如何获取、加工、利用信息。经过对知识的反复调整，形成新知识，在整个组织内传播新知识，并在产品、服务以及系统上体现新知识。

1. 知识发现和知识管理过程

知识管理是一个不断学习、不断完善、螺旋式上升的过程。知识管理由下面几部分构成：

(1) 确定挖掘的任务类型。确定系统要实现的功能及任务，是属于分类或关联等中哪种类型。

(2) 选择合适的挖掘技术。在确定挖掘任务的基础上，选择适当的数据挖掘技术。如分类模型常由有指导的神经元网络或归纳技术(如决策树)来实现；聚类常用聚类分析技术；关联分析使用关联发现和序列发现技术等。

(3) 选择算法。根据选定的技术选择具体的算法。如采用 ID3 算法为定性的变量建立分类模型；BP 算法用于解决连续的定量变量的情况等。选择数据挖掘算法要确定搜索数据中隐藏模式的方法，如确定适当的模型和参数集合，还应将这一具体的技术与数据挖掘的全局目标匹配。

(4) 挖掘数据。用选定的算法或算法组合在模式空间中进行反复迭代的搜索，从数据集合中抽取出隐藏的、新颖的模式。

(5) 评价提炼知识。对数据挖掘发现的模式进行解释和评价，消除无关的、冗余的模式，过滤出有用的知识，为用户提供不同的知识表现形式，如规则、图表、图、判定树和数据立方体，将原始数据转换为更简洁、更易理解、可明确定义关系的形式。此外还包括解决发现的知识与以前知识潜在的冲突，并利用统计方法对模式进行评价，判定当前知识模型是否达到理想化，如不符合要求，还需重复对知识的提炼过程。

2. 知识的组织、部署和提炼

知识管理中一个重要的问题就是对知识的组织、部署和提炼。知识的获取可以通过数据挖掘工具或通过第三方提供，也可以通过对知识的完善和提炼形成。收集到的知识根据知识的要素索引，根据知识表示的内容过滤，建立诸要素之间的联系，组织形成集成的、分布式的知识库。决策支持应用用来评价和提炼知识，根据提炼结果的反馈重新组织知识。图 9.4 为知识组织、部署和提炼的过程。

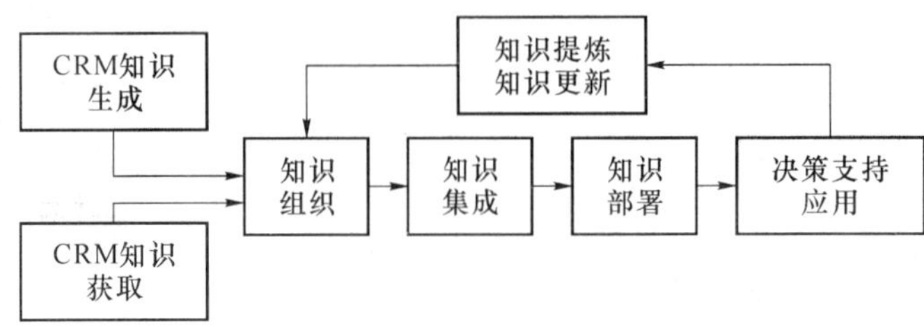

图 9.4 知识组织、部署和提炼过程

3. 知识的集成和共享

CRM 系统包括客户服务、销售、营销三方面的内容。通常，CRM 系统信息获取的主要来源有以下几方面：客户信息获取通过产品销售商、呼叫中心或面对面的沟通获取。营销信息的获取主要是通过市场的调查或通过第三方提供。以往的 CRM 系统各部分的信息是彼此孤立的，不能为企业的决策提供完整的视图，因此，知识集成和共享成为 CRM 系统必须要解决的问题。通过对领域知识的集成，可避免出现信息"孤岛"。网络技术的发展为知识共享提供了有效的手段。知识可以通过计算机网络在整个企业共享，甚至其供应链中的合作伙伴也可以通过因特网共享知识。这种共享知识典型的例子是宝洁公司同沃尔玛之间的战略合作，通过知识的共享实现合作伙伴的双赢。

9.3　知识管理与电子政务

9.3.1　电子政务概述

在知识经济社会当中，政府所扮演的角色已经发生了巨大的变化：从过去掌管社会各方面的全能型组织逐渐演变为创新机制的规划者和推动者，并且成为这些新机制的实践主体，是公平竞争的裁判员，是资源整合的策划者，是创新愿景的塑造者。正是在这种趋势下，政府作为社会的综合管理者和组织者，首当其冲地面临政府模式的重塑和政府管理方式的转变。因此，"电子政务"(E-Government)正是在这种背景下应运而生。

"电子政务"是一种新的公共行政管理方法，最早起源于美国。意指基于网络的，符合因特网技术标准的面向政府机关内部、其他政府机构、企业以及社会公众的信息服务和信息处理系统，是一个利用信息和通信技术，有效地实现行政、服务及内部管理等功能，在政府、社会和公众之间建立有机服务系统的集合。电子政务涉及国家管理、政治事务、社会经济、信息技术、管理理论和法律法规，是跨越社会科学和自然科学的交叉领域，它的实施是个复杂的系统工程。

在各国积极倡导的"信息高速公路"的应用领域中，"电子政务"被列为第一位，可见政府信息网络化在社会信息网络化中的重要作用。在政府内部，各级领导可以在网上及时了解、指导和监督各部门的工作，并向各部门做出各项指示。这将带来办公模式与行政观念上的一次革命。在政府内部、各部门之间可以通过网络实现信息资源的共建共享联系，既提高办事效率、质量和标准，又节省政府开支，起到反腐倡廉作用。

政府作为国家管理部门，其本身上网开展电子政务，有助于政府管理的现代化。我国政府部门的职能正从管理型转向管理服务型，承担着大量的公众事务的管理和服务职能，更应及时上网，以适应未来信息网络化社会对政府的需要，提高工作效率和政务透明度，建立政府与人民群众直接沟通的渠道，为社会提供更广泛、更便捷的信息与服务，实现政府办公电子化、自动化、网络化。通过互联网这种快捷、廉价的通信手段，政府可以让公众迅速了解政府机构的组成、职能和办事章程，以及各项政策法规，增加办事执法的透明度，并自觉接受公众的监督。同时，政府也可以在网上与公众进行信息交流，听取公众的意见与心声，在网上建立起政府与公众之间相互交流的桥梁，为公众与政府部门打交道提供方便，并从网上行使对政府的民主监督权利。

在电子政务中，政府机关的各种数据、文件、档案、社会经济数据都以数字形式存储于网络服务器中，可通过计算机检索机制快速查询、即用即调。经济和社会信息数据是花费了大量的人力、财力收集的宝贵资源，如果以纸质存储，其利用率极低，若以数据库文件存储于计算机中，可以从中挖掘出许多有用的知识和信息，服务于政府决策。

1. 电子政务分类

(1) 第一种分类

电子政务可分为以因特网为依托的政府公众网(外网)和政府机关内部的办公业务网(内网)两方面。内网是政府办公人员使用的政务办公平台，实现公文交流、政策法规查询、政府视频会议、信息库共享等一些功能，以便提高工作效率。外网主要指政府的门户网站，为公众提供服务，主要包括公开政府信息，保障公民知情权；交流互动，通过领导信箱或公众论坛等渠道，及时了解民情；为公众提供便捷，如居民身份证办理、就业服务、社会保障等内容。

(2) 第二种分类

① 电子政务建设在政府与民众(Government to Citizen，G2C)之间，致力于网络系统、信息渠道以及在线服务的建设，为民众提供获取更便捷、质量更佳、内容更多元化的服务；

② 在政府与企业(Government to Business，G2B)之间，致力于电子商务实践，营造安全、有序、合理的电子商务环境，引进和促进电子商务发展；

③ 在政府与政府(Government to Government，G2G)之间，致力于政府办公系统自动化建设，促进信息互动、信息共享以及资源整合，提高行政效率。

2. 电子政务的主要内容

(1) 政府从网上获取信息，推进网络信息化；

(2) 加强政府的信息服务，在网上设有政府自己的网站和主页，向公众提供可能的信息服务，实现政务公开；

(3) 建立网上服务体系，使政务在网上与公众互动处理，即“电子政务”；

(4) 将电子商业用于政府，即“政府采购电子化”。

相对于传统行政方式，电子政务的最大特点就在于其行政方式的电子化，即行政方式的无纸化、信息传递的网络化、行政法律关系的虚拟化等。

大力推进电子政务公共服务创新，是构建服务型政府的关键。这方面涉及以下内容：以人为本，以民众为中心；进一步推进信息公开，在线办事，政民互动；将管理寓于服务之中；实现公共服务的普遍化、便捷化和个性化；提升公共服务效率，降低公共服务的社会成本；电子政务服务民生、民权和民主；电子政务服务要惠及全民。

3. 知识管理型的电子政务主要构成部分

(1) 对知识本身的管理

主要是对政府所拥有的知识资源的管理，包括对显性知识、隐性知识的管理，以及对显性知识和隐性知识之间相互作用的管理。政府电子政务的显性知识管理主要是以其所拥有的政府内部资料信息以及将资料信息进一步分析和过滤所形成的知识资源的管理；隐性知识管理主要是电子政府中存在于领导、政府人员、专家、公民个人中无形的知识分享的管理。而对显性知识和隐性知识之间相互作用的管理主要是隐性知识显性化管理，表现为运用相关知识进行创新的管理。

(2) 对知识基本过程的管理

主要是政府工作者凭借先进的技术和管理工具，运用自己广泛的知识，对政府部门中知识基本过程的管理，包括对政府工作中产生、传递的每条信息进行知识采集、编辑、发布和共享的管理和控制，以及知识生成、积累、分类、整理、组织、挖掘、开发、服务、共享、交流、创新和评价管理等。其中知识生成和知识积累是实施知识管理的前提，而知识分类、整理、组织、挖掘、开发则为知识服务、共享、交流和创新奠定了基础。

(3) 对知识关键要素的管理

主要是知识管理四要素，即人、技术、规划/组织以及政府文化等关键要素的管理，并通过这四要素的相互促进来实现政府电子政务的良性发展。在这四个要素中人是主体，人的主观能动性是管理实践过程中最活跃的因素；技术为知识管理实践提供方法和手段，是高效管理的保证；规划/组织为知识管理提供战略发展方向；政府文化是目标，是知识管理达到某种高度的标志，同时，政府文化也为知识管理实践的健康发展提供保障。

9.3.2　电子政务运用知识管理的必要性

电子政务经历了三个发展阶段：第一阶段是基于数据管理的第一代电子政务，第二阶段是基于信息管理的第二代电子政务，目前正迈向崭新的第三代知识管理型。知识管理型电子政务的核心是借鉴知识管理的理论与方法，帮助政府将单一的信息转变为可共享的知识，实现政府信息资源的全面共享，加强政府部门内部协同，形成知识管理型电子政府。

政府信息资源的有效合理化管理和充分共享是知识管理型电子政务建设的重要环节之一，借鉴知识组织的理论与方法，充分挖掘政府信息资源的内在联系，探索政府信息资源管理的更优途径，可以使政府信息资源的组织更加科学、有序，便于政府决策与公共服务，为实现政府信息资源的全面共享奠定基础[7]。

1. 电子政务和知识管理发展过程

知识管理是一种全新的管理思想和管理模式，它既继承了人本管理思想的精髓，又结合知识经济这一新的经济形态和特点予以创新。知识管理以人为中心，以数据、信息为基础，以知识利用和创新为目标，对无序的知识进行系统化的管理，实现知识共享和再利用。

1999 年我国启动"政府上网工程"以来，我国各级政府逐渐开始了对电子政务系统的规划和建设。经过十几年的发展，我国绝大部分政府部门都已经建立了自己的门户网站和电子政务系统，我国的政府信息资源建设取得了一些成绩和进展。但大多电子政务系统仅是利用信息网络技术实现了办公自动化和政府上网，政府的信息资源和知识却未能得到充分挖掘和利用，从而导致政府部门行政效率低下和服务质量远落后于公众需求。另外还存在很多不利于其健康、快速发展的问题，比如数字鸿沟、信息孤岛、立法滞后、政府公务员信息素养能力有待提高、政务信息资源开发深度不够、政府网站建设重数量轻质量等问题，特别是不能满足政务信息的社会共享。政府作为社会信息的重要源头，其政务办公信息流、公共政务信息流、政务咨询信息流等政务数据资源纷繁复杂、数据量极其庞大，同时还不断产生着新的信息，因此，如何在电子政务中把对政府的所有信息进行有效的管理，如何使用户通过电子政务系统方便的进行信息的检索、使用、分析和共享，得到政府更好的服务，从而提升政府形象，都迫切需要在电子政务建设和发展中得到解决。而在电子政务中引入知识管理的理念和方法，不仅有利于知识管理的实践，而且有助于推进电子政务建设，实现政府信息资源和知识的整合和共享，进而提高政府的工作效率和行政创新能力。

电子政务信息资源建设过程始于政府对公民的信息需求分析，经过对信息进行分析、信息的采集与转换、信息组织、信息存储、信息检索、信息开发和信息传递等环节，终结于公民信息需求的满足。而知识管理也注重信息的分析，注重信息的创造和对人的重视，两者在内涵上是完全契合的。知识管理是提高电子政务信息资源建设能力的必要途径。知识管理不仅对电子政务信息资源建设的若干环节进行管理，更是将知识资源视为最重要的战略资源，实现知识的共享、创新和增值，满足电子政务信息资源建设的需要。

2. 电子政务运用知识管理的必要性

知识管理是提高电子政务信息资源建设能力的必要途径。电子政务信息资源的建设就是利用先进的信息技术对政府信息进行采集、处理、加工、传递和使用的过程。融入知识管理的理念，采用知识管理模式，可以使政府信息资源建设各个环节的目标都得到最佳的实现，促进各种信息知识流在政府内部及政府与社会间高速地交互流动，无疑对于电子政务信息资源建设有非常重大的意义；同时，知识管理的核心是知识创新。知识管理不是仅对信息的收集、存储、整理和传递进行机械式的管理，更是将知识资源视为最重要的战略资源，通过对知识资源的系统和有效的管理，把握知识之间的相互关系，逻辑性地创造出新的知识以实现知识的共享、创新和增值，满足电子政务的需要，而这正是提高电子政务信息资源建设能力的关键所在[8]。具体来说，电子政务信息资源建设中实施知识管理的必要性表现在：

(1) 消除信息孤岛

在我国电子政务发展过程中由于政府各个部门的网站自行建设，数据格式、技术实现和管理形式不统一，各部门网站之间无法实现数据资源的共享。各个部门网站、部门网站与门户网站之间存在着大量相互封锁的现象，而且政府外网、内网和专网之间的信息也很难有效的共享。为使电子政务建设取得成功，必须通过加强实施知识管理，形成有效的知识沉淀。其实质就是如何对电子政务实现知识管理并建立知识管理系统的问题。

(2) 实现服务型政府的转变

电子政务环境下政务知识管理是一个可以控制的电子化工作流，一方面强调各部门的协同工作和工作人员之间的合作意识，对提高政府的办事效率和服务质量起着极大的推动作用；另一方面对政府工作人员的管理能力、运用网络技术的素质提出了新的要求，促使政府工作人员通过学习，提高个人能力，进而推动整个组织素质的提高。因此，政府需要发掘网络社会中的公共管理的战略知识，优化这些知识，使其成为电子政务行政管理的关键知识。

① 知识管理利用知识编码、知识分类、信息挖掘等工具对政府的知识和信息资源进行有效的组织、开发、利用，在复杂的海量信息中尽快筛选出有价值的信息。档案作为政府活动的记录，凝结了组织成员在从事各项活动过程中获得的认识、体会、经验和教训，是政府显性知识的“沉淀器”。美国 Delphi 咨询集团的一项调查表明，在组织所获得的知识中，大约 46%是以文本和电子文档的形式存在的。通过知识管理，充分挖掘政府的知识与信息的内在潜力，可以将信息与知识真正转化为政府的竞争力。

② 通过知识库、决策支持系统的建立，可以充分利用和共享政府以外的经验和知识，并形成随时可以调用的数据中心、知识中心；利用检索工具、知识地图等使政府人员能够快速获得所需的知识和信息；根据经济动态、数据和专家分析等方面的信息和知识，以及基于海量数据处理的经济运行模型、政府决策模型等，为经济分析和制定相应的政策提供支持。从而提高政府对环境、形势的视野和反应速度，使政府在拥有较强的创新能力和管理能力的同时，提高决策的科学性和政策的合理性，以及各级领导在决策和制定政策时运用知识和信息

的水平，使知识管理的主体快速而方便地找到所需要的信息和知识，使最恰当的知识在最恰当的时间传递给最合适的人，以实现最佳的管理决策。

③ 信息和通信技术的发展使政府的信息化已经跨越了办公自动化阶段，开始进入工作流程的重组和整合阶段。由于技术的进步而推动业务流程的精简、优化和重组成为电子政务的核心。业务流程的核心是知识流，对业务流程中无序的知识进行系统化的管理，能够有效地提高业务效率和质量。通过知识管理对政府业务流程中无序知识进行系统化的有效管理，运用知识管理的新思维将政务办公信息流、公共事务信息流和政务咨询信息流等加以协同与综合，可以实现政务信息的最大限度交流和共享。

④ 利用知识管理工具，从公众的角度重新梳理政府职能，设计全新逻辑的电子政务系统。可以说，知识管理理论与电子政务信息资源建设的内涵是契合的，知识管理能为电子政务信息资源建设提供技术支持、理论指导和方法论基础。基于知识管理的电子政务信息资源建设就是运用知识管理的理念和方法对政府行为的全过程进行管理，其目标是充分利用信息技术和通信技术，构建先进的电子政务系统；构造良好的政府文化和组织形式，发掘政府内部的固有知识，引导知识创新，实现知识共享，并通过对共享知识进行有效应用，最终提高政府的竞争力，提高政府工作效率，提高决策的科学性，提高政府对公众的服务能力和公众对政府的满意度。

⑤ 最大限度创造公众利益，有效地为公众提供公共服务，是政府信息化建设的目的。政府应当针对不同的服务对象(企业、公众和其他公共部门)的需求来提供服务。知识管理将帮助政府从服务对象的角度重新梳理政府职能，设计全新逻辑的电子政务系统，提高政府对工作服务便捷性和应对能力，提高公众服务满意度。

随着我国各级政府电子政务的推进和知识经济的发展，知识管理必将代替传统的管理思想而成为电子政务中主流管理手段，在电子政务信息资源建设中引入知识管理势在必行。

9.3.3　知识管理在电子政务系统中的应用框架

从知识的生命周期来看，电子政务运作过程中存在着一条包括知识识别、知识获取、知识存储、知识共享等知识处理环节的知识链。知识管理系统的功能架构如图 9.5 所示。

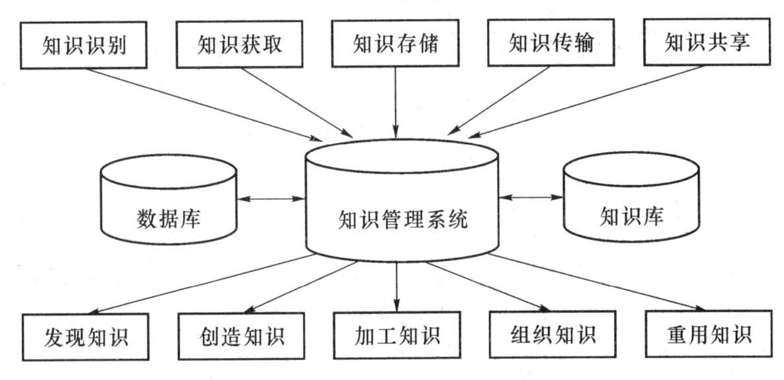

图 9.5　知识管理系统模型

根据国家电子政务系统建设标准，构建政府的电子政务系统可分为以下五个层面来进行：

(1) IT 基础设施平台。主要为整个电子政务系统提供网络通信和系统服务。网络传输介质和网络设备将服务器、存储设备等基础硬件设施连接起来，形成基础网络层，为信息提供数据通道。硬件设施配以相应的系统软件构成网络系统层，向上一层——信息资源服务层提供数据存储和管理所必须的基础设施。

(2) 信息资源服务层。这是一个信息资源管理平台,负责管理存放政府各类基础数据,通过数据转换、加工、提取和过滤等过程,向其上一层——应用服务支持层提供数据。

(3) 应用服务支持层。这一层面包括工作流管理和电子政务中间件等,向更高层——业务应用层提供统一的数据服务,同时通过各应用系统完成具体的政务应用。

(4) 业务应用层。包括电子政务中 G2G、G2B、G2C 和 G2E(Government to Employee)不同模式下的电子政务应用系统,如办公自动化系统、决策支持系统、行业应用系统等。

(5) 表现层。表现层处于电子政务系统的最高层面,主要包括内网门户和外网门户,其主要任务是通过信息交互来完成政府沟通等职能。

在了解政府工作模式与业务流程的基础上,根据图 9.6 所示的知识管理在"一站式"电子政务系统中的应用框架,结合知识管理的理论方法和图 9.5 所示的知识管理模型,得到基于知识管理的新型电子政务系统分层结构模型如图 9.7 所示。

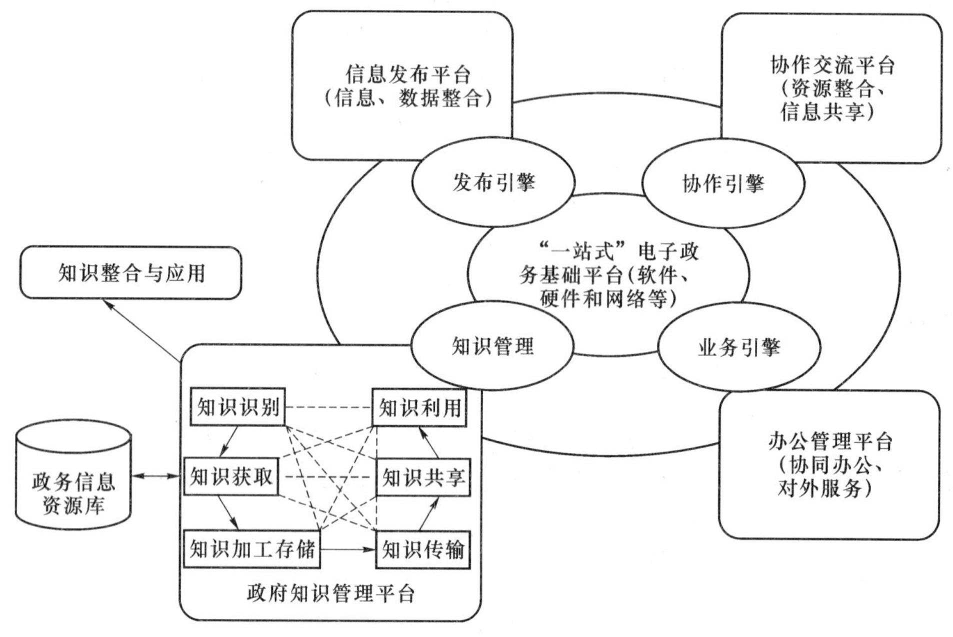

图 9.6 知识管理在电子政务系统中的应用框架

如图 9.7 所示,IT 基础设施平台作为最底层平台,为电子政务系统中的知识管理提供各种硬件和软件支持。电子政务过程中产生的海量信息在信息资源服务层被加工处理,成为有用的知识并存储在知识中心,以供电子政务的使用者访问和提取使用,这一层为知识的再利用和共享做了充分的准备。

知识管理的大部分过程主要集中在应用服务支持层和业务应用层。其中,前者作为知识管理系统架构的技术支撑体系,集中了信息发布和办公管理两大应用平台,这两大平台及协作交流平台将和主要位于业务应用层的知识管理平台共同完成电子政务系统中的具体业务应用。表现层中的公众和政府公务人员既是知识的使用者,又是知识的提供者之一,同时也是电子政务中引入知识管理的最终受益者,这一层面体现了知识的实际应用。

以上基于知识管理的新型电子政务系统通过知识管理将政府获取的各种信息资源转化

为知识,并通过信息技术和网络技术加快知识的流动和使用,从而实现对信息战略价值的提取,实现知识的共享、创新及再利用,创造出经济价值和管理效应。政府可以利用各种计算机技术及网络信息技术将以上模型工程化,运用到实践中,建成真正的基于知识管理的新型电子政务系统。

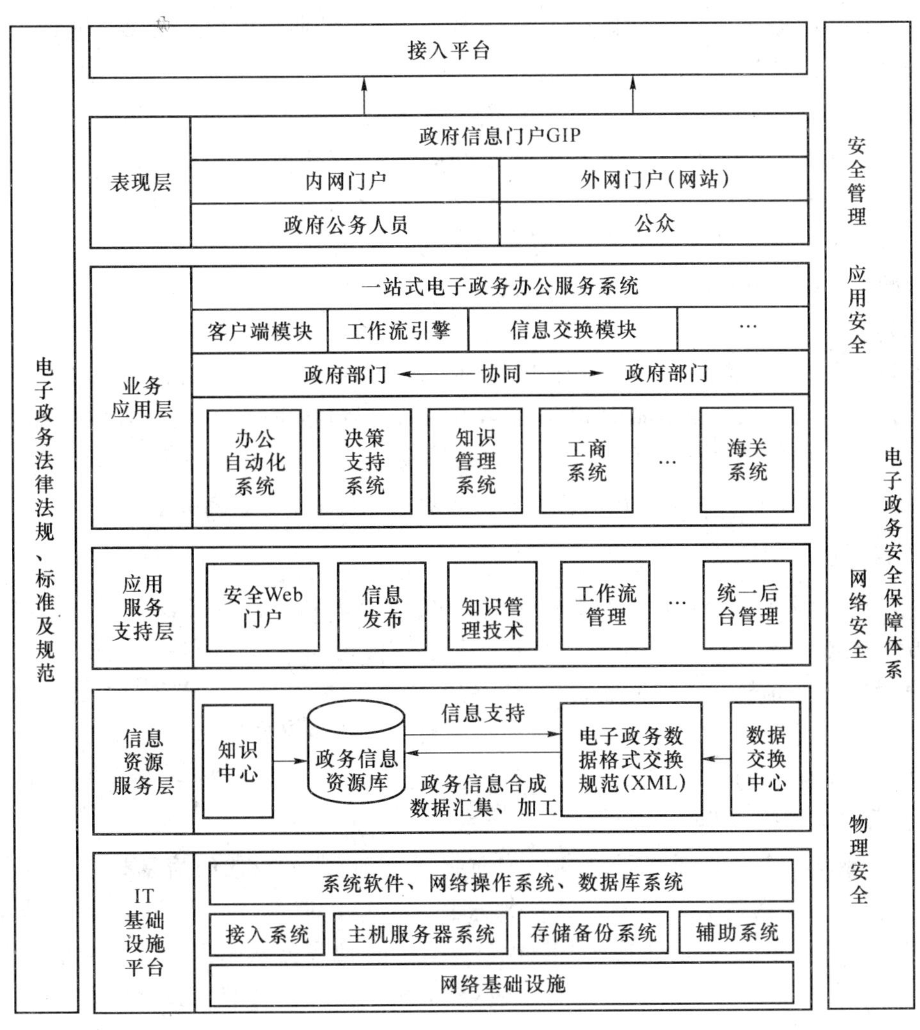

图 9.7　基于知识管理的"一站式"电子政务系统分层结构模型

9.4　知识管理与电子商务

9.4.1　电子商务概述

随着信息和网络技术的不断发展,20 世纪 90 年代中后期,基于因特网的电子商务得到迅猛发展,从 20 世纪 90 年代中后期至今,电子商务经历了 3 个发展阶段,至 1999 年,在风险投资和 IT 业的推动和鼓吹下,电子商务经历爆炸式增长的泡沫期,2000 年至 2001 年中期,电子商务由狂热走向消沉,经历寒冬期。2001年中期到现在,电子商务进入平稳发展期。近年来得到快速的发展,极大地促进了经济和社会的发展。有资料显示,美国两大电子商务销售巨头亚马逊与eBay 2004—2008年的营业收入额年增长率在25%左右,处于平稳增长状态,这从一个侧面说明,美国电子商务的发展处于平稳增长期。同期中国网络购物市场增长率在40%以上,充分说明中国的电子商务处于上升期。根据这两大电子商务销售商的2008年第三季度财务报告,两公司这一季度的营业收入总额分别为42.7亿美元和21.2亿美元,这说明即使在金融危机的情况下,电子商务仍旧是经济增长的动力[9]。

电子商务的定义很多,从信息技术的角度认识和定义电子商务,有广义和狭义之分。

一是广义的电子商务,是指通过多种电子通信方式来与客户进行的商贸活动。因此有人认为从电子-电磁技术出现后,电子商务就开始了,这种观点认为电子商务并非新生事物,其雏形始于电报和电话的出现,通过电报、电话、广播、电视等电子手段进行的商务活动都可以称之为电子商务。

二是狭义的电子商务,是指建立在因特网网络技术基础上的商务形式才叫做电子商务。

三是介于广义和狭义之间的电子商务,是指利用包括电子数据交换(Electronic Data Interchange,EDI)、因特网、企业内联网(Intranet)和企业外联网(Extranet)等各种不同网络形式在内的一切计算机网络进行的所有商贸活动都应归属于电子商务范畴。

1. 电子商务的实质

第一,电子商务是科学技术发展和社会化大生产的产物。科学技术的发展,推动了社会生产力的发展,社会分工越来越细,生产过程日益社会化,消费结构和消费方式也相应地发生变化。在商品经济条件下,随着社会分工和生产社会化的发展,生产和消费之间的矛盾也随之加剧,对信息流通的依赖越来越大,商品流通方式也随之发展。现代信息技术的发展,为解决或缓解这种生产和消费之间的矛盾创造了条件,电子商务作为一种新型的商品流通方式,就是在这种条件下产生的。

第二,现代信息技术是电子商务的物质技术基础,没有现代的信息技术就没有电子商务,这是区别于其他商品流通方式的根本特征。现代信息技术的发展,使商品流通过程中信息流发生变化,进而使物流、资金流发生变化,使商品从生产领域转向消费领域所经过的路线和通道减少,直到为零,即零级渠道、生产者和消费者可以直接联系起来。但是,这里改变的是商品流通的途径和渠道,改变的是资金流动的方式和渠道,改变的是商品与商品交换的媒介形式,并没有改变商品流通的本质,它仍然是以货币为媒介的商品与商品之间的交换。

第三,电子商务所体现的关系仍然是商品生产者之间交换劳动的关系。在电子商务的环境下,商品的价格仍然是由在生产过程中创造的价值量决定的,在交换中受商品的供求关系影响。在商品交换的背后仍然体现着商品生产者之间的交换关系。

2. 电子商务的特征

(1) 虚拟化。通过以因特网为代表的计算机互联网络进行的贸易,贸易双方从贸易磋商、签订合同到支付等,无须当面进行,均通过计算机互联网络完成,整个交易完全虚拟化。对卖方来说,可以到网络管理机构申请域名,制作自己的主页,组织产品信息上网。而虚拟现实、网上聊天等新技术的发展使买方能够根据自己的需求选择广告，并将信息反馈给卖方。通过信息的推拉互动，签订电子合同，完成交易并进行电子支付。整个交易都在网络这个虚拟的环境中进行。

(2) 透明化。买卖双方从交易的洽谈、签约以及货款的支付、交货通知等整个交易过程都在网络上进行。通畅、快捷的信息传输可以保证各种信息之间互相核对，可以防止伪造信息的流通。例如，在典型的许可证EDI系统中，由于加强了发证单位和验证单位的通信、核对，所以假的许可证就不易漏网。

(3) 动态性。电子商务交易网络没有时间和空间的限制，是一个不断更新的系统，每时每刻都在进行运转。网络上的供求信息在不停地更新，网上的商品和资金在不停地流动，交易和买卖的双方也不停地变更，商机不断地出现，竞争不停地展开。正是这种物质、资金和信息的高速流动，使得电子商务具有了传统商业所不可比拟的强大生命力。

(4) 社会性。电子商务的最终目标是实现商品的网上交易，但这是一个相当复杂的过程，除了要应用各种有关技术和其他系统的协同处理来保证交易过程的顺利完成外，还涉及许多社会性的问题，例如商品和资金流转的方式变革，法律的认可和保障，政府部门的支持和统一管理，公众对网上电子购物的热情和认可等。所有这些问题全都涉及社会，不是一个企业或一个领域就能解决的，需要全社会的努力和整体的实现，才能最终得到电子商务所带来的优越性。

(5) 竞争性。电子商务要求企业将自己的商品及有关信息公布于因特网上，任何一个竞争者都能轻易地了解竞争者的有关信息，各企业的商品与服务的功能、设计大同小异，商品也将失去其企业特色，价格也将不再是吸引客户的原因了，所有这一切都将进一步加剧企业间的竞争。

(6) 迅速性。电子商务能有效地缩短交易时间，加快商品的流转速度。对于上网的企业而言，只要手指在鼠标上一点，世界另一端的信息，就会以每秒绕地球7圈半的速度，通过光纤、电缆或电话线来到屏幕前。

(7) 方便性。电子商务通过浏览器，可以让客户足不出户就能看到商品的具体型号、规格、售价、商品的真实图片和性能介绍，借助多媒体技术甚至能够看到商品的图像和动画演示和听到商品的声音，使客户基本上达到亲自到商场里购物的效果。特别是客户可以减少路途的劳累和人员的拥挤，在网上购物对客户也具有趣味性和吸引力。

(8) 低成本。电子商务由于借助于信息网络这一工具，因而能在大量节约获取、交换信息所需时间的同时，减少不必要的面约、会谈等环节，节约交易费用。电子商务的发展，还可以促使企业进行无店铺经营，大幅度降低成本。

9.4.2 知识管理与电子商务的联系

电子商务系统与知识管理是相互影响、相互促进的，如果把电子商务系统比作企业的耳目，那么知识管理系统就是企业的大脑，把两者优势结合起来才能使企业信息资源得到最有效的开发与利用。基于知识管理的电子商务系统的建立，为企业提供了一个全面电子化的解决方案，它通过企业知识管理体系和电子商务的融合，为企业员工和客户提供综合的信息服务，增加员工掌握的知识量，以实现企业知识化的“智力资本管理”，满足知识资本最大化需求，从而给企业带来巨大收益。

1. 知识管理水平制约着电子商务的发展

知识管理成为现代社会经济发展最强劲的推动力，也是一切决策者的基础。因此无论是社会、组织和个人，都将建立和维护高效循环的知识流作为信息时代生存和发展的基本手段。电子商务仅仅是整个知识流中一个较大的组成部分，从局部与整体的角度考虑，只有在电子商务相关的诸多环节都达到必要的知识管理层次之后，它才有可能建立自己完善的操作体制，并强有力地促进社会经济的良性运作。然而在我国，作为参与知识管理与电子商务的主要主体——企业和消费者的知识管理水平都不尽完善。因此企业对电子商务的适应，应当首先聚集在其内部的知识管理之上，包括对知识的认识和内部知识管理观念、管理体制的全面更新。对消费者而言，也必须从知识管理的角度去规划自己的个人生活和职业发展，才能谈及对电子商务的适应。

2. 两者都重视信息技术

信息技术是知识管理的重要工具。技术集成是知识管理的重要特征。在知识管理实践中，许多环节需要信息技术的支撑和保障，如知识产权必须借助于信息技术才能得以有效的保护。但要实现知识管理的最佳解决方案，必须将各项技术集成化。电子商务从萌芽、发展、壮大，无时无刻不依托信息技术的发展。从最初的EDI标准到因特网的WWW技术、超文本技术、多媒体技术以及现代通信技术都对电子商务的发展起到重大甚至是关键性的推动作用。目前在电子商务实务操作过程中，仍然存在着许多技术难题，如网络信息安全、数据传输速度等问题。这些问题亟待解决，措施之一就是在电子商务实务操作中重视技术创新。

3. 两者都以人为本

知识管理的逻辑起点和管理对象是知识，这种知识包括显性知识和隐性知识，而人是这些知识的重要载体，并且人是知识生成、传播和应用的主体，所以对人力资本的管理构成了知识管理的重要方面。大多数人认为，知识管理的过程非常重视人脑中的“智力资产”、“隐含经验类知识”等。由此可见，知识管理毫无疑问地继承了人本管理的思想。

电子商务的核心同样是人。这是因为电子商务首先是一个社会系统，既然是社会系统，它的中心必然是人。其实它实际上是由围绕商品贸易的各方面代表各自利益的人所组成的关系网；最后，电子商务虽然充分强调技术的作用，但归根结底起关键作用的仍然是人。因为技术的发明、应用及商务效果的实现都是靠人来实现的。

4. 两者实施的结果都提高了主体的竞争力和应变力

知识管理的目标就是实现知识的共享，运用集体的智慧提高应用能力和创新能力。这一目标的实现必须依托知识管理全过程的有效完成。这一目标的实际操作过程中，通过对知识的获取、处理、传递和运用的管理，发挥其外化、内化中介和认知的功能，促进知识的生产和流动，使知识在使用中实现增值，从而达到提高主体竞争力和应变力的目的。电子商务的魅力在于它利用信息技术和通信改变了传统商务运行模式，把商务活动中的人员流动、纸张流动和货币流动大部分改为信息流动，从而缩短生产时间和交易时间，减少库存，提高产销率。可见电子商务是高效率、低消耗、高产出的新型商贸生产力，采用它不可避免地会在同行业、同地区甚至跨国商务中取得竞争优势。

9.4.3 电子商务实施过程中进行知识管理的必要性

在知识经济环境下，未来的经济环境的变化跳跃性、高度不确定性、无法预测性非常明显，企业仅靠安装一套软硬件系统就表示实施好了电子商务，这显然是不够的，会带来许多问题。大体上可以将企业在电子商务实施过程常常遇到的问题分为两个方面：

1. 技术性问题

这类问题多为显性的。许多企业在开始实施电子商务时，往往缺乏独立建立软硬件系统所必要的技术力量，因此在相当大程度上需要依靠企业外部力量的帮助，如雇佣专业技术咨询公司负责技术开发等而建立本身自有的人才匹配却需要一段时间。由于信息技术、通信技术、计算机技术、安全技术等相关电子商务技术日新月异，实施电子商务首先是需要一套完整的软硬件系统，在安装和维护系统的过程中由于系统的更新升级，也可能为电子商务的安全和成功实施带来一定的风险。

2. 战略层次问题

在设备系统建立的过程中，企业能够获取的主要是文件化、标准化、系统化的显性知识，如标准化作业程序、系统化的文件。而那些比较复杂的、无法用文字描述的经验式的、不容易文件化与标准化的具有独特性的隐性知识，则由于外请的专业技术人员为该企业工作的时间有限、与该企业员工互动学习的机会不多，以及隐性知识自身所具有的垄断性和表达与收集困难的固有特性等原因使企业难以获取或获取的量十分有限。当设备系统建立结束正式运作时，外请的专业技术人员将会带着宝贵的知识和经验——企业所难以获取的隐性知识离开，留下企业独立处理此后电子商务运营过程中的各种问题。而许多问题都是企业未曾遇到过的，如系统错误对业务流程的影响、新业务流程造成顾客服务质量的损害，聘请外部组织进行系统维护和系统升级的高额成本等，这些问题的严重性，也将随电子商务运营程度的不同而有差别，这为电子商务的成功实施带来非常大的隐患。

鉴于以上存在的问题，因此有必要在电子商务实施过程进行知识管理[10]。通过知识管理，企业可以有效地发现、组织和利用知识，增强企业的技术创新、响应能力、生产效率和技能素质，预防和降低风险。具体而言，在电子商务的实施过程中进行知识管理可以起到如下作用：

(1) 知识管理可以有利于企业新产品开发和业务流程的改进，这是企业发展的关键所在，知识管理通过以下几方面促进技术创新：①试验功能。利用它能试验出不同因素是否符合消费者的需要，日标市场定位是否准确等，准确预测销售状况，更有效管理产品库存。②及时性。由于数据的分析和提取是通过计算机和网络进行的，因此可以在很短时间内获取所需资料。

(2) 知识管理可以加快企业的响应能力。知识管理可以通过以下几方面加快企业的响应速度：①测试功能。利用它可以评判不同商业活动、策略（如产品促销活动、新产品发布）等的响应度，识别实施不同方法产生的效果。②交互功能。利用知识库，可以直接与各种不同顾客进行沟通，根据顾客的不同要求提供特定服务等。根据数据库中的个人记录的特有情况，容易与顾客进行个性化沟通，而且具有很高响应性。

(3) 知识管理可以提高企业的生产效率。具体表现为：①适应功能。通过分析数据库中的实时资料信息，可以随时根据需要为营销活动选择合适的时机，达到活动预期目标。②智能性。随着人工智能技术发展，在生产过程中，系统会根据需求数据，提供合理的生产计划。

(4) 知识管理是拓宽企业提高员工职业技能的渠道。现代的竞争强调创新的速度，有效的知识管理可以提供知识获取的途径，提高企业在竞争中的领先优势。具体而言，知识管理在该领域具有以下功能：

① 选择功能。通过知识管理能对员工的情况了解较多，所以可以针对员工选择有效的培训和评估渠道等。

② 学习功能。知识管理的目标之一就是要促进企业内部的知识流动。通过知识管理，员工可以迅速提高业务水平和知识能力。

9.4.4 基于知识管理的电子商务系统架构设计

由于电子商务覆盖的范围十分广泛，因此必须针对具体的应用才能描述清楚系统架构。从总体上来看，电子商务系统是三层框架结构：底层是网络平台，是信息传送的载体和用户接入的手段，它包括各种各样的物理传送平台和传送方式；中间是电子商务基础平台，包括CA(Certificate Authority)认证、支付网关(Payment Gateway)和客户服务中心三个部分；而第三层就是各种各样的电子商务应用系统，这是企业电子商务系统的核心，满足企业各种各样的商务活动要求。

电子商务系统具有功能繁多、技术复杂等特点，要求电子商务系统的建设必须“总体规划，分布实施”，也就要求电子商务系统框架必须是健壮的、可扩展的、灵活的并支持异构分布环境，如图 9.8 所示，此模型框架分为五层：信息层、存储层、支撑层、应用层、表示层。

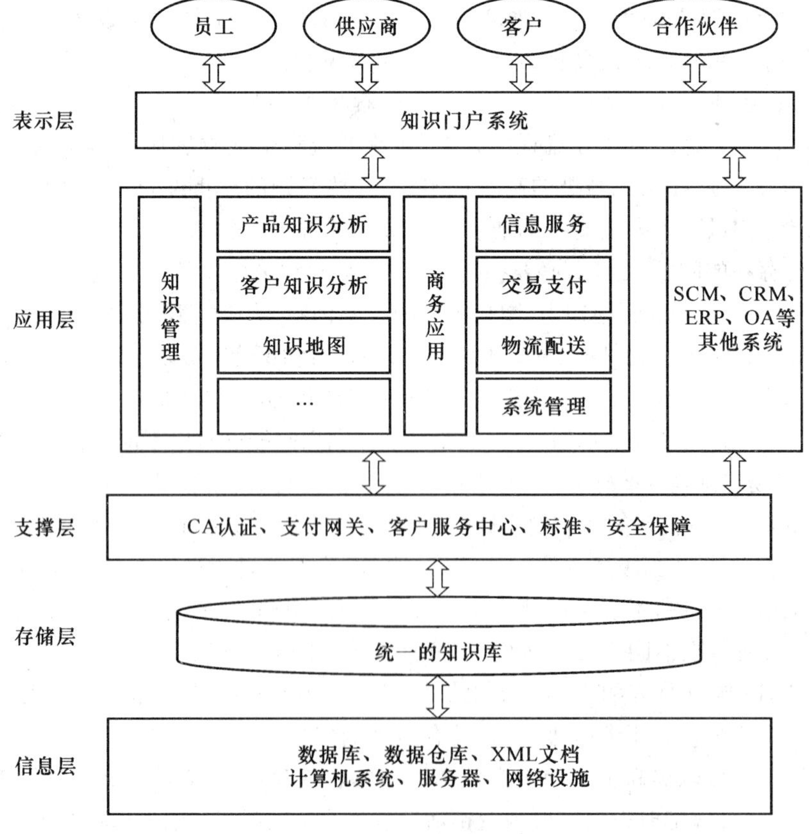

图 9.8 基于知识管理的电子商务系统架构设计

信息层是系统模型框架的最底层，它是信息技术支撑平台，是系统的有力保证，为其上面几层服务。信息层又可分为物理层和数据层。物理层是此模型框架的最底层，是系统的基础设施，构成传输知识的渠道，数据层是系统框架的关键层，为各种信息转化，为知识的应用提供有力的支持。

存储层为模型的第二层，由统一的知识库构成，负责响应检索请求、知识的存储管理和安全管理等。统一的知识库是针对使用者的，即所有的信息均存储在逻辑上统一的知识库中。它是进行知识管理的基础性工作，也是至关重要的一个环境。知识存储层与数据层的接口包括知识发现、数据挖掘技术。

支撑层为模型的第三层，由 CA 认证、支付网关、客户服务中心、标准、安全保障等组成，它提供公共的商务服务功能，这些公共的服务和具体业务关系并不密切，具有一般性，基本上任何企业的电子商务活动都需要这些服务支持。

应用层为模型的第四层，体现了系统的核心功能，从逻辑层面分为两部分：知识管理模块和商务应用模块。知识管理模块实现企业的知识管理，包括如企业产品需求分析，客户满意度分析，知识搜索、知识地图、专家定位等功能；而商务应用模块是与电子商务的具体业务紧密结合，包括信息服务系统、交易支付系统、物流配送系统和系统管理系统等应用系统。该层的一个特色就是具有智能性，支持员工的知识工作，提供决策支持。

表示层为模型的第五层，是进入系统的门户，也就是连接用户与系统的接口，主要通过用户之间的交流、协作实现知识共享、应用以及创新。表示层由企业知识门户系统构成，用户使用不同的身份登录门户后，可以根据自己的角色查看相应的资源。

9.4.5　基于知识的电子商务推荐系统

电子商务规模的迅速增长在给用户带来更多选择机会的同时，也使得用户搜索所需商品的成本越来越高，一方面用户拥有越来越多的信息，另一方面用户被大量的信息所淹没，变得不知所措。电子商务推荐系统可以向用户提供商品推荐，帮助用户找到所需商品，满足用户个性化的需求，将用户从浏览者转变为购买者，通过网站与用户的互动提高了用户的忠诚度，从而增加企业的效益，同时将用户从繁重的搜索任务中解脱出来。

电子商务推荐系统（Recommendation Systems for E-Commerce）的定义是：它是利用电子商务网站向客户提供商品信息和建议，帮助用户决定应该购买什么产品，模拟销售人员帮助客户完成购买过程[11]。

推荐系统面对的是用户（user），任务是为用户提供对项目（item）的推荐。用户是指推荐系统的使用者，也就是电子商务活动中的客户。项目是被推荐的对象，是指电子商务活动中提供给客户选择的产品和服务，也就是最终推荐系统返回给用户的推荐内容。在一个电子商务活动中，用户数和项目数是非常多的。推荐系统面对的当前用户称为目标用户或者活动用户。推荐系统的当前工作，就是根据一定的算法给出对目标用户的推荐项目。电子商务推荐系统主要通过以下三种途径提高电子商务 Web 站点的销售能力：将电子商务系统的浏览者转变为购买者；提高电子商务系统的交叉销售能力；保留客户，防止客户流失。目前，几乎所有大型的电子商务系统，如国外的 Amazon、CDNOW、eBay，国内的当当网、中国互动出版网（China-Pub）等，都不同程度地使用了各种形式的电子商务推荐系统。

电子商务推荐系统主要由三大部分构成:输入模块、推荐算法模块和输出模块。该系统体系结构如图 9.9 所示。

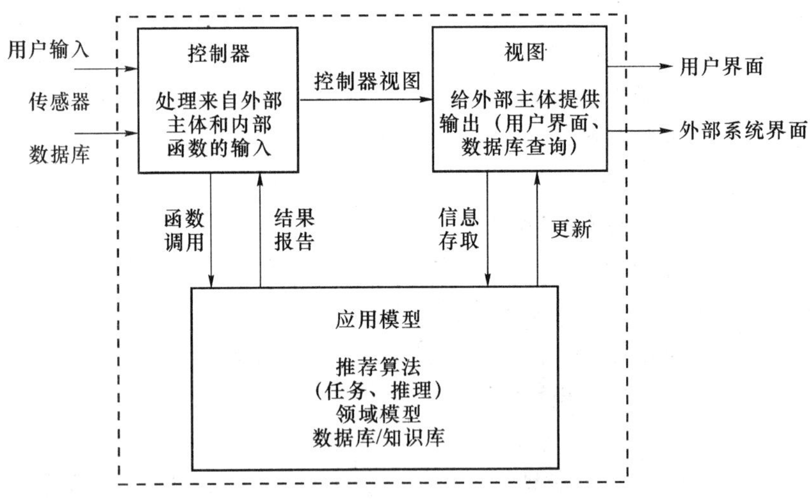

图 9.9　电子商务推荐系统的体系结构图

输入模块用于接收用户的输入信息,输入的信息可以是客户当前的行为,也可以是客户访问电子商务系统过程中的历史行为。电子商务推荐系统的输入包括多种形式,主要可以分为隐式浏览输入、显式浏览输入、关键字/商品属性输入、客户数值评分输入、客户文本评价输入、编辑推荐输入和客户购买历史输入。在大型的电子商务系统中,可能需要多种输入用以产生高质量的商品推荐。

推荐算法模块可以分为基于内存的推荐算法和基于模型的推荐算法两类。在基于内存的推荐算法中,推荐算法运行期间需要将整个客户数据库调入内存,因此可以利用最新的客户数据产生推荐。而基于模型的推荐算法首先根据相应数据建立模型,推荐算法运行期间只需要将建立的模型调入内存,但模型不能利用最新的客户数据。在大型的电子商务系统中,客户数据库非常庞大,将整个客户数据库调入内存将非常耗时,从而使得整个电子商务推荐系统的实时性难以保证。基于模型的推荐算法能有效解决推荐算法的实时性问题。最近邻协同过滤技术和 Horting 图技术属于基于内存的推荐算法,而 Bayesian 网络技术、聚类技术和关联规则技术则属于基于模型的推荐算法。

不同的电子商务推荐系统,其输出也各不相同。大型电子商务系统可以同时采用多种输出形式向客户产生各种不同形式的输出。电子商务推荐系统的输出主要可以分为相关商品输出、个体文本评价输出、个体数值评分输出、平均数值评分输出、电子邮件输出和编辑推荐输出。其中,相关商品输出是电子商务推荐系统中最为普遍的一种输出,推荐系统根据客户表现出来的行为特征或电子商务系统的销售情况向客户产生一系列的商品推荐,推荐的商品以超链接的形式提供给客户。

电子商务推荐系统的工作流程可以用图 9.10 表示。

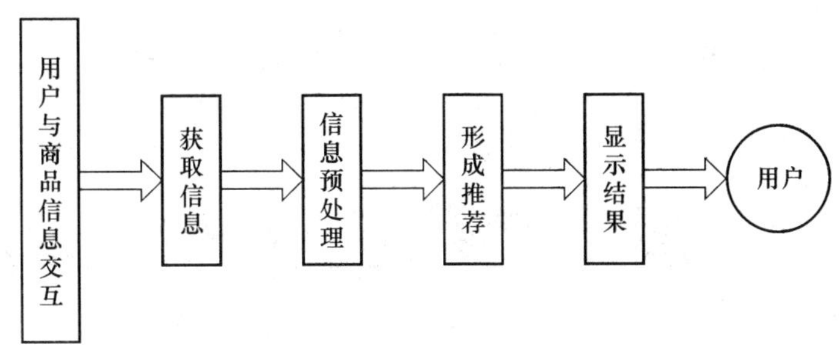

图 9.10　电子商务推荐系统工作流程图

9.5　本章小结

本章从知识管理应用的角度，阐述了知识管理在企业信息化各个系统中的作用，包括ERP 系统、CRM 系统、电子政务和电子商务等，最后给出了基于知识的电子商务推荐系统体系结构图和工作流程图。

本章参考文献

[1]　Yogesh Malhotra. Knowledge Management for the New World of Business[EB/OL]. http://www/brint. com/km/whatis. html.

[2]　刘玉照，李静. 论 ERP 系统与企业知识管理[J]. 情报科学，2007，(07) .

[3]　杜红，李从东，李晓宇. 面向 ERP 实施的知识转移体系研究[J]. 管理工程学报，2005，(02) .

[4]　卢友东. 知识管理在客户关系管理中的应用探析[J]. 中小企业管理与科技(下旬刊)，2010(02).

[5]　高鹏斌. 基于客户关系管理的客户知识管理体系构建[J]. 商场现代化，2008(23) .

[6]　Yogesh Malhotra. Knowledge Management in Inquiring Organizations. 1997.

[7]　唐美丽，马廷淮. 电子政务流程中的知识管理[J]. 情报杂志，2008(08).

[8]　王志玮，陈劲. 知识管理——电子政府成功的利器[J]. 科技进步与对策，2003(03) .

[9]　蔡剑，叶强，廖明玮. 电子商务案例分析[M]. 北京：北京大学出版社，2011.

[10]　吴应良. 一种面向电子商务的知识管理解决方案[J]. 计算机工程与应用，2002(22).

[11]　曾子明，余小鹏. 电子商务推荐系统与智能谈判技术[M]. 武汉：武汉大学出版社，2008.

第10章 产品设计知识管理

10.1 产品设计知识管理概述

当前，制造业的管理方式已经由工业经济时代的以产品为导向转变为知识经济时代的以客户为导向。工业经济时代以产品成本和质量为竞争手段，因此追求大规模和标准化生产从而取得成本优势和利润最大化成为企业经营的目标。在知识经济时代，多品种、小批量、灵活多变成为企业经营管理的显著特征，这不仅要求以客户满意度作为企业发展中最重要的指标，而且要求产品开发设计机制具有敏捷性。在这样的背景下，产品开发机制能否快速响应客户个性化需求和实现产品创新，在很大程度上决定着企业的竞争能力。因此，针对快速变化的市场发展趋势，围绕产品创新，如何提高产品的知识含量、采用有效措施组成快速产品设计系统以满足市场需求、缩短产品开发周期，从而提升产品的科技含量和竞争力是现代产品开发乃至整个制造业面临的重大课题。

产品的设计开发是一项复杂的系统工程，它不仅包括大量基于数学模型和数值处理的计算型工作，而且涉及许多基于符号性知识模型和符号处理的推理和决策过程，因此在产品设计开发过程中需要快速有效地识别、获取、运用与产品设计开发有关的知识。将知识管理引入到产品设计开发过程中，不但能收集、保存、转换、传递、更新和维护产品设计开发过程中的大量知识、经验、数据和信息，为产品开发中的决策和推理服务，而且通过与产品设计开发过程的结合，有利于挖掘产品设计开发过程中隐含的知识资源，创造有利于隐性知识传递的环境，实现知识共享、分发。因此，知识管理是产品开发快速获取知识和尽可能重用知识的有效途径[1]。

随着全球经济一体化进程的不断推进，企业面临更为激烈的市场竞争，如何缩短产品的设计周期、提高产品研发的成功率已经成为企业发展的当务之急。在企业，新的设计人员作为新手更多的是学习探索过去成功的设计实践和设计过程，以便在解决将来设计问题时应用这些经验。大多数时候，一个新的设计的解是通过对已有设计问题的修改而获得的。研究表明，75％的设计活动包含基于实例的设计。在新产品开发中，约40％是重用过去的部件设计，约40％是对已有的部件设计稍作修改，而只有约20％是完全新的设计[2-4]。由此可见，设计知识重用在产品设计中的重要作用。产品设计一直是属于“弱理论、强经验”的技术活动。产品设计经验知识作为产品设计知识的一个组成部分，是企业宝贵的财富。以知识工程理论和方法为指导，将企业内存在于个体中的知识转换成公有的、有组织的、可以共享的知识，把企业中现有的专业理论、设计方法、设计流程、经验公式、数据、产品模型等实现模块化分类，以结构化的形式对设计知识进行分层表达和管理，实现从信息集成向知识集成的转变，使设计者能快速、方便地获取自己所需的知识，促进企业充分利用现有设计资源，提高产品设计的质量和效率，从而帮助设计者进行新产品的快速设计和创新。

将知识管理引入到产品设计开发过程中，不但能收集、保存、转换、传递、更新和维护产品设计开发过程中的大量知识、经验、数据和信息，为产品开发中的决策和推理服务，而且通过与产品设计开发过程的结合，有利于挖掘产品设计开发过程中隐含的知识资源，创造有利于隐性知识传递的环境，实现知识共享、分发，因此，知识管理是产品开发快速获取知识和尽可能重用知识的有效途径[5]。

10.2　产品设计知识管理研究现状

产品设计是一个复杂的过程，包含大量的知识。知识种类繁多，它不仅包含产品设计知识，还包含项目知识；知识载体多样，存在于各种图纸、CAD 模型、NC 程序、文档和人的大脑中。产品设计过程中的知识关系复杂、数量巨大，如果对知识的管理不规范，将导致人们很难从庞大的知识网络中迅速获得所需的信息，不同项目可能进行重复研究，造成人力、物力和财力的浪费。因此，企业迫切需要建立起企业内部的知识共享平台，通过知识管理归纳整合产品设计过程中的知识，实现知识的快速查询和重用，提高产品设计和项目开展的质量和效率。

经过长期的产品研发设计，企业积累了大量的产品设计知识。在对这些大量的产品设计知识进行整合前，其呈现以下特点：

(1) 数量多。产品设计非常复杂，完成产品设计所需的知识面非常广泛，经常横跨多个学科。同时，也正由于产品设计本身的复杂以及客户需求的多样性，导致产品设计过程中产生的知识也多，而且随着产品复杂度的提高，涉及的知识及产出的知识都会随之大幅增加。

(2) 垃圾多。随着时间的推移，企业面临的环境发生了变化，很多曾经适用的知识随着环境的变化而变得不再适用，这种不再适用的知识严重地干扰了其他适用知识的重用。而且，由于对流入企业知识库的产品设计知识没有进行严格的审核，一些积累的知识本身可能就是不正确的。这些失效的以及不正确的知识混杂在其他知识之中，严重地干扰了所有知识的利用。现实证明，当某个人从知识库中多次获取不正确的知识后，那么他就将不再信任该知识库的所有知识，转而自己发明新知识。

(3) 存放地点散乱。由于没有对所有产品设计知识进行有效的集中管理，知识散落在企业的各个不同角落，包括各个设计师的头脑、企业的知识库、各个设计师的计算机等。知识的这种随意存放，不利于知识的获取，也不利于保证知识的正确性。

(4) 知识的描述不规范。由于设计师们的知识水平参差不齐，设计师都是根据自己的理解进行知识的描述和保存，没有一个统一的标准。这种知识描述的不规范，使得知识容易漏获取甚至是无法获取，有时即使获取也很容易出现重用错误的情况，对于新手尤其如此。

针对相似问题的解决方案多。由于在产品设计时没有强制规定应该采用什么设计知识，而且没有强制规定应该怎么产生新知识，同时加上上述的产品设计知识特征，导致企业的产品设计知识条理不清，不能很好地被重用，也就导致了针对相似问题甚至是同个问题企业都存在有多个解决方案。正是由于这样随意地产生新知识，导致产品成本的极大提高，企业零件数量的急剧增长就是相似问题的解决方案多的一个例子。

10.3 产品设计知识管理研究意义

在企业中引入产品设计知识管理，将提升企业的市场竞争力，具体表现在以下几个方面：

(1) 快速响应客户需求。通过对已有产品、零部件及经验知识的重用，可以减少重复工作的时间；通过对知识进行合理存储，借助知识管理系统，可以大大缩短获取所需知识的时间；在知识管理过程中，引入先进的设计方法（如大规模定制）等，为快速反应客户需求奠定了基础。

(2) 持续提升产品的质量。通过重用已有的经过实践验证的知识，以及借鉴以往的经验教训，从而可以保证产品的质量以及避免错误的重犯。

(3) 降低产品的成本。通过重用已有知识及查看已有的教训，避免了昂贵的重复发明和错误重犯的代价；通过对知识的整合，做到以少量的内部知识应对多样化的外部需求，不但能够节省响应客户的时间，也能够减少维护大量知识所需的代价。

(4) 提升企业的创新能力。通过知识的重用，让员工有更多的时间从事创造性的工作；良好的知识共享氛围，将促进员工的快速成长，同时促进“好点子”在企业间的共享。这些影响都将促进企业创新能力的提升。

(5) 避免过度依赖某个专家，实现知识的传承。在知识管理的过程中，通过共享散落在各个专家大脑中的知识，将实现对专家所掌握的宝贵经验知识尤其是隐性知识的传承，避免出现由于个别专家的退休或离职造成项目的延期甚至是公司的瘫痪。

10.4 产品设计知识管理系统功能结构设计

产品设计知识是产品创新的基础，可有效地支持产品快速设计，缩短产品开发时间，避免重复性设计错误，节省资源并提高产品质量，从而增强企业竞争力。相反，不注意知识积累和重用而导致知识资源流失，已成为困扰企业发展的瓶颈问题。本章在相关关键技术研究的基础上，通过分析设计知识管理的特点，构建产品设计知识管理系统的总体框架。

10.4.1 产品设计知识管理系统的总体框架

产品设计知识管理系统采用浏览器/服务器三层架构设计。传统的两层客户机/服务器模式比较适合于小规模、用户较少、单一数据库且在安全、快速的网络环境下运行。浏览器/服务器三层架构在两层模式的基础上，增加了新的一级。这种模式在逻辑上将应用功能分为三层：客户显示层、业务逻辑层、数据层。客户显示层是为客户提供应用服务的图形界面，有助于用户理解和高效的定位应用服务。业务逻辑层位于显示层和数据层之间，专门为实现企业的业务逻辑提供了一个明确的层次，在这个层次封装了与系统关联的应用模型，并把用户表示层和数据库代码分开。这个层次提供客户应用程序和数据服务之间的联系，主要功能是执行应用策略和封装应用模式，并将封装的模式呈现给客户应用程序。数据层是三层模式中最底层，用来定义、维护、访问和更新数据并管理和满足应用服务对数据的请求。

浏览器/服务器三层模式的主要优点为：

(1) 良好的灵活性和可扩展性。对于环境和应用条件经常变动的情况，只要对应用层实施相应的改变，就能够达到目的。

(2) 可共享性。单个应用服务器可以为处于不同平台的客户应用程序提供服务，在很大程度上节省了开发时间和资金投入。

(3) 较好的安全性。在这种结构中，客户应用程序不能直接访问数据，应用服务器不仅可控制哪些数据被改变和被访问，而且还可控制数据的改变和访问方式。

(4) 增强了企业对象的重复可用性。“企业对象”是指封装了企业逻辑程序代码，能够执行特定功能的对象。随着组件技术的发展，这种可重用的组件模式越来越为软件开发所接受。

(5) 三层模式成为真正意义上的“瘦客户端”，从而具备了很高的稳定性、延展性和执行效率。

(6) 三层模式可以将服务集中在一起管理，统一服务于客户端，从而具备了良好的容错能力和负载平衡能力。

某制造企业产品设计知识管理系统的框架设计如图 10.1 所示。主要分为知识门户层、中间件层和数据层三层，采用浏览器/服务器三层架构实现。

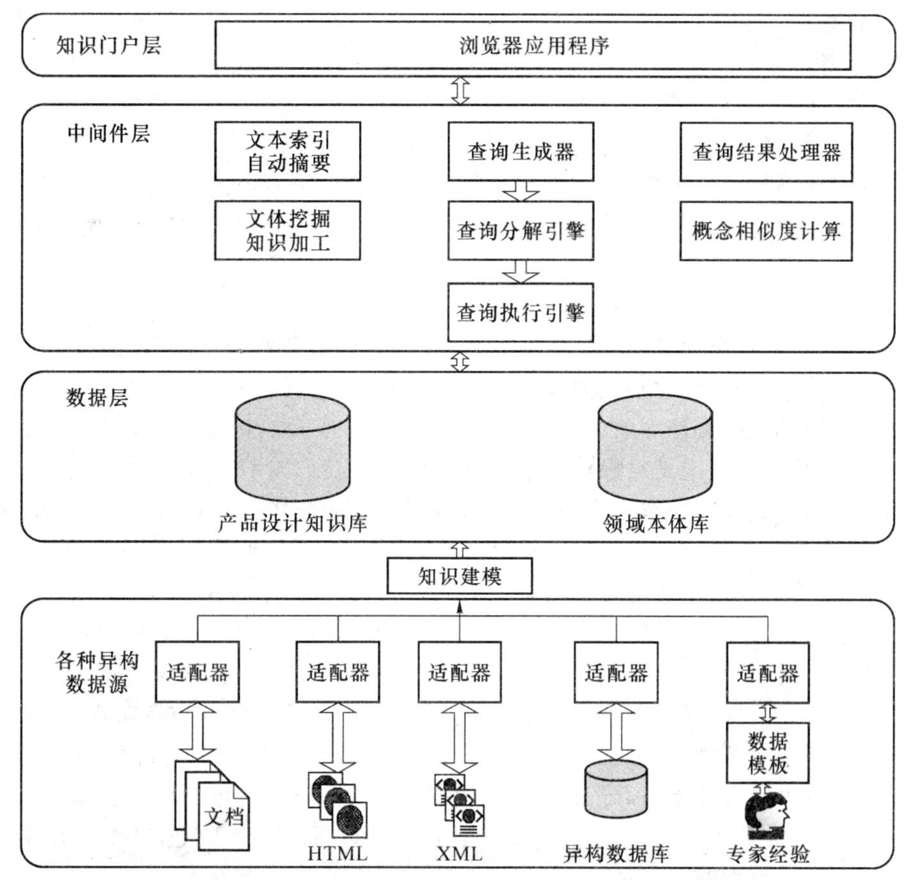

图 10.1　某制造企业产品设计知识管理系统框架图

知识门户层主要提供产品设计知识检索的门户，是系统的入口。该层为数据表示层，这一层为用户提供一个图形接口，用户通过此查询接口输入需要查询的有关概念信息，同时该层也负责将由操作层传来的数据信息和推理结果以合理的方式返回给用户。

中间件层包含了业务逻辑实现。这一层包括两方面的内容：一是响应客户端用户请求，先根据本体所包含的语义信息对用户请求进行处理和相似度计算，得到相关的信息返回给用户；二是对本体进行管理，系统管理员可以通过客户端的图形用户接口访问本体层，对本体进行编辑。该层是整个系统中至关重要的一层，主要包括查询结果处理器、概念相似度计算、查询生成器、文本挖掘和知识加工等逻辑。

数据层，主要是以关系数据库的方式来存储领域知识本体、基于本体的描述信息以及用户数据等，其中知识本体描述了相关应用领域中的概念属性以及概念之间的相互关系，是整个系统的基础。

通过构建知识本体库，并对知识元实施知识本体映射，实现设计知识的统一组织和管理，这一方法特别适合于那些已拥有大量设计知识库的企业进行产品设计知识管理，建立企业知识仓库，实现知识高层应用，从而充分发挥知识在企业产品设计中的主导作用。

10.4.2 基于角色的权限管理策略

基于角色的权限管理策略的实现，首先系统要建立严格的权限体系，本系统通过用户名、权限和角色构成了系统的权限体系。

(1) 用户名

产品设计知识管理系统中用户必须拥有全局唯一的用户名。该用户名在用户注册时确定，用户名是识别该用户的唯一根据。

所有用户在系统中是平级的，不存在级联关系(一个用户的权限定义不会影响另一个用户的权限)。虽然系统可以把人员按照组织结构划分，但仅仅是为了便于查找人员，与权限管理没有关系。

(2) 权限

在系统中，权限可以划分为两个大类，即门户权限和业务权限。门户权限，指的是用户可否使用门户的某个特定功能，比如修改门户信息、个性化页面等。

权限项表示角色所操作对象的操作方式，即角色(Who)对操作对象(What)进行 How 的操作，定义权限项就是定义对操作对象的访问控制。我们对权限项用一个二元组符号来表示 $P(o,p)$，其中 o 表示操作对象，p 表示功能操作。功能操作是指在功能模块中的具体操作有关，比如在文档管理中我们可以划分出移动、编辑、查看列表、指定负责人等功能操作的动作谓词；这样在满足动作谓词 p 时，对于对象 o 的访问表示一条权限。

(3) 角色

角色(Role)是权限的命名集合，对应着一定数量的权限。角色与权限直接相关，一个角色可具备多种权限，一个权限也可分配到多个角色上。角色的引入，便于更加方便地赋予权限。

角色是按照部门分类的，也就是说，角色从粒度级别上是按照节点页面分类。在某一节点页面上的角色可以管理该节点下的所有子孙节点的页面权限，包括模块权限和模块页面的权限。如图 10.2 所示，表示的是角色定义在各个节点页面(部门)上，其中 role1、role2 可以管理右边所有的节点的权限定义。

角色概念不是全局的。如果采用角色全局定义，就可能要定义数不清的角色，而且很可能因为很细微的权限差别就定义两个角色。在建立新的门户(或者部门)时，也会定义一批新的角色，这会大大增加系统的冗余定义，还会带来某些用户承担的角色过多的问题。

在系统中，权限定义方法就是给予各个用户设置不同的角色，从而使得该用户具有相应的权限。

用户登录系统以后，系统会根据不同的用户名，在数据库中查询该用户所有的角色（一个用户可以担当多个角色），通过一套权限解释原则，确定该用户的具体权限。系统将根据该权限，对于不同的用户可能显示不同的内容，并允许不同的用户使用不同的功能。在系统权限定义体系中，人员、角色、不同权限之间的对应定义如图 10.3 所示。

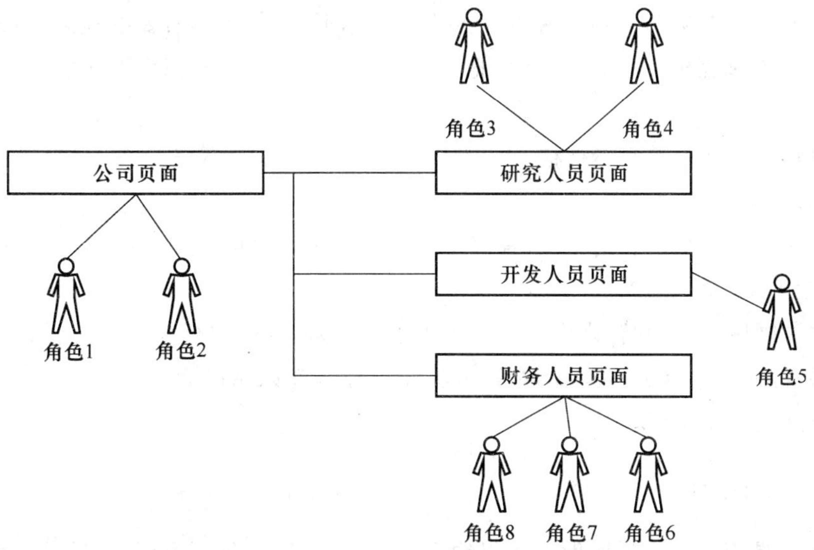

图 10.2　角色定义

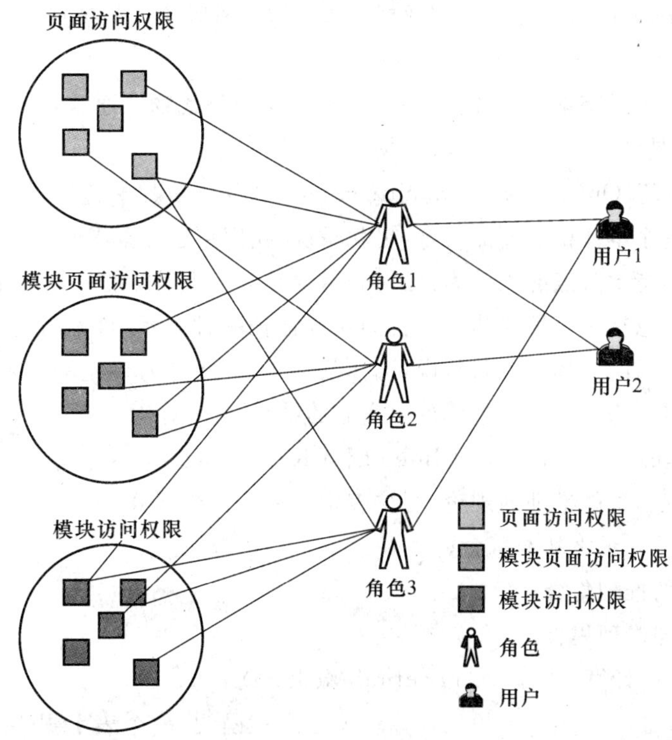

图 10.3　人员、角色、不同权限之间的对应定义

10.4.3 领域知识获取

目前，领域知识获取通常是由知识工程师和领域专家借助于知识获取模块共同完成的。知识工程师从书本和领域专家那里抽取知识，用适当的形式把知识表示出来，借助知识获取模块把知识转换为计算机可识别和存储的内部表达形式，并进行必要的检测，例如采用语法检查以及一致性和完整性检查等，然后把它们存入知识库。在知识获取一般过程基础上，这里将领域知识获取过程分为4个阶段：

(1) 识别领域知识的基本结构及其特点，列举领域知识有关的概念，分析领域知识概念之间关系，建立领域本体；

(2) 寻找适当的知识表达方法，并确定适当的知识库存储结构(包括领域知识事实库和领域知识规则库存储结构)；

(3) 抽取领域知识，并转化成计算机可识别的代码，然后进行知识分解、知识约简转化、语法语义检查、一致性检查和知识评价，并将结果存入知识库；

(4) 调试精炼知识库。

10.4.4 知识表示

知识表示是为描述世界所做的一组约定，是知识的符号化、编码化的过程。从工程角度知识被理解为有助于解决问题的可复用的模式化信息。

麻省理工大学(MIT)的 R. David 教授枚举了以下五种不同的观点：

(1) 知识表示的事物替代论(Surrogate)

知识表示是一个最基本的替代，是替代事务本身的替代物。通常，一个智能实体(例如人)通过思考而不是动作去确定这一替代物。

(2) 本体论协商(Ontological Commitment)

知识表示是一个本体论协商的集合，也就是说，我们在思考世界时，以怎样的术语描述、观察和处理世界？持此观点的人认为：任何表示都是对客观世界的一种不完全的近似，都必将强调一种事物而忽视另一种事物。当我们在选择任一种表示时，不可避免地面临着如何确定和怎样描述世界的选择。也就是说，选择某种表示，意味着确定一组本体论的协商，而且任何一种知识表示都将是一种本体论协商后的结果。

(3) 智能推理的理论(Theory of Intelligent Reasoning)

知识表示被视为智能推理的理论，可被表示为如下三个部分：

- 智能推理的表示之基本概念；
- 一个核准的推理集合；
- 一个建议的推理集合。

(4) 语用有效的计算介质论(Computing Medium)

知识表示提供了一个实现思想的计算环境。也就是说，一个表示提供了一个有效手段去组织中肯的信息以实现推理机制，从纯机制的角度来看，推理是一种计算过程。知识表示能够典型地提供一组关于如何组织信息去指导推理的建议和想法。

(5) 人类表示的介质(Medium of Human Expression)

知识表示是人类表达和描述世界的语言，是人们告诉计算机关于世界知识的手段和人机通信的介质。

本书认为知识表示可以从哲学方面和技术方面来认识。哲学方面：知识表示是人类认识世界的总结，试图以人类自己的思考方式和表达方式来组织和表达客观世界。技术方面：知识表示是将人们对客观世界的认识与现有的技术手段相结合，将其思想用物质化的形式表现出来(这种物质包括语言、文字、计算机等)。

对知识表示的不同理解导致了不同的知识表示系统，不同的知识表示系统分别适应于求解不同的问题。既然对知识表示的本身没有统一的认识，就不可能存在一种统一的、完美的知识表示方法去适应所有问题，但无论对知识表示采用哪一种定义，任何一种知识表示方法应满足如下要求：

- 表示能力：即能否将问题求解所需要的各类知识完全表示出来。
- 推理效率：即能否有效地利用知识库中的知识完成推理。
- 正确性：即表示方法是否有良好定义的语义并保证推理的正确性。
- 结构性：即表示方法是否有良好的模块化结构，便于知识库维护。

常用的知识表示方法有：面向对象、产生式规则、语义网格、框架、本体论和混和表示等。

(1) 面向对象

它具有模块性、封装功能、代码共享、灵活性、易维护性、增量型设计等特点。它适合于复杂系统的知识表示，易于表达递归嵌套等复杂结构。

(2) 产生式

它把知识表示成“模式-动作”对。这种表示方法自然简洁、准确灵活、有充分的能力表达领域相关的推理规则和行为，但是，仅能够表示简单对象，无法有效的描述复杂对象。

(3) 语义网格

它是一种基于广义图的表示方法，它采用节点以及节点之间的弧表示对象、概念及相互之间的关系，常用于表示事物之间的静态关系。这种表示方法可以表示一系列有联系的二元关系，直观方便，推理能力强，它的目的是将数据转化为计算机可读式，便于分布式知识库的集成。它是基于 XML 的表示语言的一种。

(4) 框架

它可以有效地表示几何性的知识，适用于具有一定层次结构的问题描述，框架的槽可以描述实例的属性，但是，不能表示过程性的知识。

(5) 本体论

本体是一种语言表达模型。构建本体的目的是捕获领域内的知识，提供对领域知识的共同理解，并从不同层次的形式化上给出这些词汇(术语)和词汇间的相互关系的明确定义。

(6) 混合表示法

即将两种或者两种以上的知识表示方法相结合。这种表示方法增加了知识表示能力，也提高了知识表示效率。但混合知识表示仍存在一些问题，例如，它的结构性不强，使系统更加复杂，难于管理。对于一个大的知识系统来说，几种知识表示不易配合，知识工程师难以维护。

由于不同的知识结构都有其针对性和局限性，而且有时同一领域知识可采用不同的知识表示结构来表示。选定知识表示结构时，应依具体情况来选定。在实际应用中所采用的知识表示方式同知识的组织、知识的结构和知识的使用方式密切相关。知识表示模式的选定目前还没有统一的准则和标准。但一般来说，在选择知识表示方法时，应从以下几个方面进行考虑：

(1) 充分表示领域知识

确定一个知识表示模式时，首先应该考虑的是它是否充分地表示领域知识。为此，需要深入地了解领域知识的特征，以便做到“对症下药”。知识表示模式的选择和确定往往要受到领域知识自然结构的制约，要视具体情况而定。当已有的知识表示方法不能适应自己面临的问题时，就需要重新设计一种新的知识表示模式。

(2) 有利于对知识的利用

知识的表示与利用是密切相关的两个方面。“表示”的作用是把领域内的相关知识形式化，并用适当的内部形式存储到计算机中去。而“利用”是使用这些知识进行推理，求解现实问题。“表示”的目的是为了“利用”，而“利用”的基础是“表示”。为了使一个概念设计系统能有效地求解领域内的各种问题，除了必须具备足够的知识外，还必须使其表示形式便于对知识的利用。

(3) 便于对知识的组织、维护与管理

为了把知识存储到计算机中去，除了需要用合适的表示方法把知识表示出来外，还需要对知识进行合理的组织。而对知识的组织是与表示方法密切相关的，不同的表示方法对应于不同的组织方式。这就要求在设计或选择知识表示方法时能充分考虑对知识进行的组织方式。在确定知识的表示模式时，应充分考虑维护与管理的方便性。

(4) 便于理解和实现

一种知识表示模式应是人们容易理解的，这就要求它符合人们的思维习惯。至于实现上的方便性，更是显然的。如果一种表示模式不便于在计算机上实现，那它就只能是纸上谈兵，没有任何实用价值。

通常设计人员所关注的设计知识集中在能够满足最终用户需求的产品本身的设计知识，这部分产品设计知识常常是通过一些定版的设计图纸、模型和设计资料来表现的。这些产品设计知识仅仅是设计过程中产生的设计结果知识，并不代表全部的产品设计知识，在整个产品设计过程中，一些设计原理知识、设计过程知识对于产品设计，尤其是对于产品设计的可重用才是最重要的。

本书认为产品设计知识是指已有的产品所包含的设计经验、设计方法、设计过程以及几何结构等在内的产品信息的总和。设计知识来源主要包括：设计规范/设计向导/设计手册、计算机程序、产品模型(二维、三维)、设计经验、外购件知识以及仿真、试验、用户反馈知识等。图 10.4 中的设计经验是非正式(隐性)设计知识，通常是包含在设计人员的笔记、记忆(大脑)中。

分析制造企业产品设计知识的特点，将产品设计中的知识具体分为功能知识、技术原理知识、结构知识和实例知识 4 种。

功能知识：全部产品功能和子功能信息的集合。主要描述产品完成的任务，描述产品的功能及功能子项，描述产品要完成的功能，包括功能内容、实现参数、性能指标等。

技术原理知识：描述产品功能及功能子项的原理解答。它的表达要复杂些，一方面，可以用文字、数字表达它的说明、解答参数；另一方面，包含必要的图形或动画支持产品原理解答。

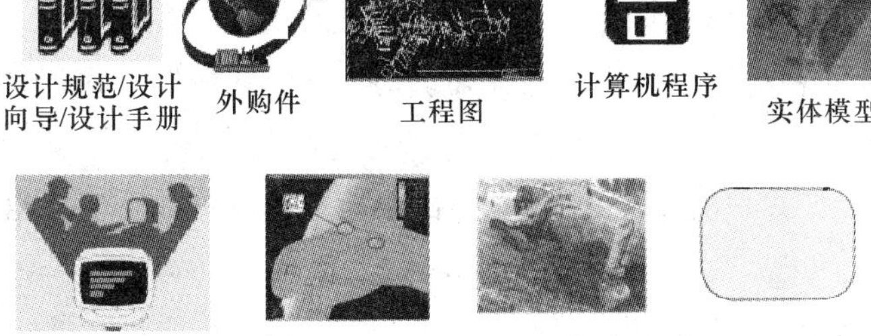

图 10.4　设计知识来源

结构知识：描述产品的结构设计状况，是对原理知识的细化和扩充，是求解原理的结构载体。可以描述产品关键部分的形状、尺寸和参数等。

实例知识：已经成功的或者失败的设计范例，包括方案设计实例、产品结构知识实例、技术原理实例等。它包含了更多的实际因素，是类比设计和基于实例推理设计的基础。

本系统的知识采用主语-谓语-宾语的形式进行描述。如“电化学腐蚀效应破坏固体(electrochemical erosion breaks down solid)”是一条知识，分析该条知识的表示，可知主语通常是问题的解决方案；而“谓语＋宾语”则是问题的描述。对于“破坏固体”这样一个问题，“电化学腐蚀效应”则是该问题的一个解决方案。该知识的具体描述如表 10.1 所示。

表 10.1　知识的表示方法

知识标题	电化学腐蚀效应破坏固体
主语(Subject)	电化学腐蚀效应(electrochemical erosion)
谓语(Predicate)	破坏(corrodes)
宾语(Object)	固体(solid)
知识解释	电化学腐蚀由化学溶解导致。缝隙腐蚀是电化学腐蚀的形式之一，这种腐蚀是由于在电解溶液中离子或溶解气体的浓度差导致的。
知识实例	图片描述了电化学腐蚀的一种形式——缝隙腐蚀。在飞机机身和铆钉之间有溶液附着。夹缝中的液体会降低溶解氧浓度，从而导致缝隙腐蚀现象的发生，进而使机身上的铆钉遭到破坏。
动画或图片	
附注	无

10.4.5 基于 WordNet 的领域本体构建

某制造企业在进行产品开发过程中，产生了大量的设计文档、数据和工程图纸等，这些资源被分门别类的存储，组成各种设计知识库。但由于对这些知识库中的设计知识没有进行统一组织和管理，因此知识之间客观存在的有价值的联系大多没有被人们捕获、利用和开发。因此，需要建立一种能够正确实现设计知识动态配置的机制，而知识本体正是实现这一机制的核心。

针对制造企业设计知识的特性，知识本体的结构可描述为如下四元组：

$$KO=\langle C,P,M,R\rangle \tag{10.1}$$

其中，KO 表示知识本体，C 表示某领域的概念集，P 是建立在 C 上的属性集，M 是建立在 C 上的方法特性集，R 是建立在 C 上的关系集。一个概念的定义和描述往往会涉及多个其他概念，概念之间具有关联性和继承性。

式(10.1)是领域知识本体的总体表示和描述，对于知识本体中的每一个知识本体元素，可以用式(10.2)来表示：

$$q=\langle c,p,m,r\rangle \tag{10.2}$$

其中，q 表示知识本体元素，c 表示某个领域概念，如叶盘、叶片、叶片的结构设计等，p、m 分别表示概念 c 上的一组属性和方法，r 表示建立在 c 上的与其他概念的一组关系。实际应用中，常常使用式(10.2)。

本系统采用概念和属性在 WordNet 中的层次关系构建设计知识本体，形成了领域的本体骨架模型，建立起一个相对完善的网络化结构的设计知识内容体系，以此知识内容体系来统一组织和管理企业中相对分散的各种设计知识，方便设计知识的智能应用。

以航空发动机轴系设计为例，知识本体的构建方法和设计过程如下：

(1) 确定轴系设计主题概念，如轴、轴系设计、轴系径向定位等；

(2) 确定主题概念的所属类型，如轴属于类性概念、轴系设计属于过程性概念；

(3) 结合知识本体的一般设计准则，借用概念在 WordNet 中层次关系对概念的属性、方法和概念间的关系予以表示和描述，此处设计的好坏直接关系到知识本体库构建的成败；

(4) 对初步形成的轴系设计语义骨架模型不断调整、修改，使其语义一致、表达简单明晰，形成轻量级的知识本体库。

以上设计知识本体构建的每一个设计过程都需要设计知识工程师与领域设计专家不断交流，共同参与完成。知识本体的构建还是一个伴随系统不断运行，逐步调整和完善的长期过程。

本系统的构建方法首先给定一个初始本体，从 WordNet 中抽取出相关领域概念及关系，再根据定义 is-a 关系添加规则将概念组织起来，形成本体。通过如图 10.5 所示的构建过程图，可以直观地了解整个过程。

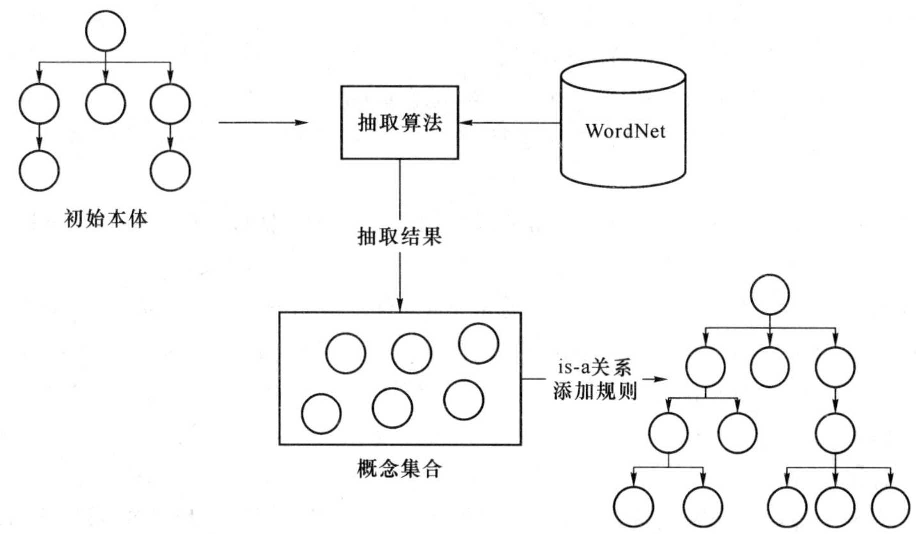

图 10.5　基于 WordNet 的本体构建过程

10.4.6　基于 WordNet 的概念相似度计算

本书第 4 章给出了基于 WordNet 的概念相似度计算的详细内容。在产品设计知识管理系统中，采用基于概念在 WordNet 中语义距离的方法计算概念之间的相似度。语义距离是指两个词在语义树上的路径长度。英文词典 WordNet 是一棵按照词的层次关系、同义关系组织的语义树。利用 WordNet 计算两个元素的语义距离，进而得到它们的相似度。具体计算方法如下：

$$\mathrm{Sim}(w_1, w_2) = \frac{1}{1 + \mathrm{len}(w_1, w_2)}$$

其中，$\mathrm{len}(w_1, w_2)$是词 1～ 2 的路径长度。由公式可以看出，两个概念之间的语义距离越长，相似度越小。当两个概念间的语义距离为 0 时，相似度为 1，当两个概念间的语义距离为无穷大时，相似度为 0，满足概念相似度计算的条件。

10.4.7　语义查询扩展

传统的信息检索方法或搜索引擎，都是以关键词匹配为基础的。这种方法有两种缺陷：①检索结果只是在字面上符合用户的要求，实际内容往往偏离用户的需要；②用户输入的查询稍有偏差，检索系统就无法确定用户的真正需要，因而无法提供正确的结果。

为了解决这些问题，研究者尝试从语义的角度进行考虑，提出了各种新的方法和技术，也取得了很多的成果。通常的研究主要从自然语言处理、基于概念的方法以及基于本体的思路三个方面来实现语义在信息检索中的集成和应用。

1. 查询扩展概述

在信息检索中，往往出现由于用户所选择的词和文档中出现的目标词不匹配，从而导致检索效率低下乃至失败，比如，用户使用“飞机”作为检索词，而文档中出现的却是“航空器”，尽管它们描述的是相同的概念，但是对于计算机而言，这两个却是完全不同的检索对象。根据统计，人们用完全相同的词描述同一概念的可能性小于20%，而且当用户查询越短的时候不匹配的现象也就越普遍。当查询词增多时，查询词在文档中出现的概率也大大增加，因此，查询扩展(Query Expansion)技术在原来查询的基础上加入与用户用词相关联的词，组成新的更长、更准确的查询，这样就在一定程度上弥补了用户查询信息不足的缺陷，逐渐发展成了信息检索领域研究的一个重要方向。

查询扩展技术的提出迄今已有30年的历史，作为改善检索的一种方法，该技术用于提高信息检索时的查全率和查准率。目前的信息检索系统，无论是中文还是英文，大部分都还是基于关键字进行的查询，通过用户输入的关键字，自动进行查询扩展，对扩展后得到的关键字的同义词或关联词进行检索，把用户希望而单凭输入的关键字查询无法检索到的结果返回给用户。一般有两种扩展方式：

(1) 加入的扩展词与原始查询词相近，例如用户要检索“计算机”，用“电脑”、“微机”可以表达同样的概念；

(2) 扩展过程添加全新的词汇，例如用户键入“航空器”，可以联想到“飞机”、“直升机”、“发动机”等。

2. 语义查询扩展分析

在基于语义的查询扩展研究中，人们经常利用从WordNet里提供的同义词集合和is-a关系(上/下位关系)来选取新词扩展查询。但是从查询词出发扩展多层下义词时，扩展词的数量会随着层数的增加而快速增长，同时扩展词中无用词的数量也极大增加，因此扩展的层数确定是一个尚未解决的问题。此外，怎样使用扩展词也是一个问题，一般认为用户的初始查询词最能反映用户的需要，而扩展词的准确性则值得怀疑，因此在使用扩展后的查询时会对原始查询词赋予较高的权重，对扩展词赋予较低的权重。但是究竟应该设为什么权值则一直没有很好的方法，通常依靠经验值给出。

本体的语义检索是基于概念匹配的，基于概念匹配的语义检索系统必须具备一定的知识体系来表达概念及概念间的逻辑语义关系，该知识体系以不同的类目分类(继承)而具有层次性，因不同的本体联想(语义关联)而形成一个语义网格，领域本体可以起到这个作用。在知识层面或者在概念层面上建立的语义检索，能提供给用户一个缩小或扩大的检索范围，以获得某个概念的上位概念、下位概念以及平级概念等，同时，通过概念间的关系定义，还可以获得和某个概念有关系的概念，通过概念的缩放，获得概念所对应的知识对象。另外根据前面所述的计算领域本体概念之间的相似度方法，在语义检索的同时计算本体之间的相似度，向用户提供有价值的参考信息，智能性地帮助用户进行有效的知识检索和知识导航。

3. 查询概念层次扩展算法

通过语义关系的关联，相对一般性的概念往往包含着一组相对具体的概念，如“航空器”是一个一般性概念，“航空发动机”、“起落架”、“固定翼”等概念就是与其具有一定语义关系的具体概念。因此，用户查询中如果出现了一般性概念通常暗含了用户对该概念语义相关的具体概念的关心，则查询结果应该能自动满足用户的这一潜在需求。概念的这种“一般”和“具体”的关系，反映在本体中就对应于概念间的层次关系。基于上述分析，本书提出一种查询概念层次扩展方法，具体描述如下：

```
Begin
```

```
    所有查询概念标记为非处理过的;
Do
 {
    从查询概念集中选择一个非 Processed 查询概念 QCi;
    标记该概念为 Processed;
    确定 QCi在本体有向图中的位置;
    If QCi 不是本体 DAG 中的叶节点
    将 QCi 所有的下位概念加入查询概念集;
    }
    While(查询概念集中存在非处理过的查询概念)
End
```

10.5　产品设计知识管理系统的实现

10.5.1　领域本体的构建

本书选用斯坦福大学开发的工具 Protégé[6],利用 OWL 语言描述本体,对本体进行管理。OWL 可以清楚地表达每一个词条的语义信息以及各个词条之间的联系。在表达语义信息的时候,OWL 比起 xml、rdf 有着更多的优势,因为它是以描述逻辑为基础的,能够表达更丰富的语义。同时 OWL 是语义网 (Semantic Web)语言栈中最为重要的组成部分,也可以把它引申到其他知识系统的领域概念及其语义关系的描述中去。目前 OWL 语言包括 OWLlite、OWLDL、OwLFull 三类子语言。如果熟悉 OWL 语法,那么直接用 OWL 编写和表达领域知识是完全可行的,为了减少无谓的时间浪费,选择一个好的工具可以大大提高工作效率。本系统采用 Protégé 本体编辑工具对本体进行 OWL 描述。图 10.6 为在 Protégé 中构建领域本体的界面。图 10.7 为使用 Protégé 中的本体可视化插件得到的概念层次关系图。

从 Protégé 中导出的 OWL 文件片段如下:

```
<? xml version="1.0"? >
<rdf:RDF
        xmlns:rdf="http://www.w3.org/1999/02/22-rdf-syntax-ns#"
        xmlns:xsd="http://www.w3.org/2001/XMLSchema#"
        xmlns:rdfs="http://www.w3.org/2000/01/rdf-schema#"
        xmlns:owl="http://www.w3.org/2002/07/owl#"
        xmlns="http://www.owl-ontologies.com/Ontology1305290464.owl#"
    xml:base="http://www.owl-ontologies.com/Ontology1305290464.owl">
    <owl:Ontology rdf:about=" "/>
    <owl:Class rdf:ID="airplane">
      <rdfs:comment rdf:datatype="http://www.w3.org/2001/XMLSchema#string">
```

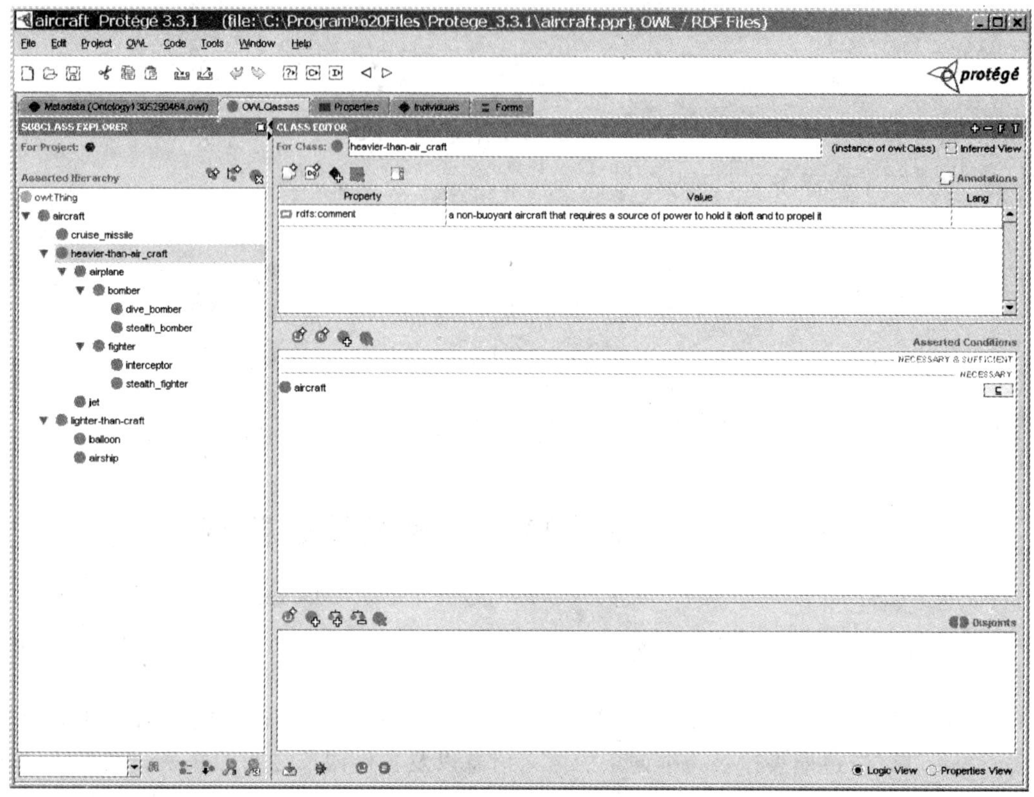

图 10.6 领域本体构建 Protégé 界面

```
        an aircraft that has a fixed wing and is powered by propellers or jets;"the
flight was delayed due to trouble with the airplane"</rdfs:comment>
        <rdfs:subClassOf>
          <owl:Class rdf:ID="heavier-than-air_craft"/>
        </rdfs:subClassOf>
      </owl:Class>
      <owl:Class rdf:ID="bomber">
        <rdfs:subClassOf rdf:resource="#airplane"/>
        <rdfs:comment rdf:datatype="http://www.w3.org/2001/XMLSchema#string">
          a military aircraft that drops bombs during flight</rdfs:comment>
      </owl:Class>
      <owl:Class rdf:ID="balloon">
        <rdfs:comment rdf:datatype="http://www.w3.org/2001/XMLSchema#string">
          large tough non-rigid bag filled with gas or heated air</rdfs:comment>
        <rdfs:subClassOf>
          <owl:Class rdf:ID="lighter-than-craft"/>
        </rdfs:subClassOf>
      </owl:Class>
```

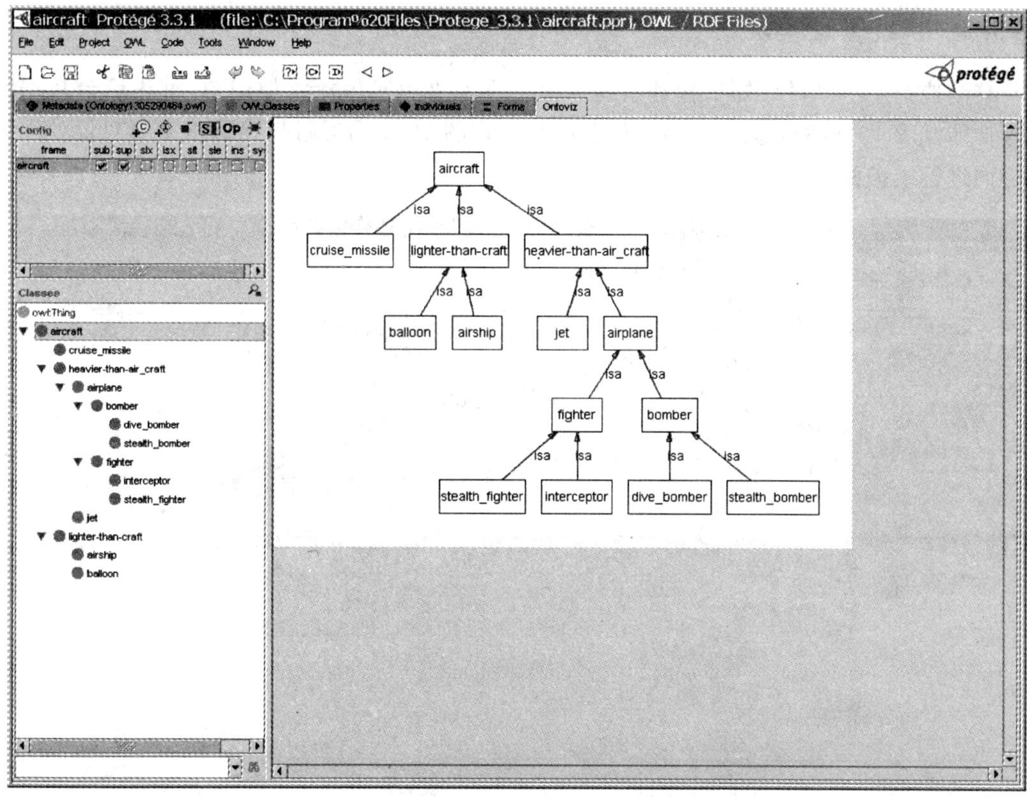

图 10.7　领域本体在 Protégé 中可视化界面

```
<owl:Class rdf:about="#heavier-than-air_craft">
  <rdfs:comment rdf:datatype="http://www.w3.org/2001/XMLSchema#string">
    a non-buoyant aircraft that requires a source of power to hold it aloft
and to propel it</rdfs:comment>
  <rdfs:subClassOf>
    <owl:Class rdf:ID="aircraft"/>
  </rdfs:subClassOf>
</owl:Class>
<owl:Class rdf:ID="stealth_fighter">
  <rdfs:subClassOf>
    <owl:Class rdf:ID="fighter"/>
  </rdfs:subClassOf>
  <rdfs:comment rdf:datatype="http://www.w3.org/2001/XMLSchema#string">
    a fighter that is difficult to detect by radar;is built for precise tar-
geting and uses laser-guided bombs</rdfs:comment>
</owl:Class>
  …
</rdf:RDF>
```

10.5.2 系统管理模块

某制造企业产品设计知识管理系统管理模块主要功能包括添加用户、维护后台数据字典等功能。图 10.8 为系统维护用户信息的界面。图 10.9 为通过后台数据字典对设计知识关键词进行维护的界面。

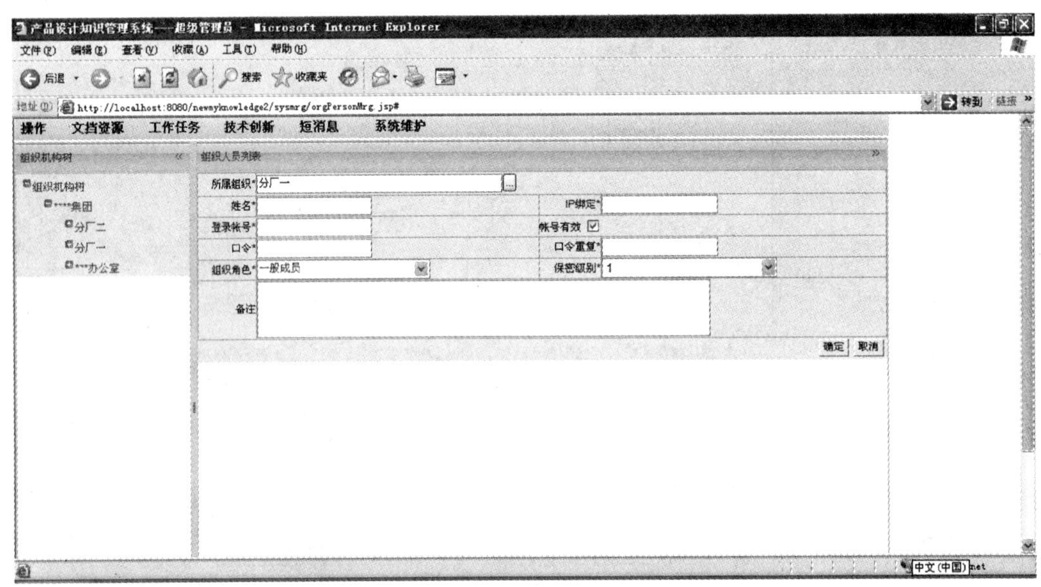

图 10.8 产品设计知识管理系统维护用户界面

产品设计知识管理系统——超级管理员 - Microsoft Internet Explorer

http://localhost:8080/newmyknowledge2/sysmrg/dictMrg.jsp

操作　文档资源　工作任务　技术创新　短消息　系统维护

字典类型：通用技术类别

新建

编辑	字典类型	字典名称	字典描述	删除
	通用技术类别	Accumulate	Accumulate	✖
	通用技术类别	Assembles	Assembles	✖
	通用技术类别	Breaks Down	Breaks Down	✖
	通用技术类别	Changes Phase of Melts	Changes Phase of Melts	✖
	通用技术类别	Cleans	Cleans	✖
	通用技术类别	Condenses	Condenses	✖
	通用技术类别	Cools	Cools	✖
	通用技术类别	Corrodes	Corrodes	✖
	通用技术类别	Decomposes	Decomposes	✖
	通用技术类别	Deposits	Deposits	✖
	通用技术类别	Destroys	Destroys	✖
	通用技术类别	Detects	Detects	✖
	通用技术类别	Dries	Dries	✖
	通用技术类别	Embeds	Embeds	✖
	通用技术类别	Erodes	Erodes	✖
	通用技术类别	Evaporates	Evaporates	✖
	通用技术类别	Extracts	Extracts	✖
	通用技术类别	Freezes Boils	Freezes Boils	✖

完毕　本地 Intranet

图 10.9 通过数据字典对设计知识关键词进行维护

10.5.3 设计原理知识查询

图 10.10 和图 10.11 为产品设计知识管理知识检索界面。图 10.10 为功能查询界面，

图 10.11 为属性查询界面。功能查询中,用户可以从功能名称中选择动词,状态中选择名词,组成“动词+名词(谓语+宾语)”的查询式,提交系统进行知识检索。属性查询中,用户可以从属性名称中选择名词,状态中选择动词,组成“动词+名词(谓语+宾语)”的查询式,提交系统进行知识检索。

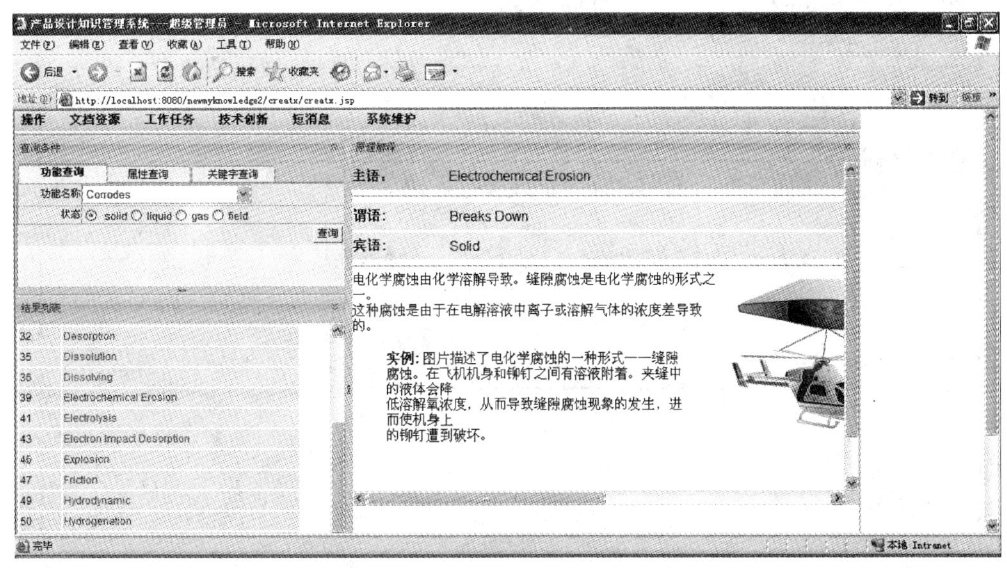

图 10.10　产品设计知识管理系统功能查询界面

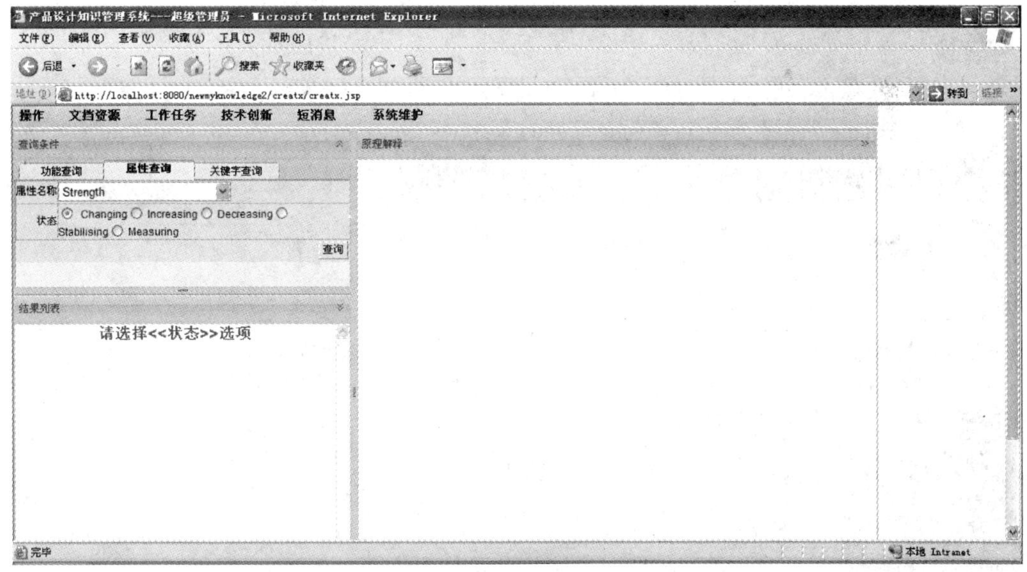

图 10.11　产品设计知识管理系统属性查询界面

10.5.4　知识的更新与维护

产品设计知识管理系统允许系统管理员通过上传 html 文档的形式对后台设计知识库进行扩充。图 10.12 为上传技术文章的界面。图 10.13 为管理员添加设计知识后的知识检索界面。

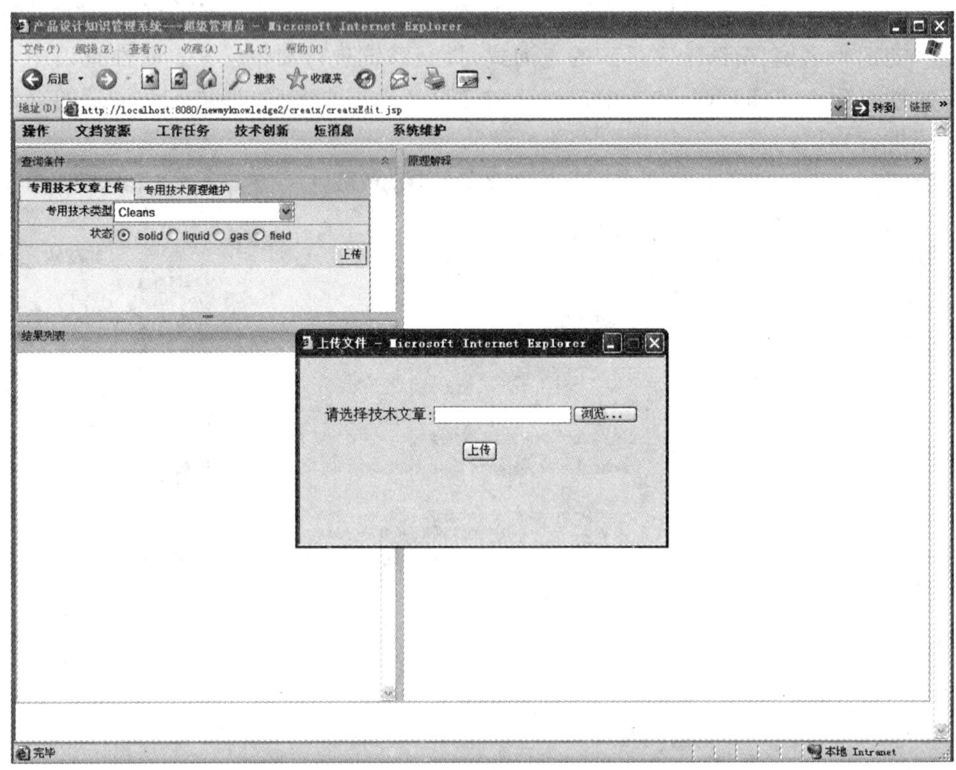

图 10.12　产品设计知识管理系统设计知识扩充界面

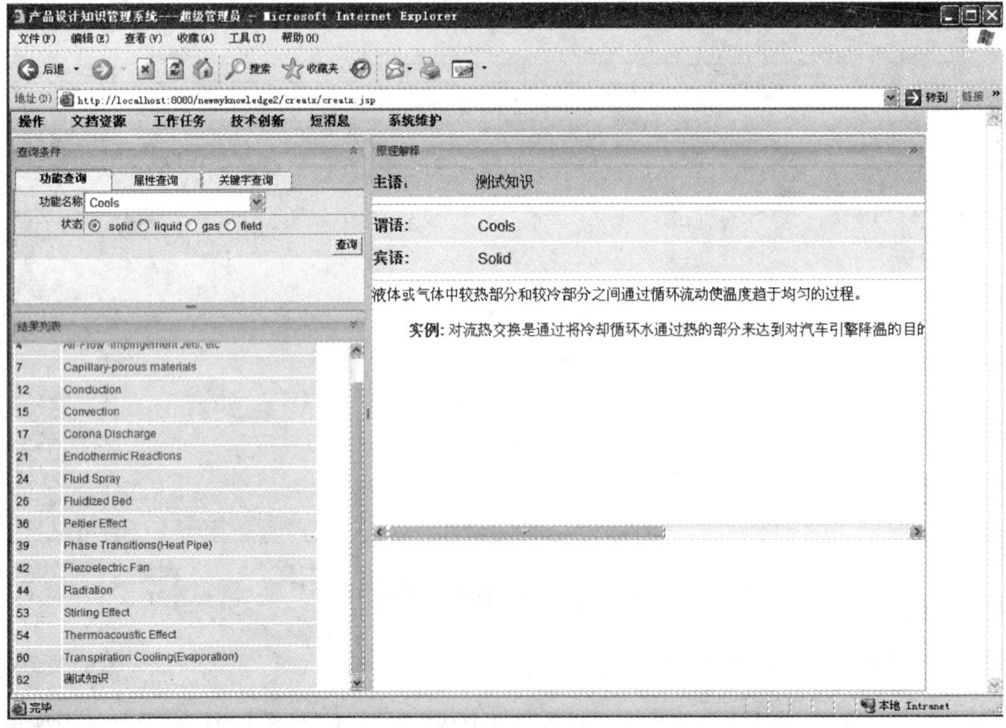

图 10.13　产品设计知识管理系统用户添加设计知识后查询界面

考虑到设计文档和设计知识的多样性，系统设计了更为柔性的文档资源的上传和下载功能。图 10.14 为系统中对设计文档目录进行维护的界面。图 10.15 为系统上传设计文档的界面。图 10.16 为系统中查询设计文档的界面。

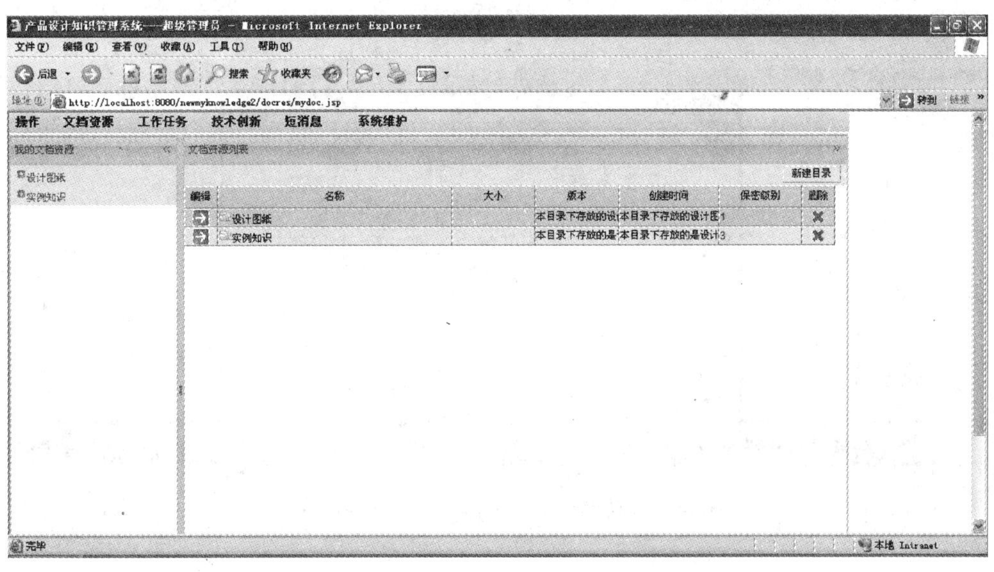

图 10.14　产品设计知识管理系统文档目录维护界面

图 10.15　产品设计知识管理系统上传设计文档界面

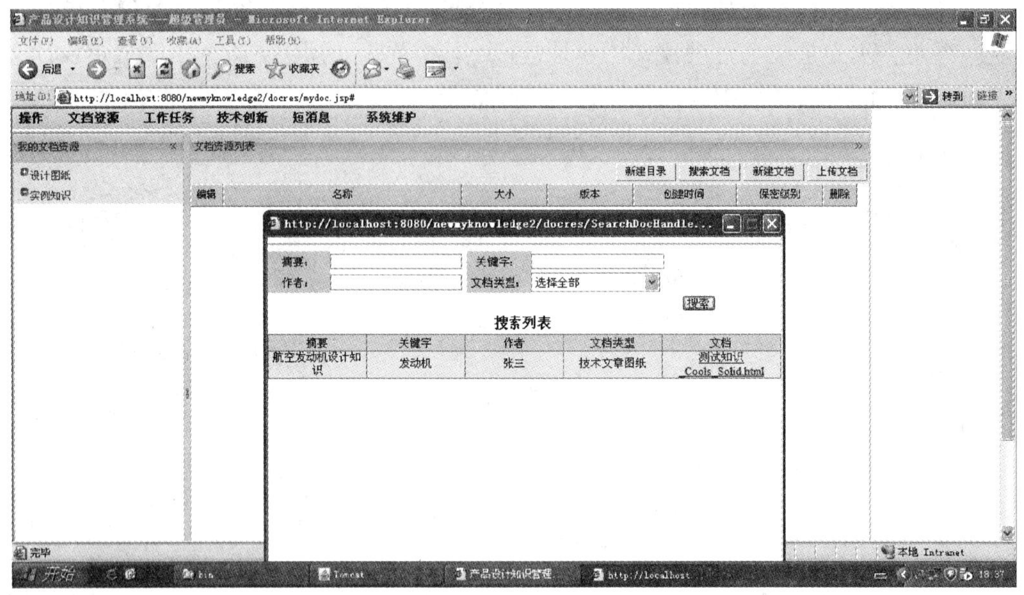

图 10.16 产品设计知识管理系统查询设计文档界面

10.6 本章小结

产品设计一直是属于“弱理论、强经验”的技术活动。在新产品开发中，约 40%是重用过去的部件设计，约 40%是对已有的部件设计稍作修改，而只有约 20%是完全新的设计。产品设计经验知识作为产品设计知识的一个组成部分，是企业宝贵的财富。本章以某制造企业为研究对象，借鉴本体及概念相似度概念，系统研究了产品设计知识管理系统中的相关理论、方法和关键技术，在此基础上，设计并实现了产品设计知识管理原型系统。

本章参考文献

[1] 王君，管国红，刘玲燕. 基于知识网络系统的企业知识管理过程支持模型[J]. 计算机集成制造系统，2009，15(1)：37-46.

[2] Weiming Shen，Qi Hao，Weidong Li. Computer supported collaborative design：Retrospective and perspective. Computers in Industry，2008，59(9)：855-862.

[3] Rezayat M. Knowledge-based product development using XML and KCS[J]. Computer-Aided Design，2000 (32)：299-309.

[4] Haque B U, Belecheanu R A, Barson R J, et al. Towards the application of case based reasoning to decision-making in concurrent product development [J]. Knowledge-based Systems, 2000 (13): 101-112.

[5] GARTNER Group. The gartner glossary of information technology acronyms and terms [EB/OL]. http://www3. gartner. com/6-help/glossary/glossaryK. jsp, 2011- 03-04.

[6] The protégé Ontology Editor and Knowledge Acquisition System[EB/OL]. http://protege. stanford. edu/.